未来世代の環境刑法 1
Textbook　基礎編

長 井　圓　編著

渡辺靖明　冨川雅満　今井康介　阿部鋼

信 山 社

　　　　　　　　は　し　が　き

　「良き法律家は悪しき隣人」　司法試験予備校の講師を勤めていた当時はともかく，法科大学院で授業を担当するようになった後には，この「言葉」は「警句」ではないかと考えるようになった。法律家は，余りにも法の技術を強弁して社会の現実を軽視しているのではないか。本書では，現代が直面する諸問題を示すために，Topic を多用することにした。

　当初はオーソドックスな形式の「環境刑法」の教科書を構想したが，執筆を始めてみると無駄な試みであることに気づいた。「環境法」の分野では，優れた体系書・教科書が数多く出版されている。環境法の罰則についても言及されている。これに，「刑法」の教科書の一部を補完的に引用しても，意味がない。それでは，不完全な「環境法」と不完全な「刑法」との合本にしかならない。そこで，「刑法」の教科書では，簡潔にしか触れられていない問題について詳しい解説をすることにした。例えば，Textbook 基礎の第Ⅱ章では「地球環境保全の道徳原理」として，幸福と正義に関する内外の伝統的思想について取り扱い，環境法とその基礎にある環境倫理との関係について説明した。

　なお，本書（『未来世代の環境刑法 1』）において第Ⅳ章は，「Textbook　基礎編」から切り離し，『未来世代の環境刑法 2　1－第Ⅳ章』「Principles　原理編」として一書に独立させている。第Ⅳ章では「環境刑法の基本原理」として，環境法の保護法益，自然犯と行政犯との関係，直接罰制と間接罰制との関係，抽象的危険犯（未然防止）と累積的危険犯（予防原則）との区別について検討し，さらに，責任原理（自由意思論と決定論）と刑罰論（応報と予防）について，日本の刑法学は，古典派の形而上学への先祖返りを示していて，「理論的な歪み」を生じている（平野龍一）のではないか。この観点から，原理的に批判的な論述を重ねた。その結果，Textbook としては重すぎる内容になってしまった。そこで，これを「Principles　原理編」として別冊にまとめることにしたものである。併せてお読み頂ければ幸いである。

　また，本書の特色として，各見出し項目［章・節・項］を 3 桁の数字で表記・番号付けをしており，相互に参照する場合も「共通の番号」を使用することとした（例えば，▶ 200, ***Topic 3***）。本書の編集にあたり，各原稿の Topic・Chart 等の調整および罰則一覧表の作成については，渡辺靖明氏に格別のご尽

[基礎編] はしがき

力を頂いた。

　本書が単なる『環境刑法』に終ることなく,『未来世代の環境刑法』のTextbookになることができれば執筆者一同の望外の慶びとするところである。このような基礎編および原理編という法外な要望を快諾して頂き,全面的な支援を惜しまれなかった信山社の袖山貴,稲葉文子ならびに今井守の御三方に対しては,著者一同篤く御礼申し上げます。

　2019年6月

編者　長　井　　圓

プロローグ　ようこそ！『未来世代の環境刑法』へ

Ｉ　読者のみなさんへ ── 本書の特色　Ｑ＆Ａ

Ｑ１：レイワは書名の意味ががよく理解できなかったのだけど，なぜ「未来世代」なの？　私たち「現在世代」はどうなっちゃうのかな？

Ａ１：レイワちゃん！　いい所に気づいてくれて有難う。実は，①「未来世代」の環境を保全すれば，同時に「現在世代」の環境も保全されることになるんだよ。ですから，「現在世代」の環境保全を除外するわけではありません。とはいえ，②環境保全の利益を考えると，「現在世代」と「未来世代」とが対立することもあります。「現在世代」の環境保全が過少に終ると，その分「未来世代」の「環境保全」の実現は困難になります。それゆえ，「現在世代」は「未来世代」にも等しく豊かな環境を維持すべき責務があります。③「未来世代の環境刑法」では，「未来の不確実なリスク」を予防するために，環境負荷をもたらす一般的危険行為を処罰することが許されるか，その「累積危険犯」の処罰の正当理由こそが，環境刑法の主要な問題となります。

Ｑ２：「未来世代」の意味はレイワも少し理解できたかな。でも，なぜ「環境刑法」であって，「公害刑法」ではないのかしら。両者の区別がよく理解できない。

Ａ２：「環境法」は，四大公害事件といわれるような「被害者救済」に重点を置いた「公害民法」から出発しました。しかし，一度公害事件により被害者の生命・身体等に生じた被害を完全に補顛し修復することは不可能に近いのです。ですから，環境被害を未然に防止する必要があります。そこから「環境行政法」が発達したのです。

Ｑ３：「環境刑法」のTextbookなんて必要なの？「環境法」の教科書と「刑法」の教科書とがあれば，その方がよく分かるのではないの？

Ａ３：レイワちゃんの疑問はよく分かりますが，それは全くの誤解といっても過言ではありません。①「環境法」の教科書には優れたものが少なからずあります。そこには，当然ながら「環境法の罰則」についても説明があります。しかし，それだけでは「刑法の基本的な考え方」を理解するのには，難しいのです。②それでは，「刑法」の「教科書」を併せて読めば，環境刑法の理解が深まることになるのでしょうか。実は，そうではないのです。「刑法各論」の教科書には，一般刑法の犯罪と刑罰についてはともかく，環境刑法の犯罪と刑罰については，説明されていません。「刑法総論」の教科書は，「刑罰」の実に不充分な一般論，刑法典に定める犯罪の共通要件については，「法人処罰」を除くと，環境刑法（行政刑法）については殆ど言及されていないのです。ですから，「刑法」の教科書・体系書を読めば，「環境刑法」の特色が理解できたりはしないのです。③このように「一般刑法」・「特別刑法」では対応しえないような狭義の

ｖ

[基礎編] プロローグ　ようこそ！『未来世代の環境刑法』へ

「環境刑法」が「本物の環境刑法」なのです。広義の「環境刑法」には，「公害刑法」（例えば公害罪処罰法）を含みます。しかし，生命・身体等を保護する犯罪規定は，既に一般刑法にあるのです。

Q4：本書の「第Ⅰ章　地球環境と民主政治の危機」！　これ何なのよ。レイワもうびっくりした。「民主政治の危機」なんていうテーマは，「環境法」の課題ではないでしょう。「政治学」・「行政学」・「憲法学」等で扱うべきものよね。第Ⅰ章を読んでいるうちに，頭がクラクラしてきました。

A4：レイワちゃん，とても鋭い点に気づきましたね。①とっつきにくければ，総論にあたる第Ⅰ章から第Ⅳ章をとばして，第Ⅴ章から読み始めてもいでしょう。第Ⅴ章以下が各論として，初歩的な内容の解説になっています。しかし，②その指摘こそが，本書の最大の特徴なのです。日本の教科書は，一般的な伝統に従って，個別に分化された「固有の専門領域」に限って説明する傾向にあります。それゆえ，「専門領域の技術的処理」に不可欠な「最小限度の原理・法則」等の説明に終始しています。読者の多くは，これらの説明を懸命に「暗記」したうえで，資格を得て就職等に役立てようとするのです。そこにあるのは，「○×思考」・「タコツボ知識」でしかなく，現実に生起している「社会問題の解決」に役立っているのでしょうか。③本書は，「悪しき隣人としての法律家」を養成したくない。「行政縦割」の官僚主義または「企業の自己利益の増進」にしか関心のないような「悪質資格者」の養成を目標とはしていません。私たちが現に直面している環境問題について「より良い政策」を発見しうるような「実践的な知識・能力」こそが求められています。④ただ「技術的な意味での環境法規の内容・解釈」を知りたいのであれば，環境法の原理・理論や裁判例（裁判所の法解釈）について学ぶよりも，実際に環境法の現場実務を支配している「行政解釈」を知るだけでよいのです。しかし，現行の環境法令（実定法）やその行政解釈が未来の環境保全にとって「合理的で有効なもの」とは限らないのです。それらは，やがて改廃される運命にあります。⑤現在のグローバルな地球温暖化の問題に対処するには，環境破壊をもたらしてきた「産業革命以降の資本主義の発達」とこれに対応すべき「民主政治」がなぜ十分に機能していないのか。そのメカニズムを理解することが不可欠なのです。すなわち，こうしたメカニズムの下で議会等で立法化された「環境法規」（実定法）は欠陥だらけなのです。⑥正に「民主政治」の機能自体が問われているのです。なぜ政府によって原子力発電の推進が維持されているのか。なぜ政府によって，核兵器の軍拡競争が継続されているのか。この「力の政策」を生み出しているのは，一体誰なのか。その思想の源流は何なのか。これを解明しない限り，「環境破壊のリスク」は恒久的になくならない。私たちはいつまでも幸福になれないのではないでしょうか。

Q5：レイワも少しは分ってきたけど，「第Ⅱ章　地球環境保全の道徳倫理」は，まるで「歴史」や「倫理社会」の授業の繰り返しのよう。退屈でついていけない。どうにかならないの。本当に困ってしまう。

プロローグ　ようこそ！『未来世代の環境刑法』へ

A5：①レイワちゃんの言う通りかな。年代・人名・地名の暗記を強いられたとすれば，試験が終われば全てが不要な知識として忘れ去られるのです。人間の脳は賢いから，自分にとって役に立たない知識は自動的に消去されるのです。ですが，②「倫理道徳」とは，私たちの生き方を問うことなのです。それこそが「実定法の基礎」にあって，環境法理の内容を支えているのです。たとえ実定法違反でなくとも，私たちの社会では，誰もが「正義」とか「道徳倫理」とかの違反があると，これを激しく非難するのです。その理由について，改めて考えてみてはどうでしょうか。③私たちの「幸福」とか「正義」とは，何なのでしょうか。両者が衝突するとき，どちらが優先するのでしょうか。この問題は，私たちが毎日生きる上で「選択」しているのです。④この「幸福」と「正義」との対立について理解しておかないと，国民の民主政治・立法に関する「基本政策の選択」が市民にはできなくなります。この問題を，「政治家」やこれを背後で支配している「企業家・特権階層」に委ねておいてよいのでしょうか。これが「ポピュリズム」といわれる民主主義に内在する欠陥の問題なのです。その結果として，「地球環境の危機」が発生している。私たちは，「市民としての自律」を回復しなければ，結局のところ「自滅・自損」に向かうことになります。

Q6：「第Ⅲ章　環境法の基本原理」は，授業でも勉強したので，レイワにもどうにか理解できた。しかし，憲法の「環境権」とか，「開業規制の合憲性」とかは，何のための議論なのか。合憲性の限界づけは全く理解できなかった。

A6：レイワちゃんの感想に感謝します。①全く混乱した議論が憲法学者の間でなされているように思います。その多くの議論は，「理論」の「枠組」をめぐるものですね。「議会の立法政策」（裁量範囲）をめぐる判例の位置づけに関するものです。議論多くして，限界づけは不明に終っている。②それにしても，国家が国民の「職業選択の自由」や「財産権の法的保障」を「開業規制」で制約することになる。それゆえ，環境行政法で多用されている「開業規制」の当否を理解することが極めて重要なのです。③行政規制は，「市民の自由」を常に制約する。その当否・効果を検証しないで放置すると，「過剰なパターナリズム」に終ることになってしまう。ここでも議会が役割を果しているかが問われている。そのような法的センスのある議員が選出されているだろうか。

Q7：「第Ⅳ章　環境刑法の基本原理」が本書の姉妹編「Principles　原理編」として，別冊になったので，レイワも助かったわ。これは，読みたくないほど難解で最悪の部分に違いない。それでも，レイワは我慢して読んだのよ，偉いでしょ！違反行為に罰則を定め，これを処罰するだけでは，違反行為がなくなったりはしないことがレイワにも良く分かった。また，「自然犯」と「法定犯」（行政犯）との区別が市民の道徳倫理に関係する。「直接罰制」が効果的とは限らず「間接罰制」の柔軟性にも意味があることも理解できた。さらに，環境犯罪が「累積危険犯」の性質をもつので，個別の違反行為を止めないと地球環境の保全ができなくなることも分かった。でも，その複雑な理論には，正直いって閉口し

[基礎編] プロローグ　ようこそ！『未来世代の環境刑法』へ

　　ちゃった。でも，「犯罪責任の根拠」をめぐる「意思自由論」と「因果的決定論」との対立には，哲学者・刑法学者の論争が大昔から今日まで続いていることには全く驚いた。こんな退屈で無駄な論争は，そろそろ止めにして欲しい。読者としては，つき合い切れないわよ。近代学派と古典学派との論争も，今日ではぐちゃぐちゃでどこに実益があるのかは皆目分からない。正に最悪の章だわね。
A7：レイワちゃん，退屈を我慢して読んで頂きありがとう。それでも，要点の理解ができているので感心しました。ただ，ここでⅣ章「環境刑法の基本原理」が別冊の「Principles　原理編」になってしまった理由について，弁解させてください。ここでは，著者は全くの少数説（近代学派の決定論・性格責任論）に依拠しているので，なぜ通説の立場（自由意思論の措定・仮設，道義的責任論）を支持しえないのか。その理由を詳細に論証しなければならなかったのです。この問題は，環境刑法において「自由刑」や「財産刑」をできる限り用いないで，環境行政管理の実効性を達成するための理論としても，不可欠だったのです。通説（相対的応報刑論・一般的予防論）に依拠する限り，今後も効果の乏しい刑罰が多用され続けることになってしまう。これでは市民は自由を制約され，決して幸福にはなれない。だからこそ，原理的に検討する必要があったのです。

Ⅱ　読者のみなさんへ ── 書籍ガイド

1　環境法・環境刑法
　(1)　**環境法の教科書**
　　・交告尚史ほか著『環境法入門』（有斐閣・初版 2005，3 版 2015）
　　・阿部泰隆・淡路剛久編『環境法』（有斐閣・初版 2006，4 版 2010）
　　・大塚直『環境法』（有斐閣・初版 2006，3 版 2011）
　　・北村喜宣『環境法』（弘文堂・初版 2011，4 版 2017）
　　・西尾哲茂『わかーる環境法』（信山社・初版 2017，増補改訂版 2019）

　(2)　**環境刑法の概説書・廃棄物処理法の罰則の解説**
　　・中山研一ほか編『環境刑法概説』（成文堂・2003）
　　・町野朔編『環境刑法の総合的研究』（信山社・2003）
　　・多谷千香子『廃棄物・リサイクル・環境事犯をめぐる101問 改訂』（立花書房・2006）
　　・城祐一郎『特別刑事法犯の理論と捜査〔2〕』（立花書房・2014）

　(3)　**六法・統計資料・用語辞典**
　　・『環境六法』（中央法規出版）
　　・『ベーシック環境六法』（第一法規）
　　・『公害白書』（厚生省・1969～1971 年版）
　　・『環境白書』（環境庁／環境省・1972～2006 年版）
　　・『環境白書・循環型社会白書』（環境省・2007～2008 年版）

プロローグ　ようこそ！『未来世代の環境刑法』へ

- 『環境白書・循環型社会白書・生物多様性白書環境白書』(環境省・2009年版〜)
- 淡路剛久編集代表『環境法辞典』(有斐閣・2002)

2　一 般 刑 法
(1)　歴史的な体系書
- 泉二新熊『改訂 刑法大要』(有斐閣・初版1911, 5版1916)
- 大場茂馬『刑法総論 上巻, 下巻』(中央大学・上巻1912, 下巻1913〜1917)
- 牧野英一『日本刑法』(有斐閣・初版1918, 増補上巻（総論）68版1937)
- 宮本英脩『刑法大綱』(双葉堂・初版1932, 4版1935)
- 小野清一郎『刑法講義総論』(有斐閣・初版1932, 新訂15版1956)
- 佐伯千仭『刑法総論』(有斐閣・初版1944, 4訂版1981)
- 瀧川幸辰『刑法講話』(日本評論社・初版1951, 新版2版1987)
- 団藤重光『刑法綱要総論』(創文社・初版1957, 3版1990)
- 木村亀二『刑法総論』(有斐閣・初版1959, 増補版（阿部純二増補）1978)
- 大塚仁『刑法概説（総論）』(有斐閣・初版1963, 4版2008)
- 平野龍一『刑法総論Ⅰ, Ⅱ』(有斐閣・Ⅰ1972, Ⅱ1975)
- 藤木英雄『刑法講義 総論』(弘文堂・1975)
- 西原春夫『刑法総論』(成文堂・初版1977, 改訂版上巻, 改訂準備版下巻・1993)
- 中山研一『口述刑法総論』(成文堂・初版1978, 新版補訂2版2006)
- 内田文昭『刑法Ⅰ（総論）』(青林書院・初版1985, 改訂補訂版1997)

(2)　現代の教科書
- 大谷實『刑法総論講義』(成文堂・初版1986, 新版4版2012)
- 前田雅英『刑法総論講義』(東京大学出版会・初版1988, 7版2019)
- 松宮孝明『刑法総論講義』(成文堂・初版1997, 5版補訂版2018)
- 堀内捷三『刑法総論』(有斐閣・初版2000, 2版2004)
- 山口厚『刑法総論』(有斐閣・初版2001, 3版2016)
- 井田良『講義刑法学・総論』(有斐閣・初版2008, 2版2018)
- 高橋則夫『刑法総論』(成文堂・初版2010, 4版2018)

(3)　注釈書（条文毎の解説）・用語辞典
- 団藤重光責任編集『注釈刑法 全6巻』(有斐閣・1968〜1974)
- 大塚仁ほか編『大コンメンタール刑法 全13巻』(青林書院・3版2014〜2018)
- 西田典之ほか編『注釈刑法 1, 2巻』(有斐閣・1巻2010, 2巻2016)
- 前田雅英『条解刑法』(弘文堂・3版2013)
- 平野龍一編『注解特別刑法 全7巻, 補巻3巻』(青林書院・2版1988〜1996)
- 伊藤栄樹ほか編『注釈特別刑法 全8巻』(立花書房・1982〜1990)
- 三井誠ほか編『刑事法辞典』(信山社・2003)

ix

［基礎編］ プロローグ　ようこそ！『未来世代の環境刑法』へ

3　刑事訴訟法
(1)　教 科 書
- 団藤重光『新刑事訴訟法綱要』（創文社・初版1950，7訂版1967）
- 平野龍一『刑事訴訟法』（有斐閣・1958）
- 松尾浩也『刑事訴訟法 上，下』（弘文堂・上1979，下1990，新版補正2版1999）
- 田宮裕『刑事訴訟法』（有斐閣・初版1992，新版1996）
- 白取祐司『刑事訴訟法』（日本評論社・初版1999，9版2017）
- 小林充『刑事訴訟法』（立花書房・初版2000，新訂版2009）
- 渥美東洋『全訂 刑事訴訟法』（有斐閣・初版2006，2版2009）
- 寺崎嘉博『刑事訴訟法』（成文堂・初版2006，3版2013）
- 酒巻匡『刑事訴訟法』（有斐閣・2015）
- 長井圓『LSノート刑事訴訟法』（不磨書房・2008）

(2)　注 釈 書
- 河上和雄ほか編『注釈刑事訴訟法 全7巻』（立花書房・3版2011〜2015）
- 河上和雄ほか編『大コンメンタール刑事訴訟法 全10巻』（青林書院・2版2010〜2017）
- 松尾浩也監修『条解刑事訴訟法』（弘文堂・4版補訂版2016）

4　犯罪学・刑事政策
(1)　教 科 書 等
- 平野龍一ほか編『日本の犯罪学 全8巻』（東京大学出版会，1969〜1998）
- 藤本哲也『刑事政策概論』（青林書院・初版1984，7版2015）
- 森下忠『刑事政策大綱』（成文堂・初版1985，新版2版1996）
- 森本益之ほか『刑事政策講義』（有斐閣・初版1988，3版1999）
- 岩井宜子『刑事政策』（尚学社・初版1999，7版2018）

(2)　統 計 資 料
- 『犯罪白書』（法務省（法務総合研究所）・1960年版〜）
- 『警察白書』（国家公安委員会・警察庁・1973年版〜）
- 『検察統計』（法務省（大臣官房調査課統計室）・1951年版〜）
- 『司法統計』（最高裁判所事務総局・1952年版〜）

5　判 例 解 説
- 『最高裁判所判例解説（刑事編）』（法曹会・1954〜）
  略称　『最判解（刑事編）昭和／平成○○年度』
- 『判例百選』（別冊ジュリスト・有斐閣）
  下記のように略称し，「項目番号」を付す（例えば50）。

- 大塚直・北村喜宣編『環境法判例百選』（3 版 2018） 　　環百
- 長谷部恭男・石川健治編『憲法判例百選Ⅰ，Ⅱ』（6 版 2013） 　　憲百Ⅰ，Ⅱ
- 山口厚・佐伯仁志『刑法判例百選Ⅰ，Ⅱ』（7 版 2014） 　　刑百Ⅰ，Ⅱ
- 井上正仁ほか編『刑事訴訟法判例百選』（10 版 2017） 　　刑訴百

Ⅲ　略　語　表

1　法　　令

憲法	日本国憲法
刑法	刑法
刑訴法	刑事訴訟法
民法	民法
民訴法	民事訴訟法
行訴法	行政事件訴訟法
環境基本法	環境基本法
循環基本法	循環型社会形成推進基本法
原子炉等規制法	核原料物質，核燃料物質及び原子炉の規制に関する法律
原賠法	原子力損害の賠償に関する法律
水道水源法	特定水道利水障害の防止のための水道水源の水域の保全に関する特別措置法
水質保全事業促進法	水道原水水質保全事業の実施の促進に関する法律
生物多様性法	生物の多様性に関する法律
特定産廃措置法	特定産業廃棄物に起因する支障の除去等に関する特別措置法
ばい煙排出規制法	ばい煙の排出の規制等に関する法律
公害罪法／公害罪処罰法	人の健康に係る公害犯罪の処罰に関する法律
道交法	道路交通法

　※その他の数多くの法令の略称は「付録・環境刑法の罰則一覧」に記載。

2　判　　例

刑集	最高裁判所刑事判例集	刑月	刑事裁判月報
民集	最高裁判所民事判例集	判時	判例時報
高刑集	高等裁判所刑事判例集	判タ	判例タイムズ
下刑集	下級裁判所刑事裁判例集	LEX/DB	TKC 法律情報データベース
東高刑時報	東京高等裁判所刑事判決時報		

[基礎編] 目 次

目 次

はしがき（iii）
プロローグ　ようこそ！『未来世代の環境刑法』へ（v）

第Ⅰ章　地球環境と民主政治の危機 ―― 3

100　環境危害の社会的責任と法的責任 …… 3
- **101**　汚染の循環 …… 3
- **102**　責任原理の由来——責任主体と保護客体 …… 4
- **103**　責任の多層性 …… 5
- **104**　社会的責任と市民の道徳倫理 …… 5
- **105**　民事責任・刑事責任の限界 …… 7
- **106**　刑事責任の特質 …… 9

110　原発災害の法的抑止 …… 10
- **111**　原発事業に対する行政規制 …… 10
- **112**　福島原発事故の民事責任 …… 11
- **113**　福島原発事故の刑事責任 …… 12
- **114**　原発事故の未然防止 …… 13
- **115**　許されたリスクの法理 …… 15

120　日本のエネルギー政策の後進性 …… 16
- **121**　経済産業省の計画（2018）…… 16
- **122**　環境後進国になりかねない日本 …… 17
- **123**　斜陽化しつつある日本 …… 18
- **124**　民主政治の退嬰 …… 19

130　持続的発展の危機と民主政治の課題 …… 20
- **131**　地球環境の危機 …… 21
- **132**　環境法制の拡充と錯綜 …… 21
- **133**　自由競争システムのジレンマ …… 22

140	防衛目的の自損的環境破壊	23
141	人身と環境の破壊を招く戦争	23
142	平和憲法の理念後退	23
143	国家の安全保障	25
144	日本の進路	26

第Ⅱ章　地球環境保全の道徳倫理 ―― 29

200	道徳倫理と環境倫理の基礎理論	29
201	道徳と倫理との関係	30
202	道徳倫理の起源	31
203	互恵的利他性と応報的正義	33
210	幸福と正義に関する伝統的思想	34
211	日本における神道・仏教・儒教の習合（日本と朝鮮半島との関係）	34
212	儒教の思想と漢の律	35
213	古代インドの仏教の二面性	36
214	伝来した仏教・儒教と神道との習合	37
215	近世における朱子学と学問の多様化	38
216	国学（復古神道）と「神国」への道	40
217	信教の自由と政教分離の原則	42
218	エピクロス学派とストア学派	43
219	B. スピノザの倫理学（エチカ）	46
220	D. ヒュームの人性論と因果関係論	48
221	A. スミスの道徳感情論と国富論	54
222	J. ベンサムの功利主義と「最大多数の最大幸福」	56
223	J. S. ミルの功利主義と自由論	57
224	I. カントの人倫の形而上学	61
230	国家の役割——自由主義と平等主義との相剋	64
231	国家の３つの基本原理	64
232	各基本原理の比較	65
233	古典的自由主義の自然権概念	67

234　古典的自由主義の所有権概念 ………………………… 68
　　235　森村進の自己所有権論 ……………………………… 71
　　236　消極的自由主義の限界 ……………………………… 73
　　237　社会自由主義と社会契約論 ………………………… 75
　　238　J. ロールズの正義論 ………………………………… 76
　　239　J. ロールズの社会契約論 …………………………… 78
　　240　A. センの「正義のアイディア」…………………… 80
　　241　倫理・法益の対象としての「環境」概念 ………… 82
　　242　環境保全の社会倫理と実定法の保護法益 ………… 84
　　243　保護すべき環境と保護の目的 ……………………… 86

　250　国際社会のグローバルな環境保全 ……………………… 91
　　251　世界連邦の不存在 …………………………………… 91
　　252　国際法と国際条約 …………………………………… 92
　　253　国際刑事裁判所の刑罰権 …………………………… 93
　　254　国連気候変動枠組条約と地球温暖化対策推進法 … 93
　　255　国連気候変動枠組条約（1994） …………………… 94
　　256　地球温暖化対策推進法（1998） …………………… 95
　　257　地球温暖化対策推進法の補完 ……………………… 95
　　258　国際環境条約と国内環境法 ………………………… 97
　　259　人口増加による地球環境の壊滅的な影響 ………… 99

第Ⅲ章　環境法の基本原理 ── 103

　300　環境保全の経済と倫理 …………………………………… 103
　　301　汚染の経済活動 ……………………………………… 104
　　302　所有権の対象外の自由財 …………………………… 104
　　303　外部不経済の内部化と汚染者負担の原則 ………… 105
　　304　汚染者負担の原則 …………………………………… 106
　　305　自発的な経済活動の誘導 …………………………… 108
　　306　日本法の文化と干渉的規制 ………………………… 109
　　307　情報開示による選択の促進 ………………………… 110

　310　国家による環境政策の手法 ……………………………… 111

311	憲法による環境保全	116
312	環境政策における事前規制と事後規制	120
313	開業規制の功罪	121
314	環境規制と比例権衡の原則	122
315	職業選択の自由に対する規制	123
316	最高裁昭50・4・30大法廷判決の趣旨	125
317	規制目的二分論の当否	126
318	職業活動の参入規制	127
319	財産権の法的規制（憲法29条）	128
320	損失補償（憲法29条3項）	131
321	環境法の開業規制	131
322	廃棄物処理業の許可制	132

330 環境行政の基本法 … 134

331	公害対策基本法（1967）	135
332	環境基本法（1993）	135
333	民事法による環境保全（私的自治の原則）	137
334	民事法による公害の防止・救済	138
335	市民による企業への働きかけ	140
336	行政に対する抗告訴訟等	143

Principles　原理編　第Ⅳ章　環境刑法の基本原理

400	環境保全の手段としての刑法	3
410	公害刑法から環境刑法への展開	11
420	刑法典の定める「環境犯罪」	12
430	刑罰と行政的不利益処分	14
440	伝統的犯罪と環境犯罪との相違	53
450	犯罪責任の根拠	77
480	刑罰の目的と効果	193

［基礎編］目　次

第Ⅴ章　環境破壊の法的事例 ── 147

500　深刻な豊島事件の教訓 …… 147
- **501**　民事・行政法の責任・手続 …… 148
- **502**　刑事法の責任 …… 150

第Ⅵ章　環境犯罪と公害犯罪 ── 153

600　犯罪の基礎概念 …… 153
610　犯罪の分類 …… 153
- **611**　侵害犯と危険犯 …… 153
- **612**　危険犯の種類 …… 154
- **613**　侵害犯と危険犯との区別 …… 155

620　犯罪の一般的成立要件 …… 156
- **621**　構成要件該当性 …… 157
- **622**　違法性と責任（有責性） …… 159
- **623**　犯罪の特殊（拡張）形態 …… 160
- **624**　未遂の要件 …… 160
- **625**　共犯の要件 …… 162

630　環境刑法の事例検討 …… 164
- **631**　不作為犯の事例 …… 165
- **632**　故意の共同正犯 …… 166
- **633**　間接正犯と共同正犯 …… 167
- **634**　過　失　犯 …… 168
- **635**　両　罰　規　定 …… 169
- **636**　罪　　数 …… 172
- **637**　より深く学ぶために …… 176

640　公害罪法と裁判事例 …… 178
- **641**　公害罪法の基礎 …… 178
- **642**　公害罪の特色 …… 179
- **643**　公害罪の運用状況 …… 180

650	公害罪の構成要件	181
	651 公害罪が行われる場所	182
	652 公害罪の排出物資	182
	653 公害の排出態様・被害	183
	654 公害罪の成立要件のまとめ	187
660	公害罪法の問題点	188
670	ドイツ刑法の環境犯罪	190
	671 ドイツ環境刑法の基礎	190
	672 行政法との関係（行政従属性）	193
	673 ドイツ環境刑法における廃棄物犯罪	194
	673 総　括	202

第Ⅶ章　自然生態系の刑法的保護 ── 203

700	大気・水体等の刑法的保護	203
	701 大気汚染防止法	203
	702 水質汚濁防止法	206
	703 土壌汚染対策法	209
710	愛護動物の刑法的保護	213
	711 動物と人間との関わりに関する法	213
720	動物愛護管理法	216
	721 環境法としての動物愛護管理法	223

第Ⅷ章　廃棄物処理法の罰則規定 ── 225

800	廃棄物処理法の目的	225
	801 公衆衛生と生活環境	225
	802 排出抑制と再生	226
810	廃棄物の処理体系の概要	227
	811 一般廃棄物と産業廃棄物	227

[基礎編] 目 次

　　　　812　処理業・処理施設の許可制 ……………………………………… 229
820　廃棄物処理法の処罰規定 ……………………………………………… 229
　　　　821　罰則の対象行為 ……………………………………………… 229
830　廃棄物の意義 …………………………………………………………… 240
　　　　831　総合判断説（判例）………………………………………… 240
840　循環基本法と廃棄物処理法との関係 ………………………………… 245
　　　　841　最終手段としての適正処理 ……………………………… 245
　　　　842　開業許可不要の特例開業 ………………………………… 246
850　循環基本法制定後の刑事裁判例 ……………………………………… 247
　　　　851　事前規制と事後規制 ……………………………………… 251
860　不法投棄罪の成立要件 ………………………………………………… 253
　　　　861　「みだりに」の要件 ……………………………………… 253
　　　　862　「捨てる」の要件 ………………………………………… 255
　　　　863　管理領域内の野積み一般と未遂・既遂 ………………… 260

第Ⅸ章　リサイクル法の罰則規定 ── 263

900　循環基本法と各種リサイクル法 ……………………………………… 263
910　家電リサイクル法 ……………………………………………………… 264
　　　　911　本法の目的 ………………………………………………… 264
　　　　912　特定家庭用機器 …………………………………………… 264
　　　　913　再商品化等 ………………………………………………… 265
　　　　914　消費者の協力義務 ………………………………………… 265
　　　　915　小売業者の義務 …………………………………………… 266
　　　　916　製造業者の義務 …………………………………………… 268
　　　　917　行政の調整機能の実効性の確保 ………………………… 271

付録・環境法の罰則一覧 ── 273

　1　一覧表の見方 …………………………………………………………… 273

2　行為による分類 …………………………………………… 276
　3　法　定　刑 ………………………………………………… 279
　4　法　人　処　罰 …………………………………………… 280
環境法の罰則一覧表 ……………………………………………… 282

事項・人名索引（343）

未来世代の環境刑法 1

Textbook 基礎編

I章　地球環境と民主政治の危機

100　環境危害の社会的責任と法的責任

　個別の個人・企業がもたらす小さな環境負荷にも刑事責任まで追及される。その一方で，これとは比較にならない程に莫大な環境破壊リスクのある政府の政策，原子力発電の「推進」や核兵器による脅迫（「核の傘」）の「利用」が許容されてよいとすれば，それは不条理ではないのか。環境法学は，この大問題に目を背けたままでよいのか。55年体制の下で推進された「原子力の平和利用」を基礎づけた「原発の安全神話」について「わが国の状況は，すでに，「原発は是か非か」といった議論では済まされない段階に至っている。」（丸山1・397頁）と指摘されていた。それは，福島原発事故とともに崩壊し，わが国の環境エネルギー政策の根幹とその政治的責任が問われている。「重大なことをあえて主題化しないことによって，歴史学もまた原発安全神話の形成に一役買ってきたのである。」（小路田5・2頁）と適切に指摘されている。

101　汚染の循環

　わが国の原発政策を基礎づけた「原子炉予算」（1954年）が僅少3日間の審議で衆議院を通過した直後に第5福竜丸の被爆事件（米国ビキニ環礁での水爆実験）が判明した。米国のスリーマイル島（1978年），旧ソ連（現ウクライナ）のチェルノブイリ（1986年），JOC臨界事故（1999年）での原発災害反復の教訓を生かすことなく，福島第1原発（2011年）の事故が発生して既に7年を迎える。この間の復興努力にもかかわらず，残留期間が極めて長い放射性物質の汚染による環境被害はなお継続しており決して終結していない。汚染水の海への流出はブロックされてはおらず，山積された除染土のフレコンバッグは老朽化して破損し始めている。その処分場すらも未決のままである。何よりも立入禁止の帰還困難区域は全くの手つかずのままである。かつての居住区は繁殖する草木で被れ，猪，アライグマ，放置された牛が走り回っている。土壌・植物に残留したセシウム137が昆虫や鳥類によって摂取され「汚染の循環」が始まっ

ている。地震大国ゆえに放射性核廃棄物の確実安全な処理方法が技術的に確立不能なままに，そのリスク処理の成否を「未来世代への負の遺産」として転嫁するような政策は，決して許されざる「世代間不公平」を招く倫理違反（Free Rider）でないのか（長井9，10，11・83〜86頁参照）。

102　責任原理の由来──責任主体と保護客体

　原発の汚染災害の責任は，どうなるのか。「呪われた日本列島」，地震・津波・台風さらに集中豪雨（温暖化による気候変動？）による土砂災害等で多数人の生命が失われている。自然災害と人的災害との関係が問われる。原発事故の原因は，複合的・構造的である。その端緒は大地震の津波によるものである。それゆえ，自然のなせる悲惨な偶然として甘受すべきなのか。中世のキリスト教会は，農作物を食い尽くして大飢饉を招いた憎きバッタを処罰すべく破門にしたといわれる。レット・バトラーは愛する娘を乗馬で失った悲しみと怒りの余り，ポニーを射殺してしまった（M.ミッチェル『風と共に去りぬ』）。今日でも人を害した家畜や野獣を殺すことがある。責任非難はいわれなき侵害に対する憤激・憎悪の情動と被害者への共感に基づく復讐報復の感情に由来する（「刑罰の起源と思想」につき，長井12・84頁）。このような怒りの対応行為ならば，動植物や自然現象すらも非難されてよい。しかし，現代社会での責任追及は，不正な行為者に，被害の修復をさせたり，侵害の反復をやめさせるという合理的理由（効能）によるものであるから，無過失責任，厳格責任といえども，因果的な抑止効果のある「責任主体たる人」のみに向けられる。

　もっとも，環境法では，その「行為客体」（保護客体）は，個人の生命・身体・財産とは限らず，「公共財・自由財」である空気・水・土壌や動植物等の「自然」でもある。この点にこそ環境法独自の特殊性がある。それでも「人類の生存が依存している環境」が保護対象となっている。究極的には「未来にわたる人間の生存基盤」の維持が目指されている（人間中心的法益観）。なぜなら，多数であれ「特定人」の生命・身体・自由・名誉・財産が害されたときには，「伝統的な責任法による公害」として対処しうる。すなわち，被害者等からの「復讐・報復」の感情に由来する「応報責任」が問題になるにすぎない。しかし，ただ「自然環境」（人に帰属しない自由財）のみが害されたときには，そうではない。この点で，「公害法」と「環境法」とは区別され，真正の環境法は「伝統的な責任法」とは異なる特質をもつ。

103　責任の多層性

　人は，共同生活を営んでいるので，他（当人の外部）に「危害」を与えない限り，個人の「自由」な生活が相互に保障され「幸福・福祉」をもたらす（J. S. Mill，危害法理。▶ 223）。この共生保障に基く責任は，人間が依存する「自然」との関係でも妥当する。人（自然人・法人）が外部環境に危害をもたらすとき，同一の危害に対して同時に複数の「責任」が追及されうる（責任の多層性）。民事・行政・刑事のような「法的責任」による非難制裁のみならず，実定法（法令）に依拠しない倫理的な「社会的責任」も公衆から追及される。むしろ，共同生活の無数のルール（規範）は，多様な生活慣習・文化に由来する道徳倫理（善悪・正義の感情・理性）によって律せられている。「もったいない」という日本語は，資源へのいと惜しみという「環境倫理」の表現であるが，獣もしない「大食」の無駄を恥じない文化もある。古くは超自然の霊魂・神の宗教的規律が社会規範として支配的であった（▶ 201・211）。神（造物主）と自然（環境への畏敬）の法は一体化していた。近代になって「人間の自由・平等・尊厳」の発見とともに，宗教・倫理規範と自然法・人定法とが区別されるようになった（人間の傲慢？）。それでも実定法の基礎には「社会倫理規範」があるからこそ社会規範は自発的に遵守されうる。これに法が由来するのみならず，そこから「法的責任」とは別に固有の「社会的責任」が独自の役割を果している。それゆえ多数決の悪法は真の法ではない（不当な実定法の暫定性）。

104　社会的責任と市民の道徳倫理

　「社会的責任」は，必ずしも明文の規定や適正な手続をもたないので，「偶発・不安定・不公正」であることも多い。もっとも，「直接的で安価な執行」を実現できるのであれば，更に「法的責任」を追及すべき必要が欠ける。それは，人が所属する家族・隣人・職場などの集団さらに公衆からなされる道義的非難であって，その共同体から疎外・排除される制裁を伴う。特にソーシャル・メディア（スマートホン，SNS等）では，匿名の無責任からか「事実」によらない風評・虚偽情報・一方的断言の類が蔓延する点に留意すべきである。村落共同体からの排除として村八分や多様ないじめ，所属団体から退職・免職などで生活手段を失うことも少なくない。このような排外による孤立化は，社会の規律を強化すると同時に，共同体を統合ではなく対立・分解させる（二律背反）。むしろ，包摂の寛容による共存こそが必要なのである。大坂なおみは，敗者セリーナに"I love you"と応えて共感を集めた。

[基礎編] Ⅰ章　地球環境と民主政治の危機

Topic 1　市民運動による環境倫理の強化

　環境倫理の形成において市民運動に力を与えるには，地域開発・環境保全の計画に関する情報が広く提供され，その策定過程への住民の賢慮による参画が保障されねばならない。異なる利害・価値観により討論を重ねることで相互理解と合理的・調和的な公共政策が形成されるならば，一方的で過度な住民訴訟や解決の困難な紛争を避けることもできよう。

　節度のある一般市民の自律的態度は，環境保護にとっても有益である。例えば，スーパーマーケットが（国内で60億枚の）レジ袋を無料配布することに消費者の批判が強まると，プラスチックごみによる環境負荷が低減される（スターバックスやマクドナルドはプラスチックのストローの使用をやめる）。また，美しいバナナの購入が生産地での消毒薬散布の増大を招くとして社会的に非難されるならば，消費者の賢明な自律・選択が環境道徳の向上につながる。これが企業統治（ガバナンス）の改革を促すことにもなる。ノーベル平和賞を受けた ICAN は，核兵器を開発・製造・販売する企業への融資を控えるよう働きかける市民運動を展開している。ドイツ銀行は，これに応じて融資規則を作定したが，日本の銀行でも同様な動きが見られる。米国では持続可能な社会に向けた取組についての情報開示を強化するよう求める株主提案への賛成比率が 3 割に近づき，これを企業側が無視できない水準に達しつつある。英国のバーバリーも，市民からの批判に応じて，売れ残り商品の廃棄をやめて再利用や寄付の拡大に努めると公表した（「不都合な真実」の公表を阻害しているのは誰か）。厖大な量の廃棄される食品を困窮した施設等に再配分する NGO の活動も注目に値する（▶ *Topic 32・33*）。

　その社会的な非難・制裁は，行為者本人（個人責任）のみではなく，その帰属集団の全体，その主導的管理者（組織体責任）に及ぶこともある。それが連帯責任・管理監督責任を逸脱すると前近代的な「連坐制」に類することもある。また軽度で微妙な不正行為では，被害者と称する者の主張が一方的であって真実とは限らない。立証が困難なため警察等も動き難い。例えば，「ハラスメント」とは，犯罪のような強度の侵害には至らないが，従属的な人間関係における拒否のし難い軽度の緩慢または継続的な侮辱・不快（人格軽視）をもたらす言動をいう。これを犯罪化すると誤執行の費用が嵩み，誤判リスクも高まる。それゆえ，自主的な社会活動（または民事不法行為法）に委ねることが望ましい。それでも，被害者の憤懣とこれに対する同調，マスコミによる公衆の憤激の増殖を通じて，その加害者は社会的地位を奪われて追放刑（現代の流刑）のような作用をもたらす。高い公的地位にある者や著名な団体・企業である程に

高度な道徳倫理性が公衆から要請されるからである。高い俸給や退職金を得る者はともかく，一般庶民は家族を含めて生計の途までも失うことになる。失業は，犯罪の主要な原因となる。その社会的制裁が過度にわたり，当人の不正行為と釣り合いがとれない程に重くなると，かえって社会統合を害する。孤立化も，反抗を生み協調を失わせて犯罪の温床になる。社会倫理に反する不正義・不公正をもたらし，民事不法行為や犯罪の原因にもなる。不正に対する制裁は，不正の程度とのバランスを保たねば，新たな虐待・孤立化の連鎖に終る。「過ぎたる及ばざるが如し」であって弊害の方が大きくなってしまう（比例権衡の原則への違反）。この社会的責任に併行して法的責任が問われることもある。同一の不法に対する「二重制裁」を回避すべく，民事賠償責任では慰謝料，刑事責任では起訴猶予（刑訴法248条）や執行猶予（刑法26条）で不充分にせよ調整すべきことになる。

その反面として，「虚飾の社会的制裁」がある。所属組織からの強制「免職」ではなく任意「辞職」することで行為者への退職金を確保したり，「蜥蜴の尻尾切り」で組織体の責任を隠蔽し不法体質を温存するという邪悪が横行している。「公開のペコリ」（社会的憤激の回避・解消）ではなく，不正の原因を究明し再発を防止する「コンプライアンス・プログラム」の作定・実施という継続的な予防策こそが必要なのである。

105　民事責任・刑事責任の限界

> ### Topic 2　民事責任と刑事責任との共存システム
>
> 　政府の未発達な古代・中世の社会では，不正な加害に対する「事後的制裁」として民事罰（賠償）と刑事罰とは未分化で一体化していた。いずれも不法行為（Delikt）であった。小さな共同社会では貧富の差は小さく犯人の特定も容易だったので，不法行為による損害は賠償の実現で「平和」が回復された。賠償の不履行の場合に限って「血讐」による部族的報復（刑罰的制裁）がなされるにすぎなかった。しかし，中央集権的な政府が登場し軍事警察権を掌握する近代国家では，貧富の差も拡大し加害者も困難な賠償を免れるために逃走するようになった。こうして，賠償の補完として刑罰制度が拡大した。現代の実定法において，犯罪を含む不法行為に対する民事賠償責任（民法709条以下）と法定の犯罪のみを処罰する刑事責任とは，その役割が相互に異なるので同一の行為について同時に生じる（補完的責任）。よって両者は「二重処罰の禁止」に当たらない。いずれも，不法危害を抑止する機能を有するものの，民事賠償

[基礎編] Ⅰ章 地球環境と民主政治の危機

> は被害者に生じさせた損害を加害者に金銭賠償させて回復させる点で，被害救済補償の役割が前面に出る。法は被害者等による復讐・加害の自力救済を許さないので（報復の連鎖の防止），加害者との自主交渉・合意またはADR（訴訟外紛争解決制度）で損害回復が実現しないときは，被害者が原告となって民事訴訟により損害賠償を自ら請求すべきことになる。この法による事後的な是正贖罪の措置によって加害者・被害者間の衡平な正義（交換的匡正的正義）が理念上は実現可能になる（その社会的補完としての修復的司法）。加害者に（保険による）金銭賠償能力すらも欠けるときは，それを非難しえず被害者を放置しえないので国家が損失補償をすべきことになる。債務破綻者への破産制度も，0からの再出発を認める「共存システム」なのである。

　要点を述べると，①資産のない加害貧困者は金銭賠償が不可能である。②被害者は報復や手続の重い負担（立法責任と敗訴のリスク）を避けるため賠償請求を断念するので，私的利益と社会的利益との不一致が生じる。③余力のある加害者により賠償がなされても，「現状回復」（加害者・被害者の衡平化）にしかならないので，加害者にとって加害行為は必ずしも不利益ではない。よって「社会の安全」は達成し難い。④生命・身体の被害では金銭給付のみでは完全賠償が不可能である。端的に述べると，民事責任は被害者の私的救済になるとしても，社会における不法抑止には不充分なのである。この不足を補完する積極的役割を果すのが，国家・地方自治体の「行政責任」である。「公共の福祉」の観点から「行政法」を駆使して，損害発生を未然・事前に防止するための諸政策が行われる。特に事後的損害回復の困難な「環境保全」の領域では，「環境行政法」の第一次的役割が重要であり，これを補完する第二次的役割を果すのが「環境民事法」・「環境刑事法」である。

Topic 3　刑罰による環境修復

> 　何よりも見失ってはならない。環境犯罪の行為者（犯人）をどんなに重く処罰したとしても，環境破壊が回復されたりはしない。刑事法による加害者（犯人）の処罰は，どんなに重く処罰したとしても，被害者の報復感情の鎮静にはなるが，その物質的経済的損失の回復を何らもたらさない。それゆえ，国家機関たる検察官が発動する刑事訴訟によって実現可能になる刑事罰は，潜在的被害者の損害への同情・共感に基づく「共同体の制裁」として発達した。歴史的には，賠償を受けない被害者に属する部族による加害者とその属する部族への報復的武力行使（Fehde）が刑罰（応報刑）の起源である。部族が加害への仕返しをしないと，共同体はその連帯を失い，加害の反復で滅亡してしまう（こ

> のような理解は，今日の進化生物学，実験心理学，脳科学によっても承認されつつある）。こうして刑罰と戦争とは，共同体の構成員による報復的・防衛的な武力行使（加害）として共通の性格を持つ（共同体の存立保障，民族主義）。その理性による再検討が今や求められている。少なくとも，加害による損害の修復を個人および社会の費用の観点から見るならば，加害・損害の費用を加害者に完全に内部化するよう強制できる限り，刑法は不要になるといえよう（「犯罪の社会的費用の最小化」。クーター，マーレン2・492頁参照）。しかし，理論としても現実としても，特に環境侵害の修復費用を加害者に完全に内部化することは不可能である。それゆえ，「環境行政法」を担保する役割を「環境刑法」が補完的に果さねばならない。

106　刑事責任の特質

　ここで重要なことは，刑罰（戦争）は，民事賠償とは異なり被害者の損害回復には役立たず，しかも環境汚染の修復にもなりえず，ただ不正な行為者に対して刑罰の苦痛しか与えない。そのため，不法の反復を抑止・予防する機能に重点が移された（生命刑・身体刑から自由刑・財産刑への移行）。すなわち，通説によれば，応報的処罰による国家共同体の構成員の「社会倫理規範の回復維持」と「犯罪反復の抑止予防」とが目的となる。とはいえ，環境犯罪に対する激しい憤激・憎悪を犯人に向けて重罰化しても，その目的には役立たないのに，一般市民のみでなく法律家ですらも，報復の感情に捉われてしまう。必要なのは理性的な判断・賢慮なのである。その目的実現の効果が生じるためには，環境犯罪においても行為者に是非を判断して不法を回避する能力・可能性（効能）があり，科刑が犯人の反省・改善を通じて社会に復帰可能にさせて「平和な秩序」を回復することが必要になる。ここでも，犯人をただ社会の敵として刑罰の苦痛を与えて隔離無害化・排除するために強制するのではなく，社会の構成員（同胞）として「人間の尊厳」を保障しつつ「共存の社会の再統合」をはかるという「本来的に困難」な役割が処罰に求められる。なぜなら，ただ犯人（受刑者）を非難して排除・孤立化させると，その生活困窮化が原因で再犯加害が繰り返され「反復処罰の無限連鎖」に終ってしまうからである。これでは，環境保全に向けた社会的連帯は達成できない。ちなみに，死刑は，身体刑の極みでしかなく，無期刑と比べても，改善更生の機会を犯人に与えない点で，非効率，過剰かつ惨酷な悪刑として，世界の多数の国では廃止されている（長井13・53～85頁参照）。これは法倫理の文化的発展の不動の成果なのである。

110 原発災害の法的抑止

ここでは，①行政法による事前規制，②民事法による事後責任，③刑事法による事後責任，④民事法による未然防止について概観する。

111 原発事業に対する行政規制

原子力発電は，安定的な電力供給に役立つ反面，放射性物質の排出管理の困難という環境保全のジレンマを生む（人は誤りをする）。放射性物質の排出による大気等の汚染については，環境基本法を基礎とする法体系ではなく，「原子力基本法」と関連法令（「原子炉委員会及び原子力安全委員会設置法」，「日本原子炉研究所法」，「核燃料サイクル開発機構法」，「核燃料物質及び原子炉の規制に関する法律」（原子炉等規制法），「放射性同位元素等による放射線障害防止の技術的基準に関する法律」，「原子力損害の賠償に関する法律」，「原子力損害賠償補償契約に関する法律」，「特定放射性廃棄物の最終処分に関する法律」，「原子力災害対策特別措置法」等）が定めている（改正前の環境基本法13条。福島原発事故後の法改正により削除。また，循環基本法（2条2項2号）・大気汚染防止法・水質汚濁防止法の除外規定も削除されている）。とりわけ，原子力の安全確保のために，原子炉等規制法が核燃料リサイクルの精錬・加工，原子炉の設置・運転，貯蔵・再処理および廃棄を段階的に規制している。原子炉の設置には許可が必要である。その安全性は「基本設計ないし基本的設計方針」の範囲でのみ事前規制（経済産業大臣及び内閣府の原子力安全委員会）が行われる（伊方原発訴訟・最決平4・10・29民集46巻7号1174頁）。原子力安全委員会の指針により，事故時に発生するリスクの判断は，冷却材喪失事故のような重大事故を想定して行われるが，JOC臨界事故（1999）が発生して，ようやく保安規定の遵守状況に関する検査が導入され，法令違反の申告制度も設けられた。後に「原子力災害対策特別措置法」（1999）により，原子力防災管理者の通報義務，緊急事態宣言による災害対策本部の設置，応急対策の実施について定められた。

しかし，「法の制定」は「法の執行」を保障するとは限らない。問われるべきは，これらの行政法的規制が福島原発事故の発生を事前防止できず，かつ事故発生後の緊急対応・リスク管理にも多くの不備があった理由である。その複合的な原因・責任の検証・究明である。複数の事故調査委員会が設置されたが，その成果はどうなったのか。忌わしいことは忘れ去ることでよいのか。

112 福島原発事故の民事責任

　責任が明確にならないと事故の再発予防にはならない。原発事業者（電力会社）は，周辺の住民に与えた損害について，民事特別法（原子力損害賠償法）で「無過失・無制限」の賠償責任を負う義務があるから，原発事故は必ず防止されることが期待される。他方，住民はこれで安心するとすれば，原発事故のリスクへの関心も低下して政府の資金投入による地域振興に甘んじてしまう。しかし，「無過失・無制限」ということは，損害賠償義務を負うような重大な原発事故を決して生じさせてはならず，ある意味ではかかる事態が決して発生しないことを法律上は想定している。それゆえ，事業者は勿論のこと政府も立地自治体も，些微な漏示はともあれ，重大事故のリスクを過小評価し，現実的なものとして想定したうえでの防止態勢を講じてはいなかったようである。事故発生後の現場職員の被曝リスク覚悟での必死の活動，消防署・自衛隊による散水・注水の活動を見ても，メルトダウンなどの極限的事態は原子力災害対策特別措置法に反して想定していなかった。緊急時に備えた具体的な装備・活動態勢などの準備も計画して実施訓練して来なかった。事故発生後における政府の対応「原子力緊急事態宣言」等もすべて場当たり的な弥縫策の連発でしかなかった。市民に対する事故状況の正確な情報提供と適確な避難勧告すらもなされなかった（各国大使館から適切な情報提供を受けた外国人は国外に避難した）。津波の実績があるのに，東京電力は，これを無視して原子炉予備電源を確保する改善策も講じようとしなかった。電力会社は地域独占企業であるから，賠償に要するコストも電気料金として消費者に転嫁負担させれば足りる（独占による市場競争の失敗）。このようにまでは考えなかったにせよ，深甚なリスクに対する緊張感と責任意識とが余りにも希薄であった。このような経営陣の甘さは，政党への政治献金の高さから生じた政府との馴れ合いに由来するものとしか考えられない。原子力発電を推進してきた政治家や公務員は一体どのような責任をとったのであろうか。そこには，政・官・業の癒着による「民主政治の劣化」（特権階級の支配体制，利権への寄生）が看取できる。さらに，国からの財政投入で地域振興のために原発を受け入れたのは，被害を受けた地域住民でもあった（住民の職場が確保され立派な公共施設が整備された）。「地域・被害者の特権的免責」ではなく，普遍的な観点からの多層的な検討が必要である。

[基礎編] Ⅰ章 地球環境と民主政治の危機

> **Topic 4 福島原発事故の損害賠償請求訴訟**
>
> 　ちなみに，本原発事故後に住民が「避難」を余儀なくさせられたことについて国と東京電力に損害賠償を請求した集団訴訟において，①前橋地裁 2017 年 3 月 17 日判決は，両者の責任を認めた。2002 年 7 月に政府の地震調査研究推進本部がまとめた長期評価を根拠として，「遅くとも 2002 年 7 月から数か月の時点で，事故を発生させる規模の津波の到来を予見できた」にもかかわらず，東電が配電盤や非常用発電機を高台に設置するなどの対策をとらなかった点を過失として認定した。「常に安全側に立った対策を取らねばならないのに，経済的合理性を優先させたと言われてもやむを得ない対応であった」と同社の安全対策を批判した。また国の監督責任（規制）についても，「東京電力の自発的な安全対策が期待できないことを認識していた」，「国の対応は著しく合理性を欠き，違法である」と判示した。②福島地裁 2017 年 10 月 10 日判決も国と東京電力の賠償責任を認めたが，国の責任を否定した千葉地裁判決（2017 年 9 月）もある。国家賠償法に関する過去の判例に比べると，予見可能性や結果回避可能性のハードルを下げているように見えるとの見解もあり，高裁段階での判断が待たれる。

113　福島原発事故の刑事責任

　住民等の大量な死傷については，公害の刑事責任として業務上過失致死傷罪（刑法 211 条）の適用が問題になる（チッソ水俣病事件の最決昭 63・2・29 刑集 42 巻 2 号 314 頁・環百 87，刑百Ⅱ3，刑訴百 42 参照）。検察庁は，東京電力の元会長らには本件の津波が予見不可能であったとして，不起訴処分にした。しかし，これについては，検察審査会による強制起訴（刑訴法 262 条～268 条）で開始された刑事裁判が進められている。原発事故のような深甚広範な被害をもたらす場合には，条理上超高度の予見回避義務が要請されるが，現行法の解釈としては争いがある。そこで，立法論としては，公務員を含む事業関係者に対する抽象的危険犯の立法化が検討されるべきであろう（ちなみに，原子炉等規制法 76 条の 2 は，特定核燃料物質等による人の生命・身体・財産に対する具体的危険の発生とその未遂を 10 年以下の懲役としているが，それは「故意犯」である。また，改正刑法 176 条は，本章の罪（170～175 条）について，「原子力による爆発は，爆発物の爆発とみなす」と定めている。さらに，関連罰則の詳細については，丸山 1・400～405 頁参照）。一般市民の自動車事故に対しては危険運転致死傷罪などの重罰規定がありながら，原子力発電に係る危険行為について相応の規定がないのは，どう考えてもアンバランスなのではあるまいか（応報重罰ではなく予防

責任が欠かせない。ドイツ刑法328条4項・5項は核爆発させた行為の未遂および過失犯を罰している。▶ 421)。「弱きを挫き，大物を逃す」でよいのか。原子力政策の推進者が原子力規制行政を担い事故対応もしたのでは，逆に責任は拡散してしまう（権力分立を欠く構造的欠陥）。今後も原発を推進するのであれば，原子力規制委員会に限らず関連行政機関に対しても監督義務違反の不作為処罰規定（重罰は不要！）が不可欠になるであろう。推進議員を含めて無答責の政治的特権を認めてはならない。なぜ政治責任さえ追及されないのか。選挙民はかくも寛大なのか。

　これまで論じた「法的責任」とは，人の生命・身体・自由・財産等への伝統的な被害（公害）の「事後的抑止」（行為後の法的介入。損害の責任追及による「損害補顕」と「加害反復予防」）の問題であった。それでも失われた生命は回復不能である。それのみならず，「汚染の循環」で示した自然環境への被害はどうなるのか（不可逆性・持続性）。その修復が将来には可能だとしても，気の遠くなる程に長期の措置が必要になる。だからこそ「事前的抑止」（行為前の法的介入。環境管理）に重点を移すべきことになる。これが本来の「環境法」における「未来世代の保護法益」の問題なのである（長井9）。

114　原発事故の未然防止
（1）　危険の民事差止訴訟
　原発事故発生後の被害結果に対して「事後的」な民事刑事の責任を追及しても，なお環境被害は長期にわたり持続する。まさに，「覆水盆に還らず。」である。これに代わる「事前的」な民法的防止手段が，非法定の民事差止請求権である。「生命と生活を守る人格権」が脅かされる「具体的危険」があるときは，少なくとも裁判所はその差止命令をなしうる。

（2）　大飯原発運転差止請求事件
　福井県の住民は，関西電力大飯原発3・4号機の運転差止を請求したところ，第一審の福井地裁は差止の命令をした（福地地判平26・5・21判時2228号72頁。仮処分の認容例として，福井地決平27・4・14判時2290号13頁，大津地決平28・3・9判時2290号75頁）。しかし，控訴審の名古屋高裁金沢支部判決（2018年7月4日）は，住民らの人格権を侵害する「具体的な危険」はないとして，一審判決を取り消し，住民側の請求を棄却した（確定。なお川内原発につき，鹿児島地決平27・4・22判時2290号147頁，福岡高宮崎支決平28・4・6判時2290号90頁参照）。その判断構造は次の通りであるが，現行制度のジレンマが露呈している。

［基礎編］Ⅰ章　地球環境と民主政治の危機

①「原発設備に事故を起こす欠陥があり，放射性物質の異常な放出を招く危険がある場合は，人格権を侵害するとして運転差止を請求できる」。しかし，「原発に運転に伴う本質的・内在的な危険があるからといって，わが国の法制度では，それ自体で人格権を侵害するとはいえない。」②「福島原発事故の深刻な被害の現状に照し，わが国のとるべき道として原子力発電そのものを廃止・禁止することは大いに可能であろうが，その当否の判断は司法の役割を超え，国民世論として幅広く議論され立法府や行政府の政治的判断に委ねられるべき事柄である。」③「原発の具体的危険性を判断する際に検討すべきは，想定される自然災害に耐えられる十分な機能を有し，重大事故の発生を防ぐ必要な措置が講じられているか否かである。すなわち，危険性が社会通念上無視しうる程度にまで管理・統制されているかどうかである。」④「原子炉等規制法の下，高度の専門的知識と高い独立性を持った原子力規制委員会が，安全性に関する具体的審査基準を判定し，原発の設置や変更の許可申請の際に，基準適合性について科学的・専門技術的知見から十分な審査を行うこととしている。審査基準について不合理な点があるか，規制委員会の判断に見過し難い過誤，欠落があるなど不合理な点がない限り，原発の危険性は社会通念上無視しうる程度に管理され，住民の人格権を侵害する具体的危険はないと評価できる。」⑤「新規制基準」にも「原子力規制委員会の判断」にも不合理な点はなく，大飯原発の危険性は社会通念上無視しうる程度にまで管理・統制されていて，原告の差止請求は理由がない」と結論づけている。

(3) 論　評

さて，本控訴審判決の「判断構造」について，若干のコメントを加えておく。第1に，本判決は，自衛隊の合憲性をめぐる統治行為論など「司法消極主義」に立つ判例・通説に依拠している。それが前記②であり，「原子力発電の廃止・禁止」その当否の判断は司法の役割ではなく，立法府・行政府の政治的判断に委ねられるという（しかし，原発のリスクは，その裁量権の範囲を逸脱しているとも批判されている）。「三権分立」における立法権・行政権の優位と司法権の自主的抑制が承認されている。その反面として，「立憲主義」は後退し，違憲判決は消極的にのみなされる。日本の裁判所は，ドイツ・韓国のような「憲法裁判所」（政府・議会からの人権保障）の役割を果さないことになる。そうすると，第2に，前記④にあるように，「原子炉等規制法」の合憲性が前提となって，原発規制の合法性が推認され「新規制基準」に従う限り安全と擬制される。もっとも，「高度の専門的知識と高い独立性を持った原子力規制委

員会」と判示しているところからすると、その専門性・独立性が揺らぐならば、その「安全性に関する具体的審査基準」の妥当性・合理性にも疑いが生じるであろう。第3に、何といっても、当該原発の「安全性」の新規制基準が問われ、「具体的危険」を回避しうる「審査基準」とその「適合判断」であれば、「差止の理由にあたらない」とする。法理が守られても安全は守られない。人は死して法は生きる。民主主義の根幹が問われている。

115 許されたリスクの法理

　人は生きている限りリスクに直面する。あらゆるリスクが嫌なら「死」（仏教にいう「無常涅槃」）しか残らない。本判決は、「原発の運転に伴う本質的・内在的な危険」が存在しても、それは「人格権の侵害」にはならないと結論づける。原発の運転は、常に「本質的・内在的な一般的危険」があることを否定しえないからである。この普遍的・一般的な危険を理由とするならば、「人格権の侵害」ゆえに、「あらゆる活動」が原発も含めて廃止・禁止されねばならなくなってしまう。ここでは「許されたリスクの法理」が問題になる。例えば、航空機には落下するリスクがあるからとして、船舶・鉄道・自動車に代替しても、リスクはなくならない。このリスクを禁止してしまうと、高速度交通のもたらす「生活の自由拡大」（生命・自由の時間的・空間的な増大）までも阻害される。それゆえリスクを可能な限り軽減しつつ、そのリスクを許容すべきことになる。そのリスク軽減の手段が民事賠償、行政法での事前開業規制、そして刑法での抽象的危険犯・具体的危険犯の処罰である（▶438）。

　高速度交通機関のみならず医療制度・裁判制度なども、一般的には殺傷リスク・誤判のリスクがあっても、生活秩序に不可欠なリスクである。しかし、原発の運転リスクは、前記のようなリスクとは比較にならない程に広汎かつ甚大な破綻的被害をもたらすリスクである。しかも電力エネルギーの供給にとって不可欠なリスクではなく、他の代替手段がないとはいえない（▶120）。さらにいえば、本判法は、技術的意味での「審査の基準・判断」の妥当性・合理性（？その基準地震動は700ガルであって、住居メーカーの保証する3,400ガルよりも小さい、とされている。）のみに着目し、それでも生じてしまう「ヒューマン・エラー」（新国立競技場に聖火台の設計が欠けていることが多数の関与者に見過ごされた！　日本人の同調的劣化）を看過していないだろうか（丸山1・418頁は、適切にも「取扱者の些細な不注意によって重大な被害が容易にもたらされるという実態を直視することから出発しなければならない。」と警告している）。現行法制に欠

[基礎編] Ⅰ章 地球環境と民主政治の危機

陥があるとき，国民はいかなる手段を自ら行使すべきなのか．

> ***Topic 5*** 核廃棄物拒否条例（地域エゴ？）拡大の波
>
> 原子力発電が排出する使用済核燃料・高レベル放射性廃棄物などの最終処理場が定まらないところ，中間貯蔵施設・最終処分場の候補地となるのを予め拒否したり，放射性廃棄物の持込を制限する条例が全国 22 自治体で施行されている（2018 年現在）．電力事業者が施設候補地探しのために作成した「科学的特性マップ」から警戒感が広がったとされる．最終処分事業を担う原子力発電環境整備機構（NUMO）の担当者は，「地元の知事や市町村長が反対している場合には次には進まない．」と強調している．

120　日本のエネルギー政策の後進性

日仏の共同の次世代原子炉開発について，仏政府は 2020 年以降の計画を凍結する方針を日本側に伝えた（2018 年 6 月）．フランスでは原発依存度を 5 割程度にまで引下げる方針とされる（イギリスでの日立による原子炉建設計画も停滞している）．民間事業でも世界最大の石油メジャー，ロイヤル・ダッチ・シェル社は，温暖化ガス排出から「カーボン・フリー」になる動向に即して，年 2,200 億円を投資して再生エネルギーに進出し，日本でも洋上風力の市場に参入したいという．経団連は，火力発電の活用を主張している（2019 年 4 月）．

121　経済産業省の計画（2018）

エネルギー供給の将来計画として，2030 年の最適電源構成は，石炭・天然ガスなどの火力発電 56 ％，太陽光・風力などの再生可能エネルギーによる発電 22 〜 24 ％，原子力発電 20 〜 22 ％とされ，再生エネルギーの主力電源化が目ざされてはいるが，その具体的方策が見えない．福島原発事故後に再稼働できた原発は 6 基だけであり，関連自治体・住民の反対も根強く，大幅な再稼働は見込めないので，その代替として CO_2 を大量排出する火力発電への依存度が高まる．また，原発の運転許容期間は，原則 40 年で最長でも 60 年で廃炉にする必要がある．「プルサーマル」による核燃料サイクルの実現には，17 兆円以上を要し，再処理後に残る核廃棄物の最終処分（埋立）も難題である．それでも，政府は原発のコストが最も安いと主張してきた（これに対して，例え

ば，竹内8・64頁参照）。しかし，ある米国の試算では，安全対策費が嵩む原発では1kwあたり15セント，技術革新と普及が進む太陽光・風力では5セントであって，既に原発コストを逆転している。それゆえ米国では原発事業は市場経済で不利になるとして撤退する電力会社が増えている。中国でも再生可能エネルギー関連産業の育成が急速に進み，日本より安価に供給可能になっている（ただし，原発輸出を促進している）。電力の安定供給のためには，今後の原発の活用が難しい以上，再生エネルギーの拡大活用に向けて政府が明確な方針を提示することが求められている。天候によって発電量が変動するという再生エネルギーの弱点を克服すべく，蓄電池の普及や電力会社が独占する送電網の融通・整備などの具体策が早急に提示される必要がある。政府が，原発に未練を感じている理由こそが問われよう。

122 環境後進国化になりかねない日本

　ドイツ政府は，チェルノブイリ・福島の両原発事故の教訓から，リスク回避のために脱原発を決断した。その再生可能エネルギーは5,400万kwに達し，電力需要に応じることも可能になった。エネルギー転換に突き進む欧州に対し，日本政府の対応は優柔不断（近視眼の経済競争の優先？）であって，温暖化対策で他の先進国から遅れている。国際エネルギー機関（IEA）によると，日本の発電1kw時あたりのCO_2排出量は，556kgであって，400kg台の米国，ドイツ，英国を上回っている。パリ条約から脱退した米国ですらも，民間部門等の努力によって地球温暖化の防止を推進している。ここでも，未来志向の経済的手法が有効である。世界銀行は，石油・天然資源の探査・採掘への融資を2019年以降は停止すると表明している。地球の温暖化阻止に努力しないような企業は，やがて市場から淘汰される運命にあるからである。

　日本政府がここでも明確な方向性を示すことができない理由は，国家の「長期的未来像」を描くことができず，コンパスを見失って右往左往しているからではないか。目先の浮輪にしがみついているようである（政治家は，選挙のある2～3年の任期内での直近の政策目標しか立てず，責任回避のために旧来の惰性を続ける傾向を示す。そのため財政破綻のリスクを抱える）。

　世界のトップにあった電機製造業が今や斜陽化し（その原因の1つは，日本企業が人材流出の防止策を怠る一方，韓国・台湾・中国の企業が退職者を含めて優遇策を採用したことにある，とされている。），政府は企業の原発・武器の輸出を支援し，経済特区と称して法と倫理の原則を破る例外を認め，賭博富くじ罪（刑

[基礎編] Ⅰ章　地球環境と民主政治の危機

185～187条）を維持しつつも，勤労の美風を自ら損ない，なりふり構わずカジノの民営化にまで手を染めようとしている（既に公営賭博・パチンコの実態は凄まじい。刑法学者はこれを「法令行為」（刑法35条）として是認している）。麻薬・覚せい剤を禁止しつつ，これを政府（エコノミック・アニマル）が頒布するようなものである。これでは学校での倫理教育が成立しない（生徒は欺瞞に馴化させられている）。

> ***Topic 6*　核兵器の保有で日本は安全になるか？**
>
> 　米国は，原子力協定により非核保有国では日本だけに使用済核燃料の再処理で生じるプルトニウムの保有を認めているが，今では懸念を示している。その保有量は47tにも達し，原子爆弾6,000発分に相当するからである。歴代の首相の何人かが発言していたように，本心としては日本も核兵器の保有を狙っている，と見られても仕方があるまい。東西の冷戦構造から核競争の巨大な軍事産業を発達させると，その生産と雇用を経済的に維持拡大するために兵器を輸出し，また軍需物資を消費し，これに再投資する必要に迫られ，自由主義世界を維持するとの名目でベトナム・イラク等との不要な戦争被害をもたらしたばかりか，報復テロを誘発することになった（9.11はその一端でしかない）。こうして軍産複合体制で病んでいる米国に追随することが日本の進路なのであろうか。日本は，広大な懐の深い領土をもつ米国・中国・ロシアとは決定的に異なる地理条件しか有しないことを自覚すべきである。もし原子力発電所が他国からのミサイル攻撃を受けたならば，一体どうなるのか。ドイツやスイスの原発はテロ対策設備を既に備えているが，北朝鮮のテポドンに脅えつつも日本の電力会社はテロ対策を本気で考えているとは思えない。原子力規制委員会は，原子炉等規制法による新規制基準に依拠してテロ対策施設の完備していない原発10基の運転停止命令をする方針である，とされている（2019年4月）。

123　斜陽化しつつある日本

戦後の高度成長後の右肩下りの人口減少高齢化社会において，今まで隠されていた脆弱な体質的欠陥（愚かにも大東亜戦争の推進のために市民の命を虫ケラのように犠牲にし自殺まで強要した「非個人主義的体質」の神道儒教文化温存（▶216）。これに対して，イギリスは対独戦で'Dig or Die'の食糧増産により市民の生活保全を優先した。）が一挙に噴出した。諸外国民の統計調査の結果とは異なり，次世代軽視のシルバー集票政治にもかかわらず，日本国民だけは高齢に至るほど幸福を実感できないでいる。国土の血管ともいえる道路・水道・ガス等の公共財は一挙に老朽化して改修もままならない一方，基幹道路網も震災時には渋

滞して避難と救援物資の輸送にも耐えない。やがて2,000兆円にも累積する世代間負担の不平等をもたらす赤字財政は一体何に投入されて生じたのか。それでも，東京オリンピック（その商業化・利権化は周知の事実である。猛暑の夏での実施は，米国テレビ放送等の都合に合わせたものでしかない。）などと国民を浮かれさせて，目先の経済活性化の反面として事後の利用・維持すら困難な施設建造（リオ・オリンピック後のブラジルの現状を見よ！）に浪費を重ね有限な資源を消耗している。「キリギリスと蟻」のように過労自殺になる程に労働生産性が低下し（先進国中最下位），欧米の一周遅れを走っている。大学等の研究・教育などの総合力評価では，アジアの中でも上位から遥かに取り残されようとしている。国の頭脳になる高度の人材育成に失敗すれば，日本の未来は拓けないであろう。中国は最優秀の1,000人を選抜して米国に留学させているが，日本は無策に近い。そのつけは未来世代に負わされる。

124　民主政治の退嬰

　日本に限らず，排外的な自国第一主義とポピュリズムの傾向が強まっている。大衆に迎合・同調して「票集め」のポピュリズムになってしまうと「民主政治」は退廃してしまう。それを見越したように中国では中央集権的な賢人政策が強化されている。オストラコンによるソクラテスの死が象徴するように，民主主義は矛盾と欠陥を内在している。「社会契約論」で知られるJ-J. Rousseauは，国民が主権者でいられるのは選挙の投票当日だけである，と正当にも指摘している。W. Churchillは，他のものを別にすれば，「民主政治は最悪の制度である」と断じている。「正当な実定法」を生み出す「民主政治」が健全に機能するには，単なる多数決ではなしに，正しい情報に基づき討論・熟議を重ねて決定した政策について，事後にその妥当性を常に検証することが不可欠である（日本の国会審議の現実を見よ！）。そうでなければ「愚衆政治」になってしまう。政府・官僚・議員が不都合な事実を隠蔽して歪曲するとき，民主主義の根底が失われる。それは，「政治屋の政治屋による政治屋のための政治」である（参議院議員数の削減ではなく増加の「公職選挙法改悪」がなされたのは，その一例でしかない。既成権益に不利な「改正」はなされない）。世界では宗教・民族紛争，軍事政権等の民主政治の失敗により増大した難民・失業者の大移動，他方ではGAFA等の情報プラットフォームの独占等による資産格差の増幅をグローバリゼーションが招いた。その結果，民主政治のグローバルな改革が急務となっている。

[基礎編] Ⅰ章　地球環境と民主政治の危機

> ### *Topic 7*　政治改革の失敗と教育改革の必要
>
> 　官僚の知識情報を生かそうとする「二大政党制」および縦割官僚主義に代わる「政治の統合迅速化」をめざした制度改革（政治改革関連法・中央省庁再編）も失敗に終わった。メモを読み上げるだけの大臣が続出した。官僚の提供する知識情報を政権が選択・決断すべく内閣府の創設・官邸主導となったが、その人事統制と権力集中が政治の密室化・恣意化と議会の形骸化を招いた。そもそも与野党を問わず、議員の候補者の選出母体が既成権益により金権化・惰性化しており（二世議員の増加）、議員・候補者の資質・活動歴等について選出に必要な情報が一般市民には適切に開示されないままに選挙が実施されている。内容の乏しいスローガンと口当たりのよいマニフェストについて、その当否を検討する資料さえも選挙民に与えられていない。検証・論争なき一方的な言説が流布され垂れ流されているに過ぎない。第4の権力といわれるマスメディアもその職責を果たしていない（報道に真実と別の「中立性」などありえない。特にNHKの体質！　米国のTVのように、キャスターではなく、対立する各論者に意見表明をさせるべきであろう）。組織票を含めて大多数の国民は、盲目状態で惰性の票を投じている。だから投票を無駄と考える国民や無投票当選の地方議員等も増加する。配布される選挙公報は全く役に立たない。スマホによる思考停止とデジタル産業による大衆操作とが巨大化しつつある。かくして、どの国でも情報の攪乱・錯綜の中でポピュリズムとナショナリズムが横行して、国民は自ら信じたい情報以外を無視する。因果の堂堂巡りにはなるが、たとえ迂遠であっても、国語歴史教育の向上（五歳児入学、教員資格の修士要件、教員による課外活動監督の軽減など教育の構造改革）に着手するしかあるまい。民主主義は、国民の英知（情報選択力）なしには機能しえない。教育者・研究者は自らの偏狭を改めるために何をすべきか考えねばならない（医学系大学・医学部の男女不平等入試の横行！）。

130　持続的発展の危機と民主政治の課題

　環境破壊に国境はない。グローバルな経済活動を適切に制御しうる政治・法制の枠組が問われ続ける。「国家」とは何か。政治家主導の国家と社会とは異なる。市民は決して国家存在（防衛）の犠牲とされてはならない。市民は「国家」存立のために生きているのではない。

131　地球環境の危機

　森林・水源の破壊による砂漠化・生物種の絶滅（既に100万種）は，修復が困難である。美しく豊かな地球環境が損なわれて人類の生存も脅かされる。気候変動・温暖化による海面上昇で水没化する南洋ツバル島や各地の沿岸部そして世界各地に乾燥火災が生じる一方で，エベレストの麓カトマンズでは大気汚染でマスクの常用が必要になっている。中国大陸からの黄砂が日本列島にも運ばれ，日本沿岸の海水は酸性化しており，プラスチック廃棄物が日本海岸に押し寄せている。太平洋岸でも波で粉砕されたプラスチック粒が沈殿し魚貝類に被害が及んでいるばかりか人体からも検出されている。食物連鎖で生じたチッソ水俣患者の苦しみを忘れてはいけない。プラスチックは世界で年3億t以上生産され，その廃棄物の800万tが海に流出している。そこで先進国に限らず脱プラが加速している。ペットボトル・レジ袋などの生産・流通の規制等（生分解性プラスチックの普及）が強化されないのはなぜか（容器包装リサイクル法参照）。排出量の多い東南アジア諸国でも法規制が始まっている。ようやく日本もプラスチック廃棄物の海外輸出の困難に直面して「プラスチック資源循環戦略」の作定に着手した。ただ環境法規の詳細を知るだけでは環境保護は実現したりはしない。IT・AIで代替しうる単なる法解釈技術学に染ってはなるまい。大局的な問題思考が求められている。

132　環境法制の拡充と錯綜

　第21回国連気候変動枠組条約締結国会議（COP21，2015年）では，すべての国が責任を担うパリ協定が締結され，同年の国連サミットで採決された「持続可能な開発に関する2030アジェンダ」（SDGs）では，世界共通の目的として経済・社会・環境の統合的な対応が求められている（▶250）。豊かな地球環境と限りある資源を次世代に継承していくための日本政府の動きが問われている。なぜか米国トランプ政権はパリ協定から離脱した。因果関係が不確実なことはリスクを放置する理由とはなりえない。国際的な環境保全の緊急性に応じて，国の環境法制の範囲が拡大しつつ発展している。しかし，日本の法体系全体の特色とはいえ，簡易即席の仮設住宅のように単行法令が氾濫し，その錯綜の中で体系的な見透しがきかなくなっている（OECD報告による現状の総括的批判として，畠山3・575頁参照）。単なる環境法令の制定によって環境保護が実現されるとは限らない。制定と執行とは異なる。実現すべき「指標」につき実績の査定がなされ，さらに「横断的な指標」の改定を重ね，その情報公開による

[基礎編] Ⅰ章　地球環境と民主政治の危機

熟議が必要になる。そもそも議会等で定められる成文法や判例などの「実定法」は必ずしも「正しい法」ではないからこそ，その改廃がなされる。法を支える民主政治が健全に働いて初めて，適切な立法や政策が環境法においても実現可能になる。

133　自由競争システムのジレンマ

　大量生産による大量消費という「人間の経済的欲望」が自然からの際限なき収奪を反復・継続した結果，資産の増大による平均寿命の長期化・人口急増と大量消費をもたらすと同時に「人類の持続的発展」を阻害する今日の環境危機が到来した。その原因は人類の生存のための経済活動にあり，その同じ人間が民主政治の主体であることから，法実現のジレンマが生じる。よって民主主義には矛盾が内在している（数と力の支配）。

　こうして，生産・消費の活動自体に，環境負荷を自ら抑制する「循環型の経済的手法」（外部経済の内部化，汚染者支払負担の原則，環境税の強化等）が不可欠になる。自己負担の転嫁（エゴのフリーライダー）を助長するような国家のバラマキ財政（集票目的の手段）は許されない。国家による汚染者への不利益強制（二重の費用を要する制裁的手法）よりも，環境保全が自己の経済的利益と結びつくような自発的行動を誘導・促進する任意的手法が望ましい（▶ 300・310）。また，ジレンマとして，一方では世界人口の爆発的増大，他方では各国間の防衛戦争とくに核兵器による全生物の潰滅リスクがある（◀ 110・120）。米・露・中・北朝などは武器輸出と兵器供与によって世界各地の殺戮紛争に油を注いでおり，これに日本も「黒い商人」として参与している。だから国際法では，中・露を含む戦勝五大国の既得特権とされる「核兵器拡散防止条約」から北欧諸国の主導による「核全面禁止条約」への動きがあったが，日本政府の対応はどうだったか（米国への従属）。平和維持のための軍拡競争が仮に核兵器による侵略の抑止になるとしても，このような相互不信の脅しによる抑止方法は際限なき軍拡競争（力の支配）による資源消耗を伴うゆえに最大の環境破壊の要因となることを避けられない。資源とコストが有限である以上，その適切な取捨と配分が悩ましい政策的課題となる。経済の相互依存と資産の再分配による協調的平和の実現に向けて一歩づつ進むしかない。

140　防衛目的の自損的環境破壊

　全ての戦争は自国の「防衛目的」で行われる。この破壊の殺し合いで尊い「人命」が保全され「幸福」が増大したことがあったか。それで美しい「環境」が保全されたことがあったか。

141　人身と環境の破壊を招く戦争

　「市民ではなく国家」を防衛する目的の戦争・軍備こそが、その莫大な財政支出を理由づけるために「敵国の脅威」を相互に創出・誇張する（経済的非効率）。人身だけでなく、最大の環境破壊（資源消耗）とそのリスクをもたらす。沖縄の悲劇、広島・長崎への原爆投下のみならず地方都市への無差別爆撃の反復により非武装民間人の大量殺戮が遂行された（300万人以上の死者）。これにつき、米国は、自国民の死傷拡大を阻止し戦争を早期終結するための止むを得ない正当手段であった、としている（しかし、J.ロールズは、これを不法な殺戮であったと理論づけている）。それゆえ極東軍事裁判でも、一方的に日本の戦犯のみが処罰された（しかし、国民による戦争遂行責任者の追及は行われたのか）。このような悲惨な敗戦体験への反省から日本国憲法の前文と第9条「国際協調による平和主義」が定められた（これに反して、日本軍国主義征圧の成功体験こそが、その後の米国の国策、「自由主義」の擁護・拡張のための武力介入による覇権的支配を決定づけた）。たとえGHQ主導で立案されたにせよ、国民は新憲法の国際協調主義を確かに受容したのである。南洋からの石油資源等の供給を断たれないための自衛戦争あるいは大東亜共栄圏によるアジア諸国の植民地解放という一面があったとしても、自らW.チャーチルを喜ばせて（林訳4・1頁参照）、真珠湾を奇襲して米国に参戦を決意させ、戦火を開きながら戦地への食糧供給すらできずに莫大な餓死・玉砕に追い込んだ政府の短絡的愚策（思考停止・真実隠蔽・思想統制）を示す事実は否定しえない。こうして総力戦の残酷・非道さを痛感した「謝罪」の宣明（真摯な反省によるものであったか？ 軍隊式の上からの強制・暴力による他者支配の文化は、職場・学校・スポーツの世界に今日まで蔓延している！）にもかかわらず、反日教育を継続した中国・韓国の反日感情は収まることがない（日本外交の失策による極東アジアの不安定要因）。

142　平和憲法の理念後退

　平和憲法の理念を後退させた事態が朝鮮戦争と米ソの冷戦構造であった。わ

［基礎編］Ⅰ章　地球環境と民主政治の危機

が国は警察予備隊のちに自衛隊を結成して国連軍である米国防衛の前線基地・「不沈空母」の役割を引き受けた。同じ敗戦国でありながらもドイツとイタリアは航空管制権を回復しているが，日本はそうではない。寄らば大樹の陰。これが今日まで続く政治的惰性であり，日米安全保障条約・日米地位協定の内実である（1972年の日米交渉において日本側は自らの意思に基く基地利用を主張したが，それなら米軍の撤退もできると一喝されて恐縮に終った。後にオバマ政権の核削減方針に反対したのは日本側であった。日本外交の迷走）。この「現実」を正当化すべく司法審査の対象外としたのが，「統治行為論」・司法消極主義であり，改憲を不要とするのが「憲法変遷論」であった。これを合憲化する試みが，憲法9条2項にいう「前項の目的」には国家の自衛権（交戦権）を含まないとする政府の法解釈であった。さらに現在では，憲法は国際協調主義の実現を前提とするので，その条件が充足しない現実の下では国家の自衛権（存立）を保障している（顕原6・145頁）とか，国家は国民の安全を保護すべき憲法13条上の義務があるので，自衛権の行使は当然に正当化されるとか，いずれも憲法の前文を無視した「手品のトリック」のような日本人得意の憲法解釈である。その趣旨を明示するための憲法改正が必要であるとも有力に主張されている。

Topic 8 　正当防衛と防衛戦争との相違

　数多くの戦争の歴史から明らかなように，対国家的（国際法的）な「自衛権の行使」の限界づけは（憲法98条2項），個人の正当防衛権（刑法36条）のような比較的単純な事実関係とは異なる。大量の当事者である軍隊間の複雑錯綜した事実関係であって，中立的な証人や中立的判定が機能せず不可能に近い。そもそも，反撃防衛は不正な侵害者だけではなく極めて多数の一般市民を不可分に巻き込むことになる。必然的に再度の報復攻撃を誘発して，戦闘のエスカレイションが回避不能になるからである。ベトナム戦争に懲りない米国を中心とする多国籍軍の虚偽情報によるイラク等イスラム世界への侵攻の結果，米国での9.11事件後もテロリズムの世界的拡散が招来されている。これが防衛戦争と常に称される市民犠牲の民族的憎悪を連鎖させる事態に共通する史実である。これに対して，対内（国内法）的な自衛権の行使は，憲法9条の制約を受け，正当防衛権に類する制限がなされている（自衛隊法82条の3・94条の5・95条の2，重要影響事態法11条など参照）。それでも情報秘匿の下では法規が適正に運用・執行されるとは限らない。文民統制の内実が問われる（包括的には，水島7参照。ただし，自衛隊の「解編」以外の現実の自衛権の在り方については不明である）。

何よりも「被侵略妄想？」の解明が必要である。常に戦争は，「政治権力者」が「国民」の「自国第一主義・民族主義」を鼓舞しつつ，「自己の権勢」を維持する手段として自国民と他国民の生命すらも犠牲にして遂行されてきた。国家防衛戦争という名の下で防衛されうるのは，「国家」の形式と特権階級の既得権益のみであって「市民の生命・身体・自由・財産」では決してない。勝敗にかかわらず戦争で「幸福」になった一般市民が一人でもいただろうか。

143　国家の安全保障

「非核三原則」を僭称しつつ，許されざる核攻撃の抑止の傘に入ることは，自らが核兵器の威嚇力を「利用」することである（虎の威を借りる狐）。ちなみに，米国の強力な核抑止の傘に入ったからといって，緊急事態での日本の安全が確保される保証などはありえない。その相互信頼を強化するには自衛隊も米軍の作戦を支援すべきことになり（軍事同盟），共同の敵国とされるリスクも増大する。米軍の基地がある限り，戦時には中国・ロシア・北朝鮮の核ミサイルの標的とされる脅威が生まれる。「日本は常に100％米国と共にある。」これが余りにも卑劣な従属ではないとしても，政府のいう「積極的平和主義」は完璧な防衛構想であるとは言い難い（開戦の動機についての歴史を忘れてしまったのか）。イスラエル寄りのトランプ政権はイランとの約束を破棄した。米国の武力外交は，日本の模範となりうるのか。まことにオメデタイ事態ではないか。

Topic 9　世界一の財政赤字国による防衛費増強

　世界第一の財政赤字国でありながらも，さらに軍産複合体の米国からの（防衛効果の限られている）イージス・アショア，サード（Thaad）の購入や欧米並みからは程遠い現状の核シェルターの完備，石油・食糧の備蓄強化など防衛力の増強をはかっても，赤字が嵩み教育・研究による人材育成への投資が殺がれて国力は衰退する一方である（現に日本の特許申請数は，中米に大きく離され，停滞を続けている）。人口の高齢化が一層進む中で自国防衛の気概が欠けるならば（海外派遣の自衛隊員の自殺者増加），無駄な試みに終わらないか。真の「国体」武力防衛ならば国民皆兵制しかない。これを免れるためにハイテク自衛隊員の奮闘に委ねるべく，憲法9条を改正するのであれば，あの「神風特攻隊員の犠牲」とどう違うのだろうか。一体誰が尖閣奪還作戦を遂行するのか。結局，堂堂巡りとなるが，自衛の最善の方策は，近隣諸国との経済・文化の交流緊密化，相互依存の友好関係の構築（真のグローバリゼイション）しかないのである。それこそが同時に国際的な環境保全にも役立つであろう。

[基礎編] Ⅰ章　地球環境と民主政治の危機

144　日本の進路

　休戦中の北朝鮮にとって「国体存立」の最大の脅威は，米国の武力行使とその日本にある基地である。その唯一の抑止手段である核兵器保有は，決して放棄しえない。これに劣らぬ内的脅威が韓国との厳しい経済格差を知りつつある人民の反乱であり，中国に倣って産業育成を強化して一定の成果を収めている。それゆえ，日米政府の主張する経済的封鎖などの圧力が効を奏することはない（外交的情報の貧弱かフェイク・ニュースか）。2018年6月のシンガポールにおいて，中間選挙のための実績作りに励むトランプは金正恩が狂気のロケットマンではないことを突如強調し始めた。「理性」のある者には米国の核による抑止力が有効に働くので，北朝鮮が米国に向けて核弾頭搭載ミサイルを発射することはありえない。こうして米国の安全が保持できると国民に宣伝したのである。米国にとって，北朝鮮の核全面放棄の履行が長期化し不確実であったとしても，それは米国の安全保障にとって必ずしも決定的でない。中国の最強国家化こそが真の脅威といえよう。韓国の文在寅も，北朝鮮との平和・友好関係が暫時であれ維持されて，軍事的緊急状態が回避される限り，北朝鮮の核保有がその障害になるとは考えない。かくして，北朝鮮の先軍政治と中国・ロシアの覇権政治が勝利を手にし，日本の島国外交は再三失敗した。各国の立場はそれぞれ異なることを看過してはならない。ウクライナ・クリミア半島との関係を見るだけでも，弱体化したロシアが日本の北方領土を返還することはありそうもない。この70年間の長期にわたりロシアの権益と住民の生活が完全に定着している。プーチンは，日本に米国の基地（日米安保制の存続）がある限り，領土返還は難しいと正直に告白して北方四島の軍事拠点の強化を着実に進めている。他方，尖閣諸島は，中国との緊張関係において常に不安定要因になる。これを日本が確保しようとすれば，軍事経済の両面で覇権化して世界最強化する中国との敵対関係が今後も解消することはない。国力の衰えた日本が米国をも凌駕しつつある覇権国家・中国に対抗する余力はない（現に韓国から竹島すら奪還しえない）。残念ながら両国の共同統治とするような妥協策しか残っていないように思われる。米国への追従で東アジアの緊張が緩和するのであろうか。

　これらの国際的な政治・経済の問題のすべてが，大局的な環境保全の問題に連動しているといえよう。秦の始皇帝の時代より治水こそが国家の第一課題であった。西日本集中豪雨災害（2018年）による200人以上の死者と3年分の廃棄物の放出，北海道のブラック・アウトのような事態は，今後も自然災害により頻発しうるであろう。全国の道路・橋梁・上下水道等の老朽化や空家の急

増等に莫大な財政支出が不可欠になっている。それにもかかわらず，1機のみで2,000億円を超えるような兵器を米国から購入すべきなのか。経済文化交流が際限なく「国境」を越えて波及している現在において，「国家の存立」とは何か。「国破れて山河あり」。漢の倭の奴国民であってはならないのであろうか。国民を根拠づける「国籍」は所詮国家自らによる人為的な線引でしかない。その保全のために「生命・自由」まで献げる価値があるのだろうか。英国の離脱は「EUの本質」を理解しない愚策である。このようなグローバルな政治経済の混乱期である今こそ，日本の2020年の東京オリンピックを機に「成熟文化の中立小国・環境保全大国」への道を歩み始める絶好の時ではないだろうか。

【Ⅰ章　参考文献】

1　丸山雅夫「原子力および放射性物質」町野朔編『環境刑法の総合的研究』（信山社・2003）
2　ロバート・D・クーター，トーマス・S・マーレン，太田勝造訳『法と経済学』（商事法務・2005）
3　畠山武道「環境基本法体制―― 20年の歩みと展望」高橋信隆ほか編著『環境保全の法理論』（北海道大学出版会・2014）
4　林幹人訳『チャーチル―日本の友人』（ぎょうせい・2015）
5　小路田泰直「二〇世紀と核」小路田泰直ほか編『核の世紀　日本原子力開発史』（東京堂出版・2016）
6　頴原善得「安全保障と憲法――「立憲主義の危機」論に対する疑問」小路田泰直ほか編『核の世紀　日本原子力開発史』（東京堂出版・2016）
7　水島朝穂『平和の憲法政策論』（日本評論社・2017）
8　竹内純子「原発の電気は安いのか？（後編）」環境管理2017年12月号
9　長井圓「環境刑法の基礎・未来世代法益」神奈川法学35巻2号（2002）
10　長井圓「環境刑法における保護法益・空洞化の幻想」横浜国際社会科学研究9巻6号（2005）
11　長井圓「刑法は環境保護に役立つか？」（環境刑法入門第1回）環境管理2016年6月号
12　長井圓「グローバルな民主政治の危機でも地球環境を保全できるか？」（環境刑法入門第10回）環境管理2017年12月号
13　長井圓「生命の法的保護の矛盾撞着（1）――死刑の正当化事由をめぐって」中央ロー・ジャーナル14巻4号（2018）

［長井　圓］

Ⅱ章　地球環境保全の道徳倫理

200　道徳倫理と環境倫理の基礎理論

　Ⅰ章では，「法的責任・社会的責任の区別と多層性」（◀103・104）について説明したが，本章では全法体系の根底にある「道徳倫理の基礎」と「環境倫理の位置づけ」に関する「幸福」と「正義」の理論を取り扱うことにする。人を不幸にするような「実定法の規制」は存在してはならないからである。ここでは，民主主義の「目標」が問われる。

　伝統的な経済学は，経済活動の前提として，一般的に「合理的な平均人」は自己の財の効用を最大化するように「利己的な行動」をする，と考えてきた。しかし，合理的個人・完全競争市場の仮構性が，経済人類学，「不完全情報による市場の失敗」，「エントロピーの経済学」を経て顕在化した（中村13・2～37頁）。現在では，人間行動の相互作用に関するゲーム理論（合理的選択理論）の実験心理学的成果等を踏まえて，人は社会的な倫理規範を遵守して「利他的な行動」をする性向もあることが明確になりつつある。その限りで，市民の自発的行為に期待して，国家による法的規制は弱くてもよいことになろう（実定法の補充性）。このことは，環境保全の法において実効的で実践的な政策に基いて環境管理を法定する上でも重要である。人間の行動に関する機序・法則に適合しない過大な行政処分・刑罰を賦課しても，環境保全の効果が期待できるとは限らないからである。

　より根本的には，人は自由に生活することが「幸福」なのだとすると，いかに環境保全の目的とはいえ「国家」がむやみに「法的規制」を用いて「個人の自由」を制限することは適切でなく，法規制の「必要最小性」が要請される。加えて，国家の立法・行政・司法による法的規制は，国民から強制徴収された巨額の税によって運営される。そうすると，環境保全もできるだけ個人や社会の「自発的活動」とこれを促す「情報の透明化・活性化」に委ねつつ，「課徴金」や「環境税」の持続的効果と徴収コストの低減化を画る方策こそが，市民は一層「自由」で「幸福」になるかも知れない。

[基礎編] Ⅱ章　地球環境保全の道徳倫理

ちなみに，個人の「自由」（憲法13条）とは，一般的・包括的な「生活の自由」をいい，個別的な思想良心，表現，集会結社・身体の自由などとは区別される。「自由」は，「生命」自体ではないが，その内実（自己達成）を基礎づけるものであり，各人の「幸福」な生き方を実現可能にするものである。

201　道徳と倫理との関係

(1)　概　説

事物の存在と人間の認識（情動・理性）・行動との関係については，東洋では仏教・儒教・ヒンズー教等の多様な思想があり，西洋ではユダヤ・キリスト教の成立前のプラトンやアリストテレス等以来，近代の哲学・倫理学・生物学・心理学・言語学・社会学・経済学・法学などの基礎理論として極めて多数・多様な道徳・倫理の思想が展開されてきた。最近では，社会進化生物学，生物工学，実験心理学，行動経済学，脳科学などの自然科学的技術の発展によって新たな光が照射されて，伝統的な社会科学との融合的な知見が深まっている。

(2)　道徳倫理の概念

「道徳」（moral）と「倫理」（ethic）とは，語源（ラテン語，ギリシア語）が異なるものの，同義とされている。ただし，両者を異なる概念として区別する語法もあるが，その論者に応じて相反する意義が与えられており，その用法は定まっていない（刑法学の観点から，増田32・4頁）。例えば，「道徳」とは「正義」（正邪の区別）とは何かを示すものであり，「倫理」とは「善」（快楽・苦痛の区別）または「幸福」（価値観）とは何かを示すものであるとの語法も有力である。確かに，個人の「幸福」と社会の「正義」とは，関連しつつも異なる。本書では両者を区別すべきときには，「個人道徳」と「社会倫理」という語法を用いることにする。

(3)　道徳倫理の懐疑論

道徳倫理という言葉はあっても，それは何を意味するのか。それが各人の「価値観」をいうのであれば，「真偽」の区別が不可能であり，哲学の対象となりえない。このような懐疑論も主張されている。しかし，「価値」は，「実体」を反映した身体による「認識的評価」である。それが各個人の生き方を定めることになり，「共存」の規範を定礎する。

〈200〉 道徳倫理と環境倫理の基礎理論

> ***Topic 10 西田Japanへのブーイングはなぜ？***
>
> 　1992年の甲子園で松井秀喜に連続5回の敬遠を与えたときには、ブーイングが観客席からも沸き起こり、試合敗者の松井にこそ栄冠が輝いた。また、2018年のサッカーW杯の対ポーランド戦において、西田ジャパンが得点で負けているのに攻撃を完全に放棄して自陣での守備に徹したのを見た観客からも激しいブーイングが巻き起こった。結果（帰結）を度外視して勝利に向けて最後まで全身全霊を奮い立たせて全力を尽すことが「フェア・プレイ」であり、その美学が強い感動を与える。勝利（優越）が究極の目標ではない。これを踏み躙って決勝リーグ進出という打算のために、しかも偶然に委ねる博打に出たからである（行為無価値VS結果無価値）。その選択は、ゲームのルール（法規）には何ら反しないが、競技の「倫理規範」に反すると観客は直感したのである。西野監督も「不本意」であったと自認している（勝残るために全力を尽して守備に徹したのだから、何も悪くはないとの評価もある）。

　実定法規とは区別される「倫理」の社会規範がある。それは、一様ではないものの、人間の心理に確実に存在する。たとえ「真偽」の問題ではないとしても、道徳倫理とは何かを明らかにすることには重要な意義が認められる。

(4)　**道徳倫理の感性と理性**

　人間の行為は、生理的（本能的）な「欲求」と知性（理性）的な「信念」（経験の集積的評価）との心理的葛藤で成り立っている。煙草を吸いたいとの欲求があっても、自己の健康（利己的動機）だけでなく他人の健康（利他的動機）も害するとの認識から、その欲求を抑えるべきとの理性により、煙草は決して吸わないとの信念に基いて行動することもある。しかし、現実の人間は、生理的欲求に弱く、外部的社会的圧力に屈する（西野ジャパン）。さらに、個人の信念も一様ではなく、結局は自己の価値観に従って多様な行動をとる（欲求の非認知主義、価値主観主義）。それでは、***Topic 10*** のブーイング（憤激・不満・批判）は何に由来するのか。また、スポーツ界（商業化した相撲、柔道、レスリング、ボクシング、アメリカンフットボール等での暴力体質・強圧体制・権益抗争の露呈）でも連綿と不正・虐待が摘発され、その商業的バラエティ番組等が高視聴率を稼ぐのはなぜか（同調行動の由来）。

202　道徳倫理の起源

　人間は是非・善悪を熟考ではなく瞬時に判断して反応・行動する。笑い、喜び、悲しみ、怒り、嫌悪、拒絶などの「情動」ないし「感情」は、どこから生

[基礎編] Ⅱ章 地球環境保全の道徳倫理

まれるのか。例えば，毒物・害虫に対しては嫌悪，不当な危害に対しては激怒の反応が示される（また復讐報復の感情につき◀102）。それは，心身の防禦・反発の活動であって「脳」に刻み込まれた情報処理に由来する。

人類が自然淘汰・環境適応の結果として生き残ることができたのは，「利己的な遺伝子」が，少なくとも同種の他の遺伝子との有性生殖を条件とするので，生物各個体の「種の生き残り」のために「互恵的利他的」に振る舞うことを選択する（ドーキンス，日高ほか訳24）。また，人間の社会契約の生物学的基礎とそれに適応した心理メカニズムについて，レダ・コスシデスとジョン・トゥービーは，「互恵的利他行動」の成立条件において，恩恵を受ける一方でお返しをしない個体が共生から排除・淘汰されると指摘した（長谷川（寿）・長谷川（眞）17・172頁。「特集 刑事司法と生物社会学」罪と罰55巻3号（2018）5～56頁参照）。確かに，鳥や獣も敵が接近するのを知ったとき，自分だけ逃げたりせずに，自らリスクをとりつつ，鳴き声で仲間に合図を送るのが観察される（人の「ゲーム理論」を想起せよ！）。共生のための社会倫理（互恵的利他行動）は，人類に特有のものではない。このことは環境倫理（特に動植物保護）を考える上でも重要である。

Topic 11　人間の脳内にある道徳感情

「倫理観というのは，人間の脳の中にある根本的な道徳感情に由来する。人類が誕生し集団生活を行なう中で，倫理的な感覚をもつ集団が生存に有利であったがために，倫理観をもつ脳が自然選択によって選ばれてきた。現代の人間社会の倫理に根拠があるとすれば，それは進化の結果として人間の脳の仕組みにある。脳という人類共通の基盤があるということは，実は人類に共通の倫理観というものが想定できる可能性を示している。倫理観は主観的なものかもしれないが，脳という視点で見れば，このような主観的な感情もまた科学研究の対象になる。……倫理観が，脳によって生み出される主観的な価値観であることを認めれば，人によって脳の構造も微妙に違うのだから，善悪の感じ方に違いがあることも理解できる。」（金井24・6頁）。ここには「進化論・決定論」的科学観（▶450(3)・470・471・475）が示されている。

もっとも，その汎用性には疑問がある。むしろ言語による同調的な「文化的進化」（環境による因果決定）こそが重要であるとの指摘もある。なぜユダヤ人が豚を食べず，ヒンドゥ教徒が牛を食べず，アメリカ人が犬を食べないのか。それは，遺伝的適応の問題ではないであろう（ヒース，瀧澤訳27・12頁，331～

343頁)。配偶者選択・血縁選択，互恵的利他行動の遺伝的な「生物的進化」という社会生物学理論の先天的な遺伝的素質のみに着目するのでなく，後天的な文化的生育環境（しつけ，教育，学習，模倣，同調，分業）における知識・情報の作用もまた道徳倫理観の因果的形成発展に作用することは否定できない。

203　互恵的利他性と応報的正義

進化心理学や社会生物学の示した遺伝的適応・文化的適応は，「道徳倫理の生物学的基礎」（脳における定位）を科学的に解明しようとする因果論的試みであり，集団的行動における同調的協力という「相互依存性」に焦点を当てている。しかし，それで道徳倫理の問題が解決されたりはしない。

(1) **利他的行動と互恵的利他行動**

両者は，区別されねばならない。真正な「利他的行動」は，他者の利益のための自己犠牲であり，「個人道徳」（主観的価値観）に委ねられる。これに対して，「互恵的利他的行動」は，「社会倫理」として共存共生を要請するものであり，自己犠牲ではなく自己にも他者にも利益をもたらす点で，「個人主義」とも「共同体主義」とも調和しつつ文化的に発展しうる。それは，専ら利己的他害行為をする者（フリーライダー）を排除することで協力的同調を促し，共生の社会倫理としての法（正義）を強化する。

(2) **互恵的利他行為**

そのスローガンにもかかわらず，生物の「自己保全の欲求充足」の本能を解消することは不可能である（▶310）。かかる現実に社会は日夜直面している。むしろ，「利己主義の集団的結束」が排外的な民族主義・自国ファーストの闘争・戦争（人間の自滅的破壊活動）を反復・継続させたのである（◀105・142）。

(3) **いわれなき攻撃・侵害**

これに対する憤激・憎悪の「情動」と「共感」という同調の制裁行為が「報復・応報の正義」とされてきた。しかしながら，憤激・憎悪の「情動・共感」は，それ自体攻撃・侵害をもたらす犯罪の動機にもなるという「力による解決のジレンマ」を避けられない。かくして，社会的制裁と報復・闘争・戦争とは，同根の「力」による他者侵害的自衛反応であるといえる。それゆえ，「情動」・「感情」による行動を調整するものとして，「理性」に基づく合理的行動が不可欠になる。環境侵害に対して制裁（行政処分，刑罰）を賦課さえすれば，即自的には目的が達成されるようにも見える。しかし，それでは市民の自発的な環境倫理が促進されるとは限らず，加害制裁による排除・疎外の悪循環がなくら

[基礎編] Ⅱ章 地球環境保全の道徳倫理

ないからである。

210 幸福と正義に関する伝統的思想

環境保全のためには，人間は，①自らの欲求・幸福追求をおよそ自制すべきなのか。それとも，②自己の幸福追求を優先し，それに有用な限りで環境保全に努めれば足りるのか。環境保全が重要であるとしても，個人の幸福追求や職業選択の自由を制限するような行政処分・制裁・刑罰が広く科せられるのは当然なのであろうか。この幸福と正義の問題は，古代より倫理哲学における悩ましい問題であった。上記の①は「禁欲主義」（規範主義倫理学・義務論）の思想であり，②は「快楽主義」（自然主義倫理学・功利主義）の思想である。そこで，これらの伝統的思想の対立について，以下では検討することにしたい。

211 日本における神道・仏教・儒教の習合（日本と朝鮮半島との関係）

わが国は，明治維新の王政復古として律令制に戻ろうとしたが，賢明にもフランス・ドイツの西洋法を継受して「立憲君主制」を確立した。その源流として古代ギリシア・ローマの思想に遡ることになる。しかし，先ず「日本」国家の草創期（6～8世紀）に起源をもつ道徳倫理の思想（神道・仏教・儒教の「三教」）に触れる必要があろう。古代より朝鮮半島との密接な文化交流があり，渡来人が弥生人と混血し，多数の帰化人がわが国に大陸文化を導入してきた。再び第2次大戦後には，中国・北朝鮮の赤軍南化（共産主義による人民解放戦線）とこれを阻止しようとする国際連合軍・自由主義陣営（米国等）との朝鮮戦争によって平和憲法は，不幸にも日米安保条約と自衛隊結成という根本的な体制矛盾を余儀なくされた。東西冷戦後の今日まで，その政治的惰性が続き，休戦中の北朝鮮の核保持をめぐる第3次大戦の危機問題が政府による憲法改正の動機（防衛体勢の強化）の1つとなっている（◀142）。

歴史を忘れる者は同じ誤りを繰り返す。顧れば，固有の文字も法典すらも欠いた「倭国」では，内では氏族の権力抗争，外では朝鮮半島における任那の滅亡（562），百済救済の白村江での敗戦（663），高句麗の滅亡（668）という激動のアジア情勢の中で，大帝国「唐」による侵略の危機に対処すべく，中国風の律令国家の建設に急がねばならなかった。中国文化および朝鮮半島の帰化人を迎え入れつつ，仏教・儒教・道教（神仙思想）と聖典すらない自然崇拝の神道

とが習合し，これが律令国家「日本」の思想的な基礎となった。

212　儒教の思想と漢の律

当時，中国文明の漢王朝の封建的国家統治を正統化する「仁徳」の政治思想が「儒教」であり，その中核となるのが儒学の始祖「孔子」（BC. 551 〜 BC. 479）の礼であった。「子曰はく，其れ恕か。己の欲せざるところは，人に施すことなかれ」。「子曰く，之を道くに政を以てし，之を斉うるに刑を以てすれば，民免れて恥無し。之を道くに徳を以てし，之を斉うるに礼を以てすれば，恥有りて且格る。」「民は由らしむべし，知らしむべからず」（『論語』）。これは「礼は国の幹なり」という封建的倫理思想であった。国家が法令と刑罰で民を統制しようとすれば，民は刑を免れようとして悪行を隠蔽するだけである。民を善導すべく徳と礼を用いるならば，民は恥を知り正道に至るであろう。

Topic 12　『漢書刑法志』

『漢書刑法志』には，当時の儒学思想が次のように示されている。「そもそも人間は，天地の姿に似て仁義礼智信の五常の性をもち，聡明精粋であり，生あるものの中で最も霊（すぐ）れたものである。その爪歯は欲望をかなえるには足らず，その走力は危害を避けるには足らず，寒暑を防ぐ羽毛もない。そのため物を利用して生存をはかり，力でなく智を活用するから人間は貴いのである。ゆえに人間は仁愛がないと集団生活ができない。集団生活ができないと生活物資が不足して争いになる。そこで，敬譲博愛の徳を率先した上古の聖人に民衆はよろこんでしたがったのである。」，「書経の洪範には「天子は民の父母となって天下の王となる」とある。それは，仁愛徳譲が王道の根本であることを明らかにしている。だから礼を定めて敬を崇び，刑を定めて威を明らかにしている。礼を定めて教化し，立法して刑を定め，民情を動かし，天地の理法に則っている」（要約。内田1・3〜4頁参照）。

こうして，儒学の「仁徳」は，統治者に「仁徳」の倫理を求めるものであるから，その仁徳が欠けるときには民衆の「革命」を許容することにもなる。「官吏が法文を巧みにあやつり恣意にすることがひどくなっている。これは朕の不徳である。」（前掲書37頁），「法が正しければ民はこれを遵守し，罪が妥当であれば民は従う。そもそも民を治め善道するのが官吏である。これを導くことができず，不正の法で罪するのでは，法に反して民を害し暴虐となってしまう」（同43頁）。「五刑の条項」に「三刺，三宥，三赦」を定めた。「三刺は，第一に群臣に，第二に群吏に，第三に万民に訊うこと，三宥は，第一に不識，第二に過失，第三に遺忘を宥すこと，三赦は，第一に幼弱，第二に老耄，第三に蠢愚（生来的精神障害）を赦すことである。」（同69頁）とされている。

漢律の基本思想は，「人間中心主義」であって，人間を万物の霊長とみる点で「人間の尊厳」の一端が示されている。ちなみに，当時の中国刑法（律）は，西洋よりも遥かに進歩しており，不完全とはいえ罪刑法定主義や責任主義が採用されていた。上記の思想は，社会倫理（礼）に対する刑罰の補充性，刑罰謙抑主義を勧めるものであった。しかし，「知らしむべからず」に示されるように，民は統治の客体・道具でしかなかった。それにしても，現代日本の「民主政治」において日米安保条約（地位協定）や非核三原則のみならず外交問題の真実が主権者たる国民に正しく知らされているだろうか。現代の政治家や官僚には，儒教思想の悪しきルーツのみが生きて恥じないのではないか。

213　古代インドの仏教の二面性

インダス文明では，アーリア人の侵入後，リグベーダの聖典をもつ多神教のバラモン教から派生して「仏教」が生まれた。アレクサンドロス大王が西インドに侵攻・帰還後（BC. 327～BC. 323），統一国家マウリア朝が成立し，その最盛期にはアショーカ王が仏教を絶大に保護した。ネパールに生まれたゴーダマ・シッダッタ（BC. 463～BC. 383）は，菩提樹の下で瞑想して自律的な覚者（仏陀）となった。我および世界は，常住であるか無常であるか，有限であるか無限であるか，身体と霊魂とは一つであるか否か。これらの形而上学的論議は真実の認識（正覚）をもたらさない。いずれも執着・偏見であることを覚知して，いずれにもとらわれずに自ら省察して内心の寂静の境地に達することが人間の生きる道（法・ダルマ）であると説いた。永遠な我があると考えて，これに固執するため多くの煩悩に苦まされている。人が苦・無常・非我の理を悟って妄執を断つことのできる認識を得たならば，解脱の境地（涅槃）に至ることができる（四諦説，苦諦・集諦・滅諦・道諦）。その修業法が「八正道」である。修業に精励するには，在家の愛欲生活から離れ，出家して独身となり，托鉢乞食して僅少な食事と衣服に満足しなければならない。他人を尊重し，他人と争ってはならない。一済の衆生（迷いの世界にある全ての生類）に慈悲を及ぼさなければならない。こうして，原始仏教は，自発的に全欲望を絶つための実践的省察を求めた。それは，「自律的・禁欲的な環境倫理」の思想であったといえよう。

これに反して，旧来の伝統的仏教は，大きな社会的勢力により布施で莫大な財産を得て，巨大な僧院に居住し，瞑想坐禅に励んでいた。大乗仏教は，このような独善的態度を「小乗」と呼んで非難した。利他行に徹して「生きとし生

けるもの」を苦から救済すべきとした。このような実践者を菩薩という。しかし，菩薩行は一般人には実践できない。そこで民衆の教化方法として，仏（如来）・菩薩を信仰しこれに帰依すれば，富や幸福が与えられ無病息災になると説き，その手段として呪句を用いた。こうした大衆への流布は，仏陀の教え（禁欲的な自律修行）から離れて，大乗仏教の堕落の原因となった。要するに，仏教には，自律的・実践的な禁欲志向と他律的・依存的な快楽志向との「二面性」があったといえよう。何よりも仏教の弱点は，梵語に由来する漢字の経典を一般人は理解し難いことにある。

214　伝来した仏教・儒教と神道との習合

　大乗仏教は，呪術的な宗教として現生利益の神仙思想と結びついて中国・百済を経て日本に伝来したのである（538）。「日本書紀」によれば，蘇我氏と物部氏との崇仏・排仏の論争があったが蘇我氏の勝利に終り，聖徳太子（厩戸の皇子）と蘇我氏との共和体制により「以和為貴」で知られる十七条の憲法が制定され（604），法隆寺が建立された（607）。ちなみに，用明天皇は「仏法を信けたまひ，神道を尊びたまふ」，孝徳天皇は「仏法を尊び，神道を軽りたまふ」と記されている。

　日本古来の神道は，すべての自然事象を神秘的なものとして素朴に受容・崇拝する原始宗教（アニミズム・シャーマニズム）であって，バラモン・仏教やユダヤ・キリスト教とは異なり聖典や哲学的思想を持たないものであった（もっとも，契沖とは異なり，本居宣長は，『古事記』を経典として「もののあわれ」の思想体系を導いている。これを上田秋成は神話と歴史との混同だと批判した）。文字も金属器もない狩猟採取の縄文時代には，聖なる樹林をカミ（神）・モノ（精霊）の宿る所としていたことが，『万葉集』でも社・神社をモリと呼んでいたことからも伺われる。子孫繁栄・五穀豊穣を専ら祈願する習俗は，やがて天皇による国家統治とともに大祓（おおはらえ）の国家的祭儀となり，相嘗祭・大嘗祭が創祀され，天照大神・豊受大神からなる伊勢神宮が創建された。かくして，神道は，道教の神仙思想や他力本願の大乗仏教と習合し，「鎮護国家」の神国思想となり，元寇の国難回避も「カミカゼ」によるともされた。鎌倉幕府の時代には，仏教が隆盛を極めた。一方では，末法からの救済を求めて阿弥陀にすがるのが法然の浄土宗であり，親鸞は一切の自力の計を退けて阿弥陀の恩寵を専ら信ずることを説いた。他方で，禅宗は，自力による悟りを説き，幕府と武士階級に受容され，栄西の臨済宗と道元の曹洞宗とにより布教がなされた。な

［基礎編］ Ⅱ章　地球環境保全の道徳倫理

お，日蓮は，法華経による仏国土の建設を説き，他教を激しく排撃した。

215　近世における朱子学と学問の多様化

　ともあれ，豊臣秀吉は，仏教の権威を政権の安定に利用しようとして，方広寺の大仏建立に千僧供養会を行った（1595）。近世になると，仏教は，江戸幕府のキリスト教禁圧の「宗門改」・「寺請制度」・宗門の「本末制度」・「諸宗寺院法度」により幕藩体制の統治機構内に組み入れられて「国教」と化した。仏教は士農工商制度の教学機構になり，日本人は全て「仏教徒」になったのである。しかし，後には儒学が「学問教育」として新たに盛んになった。幕府の朱子学者・林羅山は，仏教は虚妄であり儒学こそが人倫実用の学であると唱えた。学問に通じていた徳川綱吉は，「生類憐みの令」で仏教の教えを実践しつつも，孔子廟の湯島聖堂（1691。後の昌平坂学問所・1797）を築いて仁政の学としての儒学を尊重した（仏教と儒教との両立政策）。しかし，武断の伝統ゆえに，幕臣には普及しなかった。やがて，商業経済の発達，武士の困窮，「憂き世」が「浮きの世」に変わる仏教の民俗化，江戸の町人文化隆盛と農村の疲弊による一揆・打壊しの多発など18世紀後半の幕藩体制の動揺に直面して，経世済民の学としての朱子学等が「官僚化」した武士階級にも急速に普及した。松平定信による寛政の改革では仏教と朱子学のみが「正学」とされた（異学の禁・1790）。しかし，それは幕藩体制の危機における朱子学の無力を反映したものでしかなかった。大塩平八郎の「天保の乱」（1837）は，陽明学の知行合一の実践（小さな革命）であった。天竺での仏教滅亡，インドの植民地化が知られるようになって，仏教の「護国」思想も破綻して「廃仏毀釈」につながる。欧米列強の到来による日本の植民地化に対応しえないような幕府は天皇に「大政奉還」をすべきとして，「尊王攘夷思想」が水戸学と共に生まれる。

　各地の藩校・私塾では，儒学の他に筆学・算学・医学・洋学・天文学などが併置される一方，19世紀には民衆教育として寺子屋（手習塾）と私塾（学問塾）が都市・農村へ拡大していった。特に私塾での漢学・国学・蘭学・医学・算学などの多様な専門学・技術学の人格で結ばれた自発的な学問教育が，明治維新を拓き，西洋文化の受容・吸収を急速に導いたのである。

〈210〉 幸福と正義に関する伝統的思想

Topic 13 「寛政異学の禁」と学問・教育文化の隆盛

　天学（天文地理学）の西川如見（1648～1724）は，亜細亜の中央にあって「朝日始めて照らす地」であることから「日本」の国名の由来を示した。彼は，「百姓といへども，今の時世にしたがひ，おのおのの分野に応じ，手を習い学問といふ事を，人に尋聞きて，こころを正し，忠孝の志をおこすべし」（『百姓嚢』・『町人嚢』）と述べていた。「日本のルネッサンス」ともいうべき近世・元禄享保の文化は，仏教ではなく，儒学を中心に展開された。

　近世の儒学は，単なる人倫思想ではなく，人文・経世・農学・生物学・医学など教養の学問であり，18世紀後半には私塾・藩校による学校教育と木版印刷を通じて全国に流布された。元禄の上方・京都には，堀川をはさんで朱子学・垂加神道の山崎闇斎（1618～1682）の私塾と古学の伊藤仁斎（1627～1705）の古義堂とが向い合っていた。闇斎門下の佐藤直方は，「天地ヲ実父母トシ，肉親ノ父母ヲ天地ヘノ取次トスル」（『西銘講義』）として，「イエの礼」に消極的であった。『忠臣蔵』で知られる赤穂浪士の討入（1702）について，「道理ヲシラヌ無学ノ人ハ四十六士ノ様ニスル也」，「内匠，私ノ怨怒ニヨッテ上野介ヲ討，大法ニ背クニ因テ，死刑ニ行ハル，何ノ譽ト言ベケンヤ」（『四十六士論』）と批判した。「天命ニ則リ理法ニシタガフ法コソ，マコトノ法ナリ」，「日本ノ武士道ハ論語カラ云ヘバ田舎モノゾ」（『韞蔵録』）として「法治主義」を強調していた。なお，同門の浅見絅斎は，喧嘩両成敗にすべきところ，幕府の処遇は不平等であったという。

　朱子学（宋学）は，「人道」（道徳倫理）を天道の内に基礎づけた。これに対して，伊藤仁斎と荻生徂徠（1666～1728）とは，儒学の古典に依拠して，「古学」と呼ばれる「儒学の日本化」を完成した。すなわち，仁斎は，仁義を天の道とすべきではなく，聖人のいう道とは「人の道」をいう（『語孟主義』）として，血縁を重視せずに「仁愛の個人道徳」を提唱したのである。「我を愛すること深き者は，我を攻むること力む」，「生民あって以来，君臣，父子，夫婦，昆弟，朋友あり，相親しみ，相愛し，相従し，相聚り，善は善，悪は悪，是は是，非は非とし，万古の前も後もこのとおりである」。「一豪も残忍刻薄の心がないことこそ仁である。人を愛することより大きな徳はない」（『童子問』）とした。江戸では荻生徂徠が，綱吉の側医であった父が失脚し，上総の寒村を後に儒学を志して芝増上寺前で私塾を開いた。彼は仁斎の個人道徳を批判し，「礼学刑政」の社会政策・政治制度こそが古学の核心であると論じた（『護国随筆』1714）。律は敵討ちを認めないが，赤穂浪士には討首ではなく名誉の切腹が相応しいと主張した。「馬上にて天下を得るとしても，馬上にては治むべからず。刑罰の威を以て人を恐し，これで国を治めていると思うのは愚の骨頂である」（『太平策』）。「君子は徳を成し，小人は俗を成し，刑罰を用いることもなく天下が大いに治まり，王道がここにはじまった。これこそ人倫の至極である」（『弁名』）。「所を得ないことが悪である。養って成し，所を得させれ

[基礎編] Ⅱ章 地球環境保全の道徳倫理

ば，みな善である」(『学則』)。かくして，荻生徂徠の「礼楽」の教えは，他律主義・厳格主義を排し，各人の個性と自発性を伸長させる「功利的な教育刑論」であった(南部藩士・蘆東山の『無刑録』は，その流れにあり，現行刑法の立法資料とされた)。

　さて，「寛政異学の禁」にいう異学とは，仁斎や徂徠の古学をいう。定信は，徂徠の『政談』を受講したからこそ，その思想が幕藩体制を脅かすことになりうることを賢明にも察知していたが，禁圧まではしなかったので各藩に拡散したのである。すなわち，「徂徠ニテ学問一変ス」，「一世を風靡す」と言われたほどに，徂徠の思想が江戸時代の学問・教育・文化に与えた影響は絶大であった。それでも，「洋学」を通じて新しい波が押し寄せようとしていた(例えば，安藤昌益『自然真営道』は，神道・仏教・儒学を全面否定し，直接労働の農本主義を主張していた)。古学と対立したのは，珠子学・百科全書型の知識人・貝原益軒(1630～1714)であり，その経験的実学の成果が『大和本草』(1709)であった。「天地の道は人道の本なり。天地の道知らざれば道理のよって生ずる所の根本を知らず」(『大和俗訓』)として仁斎の古学を批判していた(以上につき，頼編14の各論文参照)。この対立は，今日の環境法学で言えば，「人間中心主義」(人間中心的法益観)と「自然中心主義」(生態学的法益観)とに相応するものであろう(▶252)。

Topic 14 ケンペルと司馬江漢の日本人論

　ドイツ人ケンペルの『日本誌』(1727)によれば，日本人は相互監視網(五人組)の下で従順であり，宗教には元来寛容で神道は単純な教理しか持たないが，民間習俗と融合して日本の政体に重きを占める。人々は勤勉で好奇心が強く，誇り高く執念深く，切腹の習いに見られる如く命を惜しまぬ。彼らの礼儀正しさは世界一である(三教の作用)。もっとも，司馬江漢は，日本人は，万物を窮理することを好まず，天文地理の事も好まず，浅慮短知である，と考えた。そうであれば，わが国では哲学・社会科学が充分に発展せず，現世利益を求める法と政治の惰性・混濁の中に甘んじている今日の現状は，三教の文化的・歴史的な必然であるともいえよう。現代日本人の意識と深層は，江戸時代と地続きである(森33・15頁)。

216　国学(復古神道)と「神国」への道

　「敷島の大和心」で知られる鈴屋の古学者・本居宣長は，『源氏物語』を淫らな反道徳的な書とする旧来の理解を批判し，歌は人間の自由な心のままに人間の本性を純粋に表現することを評価した(『源氏物語　玉の小櫛』1796)。また儒学の伝来で規範が立てられ人の世が悪くなったので，古典を読み古道(神

道）を学び「もののあはれ」を知ることこそが日本独自の道だとした（『直毘霊』(1771)）。「歌ノ本体，政治ヲタスクルタメニモアラズ，身ヲオサムル為ニモアラズ，タダ心ニ思フコトヲイフヨリ外ナシ」，「スベテ好色ノ事ホド人情ノフカキモノハナキ也。千人万人ミナ欲スルトコロナルユヘニコヒノ歌ハ多キ也。(中略) タダ善悪教誡ノ事ニカカハラズ，一時ノ意ヲノフル歌多キハ，世人ノ情，楽ミヲバネガヒ，苦ミヲハイトヒ，オモシロキコトハタレモオモシロク，カナシキコトハタンモカナシキモノナレバ，……只ソノ意ニシタガフベシ，コレスナハチ実情也」（『排蘆小船』69 頁。石川 10・11 頁）。宣長にとって「歌」は自然主義（快楽主義）の世界観であった。

　他方，大阪・懐徳堂（1726）の町人学者・富永仲基は，学問とは先行学説の批判の上に成り立つ時論であり，唯一絶対の学などないと説いた（復古学・経典学の批判）。仏は天竺の道，儒は漢の道，神は日本の道なれども今の世の道にあらず。行はれざる道は誠の道にあらざれば，この三教の道は皆今の世の日本に行われざる道といふべきなり（『翁の文』），と批評していた。しかし，気吹屋（1857）の平田篤胤の国学は，異国渡来の仏教・儒教を排して「復古神道の尊王攘夷思想」を活性化することになるが，氏神社の祖先拝の信仰に地動説の宇宙論を取り込んで産霊神（ムスビノカミ）の万物生成論による生産力の増強を豪農らに説いた。このように，教義を欠く神道は，いかなる思想をも呑み込むことができてしまう。また，農民出身の二宮尊徳は，「報徳」の思想では，「我道は，荒蕪を開くを以て勤めとす。」「人道は作為の道」として主体的な人間労働の役割に注目し，利己心を克服した禁欲的で合理的な生活態度を要求した。しかし，この論理は後に「富国強兵」の国家主義に転用されてしまった。

Topic 15 　神国尊王の思想と仏教の末法思想

　武士階級に「神国尊王」の思想を育んだのは，藩校と私塾における国学（復古神道）と儒学の「教育」であった。学校教育こそが社会改革を担う人材を養成しうるのである。これに失敗すれば民主政治は機能しえない。伊藤博文は，大日本国憲法の草案審議に当たり，「我国に在ては，宗教なる者其力微弱にして，一つも国家の機軸たるべきものなし。仏教は一たび隆盛の勢を張り，上下の人身を繋ぎたるも，今日に至ては已に衰替に傾きたり。神道は祖宗の遺訓に基き之を祖述すと雖も，宗教として人心を帰向せしむるの力に乏し。我国に在て機軸とすべきは，独り皇室あるのみ。」と述べたという（森 33・17 頁）。大隈重信は，「幕府と仏教と密に相結託する所あるを察し，憤慨自ら禁ずる能はず」（『大隈伯昔日譚』，同 21 頁）という。

[基礎編] Ⅱ章　地球環境保全の道徳倫理

> 　仏教に対しては，両親妻子も捨て「出家乞食」で修業を積まねば悟りに至らないという不義不孝を容認する脱社会的思想であるとの批判が向けられてきた。今日では葬式仏教に堕してしまったものの，仏教の主体的な禁欲の思想は，戦争の殺戮，人類絶滅兵器による明日なき恐怖，大衆社会生活の画一化などの人間疎外から人間の内面的自由を回復しようとする「実存主義」に通じるものでもある。仏教は，出家の隠遁生活を容認するものではなく，慈悲による利他的な実践活動を求めるものであった。その真髄は，「人は生かされている。」，「全ての生けるものを尊重せよ。」にある。キリスト教の「終末思想」も，仏教の「末法思想」も，物欲の物質主義で傲慢堕落する人間を戒めるものであった（ちなみに，神道には「よみの国」はあっても「来世」の思想がない）。神仏が死んだ現代思想において，人類存亡の危機を回避する唯一の方途が「環境倫理」の自覚と実践なのである。

217　信教の自由と政教分離の原則

　日本の家には神棚と仏壇とが共存している。除夜・初詣・七五三・祭礼は神道，盂蘭盆・葬式は仏教，結婚式はキリスト教でクリスマス・ハロウィンまで取り込む。その巧みな柔軟性は，原爆反対の平和主義を標榜しつつ日米安保の核の傘と自衛隊とを頼みに安全保障を実現しようとする強さを示す。労働力不足を補うために招いた日系ブラジル人を大量解雇したあげく，技能研修と称してアジア人を酷使するが家族同行と移民は拒否するという非人道的で身勝手な政策にもかかわらず，歴代首相は粛として靖国神社に参拝して何を祈願されたのか。今や，儒教の「礼」（仁徳）は政治家・官僚・経営者に失われ，仏教に由来する「修行・勤勉」も危うくなり，「現世利益」と「享楽」を求める神道との習合のみが優盛のように見える（信教の自由と政教分離原則をめぐる憲法判例，最判昭38・5・15刑集4巻402頁，最判昭52・7・13民集31巻4号533頁，最判昭63・6・1民集42巻5号277頁，大阪高判平4・7・30刑月39巻5号827頁，最判平5・2・16民集47巻3号1687頁，最判平9・4・2民集51巻4号1673頁，最判平14・7・11民集56巻9号1204頁，最判平22・1・20民集64巻1号1頁などにつき，憲百Ⅰ41〜52の各解説参照）。勿論，三教には尊ぶべき思想があり，わが国の犯罪率が欧米諸国よりも格段に低い一因は仏教等の思想にあるのかも知れない。刑罰自体の効果ならば，他国との差異がある筈もなかろう。もっとも，大衆における死刑制度の圧倒的是認は，仏教の二面性に由来するものとも考えられる。

Topic 16 大嘗祭（だいじょうさい）の憲法的性質

　大嘗祭（2019年11月14日）について，秋篠宮殿下は，「宗教色が強いもので国費（宮廷費）で賄うことが適当かどうか」，この考えを宮内庁長官らに伝えたが「聞く耳を持たなかった。非常に残念なことであった。」と公式の記者会見で述べた（2018年11月）。この異例の発言は，「信教の自由」と「政教分離の原則」（憲法20条）に関わるが，既に政府が正式決定した方針について，国政の権限を欠く皇族が疑義を表明すること自体が不適切であるとの批判もある。もっとも，皇族にも人格権があり，「表現の自由」（同21条）が保障されるので，個人として意見表明は差し支えないとの見解もある。

　1990年の「大嘗祭」への県知事の「参列」について，最高裁は，「大嘗祭は，7世紀以降，……皇位継承の際に通常行われてきた皇室の重要な伝統儀式である」としながらも，「大嘗祭への参列は，宗教とのかかわり合いの程度が我が国の社会的，文化的諸条件に照らし，信教の自由の保障の確保という制度の根本目的との関係で相当とされる限度を超えるものとは認められず，憲法上の政教分離原則及びそれに基づく政教分離規定に違反するものではない」（最判平14・7・11民集56巻6号1204頁）と判示している。政府・宮内庁は，宗教的要素を多少弱めることが可能な部分は「国事行為」として行い，それが無理な部分な「皇室行事」として行う，としていた。また，政府見解（1989年）によると，「即位の礼」は「憲法の趣旨に沿い，かつ皇室の伝統等を尊重したもの」として「国事行為」（同7条「天皇は，内閣の助言と承認により，国民のために，左の国事に関する行為を行ふ」。同10号「儀式を行ふこと」）とした。しかし，「大嘗祭」は「宗教上の儀式」であり，「国がその内容に立ち入ることにはなじまない」から「国事行為として行うことは困難」であるが，「重要な伝統的皇位継承儀式」として「公的性格」があるとして，その費用を天皇家の「私費たる内廷費」でなく「公費たる宮廷費」から支出した（その費用は約22億円5千万円である。約14億円で新設された「大嘗宮」は儀式後に解体・撤去された。環境保全にも合致しない）。要するに，大嘗祭は，憲法20条との関係で「宗教的儀式」であって「国事行為」とはなしえないが，なお「公的性格」という中間的な位置づけとなっている。これを殿下の見解のように，天皇家の私費たる「内廷費」で賄い「身の丈にあった儀式」とすることは，「大嘗祭」ひいては神道を「天皇家の私的宗教」とすることで，憲法20条と抵触する「国家神道」・「神国思想」を清算することを意味する。これを拒否する思想は，何に由来するのか。

218　エピクロス学派とストア学派

　西洋における功利主義の幸福感をめぐる価値的対立の始源は，古代ギリシア・ローマにおける「快楽主義」（エピクロス派）と「禁欲主義」（ストア派）と

の論争に由来する。

(1) **エピクロス**

Epikouros（BC341～BC270）によれば，自然な欲求と嫌悪の究極的対象は，身体的な快楽と苦痛だけである。快楽が避けられるように見えるときも，その快楽を享受すれば，より大きな快楽を逃すか，その快楽以上の苦痛に身を曝すことになるからである。同様に，苦痛が好ましいときも，その苦痛に耐えることで，より強い苦痛を避けられるか，より大きな快楽を手にできる，と考えられるからである。さらに，精神的な快苦は，肉体的快苦から生じるにしても，それより遥かに激しい。肉体にはその瞬間の快苦しかないが，精神には過去の感覚と未来の感覚とがあるからである。それゆえ，快楽と苦痛は，主に「精神」に依存する。激しい肉体的苦痛でも，「理性と判断力」が支配的であれば，幸福を持続できる。「死」は，快苦の全ゆる感覚を停止させるので，決して苦痛・害悪とはならない。人が存在するとき死は存在せず，死が存在するとき人は存在しない。「節制」も，それ自体として望ましくないが，今の楽しみを選んだ結果として生じる大きな苦痛を防ぐ思慮である。「正義」も，他人の物に手を出すと招く他人等の激怒や義憤を受けて心の平安（快楽）が害される。他人に善行を施す正義も，他者から愛され敬われて，心の平安が得られる（エピクロスを技巧的な「一元論」であると批判するのは，A. スミス，村井・北川訳 29・615～625頁））。

いずれにせよ，アトム論・心身一元論（決定論）に立つエピクロスのいう「快楽」とは，即時の感覚ではなく，長期の人生にとっての精神的・理性的な判断であった。だからこそ，一過性ではなく究極の「快楽」の「幸福」をもたらすことになる。逆に言えば，誤った快楽の判断は，苦痛をもたらすことになる。「犯罪」は，快楽主義では「快楽以上の苦痛」を受けることになるので「不幸・不正」になるが，禁欲主義では「利己的欲求の自制」を欠いたので「不幸・不正」となる。

(2) **キ ケ ロ**

Marcus Tulius Cicero（BC106～BC43）は，ストア派の立場から，人を幸福にする実践倫理（徳）を求める。金銭，豪邸，権勢，昔から強烈このうえない力で人間どもを縛りつけてきた快楽，こういうものが，どれひとつ，善いもの，つまり切望すべきものの部類に数えられるのだとは，夢にも考えたことがありませぬ。「快楽こそ，最高の善いものだ」という御存知の説は，私の耳には，獣どもが発する言葉のように聞こえる。どうみても，快楽が善いもののうちに

数えられるのだと考えることは、不当です。こういうわけですから、善く生きること、幸福に生きることは、なんと申しても、高貴に生きること、正しく生きることに、外ならないのです（水野訳6・88・92・94頁)，として「幸福と正義との合一」について論じている。

(3) エピクテトス

Epiktētos（55～135）は，人間について，自分自身のためでなく他へ奉仕するようにできているものが，他のものを必要とするようにつくられていては都合がよくない。エピクロスは，「迷うな，理性的な者たち相互の間には，自然的な社会性はないのだ。」というが，私たち相互には，自然的な社会性があり，私たちはそれをあらゆる方法で維持せねばならぬ。エピクロスは，善の本質を快楽以外のものと思わないようですが，もしそのとおりならば，蛆虫のような生活をするがいいでしょう。食ったり，飲んだり，交接したり，排泄したり，いびきをかいたりするがいいでしょう（鹿野訳7・276頁，337頁)。さらに，欲求して得そこねる者は不仕合せであり，忌避して出会う者は不幸である。だが欲求はさしあたりまったく捨てたまえ。というのは，もしきみが私たちの権内にないもののなにかを欲するならば，必然，きみは不幸にならざるをえないだろう（鹿野訳8・386頁)，として「欲求放棄の利他行為による幸福実現」について論じている。

(4) マルクス・アウレリウス・アントニウス

Marcus Aurelius Antonius（121～181）は，「罪人をも愛するのが人間の特性である」と主張した。人間は快を貪るために生まれてきたのか。要するに，おまえのばあい，外から働きかけられるためというのか。それとも，自ら働きかけるためなのか。植物，雀，蟻，蜘，蜜蜂がそれぞれ自分のことに，つまり，この宇宙の存在に応分の力を貸すものとして，彼ら自身に即した仕事を果たしているさまを，おまえは目にしないのか。そのとき，おまえは人間の仕事を果たそうとは思わないのか。自分の本性に由来する仕事におまえは赴かないのか（鈴木訳9・450～451頁)，として「人間のあるべき主体性」について論じる。

(5) 論 評

ストア派の論者は，人間の高貴な主体性・自律を「欲求の自制・節制」に求め，自己の「権外」のものを望むからこそ不幸に陥ると考える。この思想からすると，「快楽」こそが最高の善だとするエピクロスの思想は，獣のような低俗な生き方を認めるものと解された。しかし，エピクロスのいう「快楽」は，節制・勇気・正義のような徳を包摂する「幸福感」である。この意味におい

[基礎編] Ⅱ章 地球環境保全の道徳倫理

て「快楽主義」と「禁欲主義」との論争は，噛み合っていないように思われる。なぜならば，「快楽主義」の立場では，身体的な快苦は本人の欲求に基づく選好に委ねられ，それが否定できない「人の自然な生き方」なのである。これに対して，「禁欲主義」の立場では，「人のあるべき生き方」として自然的欲求の「自律的」克服が求められている。この道徳倫理をめぐる対立は，「自然的人間観」（事実論）と「理想的人間観」（当為義務論）のいずれを追求するかに由来する。それにしても事実と理想との「二分法」は，そもそも排他的関係に立つものなのか。

Topic 17 ルネッサンスの啓蒙思想

14〜16世紀のイタリア都市国家を中心とする「ルネッサンス」は，ボッカチオの『デカメロン』やミケランジェロの若き『ダビデ』像に示されるように，古代ギリシア・ローマの個性的人間中心主義（人文主義）の文化が復興した時代である。プラトン，アリストテレス，エピクロス，キケロなどの倫理哲学が支配層の文芸的教養として求められ，ローマ市民法の註釈研究が盛んになった。ヨーロッパの都市には80ほどの大学が生まれ，エラスムスなどの教養人の共通語であるラテン語の書物が活版印刷で頒布され，「聖書」の福音を重視するルターとカルヴァンの宗教改革を推進する力となった。エンリケ航海王，コロンブス，マジェラン，ヴァス・コ・ダ・ガマなどの大航海時代を経て，17世紀は実証的な自然科学の誕生期であり，コペルニクス，ガリレイ，ケプラーによる「地動説」からニュートンによる「万有引力の発見」へと発展した。こうして，キリスト教神学のスコラ哲学を揺がす「啓蒙主義」の時代が到来して，近代を準備した。

219 B. スピノザの倫理学（エチカ）

(1) **概　説**

デカルトの心身二元論（意志自由論）を批判して心身一元（平行）論（意志決定論）の立場から「精神」の座を「身体」（脳）に置いたのが，ポルトガルのユダヤ系オランダ人・スピノザ（1632〜1677）の汎神論倫理学（Benedecti de Spinoza. 工藤・斎藤訳 20）である。A. ダマシオ（Antonio Damasio. 田中訳 19）は，進化生物学・脳科学の立場から先駆者スピノザを再評価した。

(2) **自然の因果的必然としての感情と理性**

スピノザによれば，①宗教から離れて「神即自然」（実体）の全事物が因果的必然として決定されており，意志活動ですら自由ではなく原因をもつ。②善

悪,美醜,秩序のような「価値観念」は,人間の想像力（観念）により作り出されたものにすぎない。③心身は同時に存在し,身体は外部の諸物体から多様な影響を受けて多様に変化する。これを認識するのが「精神」であり,その認識は「感覚的認識」（想像知）と「普遍的認識」（理性知）とに区別される。④「理性」は,他者を自己と同じように生命のあるものとして,その因果的必然性を認識するものであって,学問・倫理・社会的実践に共通する理解力となる（これは,I.カント（▶224）のいう「理性」とは異なり,理論（存在）と実践（当為）との分裂が生じない）。われわれが理性に従って努力することは,すべて認識（行動）することである（第4部 定理26）。⑤人間が自己の存在を継続しようとする力には,限界があり,外部の原因によって無限に凌駕される（同定理3）。

ホッブスは「人間にとって人間は狼である。」という人間不信観による社会契約論を示したが,スピノザは「人間にとって人間ほど有益なものはない。」として互恵的利他行為の「存在」を決定論の立場から確信していた（現在の社会生物学の見解と一致する◀202）。人間の「本性」は,多くの不善・不正を因果的に行うが,知性・理性の発達により「幸福と正義との調和」が達成可能になるというのである。

(3) 環境倫理と人間の権利

ちなみに,スピノザは,「環境倫理」（動物愛護）について次のようにいう。動物が人間に対して持つ権利と同じ権利を人間は動物に対して持っている。しかし各自の権利は,各自の徳・能力によって規定され,人間は動物の権利よりも遥かに大きな権利を持つ。とはいえ,動物にも感覚があるので,人間は動物を自分の思うままに利用したり,好都合なように取扱うことは許されない（同定理37注解1）。その思想は,今日の環境倫理学の主流に一致する（▶241）。

(4) 正 義 論

最後に,スピノザの「正義論」について述べて終る。各個人は,自分の最高の権利によって存在している。もし人間が理性の導きによって生活していたら,誰でも他人に全く危害を加えることなく,自分の権利を享受しえたであろう。しかし,人間はその能力と徳を遥かに超えた強い感情に隷従しているので,各人が和して互いに助け合って生きるには,各人の自然権を譲歩して,他人に危害を与えるいかなる行為もなさないという相互保証をする必要がある（他害禁止の法理）。社会は,各人の復讐・善悪の判断権を社会自体の所有に移して,社会自身が共通の生活原理を法定し,その要件を,感情を抑えるに無力な理性

[基礎編] Ⅱ章　地球環境保全の道徳倫理

ではなく，刑罰の威嚇で強固にすべきである。法律と自己維持力とに基礎づけられる社会が「国家」である（▶220）。国家状態では，何が「正義」であるかは，「共通の同意」によって判定される（▶230）。こうして国民は，国家の恩恵を享受することになる（同定理37注解2）。

220　D. ヒュームの人性論と因果関係論

(1)　概　　説

　中世スコラ哲学（トマス・アクィナス，1225〜1274）の神学的思想体系から訣別して近代の政治・倫理・哲学の礎を築いたのが，18世紀の3人の偉大な思想家，D. ヒューム（1711〜1776），J－J. ルソー（1712〜1778）および I. カント（1724〜1804）であった。反神学的な経験主義の倫理哲学ゆえにエジンバラ大学の教授就任から外されたスコットランド人ヒュームは，後のフランス革命の理論的基礎・『社会契約論』を禁書とされたフランス人ルソーをイギリスに迎え入れたが，国家制度を根拠づけた Th. ホッブス（1588〜1679）のような社会契約論（『リバイアサン』）を歴史的事実にそぐわないとして批判していた（ただし，J. ロックは，このような批判を既に想定して，古き自然状態には文字や記録がなかったなどと論じている。加藤訳22・410頁以下）。他方，ドイツのケーニッヒスベルクに生涯留ったカントは，ルソーの「人間の尊厳」思想に感動したばかりか，ヒュームの『人性論』（1739〜1740）を読んで「独断のまどろみ」を破られ（『プロレゴメナ』），因果関係への懐疑を払拭する理論づけを用いて，神学（自由意志論）とは対立しない『人倫の形而上学』を完成した（▶224）。三人三様の思想であっても，そこには「人間性・人間の尊厳」（人間中心主義）をめぐる思想的交流があったのである。

(2)　経験主義の因果論と倫理哲学

> **Topic 18　気候変動と因果関係の証明**
>
> 　人為的な CO_2 の大量排出が気候変動の原因である。このような言説が常識になっているが，確実な因果関係の証明はあるのだろうか。現に気候変動の原因は，地軸の傾きによる太陽光度の周期的な事象である可能性が高い，という科学的仮説がある。北極圏の氷層を丹念に分析すると，この周期と気象統計との比較から上記の仮説が明確化するという。しかし，その統計的証明がなされても，その「事象の一因」（同時性）のみからでは，一つの因果的蓋然性が示されるにすぎない。CO_2 の事象と気象変動との同時性も，もう一つの因果的

> 蓋然性である。前者の蓋然性から後者の蓋然性が排除されるとは限らない。そもそも因果性（因果関係）と因果的蓋然性とは厳密に区別できるのか。筒香が38号ホームランを打った。これに先行するのが原因だとするとピッチャーの投球（失投）こそが原因になる。それでは，打球に作用した風はどうなるのか。そこには，偶然的な時間・空間の一致しかないのであれば，ホームランも興醒めになってしまう。誰もが自明と考えている因果律も，不確実な認識でしかないかも知れない。人間の幸福にしても，快・不快は，外部の事象からもたらされるのか。それとも，当人の「心」（身体）から生じるのか。その心はどこから来るのか。

　イギリスの経験主義の哲学者 D. ヒューム（David Hume. 土岐・小西訳 21）は，全世界の事象を生成・作動する根本原理である「因果律」（因果法則，因果関係）を「神から与えられた理性」（神性）に求める旧来の形而上学ではなく「人間の経験的知覚」による認識論で基礎づけた。また同様に，道徳倫理の根拠を「理性」に求める伝統的理解に反対して，「自分に有用であること，他人に有用であること，自分に快いこと，他人に快いこと」という人間の自然的本性（感情・同情）こそが実践的道徳の源泉であると主張して，「功利主義的道徳論」の先駆者となったのである。

　ちなみに，ヒュームは，因果律が物理と同じく心理にも適用されるとして，これに反して「理性による自由意志」を認める旧来の見解も批判した。もし因果律が意志に作用しないのであれば，道徳・刑法の心理的影響も排斥されるので，「人格」の責任も否定されるという背理に至ってしまうことになるからである。また，ヒュームは，因果関係のような「事物の真偽」の認識，つまり知覚（印象）の静的複写である「観念」間の比較・推論を経て形成される「観念連合」の習性である「理性」（悟性）の領域とは異なり，実践的な道徳「感情」は，対象から直接に生じる「印象心理」（快・不快の動機）による「意志活動」の領域に属するので，ここに「理性」自体が介在する余地はありえない，と考えている。すなわち，従来の「理性」概念は，これを「冷静な感情」と混同していることになる。要するに，ヒュームによれば，「理性」（観念による思考領域）と「感性」（印象・動機による意志活動）とは峻別されるべきことになる。

(3) 経験主義の認識論

　ただ信じ込んでいるだけの原理から導き出された帰結，各部分の整合性の欠如，全体における明証性の欠如，こうしたことは最も高名な哲学者の体系にさえ至る所で目につく。こうした事情から形而上学に対する偏見が生まれる。と

[基礎編] Ⅱ章　地球環境保全の道徳倫理

ころで，全学問は多かれ少なかれ人間性と関係している。たとえ人間性から離れて見えても，いずれかの道程を経て人間性に立ち戻ることは明らかである。人間の学に与えうる唯一の基礎は，経験と観察に置かれねばならない。実験的方法を用いる哲学が，自然の問題に適用されてから，一世紀も遅れて精神の問題に適用されるようになった。しかし，納得できるような方法で実験をすることはできない。従って，実験を人間生活の注意深い観察から拾い集めて比較しなければならない（前掲書6～11頁）。

　人間の知見は，「印象」と「観念」に別れる。心に初めて現れる感覚・情念・感動を「印象」という。「観念」という語で，思考・推論の際の勢いのない心像が示される（同12～17頁）。

(4) 原因と結果との関係

　一つの事象が他の事象を生じさせる力は各事象の観念だけからでは決して見い出せないのだから，原因と結果は，明らかに経験によって知らされる関係であって，記憶や経験の助けを借りずに予知できるようなものではない（同39頁）。一つの対象の存在から何か別の存在が引き続いて起ったと確信させる結合を生み出すのは，「因果性」だけである。そうすると，感覚機能を越えて辿ることができ，見もせず感じもしない存在や事象について知らせる唯一の関係が「因果性」である。因果性の観念はいかなる起源に由来するのか。原因・結果といわれる両対象を一見して気づくことは，各対象の性質自体に因果性を求めてはならぬことである。そうすると，因果性の観念は，両対象の間にある関係に由来するに違いない。この関係を発見しよう。先ず，原因・結果と考えられているどんな対象も「近接」している。次に，原因は結果よりも時間的に「先行」している。しかし，一つの事象が他の事象に近接・先行していても，その原因とは考えられぬ場合もありうる。そこで「必然的結合」が考慮に入れられねばならない（同42～44頁）。

(5) 必然的結合

　炎を見て熱さを感じたことを思い出す。また，過去の全実例で両者の間に恒常的相伴があったのを思い出す。このとき，炎を原因，熱さを結果と呼び，一方の存在から他方の存在を推理する。こうして，記憶・感覚機能に現れる「印象」から原因・結果と呼ばれる対象の「観念」への移行が，過去の経験すなわち「両者の恒常的相伴」の想起によることが明らかになった（同54頁）。心が一つの対象の観念・印象から他の対象の観念・信念へと移行するときには，心は理性によって規定されるのではなく，「想像」においてこれらの対象の観念

を「連合・結合」する原理によって規定されるのである（同57頁）。過去の繰り返しから二つの対象が相伴するのを見慣れると，その一方の現象または観念によって，われわれはもう一方の観念へと運ばれるのである（同66頁）。この新たな印象が「必然性の観念」を与える（同80頁）。要するに，必然性は心（認識・観念）の中に存在するものであって，対象の中にあるのではない（同86頁）。

(6) **意志の自由と因果的必然**

意志とは，新たに身体の運動または心の知覚をそうと知って生じさせるときに，感得・意識する内心的な印象に外ならない。外的物体の作用が必然的であることは，広く一般に認められている。この点において，物質と同じ事物は，どんなものでも必然的であると認めねばならない。そこで，心の活動について，事情がそうであるかを知るために，先ず物質の作用の必然性の観念が何をもとにしているのか，なぜ一つの物体・活動が他の物体・活動の絶対に確実な原因であると断定するのかを考えてみよう。もし対象相互間に一様な規則的相伴がなければ，原因と結果のいかなる観念にも達することはない。心の活動に恒常的連結が証明されれば，心の活動の推理とともに，心の活動の必然性を確認しうる（同165～168頁）。経験される連結が同じならば，連結される対象が動機・意志作用・行為であれ形態・運動であれ，心に及ぼす結果は同じなのである（同170頁）。

意志自由の説が広く承認されているのには，次の3つの理由がある。①行為が特定の意図や動機の影響を受けたのは認めても，その行為が必然に支配されたとか，他の行為をしえなかったと，自分で納得するのは困難である。（因果の）必然性の観念には力とか拘束が含まれていると思われるのに，これを感取できないからである。ここでは，「自発性の自由」（強制の欠損）と「無差別の自由」（必然性・原因の否定）とが区別されず混同されている。

②「無差別の自由」（因果則に拘束されない自由）についても，「偽りの感覚・経験」があり，これが意志の自由の論拠とされている。われわれは，通例，行為が意志に従っていると感じる。意志自体は何ものにも従わないと感じる。なぜなら，意志が何にも従わないことが否定されて，それでは果してそうなのか試そうという気が起ると，意志はどんな方向にもたやすく動くと感じる。しかし，こうした努力は全て無駄なのである。たとえどんな気まぐれな行為をしようと，自ら自由を示したいという欲求がそうした行為の唯一の動機なのだから，われわれは必然性の束縛から決して解放され得ないのである（同172～173頁）。

[基礎編] Ⅱ章　地球環境保全の道徳倫理

③意志の自由を認めないと宗教や道徳に危険な帰結をもたらすという理由づけは誤っている。（因果の）必然性は，宗教と道徳に本質的なものであり，これがなければ宗教も道徳も完全にくつがえってしまう。実際，人間の法は賞罰をもとにしているのだから，こうした動機が心に影響して，良い行為を生み悪い行為を妨げることが基礎的な原則として想定されている。人間の行為に原因と結果との必然的結合がなければ，正義や道徳的公正と適合するように罰を科するのが不可能なばかりか，さらに罰を科することがどの理性的存在の考えに浮かぶこともあり得ないであろう。行為は一時的なものであり，行為がその人の性格や気質の何らかの原因から生じるのでない場合には，行為はその人に固着せず，従って良い行為に名誉が悪い行為に汚名が着せられることもあり得ない。行為自体は非難されても，行為をした人にはその行為に責任がないことになってしまう。かくして，必然性の原理をもとにしてのみ，人はその行為から賞罰を受ける資格を獲得するのである（同173～176頁）。

(7) **道徳と正義**

a) 知覚の外には何も心に現れない。従って，知覚は，道徳的な善悪を区別する判断にも，他の全ゆる心の作用と同じように適用される。一つの性格を是認し，別の性格を非難するのは，そこに異なった知覚があることになる。これに対して，徳は理性との合致とか，事物本来の目的との適合性とか，正と不正の不変の規準があって人間にも神にも責務を課するとかの主張がある。これらの体系は，道徳が真理と同じく観念だけで判別できるという意見で一致している。しかし，もし道徳が人間の情念や行為に影響を及ぼさないのなら，道徳を教え込もうと苦労しても無駄になってしまうだろう。ところで，哲学は「思索的」なものと「実践的」なものに区分され，道徳は判断されるというよりも感じられるというほうが適切である。ある行為，心情，性格が有徳または悪徳なのは，それを見ると特殊な種類の快または不快が惹き起こされるからである。徳の感覚は人の性格を見て満足を感じることに外ならない（同189～190頁）。

b) 人類が置かれている状況や必要から生じる「人為・考案」によって快や是認を生むような徳が正義である。ある行為を賞讃するときには，その行為を生み出した動機だけを考慮し，行為を心・気質の内にある原理の徴表と考える。外面的な行為には何の価値もない。その内面を見なければならない。ただし，これを直接行うことはできない。そこで外的な行為に目を向けるが，賞讃や是認の究極の対象は，行為を生み出した動機なのである。要するに，その行為を生む動機が「人間性」の内にあるのでなければ道徳的に善とはなり得ない。公

平の法を守る動機は，公平を守る価値以外には普遍的な動機を持たない。それは自然の必然でなければ，正義・不正義は人為的に教育と人間の慣習から生じることを認めねばならない（同 192 〜 195 頁）。

③そもそも，全ての人の心はその感じや作用において相似している。すべての感情は一人から他の人へと移り，全ての人間に対応する動きを生む。人の声や身ぶりに情念の結果を読み取ると，この観念は直ちに情念に変わり，「共感」を呼び起こす。ある事物に快を生むような傾向があると，常にその事物は美しいとされる。有用なもののいずれにも見い出す美は，この共感という原理によるのである。同じ原理が道徳的心情を生み出す。正義が徳であるのは，それが人類への善の傾向を持つからである。正義は，そうした目的のために人為的に案出された。そして，社会の善は自分または友人の利益とは関わりがないときは共感によってのみ快さを与えるのだから，共感が全ての人為的徳に払われる尊敬の源である。共感が是認を得るのは人類の善への傾向ゆえにであろう。人を社会の相応しい成員にする一方，われわれが自然に非難する性質は，そんな性質の人との交わりを危険で不快なものにするからである（同 196 〜 198 頁）。

④ここで示した仮説を概括する。心の性質のうちで，ただ眺めるだけで快を与える性質はいずれも有徳と呼ばれ，苦を生む性質はいずれも無徳と呼ばれる。こうした快苦は，四つの異なる源から起こる。われわれがある性質を見て快を感じ取るのは，その性質が他人に有用であるか，本人に有用であるか，あるいは他人に快いか，本人に快いか，いずれかの場合である。全ての個人の快や利害は異なっているから，人々が心情や判断において一致するのは，なにか共通の視点を選んで対象を眺めるからである。こうした利害と快だけが道徳的な区別の依存する特有な感性または心情を生むのである（同 201 〜 202 頁）。

(8) 論　評

ディビット・ヒュームが前記(2)で形而上学・哲学の学説について指摘したことは，極めて重要である。ある理論が前提としていることが，真に前提として証明されているか。そのことを検証しないで，その理論を平気で模倣・複写しているだけの学説が多いからである。ソクラテスが指摘した「無知の知」こそが真理探究の出発点なのである。ヒュームの学説は「懐疑論」であるとする理解も見られる。しかし，ヒュームは，自説が「仮説」であることを自覚している。それは，単なる懐疑論ではなく，自己の仮説に対するあくなき省察の態度なのである。ヒュームは，神から人間に与えられた「理性」ゆえに，人間は経験的に知覚しえない「事物の存在」とか「事物間の因果関係」を認識できる

［基礎編］Ⅱ章　地球環境保全の道徳倫理

という旧来の学説を徹底的に批判している。このことから倫理の認識も，「理性」に由来するのではなく，子供のときから教育されて学習するものと解している。しかしながら，最近の社会生物学や実験心理学等によれば，「互恵的利他行為」は人類の集団行動の結果として遺伝に組み込まれているとされている。これを「理性」の一つと言い換えるならば，その限りで人類は先天的・先験的に脳内に「理性」を備えていることになろう。なお，I. カント（▶224）は，外的な感覚の対象となる物質の運動や静止を『自然科学の形而上学的な原理』（1789）で「現象学」の主題とした。そこから，F. ブレンターノ（1839～1917），E. フッサール（1859～1839），M. シューラー（1874～1928），N. ハルトマン（1882～1950），M. ハイデッガー（1889～1976），J. P. サルトル（1905～1980），M. M. ポンティ（1908～1961）などの現代現象学または存在論が展開された。

221　A. スミスの道徳感情論と国富論

(1)　概　　説

近代経済学の祖として知られる A. スミス（Adam Smith. 村井・北川訳 29・392～402 頁）は，快楽または利便性をもたらす効用自体より効用を増やす手段を重視するこの原理に私たちの行動が影響される。人生も終りに近づいた時には，富も権勢もほとんど役に立たないつまらぬものであり，意味はないと気づき始める。世間は，富者や権力者が人より本当に幸福かどうかなど考えもしない。ただ，幸福になる手段を他の人より多く持っていると考える。ところが病に苦しみ老い衰えるうちには，富や権勢の虚しい優越性からは喜びが感じられなくなってしまう。この思想は，仏教の無常（◀213）に通じる。

(2)　見えざる手（共感）による効用の増大

金持ちは，潤沢な生産物の中から最も高価でよさそうなものを少しばかり選び出すにすぎず，貧しい人より沢山消費するわけではない。それでもなお彼らは，土地の活用によって得られた生鮮物を貧しい人々に分配するのである。彼らは見えざる手に導かれて，大地がそこに住む全ての人の間で均等に分けられていたら行われたはずの分配と同じように生活に必要なものを分配し，意図せず知らずして社会の利益に貢献し，種の繁栄の手段を提供する。人生の真の幸福を成り立たせるものに関して，この貧しい人たちが，遥かに位の高いような人達にいかなる点でも劣っているとは言えない。身体の安楽と心の平穏に関しては，身分の上下を問わず誰もが似たり寄ったりであり，国王が戦って勝ちとろうとしている安全の保障を，街道の脇で日向ぼっこをしている乞食はすでに

所有している。この同じ原理が，社会の幸福をより高めるような制度の推進にしばしば役立っている。統治の機構は，その下で暮らす人々の幸福をどれだけ促進できたかという点でのみ評価されるべきであり，これこそが統治の唯一の意義であり，目的でもある。

(3) 論　評

さて，スミスは，社会倫理の基礎を人間の「共感」に求めているが，第1に，「幸福」を「快楽または利便性」自体ではなく，これをもたらす「効用の増大」に求めている。「効用の増大」は，人の生命・健康（いわゆる「人格的利益」）に役立つ限りにおいて意味を持つ。病苦老衰にある人にとって富も権勢も意味がないからである。第2に，金持ちも，貧しい人よりも多大な「消費」をなしうるわけではなく，土地の活用によって貧しい人に分配することになる。彼らは「見えざる手」に導かれて，意図せずに社会の利益に貢献し，種の繁栄に貢献する。第3に，「人生の真の幸福」の実現にとって，貴賤による優劣があってはならないようにすることが「政治の唯一の意義であり目的でもある」と主張している（A.センは，A.スミスの見解を随所で高く評価している。▶240）。

ここで問題になるのは，「見えざる手」の意味である。それは，「市場の原理」であるとしても，それだけなく人間の「他者への共感」も意味するものであろう。なぜならば，本書の冒頭では「共感について」と題して，次のように述べているからである。「人間というものをどれほど利己的とみなすとしても，なおその生まれ持った性質の中には他の人のことを心に懸けずにはいられない何かの働きがあり，他人の幸福を目にする快さ以外に何も得るものがなくともその人たちの幸福を自分にとってなくてはならないと感じさせる」(17頁。◀202)。ちなみに，本書（復刻版）に寄せたアマルティア・セン（ノーベル経済学受賞者）によれば，スミスの第2の著作『国富論』(The Wealth of Nations, 1776) に較べて本書『道徳感情論』は現代の倫理学と哲学の分野ではほぼ無視されてきた。それだけでなく，両作におけるスミスの主張には不一致があるという奇妙な思い込みがあったが，それは適切ではない。本書で示した観点を一度も放棄することなく国富論でも推し進めて，無料の教育，貧民の救済などの公共サービスを支持している（▶240）。市場での経済的交換の動機として，「自己利益の追求以外のいかなる目的も抱く必要がない」との文章は，「交換」の場面での「動機」についての論証であって，「分配」に関するものではない，というのである。私見によれば，スミスの上記の「共感」論には，「互恵的利他行為」に通ずるものがある。そこから，応報刑が「社会的正義」の防衛行為

として正当化されている（長井38・78頁注(6)参照）。

222　J. ベンサムの功利主義と「最大多数の最大幸福」

(1) 概　説

　ここでは，先駆的思想家エピクロス（◀218）に由来し，自然の利己的な欲求実現こそが人間の「幸福」であり，その最大化の達成が倫理と法の役割であるというベンサム（Jeremy Bentham（1747～1832）. 山下訳2）は，「功利主義」を体系化し，憲法・刑法・民法などの「立法学」を提示し，これを実践した。例えば「パノプティコン」（万視塔。これを国家による管理とみるか保護とみるかについては，見解の対立がある。）という刑務所建築案がよく知られている。

　「功利主義」の思想は，ホッブス，ロック（▶233），ルソー，カント（▶224）などの形而上学的な社会契約論（▶239）と対立する実証主義的な実践論としての政治経済学の古典となっている。功利主義は，観念論ではなく，実践的思想なのである。

(2) 「最大多数の最大幸福」

　ベンサムが体系化した「功利主義」では，人の「幸福」と「正義」とは対立せず調和しうる（ただし，彼は「最大多数」を明示していない）。そこにいう「幸福」とは，人間の本能・本性である「欲求」を達成する行為，苦痛を避け快楽を求める「欲望」が「善」であると是認される。その幸福の最大化は，「社会的正義」として実定法の基本原理にもなる。しかし，この思想は，人間の「利己的」行動まで是認するとして，倫理哲学（義務論）からも激しい批判と抵抗に曝され続ける一方，市場経済学では「レッセ・フェール」（神の見えざる手）の原理として承認され，効用の公正な配分を求めて社会福祉を実現する厚生経済学の基礎とされた（▶239(2)・(3)）。

　ベンサムは，禁欲主義者を次のように批判した。彼らは，ある種の快楽が長い目で見れば快楽を上まわる苦痛を伴うことを知って，快楽すべてを非難するはめに陥り，苦痛を愛することを立派なことのように思い込むはめになったのである（前掲書94頁）。また，功利主義に反するものとして「共感と反感の原理」（ヒューム，ハチソン等の見解）を批判した。それは，単に人がその行為を是認または否認したこと自体に理由があると考えている。その原理は，刑罰に値しない多くの場合に刑罰を科したり，ある刑罰が値する以上に刑罰を科したりすることになる。また手近で目につき易い害悪には反感をかきたてるが，遠くて目につきにくい害悪には何らの反応もしない（同74頁，105～106頁），と

いう（比例権衡の原則）。

(3) 数量的悋苦の算定と罪刑の均衡

ベンサムが「快苦の価値の計算方法」について詳細な分類・分析（第4章，同113～148頁）をしたのは，犯罪の害悪および刑罰が犯人に与える力を客観的に測定することで，過剰または過少な刑罰を回避し，罪刑の均衡を図るためであった。立法者が主に左右しうる諸原因は有害行為であり，その防止が立法者の仕事である（同145～146頁）。政府の仕事は，刑罰と報復によって社会の幸福を促進することにあり，ある行為が社会の幸福を阻害する傾向が大きいほど，その行為が喚起する刑罰の必要は大きくなる（同148頁）。全法律の目的は，社会の幸福総計を増大させ，害悪を除去することである。全刑罰は，それ自体害悪であり，功利性の原則によれば，より大きい害悪を除去する限りで是認されうる（同206頁）。

(4) 国家倫理と個人道徳

立法と私的倫理とは人間の幸福実現という同一目的に向けて協力する関係にある。しかし，自分の幸福増大の途を誤ることは，本人の無知によるのであって，立法が介入すべきでない。個人の幸福については，本人が最もよく知っているのであって，立法者の不用な干渉は不幸を生むだけである（同209頁），とした（パターナリズムの排斥）。

(5) 論　評

要約すれば　J. ベンサムは，A. スミス（◀221）への書簡で市場放任主義が良いとしており，個人の国家からの「消極的自由」を重視する点では「古典的自由主義者」（リバタリアン）でもあった。再度確認すべきは，「功利主義」は「利己主義」を容認するものではない。個人の快楽追求は，これを他人が阻害すれば個人の幸福が実現不能になるから，相互に保障されねばならない。そうしないと，社会の最大幸福も実現不能になる。それゆえ，立法者と政府は，刑罰を用いて個人の欲求実現（幸福）を阻害する行為を抑止すべき役割を果たすべきことになる。

223　J. S. ミルの功利主義と自由論

(1) 功利主義の修正

ミル（John Stuart Mill（1806～1873），伊原訳4・458～528頁）は，ベンサムの功利主義論を基本的に擁護しながらも，単なる「社会の最大幸福」ではなく「個人の最大多数」の最大幸福（平等な自由）の実現に重点を移した。すなわち，

[基礎編] Ⅱ章 地球環境保全の道徳倫理

ベンサムは，国家の基本的役割を「刑罰」を用いて「社会全体の最大幸福」の実現（生命・身体の安全保障）に求めたが，個人の幸福追求は本人の自由に委ねるべきであって，これに国家は介入すべきではないとした。この思想は，各個人の利己的な快楽追求のための「競争の自由」を是認し，その帰結として各人の幸福実現（特に貧富）に大きな差異が生じることも自然の結果（必然）として承認する。この論理を是認しえなかったミルは，禁欲主義からの批判に反論しつつも，これを部分的に承認した。すなわち，「快楽の質的差異」を認めることで「社会主義」（分配的正義）の思想を導入したのである。彼の思想は，困窮者や労働者の「より平等な幸福実現」をも目ざす点で「福祉国家」を理想とする「社会民主主義」または「社会自由主義」の立場であった。かくして，国家による快楽量の算定（ベンサム）から，個人による快楽質の自由選択（ミル）への展開があり，これがイギリスの福祉政策に作用し，今日のEUにも継承されたのである。

(2) 快楽の質的差異

この大転換において，ミルは次のように論じる。功利または「最大幸福の原理」を道徳的行為の基礎とする信条に従えば，行為は，幸福を増す程度に比例して正しく，幸福の逆を生む程度に比例して誤っている。幸福とは快楽と苦痛の不在を意味し，不幸とは苦痛と快楽の喪失を意味する。しかし，この人生観は，多くの人々に抜き難い嫌悪の念をよび起している。この人生観を全く野卑下賤とみなし，豚向きの学説と称している。そこで，キリスト的要素とともに，ストア的要素を多く取り入れなければならない。功利主義者が精神的快楽を肉体的快楽以上に尊重したのは，主として永続性，安全性，低費用性等の点で精神的快楽が優れているからであった。つまり，ある種の快楽は他の快楽よりも一層望ましく価値があるという事実を認めても，功利主義の原理とは少しも衝突しない。それでは，「快楽の質の差」とは何を意味するか。2つの快楽のうち，両方を経験した人が道徳的義務と関係なく決然と選ぶものが，より望ましい快楽である。「満足した豚であるより不満足な人間であるほうが善く，満足した馬鹿であるより不満足なソクラテスであるほうが善い」（461〜470頁）。今日のでたらめな教育，でたらめな社会環境こそ，全市民がこのような生存に到達するのを妨げている。人間は誰もが利己的な自己中心主義者で，感情や配慮を憐れむべき自分の独自性にしか集中できないという本質的必然性もないのである。純粋に私的な愛情と公共善への誠実な関心をもつことは，程度の差はあれ，正しく育った人なら誰でもできる。この種の人は，悪法のためや他人の意見に

屈従したため，幸福の源泉を利用する自由を奪われていない限り，人生の明白な害悪である貧窮，病気，愛する者の冷淡，無能，若死にといった肉体的・精神的な苦悩を避けることができる（前掲書474〜475頁）。

(3) 功利主義倫理としての正義

功利主義が正しい行為の基準とするのは，行為者個人の幸福ではなく，関係者全部の幸福なのである。ナザレのイエスの黄金律の中に，功利主義倫理の完全な精神が示されている。己の欲するところを人に施し，己の如く隣人を愛せよ，という理想的極致である（同478頁）。

(4) 正義と功利の関係

正義は，一般的功利の一種・一部にすぎない（同504〜505頁）。カントは，道徳的感情の起源・根拠として，次のような普遍的な第一原理を定立した。「汝の行為の準則（格率）が，全ての理想的存在によって法則として採用されるように行為せよ。」しかし，カントは，この格言から現実的な道徳義務を引き出すに当って，すべての理想的存在（人間）が不道徳な行為準則を援用することは背理であり論理的にありえないことを何ら示せていない。彼が示したのは，もし誰もが不道徳な準則を採用したならば，その結果は誰もが望まないようなものになってしまうことにすぎない（同464頁）。

(5) 責任論と応報刑・予防刑

多くの人にとって，刑罰の正しさを判定する基準は，処罰が犯罪に比例しているかどうかであって，犯罪をやめさせるのにどの程度の処罰が必要かは正義に関係しない。他方，どういう犯罪にせよ，本人が非行を繰り返さぬよう，他人がまねしないようにする最少必要量を超える苦痛を与えるのは，同じ人間としてすべきではない，と主張されている（同519〜521頁）。正義は2つの側面をもっており，これを調和させることはできない。社会的功利だけが，その優越性を決めることができる。人類が互いに傷つけあうこと（この中には相互の自由の不当な干渉を含む。）を禁じる道徳律は，人間の福祉にとって，どんな格言よりも遥かに大切なのである。

(6) 自由と危害禁止の法理

a) 概　説

ミルの『自由論』（早坂訳3・211〜348頁，塩尻・木村訳5。以下の引用頁は，後者による。）は，ミルの前書によれば，「私の友であり，妻であった」ハリエット・テイラーに捧げられており，「私の著作であると同時に彼女の著作でもある」とされており，前著である『功利主義論』よりも思想の完成度が高い。

［基礎編］ Ⅱ章　地球環境保全の道徳倫理

W. v. フンボルトは，「本書に展開された全ゆる議論の直接に帰一する重大な指導原理は，人類が能う限り多種多様な発展を遂げることが絶対に根本的に必要である，ということに帰着する」，と評している。本書は，前著では不充分に終っていた「功利主義的正義論」を，ベンサムでは言及の乏しかった「自由」の観念を定立することによって明確化した不朽の名著である。何よりも，「犯罪処罰の正当根拠」を論じる上で不可欠な「自由の制約」が許される倫理的理由が示されている。

　b）個人に対する権利行使の限界

　本論文の目的は，用いられる手段が法律上の刑罰というかたちの物理的な力であるか，あるいは世論の精神的強制であるか否かにかかわらず，およそ社会が強制や統制のかたちで個人と関係するしかたを絶対的に支配する資格のあるものとして一つの極めて単純な原理を主張することにある。その原理とは，人類がその成員のいずれかの一人の行動の自由に，個人的にせよ集団的にせよ，干渉することが，むしろ正当な根拠をもつとされる唯一の目的は，自己の防衛（self-protection）であるというにある。また，文明社会のどの成員に対してせよ，彼の意思に反して権力を行使しても正当とされるための唯一の目的は，他の成員に及ぶ害の防止にあるというにある。人類の構成員の一人の単に自分自身だけの物理的または精神的な幸福は，充分にして正当な根拠ではない。

　c）個人の自律と他害の禁止

　彼のためになるとか，彼を幸福にするであろうとかは，彼に強制し，また彼がそうしなかった場合になんらかの害をもって彼に報いるためには充分な理由とはならないのである（パターナリズムの禁止）。このような干渉を是認するためには，彼に思いとどまらせることが願わしいその行為が，誰か他の人の害悪をもたらすと計測されるものでなければならない。いかなる人の行為でも，そのひとが社会に対して責を負わねばならぬ唯一の部分は，他人に関係する部分である。単に彼自身だけに関する部分においては，彼の独立は，当然絶対的である。個人は彼自身に対して，すなわち彼自身の肉体と精神とに対しては，その主権者なのである（前掲書 24 ～ 25 頁）。

　(7) 論　　評

　「功利主義」に対しては，その幸福最大化主義が人権の基礎となる配分的正義と相いれず，少数者の権利侵害を正当化することがある，との批判がある（大橋ほか編 12・176 頁参照）。この批判は，ベンサムに対してはともかく，ミルには当たらない。単なる「最大幸福」ではなく，「最大多数」の自由が必要で

〈210〉幸福と正義に関する伝統的思想

あり，そのためには「少数者の幸福」の算入が不可欠になるからである。

　ベンサムのいう「自然的欲求として望まれる快楽」とは，数量的算定が可能とされている意味において「客観的幸福概念」である。これを修正したミルのいう「欲求」とは，質的差異に応じて「社会的価値」が異なるものである。各個人には自ら自身の望む幸福を選択する「自由」が与えられているので，「主観的幸福概念」である。それゆえ，各個人は相互に自己の幸福追求における「主権者」であるから，他者に苦痛・害悪をもたらすことは，各個人に与えられた「人間の自由の固有領域」を逸脱するものとして許されず，これを社会・国家は制裁・刑罰で阻止することが許される。端的にいえば，「各人は他人の自由を阻害しない限りでのみ自由なのである」（危害禁止の法理）。これが功利主義における「社会的倫理」としての「正義」であり，各個人による「最大限の幸福追求」の限界と一致することになる。ミルの正義論は，スピノザの思想（◀219(4)）と共通するが，「個人の自由」とその「限界」の基礎づけのみならず，民主政治と経済的分配の理論と現実を踏まえた「実践的倫理」の思想としての進歩がある。もっとも，「他人の自由の阻害」とは何か，その範囲・限界が問われよう。

　本書の主題である「環境保全」では，環境自体が人類の生存基盤であることから，環境侵害は，個人に委ねられた「自由の固有領域」とはいえ，「人類の幸福実現」を阻害する行為として行政処分，刑罰のような「強制処分」が正当化されよう。もっとも，「最大多数の最大幸福」は，未来世代，他の生物との共存関係でも実現されねばならない。その「強制処分」の制約は，より深刻な問題となろう。

224　I．カントの人倫の形而上学
(1)　正義の絶対性

　偉大な形而上学者カント（Immanunel Kant（1724～1804），加藤・三島訳，森口・佐藤訳，野田訳11・23～644頁）の観念論は，今日でも「カントのルネッサンス」として再評価する動きすら見られる（例えば，飯島31）。それにしても，カントのいう「人倫」とは，「現世の幸福」を否定して「絶対的正義」の理想（当為・義務）を無条件に追求することであった。道徳原理は，「幸福」にあるのではなく「幸福を受けるに値すること」（正義）にある。その道徳哲学は，欲望の節制・制御を求めるストア派やキリスト神学の流れに位置づけられ，自然の生物学的な本能・本性に由来する「苦痛を避けて快楽を望む欲求」の実現

[基礎編] Ⅱ章 地球環境保全の道徳倫理

を動物と共通する「幸福」として是認する「功利主義」の道徳哲学と決定的に対立する思想であった。カントは,「人間の尊厳」から「個人の自由」に決定的な意義を与えた。「普遍的な正義」を求める点では共通しつつも,「自由の固有領域」を限界づけようと試みた J. S. ミルは「自由」を「幸福実現」と結びつけた点において,両思想は「自由」概念の根底が異なると言わざるを得ない。

(2) 叡智界での自由意志

人間の意志(意思)も因果法則に服して条件づけられてしまう(意志決定論)としたのでは,人の行動は欲求の情動・感性に支配される結果,正義を実現することができなくなる。そこで,カントは,経験的事実とは異なる「叡智界」という「理性の世界」を措定し,そこでは「自由な意志」が支配する。それゆえ,理性による行為で正義の実現が可能になり,個人は自己の行為に責任を負うべきことになる。こうして,勧善懲悪の定言命法(無条件の当為)として「絶対的応報刑論」(同害刑)が主張された。「正義が無条件に妥当しなければ,生きる価値などありえない」ことになる(長井37・84頁参照)。

カントは,「自己の格率が普遍的法則に一致するよう行為せよ」として,当人の規範と社会の規範との合致を要請した。ミルもこれに従い,「応報刑論」を主張したが,「同害報復」(タリオ)を是認したわけではない。「自由意志論」は, R. オーエンの環境決定論からの「逃げ道」でしかないと批判し,自らは因果的決定と自由意思との「両立論」を主張していた。理性の存在が部分的に人間の本性にも由来し,同時に教育などの生育環境の作用をも考慮するので,刑罰の改善教育効果をも認める「相対的応報刑論」に至ることになろう。

(3) 論 評

カントの『人倫の形而上学』は,人間の生物学的本性(欲望の実現)や社会的現実を正義の実践にとって「不都合な真実」であるとして,経験的事実から意図的に目を反らして理論構築されている。その道徳哲学は,「架空のあるべき理想界」(純粋理性による当為の世界)を対象とした「人為的な正義論」でしかない。世界(ある島)滅亡の最後の日であっても専ら正義を実現すべく死刑を執行するしかない。この「激烈な無条件の正義」の絶対的要請(当為)こそが道徳哲学者・法律家を含めて数多くの市民の「心」(感性)をとらえて離さない魅力なのである。しかし,その理論は,理性的に検討されねばならない。

第1に,どう考えても,幸福実現の価値は極めて高い。それにもかかわらず,カントの論理から明らかなように,彼の主張する「正義」は,人類の「幸福」(欲求実現)とは決して一致しえない。「幸福」の実現は,正義の下では制限さ

れ放棄されねばならない。「正義」に合致する「幸福」のみが「人倫」に値するからである。他害が禁止される点では，その功利の原理と変わらない。しかし，その「人倫」の「純粋理性界」は現実界を捨象してのみ成立する。すなわち，現実についての「経験」・「実証」を欠く理想・虚妄（フィクション）の上に措定されているので，私達の「正義の実現」にも「幸福の実現」にも役に立ちそうもない（D.ヒュームの意志決定論◀220(6)③）。

　第2に，カントの定言命令（正義）は，どのように実現されうるのか。それは，無条件の刑罰執行（強制）によってである。それは，全面的にせよ部分的にせよ生活の「自由」を制圧する「強制」である。J-J.ルソーと同じく，カントも死刑を否認するのではなく要請する。その残忍性は，擬制された「社会契約」と擬制された「自由意志」によって，仮想され隠蔽されているに過ぎない。カントによれば，「理性」に基づく「自由意志」に従って犯罪と刑罰を自ら選択したのであるから，犯罪に対する刑罰は行為者自身の「自由な選択」を保障したものでしかない。それは，功利的な意味での苦痛・害悪を問わない観念的「正義」の必然的な帰結でしかない。しかし，その正義論は擬制に由来する。

　第3に，カントの「絶対的刑罰論」は，過去の犯罪に対する報復・復讐または反省・悔悟にせよ，将来の犯罪に対する予防・抑止にせよ，およそ刑罰の目的・効用を問わず，ただ「正義としての応報」だと措定されている。そこでは，「刑罰の目的・効用」は，形式的な論理の世界で排斥されているにすぎない（絶対性の仮象）。その「残酷な実態」を現実の世界で抹消することは，絶対的に不可能である。目を閉じたからといって目前の現実が消え去ったりは絶対にしない。そうであれば，この観念論は，実に「不誠実な現実逃避」ではないか。定言命令への義務違反（犯罪）に絶対的応報刑を無条件に科したところで，その過去の違反事実（殺人）は，永遠に不動であって，無くなることはありえない。いかに処罰しても同様な人倫違反が繰り返されるが，その現実も全く無視されることになる。G.ヘーゲルは，「正・反・合の弁証法」を用いて，人倫（正）への違反（反）に対して刑罰（等害刑）が科せられると，人倫違反が否定・止揚されて再び「人倫の正義」が修復・確立される，と主張した。この論理も，所詮観念論でしかない。それが現実であるためには，「心理学的実験」または「統計学的検証」に依拠するしかない。そうすると，「定言命法の絶対的当為の正義論」は，論理的に破綻してしまう。叡智界からの解脱による現実界での検証が不可欠になるからである。

　第4に，カントは「法と道徳との峻別」を主張した。道徳とは異なり，法で

63

［基礎編］ Ⅱ章　地球環境保全の道徳倫理

は行為者の内面が問われないという。しかし，刑罰は，それを知る者の行為にのみ作用する。それゆえ，道徳的な犯罪でも法的な犯罪でも同様に，内面的・心理的な動機を考慮しないことは，明らかに不合理であろう（J. ベンサムの分析を参照）。行為は人格の内面（動機）の所産でしかないからである。故意で望んだ行為を実現すれば，行為者は喜ぶ。過失で望まない行為を生じさせれば，行為者は悲しむ。この両者を区別しないのは，もっぱら現実の人間を捨象した加害報復（絶対的応報刑）を考えるからである。

Topic 19　カントの人間尊厳論とフォイエルバッハの近代刑法学

　　カントは，「人間の尊厳」から「自由の保障」（手段化の禁止）を高らかに提唱したにもかかわらず，行為者の「人間性」が意志自由の擬制の下で完全に否定されてしまう（◀前記第2）。P. J. A. フォイエルバッハは，道徳倫理と区別される法定犯罪について，罪刑法定による犯罪に対する刑罰威嚇でもって犯罪の一般予防を実現するという快苦の功利主義的刑法理論を提唱した。これに対して，ヘーゲルは，「犬を杖で叩いて制圧訓育するように人間を取り扱う」ものとして，批判を加えた。しかし，これはレトリックでしかなく，その批判がそのまま彼の思想にも当てはまる。カントは人倫の強制，ヘーゲルは犯罪の止揚のために，いずれも加害・苦痛としての刑罰を加えるという現実を否定しえない。それ自体は，たとえ「正義」と称しても「人間の自由」の削減（害悪苦痛の強制）以外の何ものでもない。

230　国家の役割──自由主義と平等主義との相剋

　地球規模の環境保全には「国際社会」の協調が必要であるが，東西と南北の両陣営国家の利害対立があって，「国家制度」の機能不全を補うものとして「ソフトロウ」（非実定法規範）の役割が増大している。そこで改めて「国家の役割」及び「自由主義と平等主義との関係」が問われている（▶240）。

231　国家の3つの基本原理

　個人の幸福または公共の福祉を実現するための社会・国家の基本原理（政策）には，次の3つの「理念型」がある。

　①「古典的社会主義」は，近代国家の統治者・資本家・ブルジョアジーの生み出した「商品生産交換システム」すなわち所有権に基づく「資本主義経済」

が労働者階級からの搾取で著しい貧富の格差をもたらした，と考える。それゆえ，「最大の国家統制」（国家による生産手段・計画経済の独占）の下で「最大の経済的平等」（労働に応じた所得の分配）に反しない限りで「最小の自由保障」の実現が目指された。

これと正反対に，②「古典的自由主義」は，個人の「生来的身体」の自由な労働力から産出された「所有権」に基づく財の交換取引システムである「自由市場経済」（神の見えざる手）によって財の調和的分配が達成される，と考える。それゆえ，「最小の国家統制」（正義の実現に不可欠な軍事・警察等を除く国家による強制の禁止）の下で「最大の自由保障」（個人の生命・身体・財産など「国家」からの「消極的自由」）の実現が目指された。個人の能力・努力の差異からの結果として「貧富の差」が生じるが，それは生来の異なる個性を備える「個人の自由な活動」から生じる必然的な帰結にすぎない。ここに国家が介入して個人の財産を取り上げ資産の再配分を行う「福祉国家」は，強盗と同じく許されないことになる。これが米国共和党の理念である。

前2者の中間として，③「社会自由主義」は，「国家の積極的介入」の下で「最大多数の幸福をもたらす福祉国家」の実現を目指す。個人の「形式的自由」よりも「実質的自由」が優先され，各人の「経済的平等」を実現すべく「財の再配分」が国家により積極的・強制的に実施される。これが米国民主党およびEU福祉国家の理念である。

232 各基本原理の比較
(1) 理念と現実

上記の3理念型では，特に「経済的自由」（個人の財産権保障）と「経済的平等」（社会福祉の保障）とが相反する関係にある。これに応じて「自由主義」の内部でも「消極的自由・形式的自由」と「積極的自由・実質的自由」との優先順位に対立が生じる。これらは，「国家の果すべき役割」の相違につながる。もっとも，これらの差異は，現実の国家政策では相対化する傾向を示している。例えば，社会主義国家では，市場経済が導入され，特に中国は情報統制の下で国家独占資本主義の道を歩んでいる。また，自由主義国家でも，国家による金融政策や特定産業の保護が市場経済との混合経済の下でなされていて，3理念型は必ずしも顕著な差異をもたらしてはいない。しかし，グローバリゼイションの下で，今や世界的に徴税回避と貧富の格差が極大化しつつある。

> ### Topic 20　教育への財政支出
>
> 　例えば、OECDの全加盟国中の34か国におけるGDP中の「教育公的支出」割合（2015）を見ると、その平均が4.2％であり、北欧の高福祉国は5％以上、仏・加・英・米・韓・豪が4％以上、独・伊が3％以上であるのに対して、日本は最低の2.9％となっている。統計数値の単純比較には意味が乏しいとしても、学校教育への公的支出は、公共の福祉増進であると同時に将来の人材育成のための公共の「投資」になっている。他方、教育の財源は、国家の税収等によらずとも、各学校の自主事業経営または民間からの助成・寄附によっても確保できないわけではない。民間部分の自助努力を国費投入が妨げているかも知れない。いずれにせよ、投入される国費は、国民の財産から強制的に徴収された「税」または「公債」を財源としている。それは、個人の「自由の削減」であるから、231の②の立場からは、「公共財」以外への国費投入が許されないことになる。同時に、政府・与党に都合のよいような「教育の国家統制」に対して強い反対が示される。それゆえ、「原理的対立」は、やはり理論的には重要なのである。

(2) 自由の意義

　そこで、「自由」の意義について、確認すべきであろう。「絶対的自由主義」（自由至上主義）にいう古典的「自由」とは、個人が自己の生活（Life）における選好について、「外部」から「強制」（統制・拘束・命令）をおよそ受けないことをいう（一般的・包括的な消極的自由）。ここにいう「外部」とは、本人（自己の身体の支配者）以外の「国家」を含む「他者」をいう。この「自由」は、各人相互に尊重されねばならない「正義」なので、これを害した「他者」は誰であろうと不正義を働いたゆえに「不法」となる。「国家」（その機関）であろうと、この「正義」を破る権限は憲法上与えられない。

　もっとも、この「自由」は、「意志の自由」の問題とは異なり、各個人の内部の遺伝的素質や外部の生育環境などの「因果的作用」による制約（条件づけ）を除外する、ともされている。しかし、因果法則を除外すべき理由は明らかではない。確かに、個人の「幸福感」は、自己の自発的な選好が実現されたときの「自己実現の感情」にすぎないから、現実に因果法則を超越しうる「意志の自由」が存在するか否かには必ずしも依存しない。この限りでは、I.カントの人倫論（▶224）のように「意志の自由」を超越論的に指定しても差し支えない。しかしながら、先天的な素因や後天的な生育条件の不遇ゆえに個人の資質・能力が劣弱な個人が多数存在する。この現実を捨象して「国家からの消

〈230〉 国家の役割——自由主義と平等主義との相剋

極的自由」のみを尊重すれば足りるとすれば，それは「強者の自由」でしかなく，「正義」の欺瞞・歪曲にならないだろうか（▶470(3)）。生来的・社会的弱者にとって「消極的自由」とは「苦しむ自由」・「飢える自由」でしかなく「幸福を実現する条件」が与えられていない。ここに，「積極的自由」・「実質的自由」を保障すべき理由がある。世界には飢饉状態で苦しむ人が8億2,100万人（2017）もいて，3年連続して増加している。その一方で，世界で1％にも満たない少数人の資産は，残りの総人口の資産合計に等しいという現実がある。例えば，今やイスラム系のムハメッドという新生児の名前の数が第一位となっているイギリスでは，生理用品を買う資力を欠くため学校を休む女性が増えている（EU離脱）。これが現実のグローバルな自由世界の総決算なのである。

233　古典的自由主義の自然権概念
(1)　消極的自由権と積極的自由権

　自由至上主義（Libertarianism）の提唱者J.ロックは，『統治二論』（John Locke，加藤訳22）において，「自然権」を自然状態において全人間が等しく有する「自己の所有物」（property）に対する権利であって，「譲渡不能な生命・自由の権利」と「譲渡可能な財産の権利」から成るとした。これらの自然権は，「国家」によっても侵害されない「消極的自由権」であって，これを侵奪することになる個人の「積極的自由権」（社会権・生存権）は自然権とはされていない（その概要につき，大橋ほか編12・163～164頁参照）。

(2)　生来的な個性の特権化

Topic 21　J. ロールズ VS R. ノージック

　自由至上主義を継承し発展させたR.ノージックは，『アナーキー，国家，ユートピア』（1974。島津訳15）において「最小国家」を基礎づけ，「福祉国家」を批判した。これとは異なり，J.ロールズは，分配的正義の「格差（是正）原理」を正当化すべき論拠として，個人の才能の相違は道徳的観点からは恣意的なものであるから，その才能の産物は社会全体の共通資産として集積・再配分すべきとした（『正義論』136～137頁）。これに対して，ノージックは，「ある個人が特定の才能をもって生まれて来るということは偶然的だとしても，現に才能を持っている個人がその才能を自分のために使う権利がないということにはならない。むしろ我々は本人が偶有的に持っている固有の性質を顧慮することによってこそ，人を個人として尊重できるのである。」と反論した。

R. ノージックの見解は，個人を特徴づける個性が偶有的で生来的なものであるとする点では正当であろうが，その個性ある才能は本人自身が自ら生み出したものではないので，その生産物も専ら本人の自助努力のみの成果であるとはいえない（所有権の非絶対性。憲法29条参照）。多元的で柔軟なリバタリアンとして著名な森村進は，「偶有性を自我にとって外部的なものと見ることは，コミュニタリアニズムと相容れないだけでなく，個人間の異質性を閉却させてしまうから，リベラリズムの個人主義的素志にも反するものである（森村26・29〜36頁）」という。この理由づけも不充分である。たとえ偶有的であれ個性が個人を基礎づける。しかし，このことは，個性が父母からの遺伝や生育環境という「外部」からの形成物であるという生物学的・社会学的な事実までも否定しうる理由にはならない。

234 古典的自由主義の所有権概念

(1) 生来的な自己所有権論

古典的自由主義（自由至上主義）の自然権を始原的に根拠づける原理は，個人の「生来的な自己の身体所有権」とその「労働」に由来する「財産所有権」なのである。この原理が自明のものであるか否かこそが争点になる。そこで，ロックの提唱した所有権論を検討してみよう。

(2) 自然の共有物への労働付加

もし，地球の全土地とその付従物とが人類の共通財産（自由財）のままであったならば，今日のように，人間の貧富の格差もなく，また環境侵害も深刻にならず，人類への共通危害として自発的に抑止されたかも知れない。

ロックは，正当にも，人類に与えられた「自然の共有物」には，全共有者の契約がない限り，特定人に「私的な財産所有権」が成立しない筈であるので，「私的財産所有権」が成立するには，その根拠が必要なことを認める。すなわち，自然状態の土地等（共有物）が「人間に利用するために与えられた」ことから，「自然状態の土地等」（自由財）について「人による利用の先後」を問題にし，その「自然状態の共有物」が特定人により「有益なものになる前」であれば，特定人による専有が成立するとした（前掲書325頁）。その論拠として，各人には「自己の身体に対する固有権」があることから「身体による労働」も同人に固有のものであるとする（その問題点については◀233）。

問題は，そこからの展開にある。「自然の供給物」（共有物）を特定人が対象化して，これに自己の労働を混合・投入すると「彼自身の所有物」に転換する

という。しかし，「共有物」に労働を付加すると，なぜ「所有物」になりうるのかは，不明である。最後に，ロックは，その論拠として，その「労働によって，他人の共有権を排除する何かが賦与されたことになる」。なぜなら，その「労働」は労働者の「所有物」であること，「共有物として他人にも十分な善きものが残されていること」を条件として，労働の付加されたもの（共有物）に対する労働者の所有権が確立する，と結論づけている（同326頁）。この最後の論拠は，理解が困難である。共有物に特定人の労働が投入されると他人の共有権が排除される根拠は，本人の「労働所有権」に求められているが，労働所有権が対象物に投下されると他人の共有権が排除される理由は何ら示されていない（結論の先取り，先取特権のトートロジー）。そうすると，究極の論拠は，専ら「共有物として他人にも十分な善きものが残されている」ことになる。しかし，この論拠の意味は自明ではない。

(3) **無限な共有地の平等専有**

想定される第1は，共有地はほぼ無限にあるので，特定対象地につき特定労働投入者の所有権を承認しても，他の共有者も自由に他の特定対象地に労働力を投下すれば平等に自己の所有権を確保できる，というものである。この論理は，ある程度の説得力を持つが，よく考えてみると難がある。自然の共有地は，現実には無限に存在せず，気候・地理等の諸的条件が異なり，極地密林や河川のない砂漠等を開墾するのは困難である。文明の発祥地と今日でも未開の貧困地域とを比較するとよい。勿論，各人の能力・才能にも差異がある。よって，いかなる共有地もいかなる人の所有権取得にも開かれていたりはしない。そうすると，ロックの所有権は，実力支配の肯定つまり「強者の先占」による「弱者の排除」の「排他性」（力による支配）の承認になってしまう。

(4) **公有地と私有地**

ちなみに，ロックは，森での果実の採取を実例として，その労働が所有物と共有物とを別ったのである（同326～327頁，同旨・森村**26**・134頁）とするが，それは同一の論理の反復でしかない。わが国でも，自ら開墾した土地に所有権を与えることで，「公地公民制」から「荘園」の所有で富裕貴族が生まれ，これを保護する役割であった「武士」による領地収奪抗争で戦国時代となり，その支配権力下で身分制度が固定化された（江戸時代）。すなわち，「土地所有権」が「国家権力」（軍事・警察などの強制力の独占）を生んだのである。経済政策として見れば，「無主物先占」による所有権取得は，合理的であろう。現在でも，ブラジルは，アマゾン流域の開墾者に所有権を付与している。土地自体の

[基礎編] Ⅱ章 地球環境保全の道徳倫理

経済価値を「遥かに超える労働価値」を投入しないと開拓による農業生産の増大が進まない。稀少なダイヤモンド・金鉱石の採取も，同様であって，その成果としての「所有権賦与」が苦しい「労働投入の意欲」（インセンティブ）をもたらす。しかし，それは「土地所有権の無償使用」が政府により許されているとの条件下での増産政策でしかない。ロックも「対象物への労働の混合」と表現しているように，「対象物」と「労働」とは本来的に異なる。労働力の経済価値は，その相応対価としての賃金取得を正当化するが，それを超えて「対象物」の経済価値の取得（所有権移転）までも正当化しない。産出される商品につき，その原料・道具・土地などの「生産手段」を所有する者が，これらを結合する労働を加えてのみ初めて，その商品の「全所有権」取得する。労働力は，その単なる一要素でしかない。社会主義者（K. マルクス）も，この原理を承認しているからこそ全生産手段の国有化を提唱したのである。

(5) 所有者と共有者との利益調整

さて，想定される第2は，共有物に労働付加をした者はその「所有権」を取得するが，それ以外の他人の「共有」利益がそこには残される，という論理である。そうだとすると，特定対象物の所有権者は，他の共有者全体に対して自然の「債務」を負うことになろう。その分は「公共の福祉」という「共有利益」であって，福祉国家による徴税に委ねられることになる。ロックは，万人の共有物をその共有者の同意なしに自己所有物と主張することが，「窃盗」になるのだろうか。もしそうした同意が必要ならば，「神が人間に与えた豊かな恵みにもかかわらず，人間は餓死していたことであろう」という（同327頁）。その主張は，誇張でしかない。原始共同社会では，採取された共有物は餓死を防ぐために分配されてきた。サマリア人の話のように，今日のエジプト等のイスラム文化では，困窮者の乞いに応じて食料を無償提供する習慣が一般化しているという。仏教文化にも布施・喜捨の伝統があった。それは，働く力がありながらも怠慢を続ける人から，自助のインセンティブを奪うことになるという短所もある。ちなみに，リバタリアンは，国家による強制を可能な限り拒否するだけであって，個人の自発的な喜捨寄附を否定したりはしない。しかし，それで弱者・困窮者の救済に充分なのかが問われている。多くの人は，その救済が徴税によるものだから，これを固く拒否しないだけなのではないか（opt-in と opt-out との区別）。この問題は，強制と任意との限界づけにも関わる。

235　森村進の自己所有権論
(1)　広義の自己所有権
　森村進は,「狭義の自己所有権」(身体所有権)と「広義の自己所有権」(財産所有権)とを区別し,前者はほとんど絶対的な力を持っているが,後者は「その範囲の内在的な曖昧さと最低限の生存権の考慮とによってある程度制約されてもやむをえない」と主張している(森村26・97〜98頁)。その結論は穏当であろうが,財産所有権の制約は「やむをえない」ものというよりも「論理的必然」と考えられる。ロックの所説について検討したように,自己の身体への排他的支配権から由来する「労働の排他性」は,「労働力の投下・付加」自体には及ぶが,その「対象となるもの,客体」にまでは及びえない(共有物への労働投入によって,共有物が所有物へと転換したりしない)からである。自己の労働力の付加により,その付加分(正当な労賃分)に応じて共有地が自己所有地に転換することを認めるにしても,そこには「剰余の共有地部分」が残る。各人の労働による成果の剰余部分がそれ以外の人の「公共の福祉」による給付を必然的に正当化する,と考えるのである。甲が有償の労務(労働力)を乙に提供すると,乙が甲の所有物になったりはしない。森村は「〈身体に対する支配権は本人がこれを行使し,そのもたらす福利は本人がこれを享受する〉という自己所有権論は人類普遍の原理であると考えられる。(中略)「自分が働いて得た報酬は自分のものだ」と考えないだろうか？」(森村26・134頁),という。その論理は,直惑的で常識的でもある。しかし,自己の労働の正当な対価としての報酬は確かに自分の所得だが,その限りであってそれ以上ではないのである。

(2)　福祉国家への批判
　森村は,財産権は「常に神聖不可侵だということにはならないだろう。それだけでは生きていけないような人もいる。……最小限度の生存権を認める必要がある。(中略)ただし福祉への権利の主張が,自由や財産を奪われる人々の権利の方を無視あるいは軽視しているということは事実である。この犠牲を忘れてはならない。」という(森村26・61〜62頁。若干飛躍するが,養護施設等に収容されていた多数の高齢者を介護士等が殺害する事件が多発している。その犯人は自己の行為が正当であると確信しているようである。その理由が問われよう)。ロックも「正義が万人に自ら誠実な勤勉の産物と先祖から伝えられてきた正当な獲得物への権原を与えるように,慈愛は,他に生きていく手段がない場合,極端な欠乏から自らを救うだけの分の他人の余剰物への権利を他人に与える」(森村26・91頁)という。ここにいう「他人の余剰物」は,上記の「剰余部分」

[基礎編] Ⅱ章　地球環境保全の道徳倫理

とは性質が異なる。しかし，森村も，それが「端的に人道主義的な考慮」であるとし，憲法25条を援用している（森村26・74～75頁）。そこにいう「人道主義」とは，単なる恩恵を意味するにすぎない。

(3) **身体の所有権**

なお，森村の「自己所有権」概念について付言しておく。

Topic 22　森村進の「自己所有権」概念と人格権・財産権

　森村のいう「所有権」は，法的な意味ではなく，実定法を根拠づける道徳的な意味で用いられている。それゆえに，誤解を招き易い。実定法では，「人格権」と「財産権」とが区別され，前者は後者とは異なる多様な法的保護が与えられている。刑法学でも，生命・身体・名誉・自由は「人格的法益」であって，「財産的法益」とは区別されている。「人の身体」を毀損すると，財産罪ではなく殺傷罪が成立する。人の所有物である「動物」を殺傷しても「器物（動物）損壊罪」（刑法261条）しか成立しない。「人」に対しては窃盗・強盗などの財産罪ではなく，略取誘拐・人身売買の罪が成立する。人は「所有物」ではないので，「人身売買」自体が犯罪となる（同226条の2）。奴隷として人の売買が法的に許されないとしても，自己の身体に対して「所有権」を認めるのには，違和感がある。所有者本人の同意があれば，自己の人身売買も許されかねないからである。しかし，遺体とその一部のみならず，血液，臓器，精子，卵子，受精卵などがバイオテクノロジー（生物工学）の発達で生体から分離されて医療資源として貯蔵され市場取引の対象となっている現実を無視しえない。今や，生体とその一部についても，財産としての法的保護が不可欠になっているので，「人格権」の保護に相反しない場合に限り，「財産権」の保護を認めるべきである（長井36・161頁）。

　森村の主張にもかかわらず，個人の自己の身体に対する排他的支配権は，決して単なる「身体所有権」ではなく，それ以上のものである。個人の個性を特定する「身体」は，単なる物的客体にすぎないものではなく，法的な「主体性・自律性」を根拠づけ，自己の幸福を自ら追求・選好する「権利主体」であって（憲法13条），他者との法律関係を自ら裁可する「同意権」を有する。また，「個人の自己所有権」という思想は，過大でありすぎる。人は，決して自己のみでは存立しえず生存しえない。胎児は母親の身体（胎盤）に依存してのみ成長しうる。仏教思想で言えば，「人は生かされている」。多層な共同体・社会のみならず「地球環境」に依存してのみ，個人は生きることができるからである。

236 消極的自由主義の限界
(1) 所有権獲得の歴史的事実

　消極的自由主義の基礎とされる「財産所有権論」（無主物先占の法理）は，歴史的事実とも必ずしも整合しない。西欧人にとって「地理上の発見」と言われる大航海時代には，例えば南北アメリカ大陸にポルトガル人，スペイン人，イギリス人等が侵入したが，そこにはインカ，マヤ，アステカなどの「石の文化」を築いた原住民が既に居住し，少なくとも一定の範囲で自然的意味での土地所有権を確立していたことは疑えない。

Topic 23　米国独立宣言の起草者ジェファーソン

　イタリア人コロンブスは，金を獲得すべく日本（ジパング）を目ざした。しかし，航海で到達した大陸をインドであると誤認したため，その先住民をインディアンと呼んだ。その時から西欧人による原住民に対する武力による侵略と征服が始まり，原住民を「居留地」から追い払った。これに抵抗してインディアンは東部から西部への開拓移住民を侵略者として襲撃したが，それは自らの生活とその狩猟共有地とを防衛するための戦いであった。米国の領土とその国民の所有権は，その多くが原住民からの強奪の下に獲得されたのである。イギリスによる植民は，移住者らが「初めて」自ら「労働力」を投入して土地所有権を創設したとは限らない。これについて，「独立宣言」（1776）を起草したTh. ジェファーソン（Thomas Jefferson）は，先住民が狩猟に使っていた広大な「未耕作の荒地」に対しては，彼らには正当な所有権がないと考えた。所有権の確立には安定性が必要であり，「農耕または産業」が所有権確立の基準であると主張された。そこで，インディアンのチェロキー族に「生活のために狩猟を捨てて」農業で生活することを求めたという（森村26・402～403頁）。

　しかし，放牧業と比較しても，荒地や狩猟地には所有権が成立しえないとジェファーソンがいうのは，強引な論法ではないだろうか。たとえ緩やかな「占有」であっても，長期間にわたり安定的に狩猟に用いていた土地とそこに生育していた野生等の動物に対しては，所有権が成立する余地を否定しえない。とりわけ，仮とはいえない「居留地」には，確かに所有権が成立していた。オーストラリアでも，先住民アボリジニーの土地所有権は長らく無視され続けていた。しかし，政府は，彼らによる訴訟の頻発を経て，その所有権回復を承認するに至ったのである。

(2) 贈与相続による所有権継承

　一層重要なことに，ジェファーソンは，「相続」を自然権とは認めなかった。自然法では，死者の遺産は誰のものでもなくなる。相続制度は，その社会的効用により正当化されるにすぎない，としていた（森村26・398頁）。家族間の生前贈与や相続による財産の世代承継によって，その「既得権益」による資産格差が増大し続ける。これが「不動の資産配分の不平等」を固定化する。この生物学的習性に固着する制度を全面的に否定することは，社会倫理としても困難である。しかし，これを配分的正義の社会的倫理の観点から修正するのが，「贈与相続の税制」なのである。民主主義の熟議を経た仮の妥協の産物が「立法」であって，これに市民は慫慂的に従うのである。ここに，法に基づく国家の存在意義を否定しえない理由の一つがある。

(3) 無政府主義

　米国サンフランシスコの南部には，ヒッチコックの映画『鳥』の撮影地で知られる美しいモンテレー海岸地方にはホモ・セクシャルの住民の居住区があり，そこから数10kmの地点（記憶が定かでないが，サン・ルイス・オビスポ）には居住者の氏名も隠匿され地番も全くないリバタリアンだけの居住区がある。「消極的自由権」の尊重を徹底するならば，権力で介入する「国家」の存在自体を排斥する立場（アナルコ・キャピタリズム，無政府主義）に至る。それは，ホッブスの『リヴァイアサン』にいう「万人による万人の闘争状態」にならないか。軍隊・警察・裁判所のなどの要否が問われる。個人が犯人に対して自力救済や復讐をしたり，自警団を組織して馬泥棒を追跡・逮捕して絞り首の私刑で決着をつける。ハリウッドの古き西部劇には，保安官や騎兵隊も登場する。これも住民が選出し傭兵とすれば「警備保障会社」のようなもので，消費者の信用を得るべく市場競争が働くとされる（森村26「10　アナルコ・キャピタリズムの挑戦」・275～298頁が興味深い対話の論争示している）。黒澤明の映画『七人の侍』も農民たちが自衛目的で私的用心棒を傭った物語である。また，「修復的司法」にも，多様な形態があり，「裁判外紛争解決制度」も，その機能的欠陥を改善することができるかも知れない。

(4) 信用しえない政府・公務員への特効薬？

　いずれにせよ，リバタリアンは，正当にも国家・政府・公務員が「性善」であるとすることが幻想であって，権力の濫用・腐敗・癒着・非効率をもたらすために，その運営費用が租税公債として国民の財布から支出されることに激しい不信と抵抗感を示している。とはいえ，私人・私的団体・民間企業のいずれ

もが隠蔽してきたにもかかわらず，連綿と数限りない不正・不法の反復を露呈している（ホワイトカラー犯罪）。PTA一つとっても，活動が形骸化し，役員・負担のなすりつけあいに終わっている所が多い。私人・私的団体であれば「性善」であるとも決していえない。公的組織・私的組織のいずれにせよ分業には労力の提供・運営の費用が不可欠になる。いかなる組織体であれその構成員の資質に依存する。その恣意化・独占化を監視する機関が別に必要になる。最終的にはこれを規制する法，ソフトロウまたは倫理規範が不可欠になることには，変りがない。この実態を透明化するための情報の提供と査定が鍵になる。グローバルな経済社会の租税回避地を利用する者，自己の既得権益にしがみつく者，フリーライダー，自ら活動しない人の増加する社会のデジタル革命において個人情報を収奪した少数者（企業・政治家・官僚）が大多数の市民を恣意的に誘導・操作することは，リスクではなく現実化しつつある。中央集権化に成功した戸国は，陸路では大陸横断鉄道でEUと接続し，海路ではギリシア，アフリカ，北極に至る新経済植民拠点を連結する「一帯一路」の経済政策，IT・AI技術と金融とを結びつけるフィンテックなどの「中国2025」の技術政策で世界を征覇しようとしている。これに気づいたトランプ政権は，経済技術障壁を築いて米国の覇権を維持しようとしている。しかし，米国の有力大学で新技術を学んだ研究者・学生が中国に戻ることまでは阻止しえない。

237　社会自由主義と社会契約論

　社会自由主義の基本原理からして「消極的自由」よりも「積極的自由」が重視される。国家は個人の生命・身体・自由・財産とその基盤となる環境という重要な法益をただ「保全」するだけでなく積極的に「実現」すべき法的義務を負う。すなわち，リバタリアンの「消極的国家」ではなく，「積極的国家」による「平等な分配の正義」実現が要請される。可能な限り多数人の「幸福」を実現する「福祉国家」が目指され，最低賃金の法定，国民年金，国民健康保険等の制度が「社会保障法」として運営される。「自由な市場経済」が原則とはいえ，企業の独占・不公正な競争を防止するだけでなく，社会に必要な産業を育成・支援するために国家の介入が「混合経済法」により実施される。こうして「肥大化する過大な国家の役割」を適正に控制・削減するには，「民主政治」の役割が極めて重要になるが，その機能を果せているかが問われている。グローバリゼイションの中で，産業・金融の流動化とともに貧富の格差が増大する程に難民の越境移動が激しくなり，ポピュリズムの政治により自国第一主義

の障壁が復活しつつある。社会的自由主義のアンチテーゼとしての（新）古典的自由主義を選択すれば，諸問題が解消したりはしない。それだからこそ，原理的な検討が再び必要になる。

238　J. ロールズの正義論
(1)　格差原理と補償原理

　参政権運動家の母と弁護士の父の裕福な家庭で育てられたロールズ（J. Rawls 1921〜2002）は，少年時に避暑地の別荘で管理人の貧しい老人（先住民）に出会い，自分と違って教育を受ける機会にも恵まれない弱小者がいることを知ったという（川本16・34〜35頁）。ロールズによれば，各人の性質や能力について本人には責任がないから，その結果として生じた不平等は正義に反する。「格差是正原理」は「補償原理」により支えられる。出生や生来の能力の不平等は，本人の功績によるものではないから，補償されるべきである。

　このような論理への批判として，どんな極端な平等者も〈人の容貌や気質は本人の責任でないから，この要素に起因する不平等は補償されねばならない〉とは主張しない。生来の不平等が功績によらないということは本当だが，だからといって人々の持つ権利義務がすべて功績に基づかなければならないとはならない。人々が人権を持つのは，各人がその権利に値するからではない（森村26・172〜173頁）。

　しかし，この「強者の論理」による反論は決して充分なものではない。芸能人にはスリムな美貌やメタボの可笑しな容貌・奇妙な服装などを売りとして活躍する人が多いが，それは生来的な個性のみでなく本人の大変な努力の成果として稼いでいる。プロのサッカー・バスケットボール・ゴルフ・野球の選手の一部には，年収数10億円もの所得を得る人もいる。大坂なおみは，1回の試合で4億を超える賞金を手にした。カルロス・ゴーンは，日産三菱とルノーのCEO・会長を兼任して年収数10億の所得を手にした。いずれの個人も，並外れた才能と努力を重ねた人物であるが，同時に稀少な偶然の幸運に浴することのできた人物でもある。しかし，どの幸せ者も，周囲のトレーナー，マネージャー，社員，観客，視聴者，消費者など膨大な数の他者から支援を受け，その労力と金銭支出とを巧みに集めたからこそ莫大な資産を形成できたのである。

(2)　幸運な所得の再配分

　その一方に，才能に恵まれない凡人のためか必死の努力をしても並以下の所得しか得られずまた失業していく人が，数知れぬ程多数存在する。最も不運な

人は，生来の遺伝的な障害・疾病・事故等のため高度・高額な医療・介護と支援なしには生きていけない市民である。前述のように悲惨な餓死者が全世界にいるが，富裕者のごく一部の資産を捻出・再分配すれば容易に救出できるのが現実である。その原理の問題が重要である。

　第1に，個人の生来的な個性・能力・才能の優劣は，本人の「責任」ではない。しかし，その責任がないのは，誰にとっても絶対的に等しい。そうであれば，なぜ幸運な者が不運な者に優遇されるべき根拠があるのか。この運命のもたらした偶然の勝敗を絶対化する論理には道徳倫理的な根拠がない。賭博と強者の「結果」論理は，「格差」を正当化できず，是正の「補償」を社会的に必要とする。賭博といえども，本人は「自由」に参加し若干の才能に依存している。しかし，生来の個性の差異は，本人の「自由」によるものでない。第2に，「人権を持つのは，各人がその権利に値するからではない。」とすれば，正に「人間の尊厳」を保障すべく，各人に生存権・社会権を認めるべきことになる。その社会福祉に必要な費用は，裕福な人から本人の労働による努力の成果を略奪するものではなく，その成果とはいえない偶有の所得に限って余剰の資産として不遇な各人に再配分されるべきことになる。第3に，頭脳労働・精神労働の成果を査定することが，理論上はともかく，現実には極めて困難である。

> ### *Topic 24*　ゴーン会長はブラジル・レバノン・フランスでも日産のことを考えていた！
>
> 　単独の頭脳労働の成果として創造的な「作品・技術」（生産物）が可視化できる場合，例えばノーベル賞級の発明・発見であっても，それは常に歴史的に先行する数学・物理化学などの無数の業績を利用し，これを組み合わせて成立した「創造」でしかない。そうではない提案・企画・指令の発動は，その本人以外の多数の労働者を利用して「有形・無形の財」を生み出しているので，実は本人自身の労働の寄与分が不明なのである。単にその独占的・寡占的事業の既得権益たる「地位」に就いていることから，排他的に他の労働者・消費者の成果を収奪・搾取しているにすぎないことが圧倒的に多い。「取締役会・理事会」などのシステムを通じて，自らに有利な内容の独断または合議で恣意的で巨額の報給の分配がなされている。「株主総会・監査法人」などは，その手前勝手な分配を是正できてはいない。市場競争はある程度は働くとしても，その弱い機能は幻想に近い。ここでは社会倫理も法も殆ど機能していない。

　なぜ人間の労働に，100倍以上の格差が生じうるのか。次図の事業者がどの

[基礎編] Ⅱ章 地球環境保全の道徳倫理

ような性質のものかに注目されたい。

Chart フォーブスの2018年米長者番付

順位	氏名（肩書）	資産総額 億ドル
①	ジェフ・ベゾス・（アマゾン・ドットコム創業者）	1,600
②	ビルゲイツ（マイクロソフト創業者）	970
③	ウォーレン・バフェット（投資家）	883
④	マーク・ザッカーバーグ（フェイスブック創業者）	610
⑤	ラリー・エリソン（オラクル創業者）	584
⑥	ラリー・ペイジ（グーグル共同創業者）	538
⑦	チャールズ・コーク（コーク・インダストリーズCEO）	535
⑦	デービッド・コーク（コーク・インダストリーズ前副社長）	535
⑨	セルゲイ・ブリン（グーグル共同開発者）	524
⑩	マイケル・ブルームバーグ（ブルームバーグ創業者）	518

239　J. ロールズの社会契約論

(1) 社会契約論・規範倫理学の再生

19世紀以降の英語文化圏では，ホッブス，ロック，ルソー，カントの伝統的な「社会契約論」に代って，経験主義・実証主義を基礎にヒューム，スミス，ベンサム，ミルの「功利主義」が社会学・経済学と結びついて支配的になっていた。これに対抗しうる社会正義の構想を，ルソーやカントの「社会契約説」・「規範倫理学」を復興して提示したのがロールズの正義論であった。すなわち，「最大多数の最大幸福」という功利主義の理念は，「公正としての正義」と合致しない。後者は，「他者の同様な自由と両立しうる最も広範な自由に対する全員の権利」のみならず，「社会的・経済的な不平等は，多数者の利益だけではなく，全員の利益になっているときに限り，許容される」という主張であった。この思想は，1960年代の公民権運動，ベトナム反戦運動を背景として生まれたものでもあった。すなわち，従前の政治学は戦争や差別の解消に，経済成長をもたらした経済学は貧富の格差の解消に，いずれも無力であった。焦点は，「平等な自由」と「公正な機会」の実現に移された。これに対しては，リ

バタリアン，コミュニタリアンからの激しい攻撃に晒されたが，同じ社会自由主義の陣営である功利主義の論者からも批判がなされた。以下では，後者を主に取り扱うことにする。

(2) K. アローの序数論的功利主義

J. S. ミルは，J. ベンサムの功利主義に修正を加え，個人の欲求する幸福にも貴賤の差異があり，両者を体験した者は崇高な幸福を選好するとした。しかし，この修正によってベンサムの提唱した「効用の数学的な算定」(最大幸福) が困難になる。ミルに従えば，「幸福」は各人毎に異なる「主観的なもの」であり，各人の「自由な選好」に委ねられることになるからである。そこで，古典的経済学では，一般的に，各人は本人にとって最大限の効用を合理的に選択するであろう，という仮説に依拠していた（平均功利主義）。この弱点を克服しようとしたのが，数理的経済学者ケネス・アロー（1921～）であり，「社会的選択の理論」を用いて「序数論的功利主義」を維持しようとした。これが新厚生経済学であって，効用の基数性と個人間比較とを認めない立場である（効用の「基数性」とは，その公約化が不可能なので，「最大多数の数理的算定」も不可能になることを意味する）。ここでは，効用の最大化という動機づけによって，経済主体の選択が行われ，その効用関数の中には個人の倫理観も算入される。

この「新厚生経済学」の立場から，アローは，ロールズが「資産の平等主義」を主張したことに賛成しつつも，次のように反論した。①ロールズが批判した「平均功利主義」には，各人の危険回避度が効用関数として算入されている（他人に危害を与える行為を回避しようとすることも「効用」になる）。その限りで，ロールズのいう「マキシミン・ルール」と平均功利主義とは対立しない。②ロールズによれば，功利主義は多数派の便益のために一部の個人を手段として犠牲にする。しかし，格差原理は，能力に恵まれた人の才能を恵れない人の手段として利用することになる。③功利主義は，個人と社会とを不当に類推することで「すべての欲求を融解・合成して一つのシステムに変えてしまう」と批判しているが，いかなる正義の理論であれ，人の欲求というシステムを無視することはできない。

アローによれば，ロールズの主張のように，原初状態において正義の 2 原理が全員一致で採択される，と考えることは理に適っていない。なぜなら，「社会的な選択」と「個人的な評価」とは常に葛藤・衝突するのであって，これが「民主主義のパラドックス」なのである（坂井 30 参照）。そこに，ルソーとカントの主張した社会と個人との調和を説く理想主義的な倫理政治哲学の決定的な

[基礎編] Ⅱ章 地球環境保全の道徳倫理

欠陥がある。合意の理論を社会倫理から底礎することには「ジレンマ」が生じる，というのである（川本16・164〜168頁参照）。

(3) **J. C. ハーサーニーの基数論的功利主義**

功利主義に社会契約論を導入した経済学者ハーサーニー（1920〜）は，個人の主観的効用は基数であって公約不能になるので，個人の倫理的効用の個人間比較が可能になるように「個人の反社会的な選好」を除外して最大幸福の算定を行うことを提唱した。彼は，ロールズのマキシミン・ルールでは「道徳」を基礎づけることはできず，「原初状態」で採用されるのは平均効用最大化原理であると考えるのが合理的である，と批判を加えた。

要するに，ロールズの「無知のベール」という原初状態は，全員一致の合意が成立する条件として，各人が自己の既得権益を知ることなく，自己利益の最大化を追求しないという「擬制」のうえに成り立っている。それゆえに，現実の社会での実践性が欠けているというのである。

240 A. センの「正義のアイディア」

(1) **「各人が実現しうる生活の自由」の実現**

アマルティア・センは，ロールズに師事したが，『正義のアイディア』（Amartya Sen, 池本訳23）において，ロールズのように「唯一の正義の原理」として「公正な制度」を固定する「完全な正義」のアプローチではなく，「実際の生活」つまり「各人が実現しうる生活の自由」（capability）に焦点を合わせた「正義の比較」アプローチを用いて「明らかな不正義」を減らす実践こそが重要だとする（5〜7頁）。

(2) **正義の2つの基礎理論**

洋の東西を問わず，2つの「正義の基礎理論」があった。紀元前6世紀のゴーダマ・ブッダの思想は，ヨーロッパの啓蒙思想に近かった（ブッダとはサンスクリット語で「啓蒙」を意味する。）が，初期のインド哲学には「ニーティ」（組織・行動の適正）と「ニヤーヤ」（人の実際の生活）という2つの公正概念があった。啓蒙思想にも，①公正な制度を仮想の社会契約で基礎づける思想（ホッブス，ロック，ルソー，カント，後にはロールズ，ドゥオーキン，ゴティエ，ノージックらの「先験的制度論」）と②現実の制度・行動等から生じる社会的実現を比較して現実の不公正の除去に関心を持つ思想（コンドルセ，スミス，ベンサム，ウィルストンクラフト，マルクス，ミルらの「社会的選択論・功利主義」）とが対立していたが，先験ではなく比較をして正義の社会的実現に焦点を合わせ

るべきである（前掲書11～13頁，37～42頁）という。なぜなら，リベラリズムでも多様な正義の原理に関して深刻な相違が存在し，「原初的な平等の仮想的状態」において唯一の正義原理が選択されるという考えは，誤っているからである。

> **Topic 25　一本の笛をめぐる3人の子供の争い**
>
> 　一本の笛をめぐって，笛を吹くことのできる子供，一番貧しくて玩具を持っていない子供，この笛を製作した子供が帰属を争っている。これについて，功利主義者，経済平等主義者，リバタリアンは全く異なる解決策を正しいと見るが，いずれの主張も無視できるものではない。完全に公正な社会的規範などは存在しないかも知れない。ピカソとダリのどちらかを選好するとき，理想的絵画がモナリザであるという先験的判断は何の役にも立たない（同46～50頁）。

(3)　ロールズの正義論の欠点

　ロールズの正義論は，明確なルールを導くが，過剰な決定をしており，つぎの疑問がある。①完全に公正な社会の要求を確定することのみに集中し，正義につき相対的な問題に答えることを無視している（正義の相対性）。②社会的達成を無視して，「公正な制度」に関わる原理のみで正義の要求を公式化している（正義実現の軽視）。③影響を受ける他国の人の声を聞く制度的必要がないため，国境を越える悪影響を無視している（グローバルな作用の無視）。④どの社会も，他の世界から切断された偏狭な価値判断を匡すための体系的手続を欠く（世界政府の欠損，ナショナリズムの軽視）。⑤理性的な規範や価値が多数あるため，原初状態においてすら，多様な正義の原理が適切であり続ける可能性が考慮されていない（正義の多様性の軽視）。⑥仮想的な社会契約であるにもかかわらず，理性的に行動するとは限らない可能性のあることが軽視されている（反理性的行動の軽視）（同147～150頁）。

(4)　開かれた情報に基づく民主的な社会的選択

　センは，社会契約論に代わるものとして「社会的選択の理論」を採用する。ちなみに，コンドルセは，多数決によってAがBを負かし，BがCを負かし，さらにCがAを負かすというように，多数決原理は全く矛盾してしまうことを明らかにした（コンドルセのパラドックス）。その後，アローが社会的選択理論を現代化しようとしたが，社会が求めるものを条件づけうるような「合理的で民主的な社会的手続」は存在しないという数学的結果に達した（アローの不可

[基礎編] Ⅱ章　地球環境保全の道徳倫理

能性定理。なお，その詳細については，坂井30参照）。しかし，「合理的で民主的な決定」は，その手続きを一層「情報」に敏感にさせることで解決する（これが，センの1998年のノーベル賞講演の主題であった）。多様な個人間比較の情報を広く行使することの重要性が示された。結局，「社会的選択の定式は，過程志向的な自由の選択に従って「ゲーム論」で決せられる。各人の選択の結果は，すべての人の行為や戦略の選択に依存する。自由の要件は，受け入れ可能な結果によるものではない」（同450頁）。グローバルな主権国家は存在しないが，世界中の市民による公共的議論を通して「グローバルな正義」を促進することに何の制約もない（同464頁）。政治的に活動する市民の側に行動主義が求められる（同498～500頁）。

要するに，アマルティア・センの結論は，迂遠で平凡なものではあるが，「開かれた情報」の下で「公共的な熟議」を重ねることと各人が「主体的に行動」すべきこと以外には「正義のアイディア」がないことになる。これに不可欠な役割を担うのが，マス・メディアであり教育・学問なのである。

241　倫理・法益の対象としての「環境」概念

(1) 環境の概念

環境は，どのような目的でどの程度・範囲まで保全すべきか。この問題は自明ではない。そこで環境保全の社会倫理または保護法益のあり方について考えるに当たり，その出発点として，そもそも「環境」とは何か。その概念が明らかにされねばならない。「環境」（environment, Umwelt）とは，人間から見て，その周囲にある総体（ただし人間を除く。）であるとしておこう。ちなみに，環境基本法は，「環境」の概念を自明と考えてか全く定義していない。しかし，「人類の存続の基盤である環境」（3条）のほか，①「地球環境」，②「生活環境」，③「自然環境」などの文言が用いられている。

(2) 地球環境

例えば，「地球環境」保全の定義として，「人の活動による地球全体の温暖化又はオゾン層の破壊の進行，海洋の汚染，野生生物の種の減少その他地球の全体又はその広範な部分の環境に影響を及ぼす事態に係る環境」の保全と定めている（2条2項）。

(3) 生活環境

例えば，「公害」の定義として，「大気の汚染，水質の汚濁（略），土壌の汚染，騒音，振動，地盤の沈下（略）及び悪臭によって，人の健康又は生活環境

（人の生活に密接な関係のある財産並びに人の生活に密接な関係のある動植物及びその生育環境を含む。以下同じ。）に係る被害が生ずることをいう」と定めている（2条3項）。公害では、「人の健康」と並んで「生活環境」の文言が用いられており、そこには「人の生活に密接な関係のある動植物及びその生育環境」を含むとしている。すなわち、ここでの「生活環境」の文言は「人の生活に密接な関係のある」ものとして用いられている。もっとも、それらは「人の健康」や「財産」への危害に関わる点で、伝統的な刑法の「保護法益」として対処しうる（▶113, 410）。

(4) 人類の存続基盤としての環境

これに対して、「環境の保全」は、「環境を健全で恵み豊かなものとして維持することが人間の健康で文化的な生活に欠くことのできないものであること及び生態系が微妙な均衡を保つことによって成り立っており、人類の存続の基盤である限りある環境が、人間の活動による環境への負荷によって損なわれるおそれが生じてきていることにかんがみ、現在及び将来の世代の人間が健全で恵み豊かな環境の恵沢を享受するとともに人類の存続の基盤である環境が将来にわたって維持されるように適切に行われなければならない」と定める（3条）。すなわち、「公害」とは異なり、「環境」保全では、環境は「人類存続の基盤」とされていて、これが環境の実質的意義を示すものと解される。また「環境の保全」の対象が「生態系」の均衡保全にも及ぶことを示している。さらに、環境保全の究極目的として「人間」の「健康で文化的な生活」に不可欠なことが示されている。同時に、環境保全が「将来の世代の人間」そして「将来にわたって維持される」ことを強調している点にも、留意が必要である。なぜなら、公害法と対比して、環境法の独自性は「未来世代」の法益保護（特に予防原則）に求められ、これに「現在の世代」の法益保護も包摂されるからである。

(5) 生活環境と自然環境

次に環境保全の総合的・計画的施策の事項として、「生活環境」および「自然環境」（「大気、水、土壌その他の環境の自然的構成要素」）の保全（14条1号）、「生態系の多様性の確保、野生生物の種の保存その他の生物の多様性の確保」、「森林、農地、水辺地等における多様な自然環境が地域の自然的社会的条件に応じて体系的に保全されること」（同2号）、「人と自然との豊かな触れ合いが保たれること」（同3号）が列挙されている。ここでは「生活環境」に続いて「自然環境」の文言が用いられているが、後者には「農地」が含まれている。そうすると「生活環境」と「自然環境」とは、必ずしも排他的な概念として用

[基礎編] Ⅱ章　地球環境保全の道徳倫理

いられているわけではないようである。生活の中にも自然があり自然の中にも生活がある。とはいえ，「生活環境」とは，通例，人の生活領域に着眼した概念であろう。

(6) 総　　括

要約すれば，「環境」は「人類の存続の基盤」であり，その最大限の保全領域が「地球環境」である。「生態系と生物の多様性」と結びつくのが「自然環境」であり，これを住民の生活という観点からみるものが「生活環境」であると解される。それゆえ，「人為的環境」を環境法の対象から除外すべき理由はない。歴史的・文化的遺産も過去の世代から未来の世代に継承すべき対象であることに変りない。例えば，富士山と三保の松原，万里の長城，アンコールワット，ピラミッドとスフィンクス，マチュピチュなどの世界遺産（ユネスコ）について，自然環境・生活環境・人為環境のいずれになるのかを論じることに実益はない。その自然の中に人の生活があり，人為も加わっている。それでは，現在のところ誰も立入ったことがない密林・草原・極地はどうか。これらも「人類の存続基盤」としての「地球環境」であって，「生態系・生物の多様性」としても，「人類の生活」に作用していることに変りはない。

242　環境保全の社会倫理と実定法の保護法益

(1)　社会倫理と実定法

既に明らかなように，①個人の内部的自律に委ねられ自己責任となる「個人道徳」（幸福の実現）と②その外部・他人の生活に関係・作用する「社会倫理」（正義の実現）とは調和的に区別される。社会倫理は，社会規範（広義の法，人倫秩序）として，その違反に社会的責任を伴うが，③国家の定める「実定法規範」（法令）とは区別されねばならない。実定法は，国家機関によって強制され，その違反に制裁を伴うのが通例である。また，実定法は，その始原となる社会倫理から自然法的制約を受けるものの，これと一致整合するとは限らず，複雑多様な社会現象（国民間の利害・価値の対立・紛争）に対応して高度な精密性・技術性・専門性が要請される。この実定法規間の矛盾・衝突・欠損をなくすには，法の体系的統一性による「立憲法治国家」・「法の支配」の確立が必要になる。そのために法律学が近代の大学創設により法学研究と法曹養成とを目的として発展してきた。こうして実定法規の精密性・技術性・専門性が高度化する程に，実定法規範と社会倫理規範との差異が生じ，実定法規に対する一般市民の理解が困難になるという現代の矛盾相剋（パラドックス）が生じている。

(2) 司法制度

それでも，実定法の内容は，事件（法的紛争）の訴訟を通じて最終的に裁判所の判断（判決・決定・命令）で確定される。そこで法律学は，裁判所の判断の不整合と濫用を防止するために，実定法の保護すべき「実体」または「価値」とされる「保護法益」を基礎にした法解釈を主張している。それゆえ，法解釈の名宛人は，主に裁判官などの法曹となっている（裁判規範の優位）。それは，ほとんど一般国民に向けられていない（行為規範の劣位）。重要な裁判例は，要点が報道されるが，上記のパラドックスは解消され難い。刑事裁判では国民の健全な常識と司法判断に反映すべく「裁判員制度」が導入されたが，個々の裁判員が市民一般の見解を反映するとは限らず，その守秘義務の制約もあって，刑事司法への国民の理解を深めるのには役立たない。

(3) 立法制度

法律学は，立法機関（議会）に向けた法立法学を殆ど提供していない。刑事法学では，刑事科学，刑事政策学（犯罪学・刑罰学），犯罪社会学，犯罪心理学などが実証的データを提供しているが，その多くは刑事立法学に至っていない。各省庁の行政機関（官庁）には各種の審議会があり，特に法務省には法制審議会があり，実務法曹・法学者等の委員から構成されている。しかし，その実質は，行政事務当局の定めた方針が若干の修正を経て承認されることが多いようである。こうした審議を経て内閣府が提出した法案を，両議院の委員会・本会議が審議して法律が制定される。その審議は，野党議員からの反対意見があっても，熟議を経て調整されるには程遠く，党派的な打切り強行採決となることが多く，形骸化する傾向にある。こうして制定された法律は，その内容は国民に周知され解説されるわけではないから，国民の理解できるものではない（「国民主権」の形骸化）。国民は投票日のみに主権者であるに過ぎず，立候補者に対する適切な情報すら提供されていない。それでも，行政法規・刑罰法規の最終対象者になるのは，一般市民なのである。

(4) 保護法益の基礎となる社会倫理

法益論の果すべき重要な役割は，「裁判規制機能」と並んで，市民に対する「行為規制機能」である。刑法学で論争されるような「法益」とは（因果的に変更可能な）「実体」・「価値」のいずれかという「鶏卵論争」であってはならない。そもそも実体と価値とは実際には不可分であって，観念的な二分法には実益が乏しい。「実体」説に立つと，法益は法規に要件化されていることになるので，行為客体・法定結果などの法律要件（犯罪構成要件）と区別すべき実

益が乏しい。法益とは何かは，見解の差異を生じるが，決定的なのは法規の要件でしかない。他方，「価値」説に立つと，法益と法律要件とは区別されるものの，その法的価値としての法益はやはり法律要件から導かれなければならない。かくして，いずれの立場も「法律要件」の解釈でしかない。それにもかかわらず，「保護法益」を明示することは，これが「社会倫理」に接合しうる点で重要な意義を有する。なぜなら，前述のように，一般市民は，法律の規定内容である法律要件を知らないことが多い。それでも，法規定の技術的要件をふるい落した「保護法益」の実質は，「社会倫理」を理解している大多数の通常人（いわゆる是非弁別に従って行動しうる責任能力のある者）であれば理解可能になる。つまり，市民の「行為の規範・指針」として「保護法益」と「社会倫理」とが一致しうるのである。刑法38条3項は，「法律を知らなかったとしても，そのことによって，罪を犯す意思がなかったとすることはできない。」と定める。なぜ法律となっている犯罪規定を知らなくても，「罪を犯す意思」（故意，犯意）がありうるのか。法定の犯罪要件（法規）自体を知らなくても，その行為が「社会倫理」（社会規範）に反することを知ることができれば，その行為が社会的に許されないこと（違法性の認識）を理解可能なのである。「廃棄物」に関する廃掃法の定義規定（▶ 406(2)・811(3)）など全く知らなくても，不要になった冷蔵庫を路傍に放置することが「生活環境を害し，近隣の清潔さを損う」ことは，小学生ですらも分かっている。すなわち，不法投棄罪の実質（有害性の質量）を認識しているから，その犯意があることになる。法規の認識など不要なのである。このような犯罪は「自然犯」と呼ばれてきた。これに対して，「排出の基準」に違反しないと成立しないような犯罪は「法定犯」と呼ばれる。この場合には，「排出」を知っていても，「基準違反」を知らなければ「犯意」が欠けることになる。「過失犯」を法定することよりも，「法規の内容」を当事者に事前に周知させるための施策が有効であろう。この点において「環境法」に限らず行政法（行政刑法）は，疑いなく「最悪の実定法」である。市民にではなく，専ら行政官僚・専門家に向けられている「蛸壺法」でしかない。

243　保護すべき環境と保護の目的

(1) 概　　説

　環境の概念として，環境基本法は「地球環境」・「自然環境」・「生活環境」などの語を用いている（▶ 241）。そもそも，「環境」は何のために保護されるのか。人類または人間の幸福・福祉のためと考えるのが，「人間中心的法益観」

である。環境は，「人間の生活のために」保全されるのであって，これとの共存関係を無視して「自然環境自体」を保護するものではない。環境の「保全」とは，人間の利益のために人間が豊かな環境を「管理・調整」するのである。これに対して，そのような伝統的な社会倫理・法益観こそが人間の欲望による「経済的な発展」と引き換えに人間の生存基盤である「環境」を自ら害してきたのでないか。それによって，人間は果して「幸福」になったのか。人間は環境によって生かされている。人類は全生物の単なる一種でしかなく，大気・水・土など地球の万物に依存して生きている。それゆえ，「地球環境」・「自然環境」それ自体が，少くとも人類と対等な関係にあるものとして，保護されるべきである。このような思想が「生態学的法益観」ないし Deep Ecology と呼ばれる。後者によれば，自然環境への人間の立入り・介入すらも許されなくなる。このような環境倫理の対立にもかかわらず，ここでは人間の「主体的な行動・責務」のあり方が問われている。

> **Topic 26** ヒグマは「ムッシュー」それとも「悪魔」？
>
> EUで原生保護動物と指定されたヒグマがフランスでは43頭のみと確認され，スロベニアから増殖目的で別のヒグマ二頭が搬入されることになった。これについて，ピレネー山麓エトリット村の村長メダールは「人間もヒグマも地球の一員。ヒグマにも生きる権利がある」と賛成したが，260頭の羊を放牧するテセールさんは，2008年夏に43匹の羊がヒグマに襲われた。「ここはスキー場すらない人里離れた山奥で，放牧で暮らす我々のことを国は全く考えていない。欧州全体ではヒグマが絶滅してるわけでもないのに生物多様性を持ち出すのはおかしい。」という。モーランさんは，「ヒグマが増えれば監視のための人件費，牧羊犬の購入など出費がかさむ。」と反対運動を組織した。この地方では，ヒグマは「ムッシュー」とも「悪魔」とも呼ばれている。

(2) われら共通の未来

1972年のローマ・クラブの報告書は，人口の増大と経済的・科学的発展等に関する統計的・科学的な分析に依拠して「成長の限界」と題する警告を与え，世界に衝撃を与えた。人類の存亡に関わる地球環境の危機であれば，東西の政治体制と南北の経済格差との利害対立を超えて，全世界が一丸となって最善策をとらねばならない。この国際的合意の端緒が1978年にブルントラント委員会が公表した「われら共通の未来」における「持続可能な発展」（Sustainable Development）の理念であった。持続可能な発展は，「将来の世代が自分達の必

［基礎編］Ⅱ章　地球環境保全の道徳倫理

要を満たす能力を危険に晒すことなく，現在の必要を満たすような発展」と定義された。

これに関連して，A.センは，次のように論じている。

a）人間ができるだけ自然に干渉しないことが環境保護の最善策となるという見解には，2つの欠点がある。①環境の価値は，単にそこに何があるかではなく，環境が人にどのような機会をもたらすかで査定されねばならない。なぜ天然痘の撲滅が自然の破壊とみられないのか。その理解は，人間の生活の向上に関わる。②環境は，ただ人に保護されるものではなく，人が積極的に関わる対象である。人の活動の多くが環境破壊をもたらしたのも事実であるが，人は環境を改善する力も持っている。女性の教育や雇用は，出生率の低下に役立ち，長期的には地球温暖化を和らげ，自然の生息地の破壊阻止にもなる。学校教育の普及・改善によって人は環境をより意識することになる。通信はマス・メディアの発達が環境志向的な考えの必要性を気付かせてくれる。開発の力は，環境を豊かにすることにも用いることができる。従って，環境は，ただ既存の自然条件を守るという観点からだけで考えるべきではない。なぜなら，環境には人為的な成果も含まれるからである。例えば，水の浄化は，人の環境改善の一部である。

b）人間をただ「必要」の観点から見るのは，貧弱な思想である。①すべての将来世代の利益は，各世代が実在のための準備することにより考慮される。各世代のための余地が常に残されねばならない。しかし，②現世代と同じ「生活水準」の達成で充分なのかという問題がある。例えば，絶滅危惧種のニシアメリカフクロウについて，「私の生活水準とは全く関係ない」という人もいる。これに対して，ゴーダマ・ブッダは，人間が動物に対して義務を負うのは，両者間の非対称性のためであり，協力の必要性を導く対称性のためではない，と論じている。人間は他の生物より強力なので，この力の非対称性から人間は他の生物に対して責任をもつ。③もし人間の生活の重要性が「生活の水準と必要の充足」だけにあるのではなく，各人が享受する「自由」（capability）にあるのだとすると，「持続可能な発展」は「持続可能な自由」に再定式されねばならない（アマルティア・セン，池本訳23・357〜362頁）。

(3)　**未来世代の環境法益**

若干の補足をしておく。

a）「伝統的な刑法理論」では，「環境」は保護法益とされてこなかった。個人的法益は，人の生命・身体（健康）・自由・名誉信用・財産とされてきた。

〈230〉 国家の役割——自由主義と平等主義との相剋

財産は、生命・身体等を支える手段的法益であって、それが欠乏すれば生命や健康等を維持することができない。環境も、財産に類する手段的法益であって、「自由財」として社会倫理的価値を有し、法的保護に値する。しかし、特定個人に帰属しないので個人的法益ではなく、立法としては「社会的法益」として行政刑法で保護されていることになる。学説には、環境は、刑法的保護に値せず、刑罰以外の行政的制裁で対処すべきとの偏狭な見解もあるが、およそ根拠に乏しい。また、保護法益は現に存在する「実体」に限られるので、「共時的」な法益でないものは認められないとの見解もある。このような偏狭な理解は、現世代の超財政赤字のつけを次世代に回す現政府と同じく、現世代のエゴイズムを承認する点で社会倫理に反するばかりか、その前提とする法益観自体が疑わしいものである（長井35・5～15頁参照）。

b）「生態学的法益観」は、上記のセンの賢察a）にも示されているように、これを単独では採用しえない。この法益観に立つ論者は、「人間中心的法益観」（人間中心主義）に依拠をすると、人間の自己中心的な経済活動によって環境が破壊し尽され、自然環境とくに生物の多様性・生態系の保護ができなくなると考える傾向にある。これは誤解である。例えば、猪や野生の鹿が急増して農作物のみでなく森林の植生も喰い荒らされているような場合、自然環境の「保全・調整」を目的として、人間のみが「環境管理」の責務を果しうる。ノーベル医学生理学賞を受けた本庶佑のグループは、オプジーボの開発に当り、多数のマウス等の動物を安全性・有効性の治験のために犠牲にせざるをえなかったであろう。悲しい現実であるが、人類は、その生存の必要から、食物連鎖の頂点に立って、家畜に限らず無数の他の生物を犠牲にして生きてきた。しかし、その濫用は決して倫理的にも正当化されない。特に動物の殺傷は、共存関係において人類の「必要最小限」に制限されねばならない。それゆえ、代替的食肉が供給可能であるにもかかわらず、鯨やイルカ等を捕獲することは許されない。それが「日本の文化」であるというような弁解（文化相対主義）は、不要な死刑存置と同様に、国際社会では通用しない国家的エゴイズムであろう。ちなみに、自然環境に重点を認めディープエコロジーに共感を示す論者も、「種にとどまって個体にまで行かないのは、人間以外の生物の個体に内在的価値を認めると、たちまち実践が困難になってしまうからである。」（交告28・429頁）と正当にも自認している。

他方、アスワンダムから救出されたアブシンベル神殿の深奥に冬至の日に限り、陽光を差し込ませたり、鋭利な刃も受けつけない程に密着したクスコの石

積みの建築技術に接したときの古代文明に対する畏敬の感動は，人為的・文化的環境の保全を肯定するしかないものであろう。

　c）「人間中心的法益観」といえども，無条件に妥当するものではない。「人間中心主義」を採用する論者も，「「現在世代のために将来世代が我慢をする」のではなく，「将来世代のために現在世代が我慢をする」必要がある」（北村33・10頁，46頁）と正当にも論じている。環境基本法は，「環境の保全」が「現在及び将来の世代の人間が健全で恵み豊かな環境の恵沢を享受するとともに人類の存続の基盤である環境が将来にわたって維持されるように適切に行わなければならない」（3条）と定めている。ここで留意すべきは，「現在世代」と「将来世代」の環境利益は，前者が力で優越し，現実の生活場面では後者と対立することである。それゆえ，「通時的」には「将来世代の法益」が優先すべきことになり，これに現在世代の環境利益も包摂されることになると，考えねばならない。ところで，「観察者がいないので，誰の幸福にも関係しません。また地球の生態系に価値があるとした場合，それは人間の諸個人及び動物の諸個体にとって善いものである限り幸福に寄与しますが，「生態系それ自体の絶対的価値」というものは幸福とは無関係です」（森村26・19～20頁）とされている。もっとも，生態系の保全にとって「観察者」が現にいることは要件となるまい。人類の未来世代の「幸福」にとって「豊かな生態系の多様性」自体に価値があると考えられるからである。それが各人の「最大限の自由保障」による「最大多数の最大幸福」の実現目的からの帰結である。

　d）人間中心的生態学的環境概念　ちなみに，ドイツ刑法学では「人間中心的生態学的環境概念」が通説とされている。その理由は，広く生態学的環境を保護対象としつつも，これを人間中心的観点から限定したのである。さもないと，ウイルス菌までも保護すべき対象になってしまうからである。例えば，完全な対等権利性を前提とするならば，里に出没した熊を捕獲・殺処分するにも「正当防衛」の要件を充足しない限り違法となってしまうのは，余りに窮屈で不合理であろう。勿論見るからに不快な虫なども，生態学的に重要な役割を果たしているとすれば，人間の評価は変更可能なのである。また，ドイツ刑法に定める環境犯罪の多くが「行政従属型」になっているのも，環境保全の「適時の適正な」行政管理を前提とするからである。これに反して，人間中心主義にも行政従属にも悲観的な見解（伊東18・はしがきⅰ頁，68頁）もあるが，独自の理解（法益論）に基づく誤解のように思われる。

　念の為に確認すれば，人間中心的法益観は，全ての生態系を無差別・平等に

保護したりはしないが，人間の生活の豊かさをもたらす生態系・生物の多様性の保全を排斥するものではなく，その逆なのである。また，原生自然環境保全地域への「立入制限地区」（自然環境法 19 条）のように，人の来訪を斥けてでも自然を元来の状態で残すことも，自然管理の方法として必要なのである。さらに，人による「占有外」の鳥獣の保護が「鳥獣の保護及び狩猟の適正化に関する法律」でなされているのであるから，人に「占有」されるペットに限らぬ動物なども動物愛護管理法で虐待・搾取から保護されるのも当然である（これに反して，物的法益概念を前提として，「人間の情緒的安寧・涵養や共生感促進という観点から捉えられるべきものであって，「環境刑法にいう環境」には含めるべきではない」とするのは，伊東 18・52〜53 頁。しかし，結局のところ，「共感」の法的保護を肯定しているのは疑問であるが，「名目上」の批判でしかない）。動物を「所有」（財産処分権）ではなく「占有」して当人の管理支配下に移したことから「先行行為」に基づく保護義務が課せられることになる。動物に対する人の恣意・濫用は許されない。人間の社会倫理が発達するに応じて，他の生物に対する人間の愛情による「保護」の共生の責務が深まることになり，人と他の生物との一層豊かな共存関係も強化されることになる。他の生物・鉱物その他の自然に対する人間のエゴイズムは，決して倫理的にも法的にも許されない。

250　国際社会のグローバルな環境保全

地球規模で形成された環境倫理が世界を主導して，国際条約を通じて国内環境法の発展を促し，また国際的 NGO など国家を超えた市民間の連帯的活動を生んでいる（その重要性につき◀ 240(4)）。

251　世界連邦の不存在

地球温暖化時代の国境を越えるグローバルな環境保全には，個別の国家・国民の枠を超えた「国際社会」の協調的取組が欠かせない。現在の世界には「世界連邦」・「世界連邦法」という統一的法秩序が未だ形成されていない。「持続可能な発展」という国際的環境倫理（1987）にもかかわらず，経済的発展の先後が激しい南北諸国間の利害対立を招く。また社会主義体制と自由主義体制との東西諸国間の利害対立がソビエト連邦の崩壊で一時的には解消するように見えたものの，再び中東イスラム諸国の紛争，東アジアの北朝鮮の核保有，中国

[基礎編] Ⅱ章　地球環境保全の道徳倫理

の経済大国化を力で抑制しようとする米国トランプ政権，これに追随する日本政府などの不安定な世界情勢は，「新たな冷戦構造」の始まりともいえよう。さらに，欧州でのEUの拡大は，世界連邦に発展する端緒とも思えたが，ギリシア，イタリア，スペインなどの財政赤字，アフリカ・イスラム諸国からの難民・移民の流入，英国の離脱などで弱体化しつつある。米国と中南米諸国との関係でも同様な状況がある。グローバリゼイションの波は，再び民族主義・自国第一主義への反動的回帰をもたらしている。国際・国内を問わず，経済的格差と市民間の生活条件の不平等とが一層拡大していることが，その原因である。その原因除去の方策は，原理的には困難ではない。1％にも満たない少数の市民が残りの全市民と等しい富を独占している現状を少しでも解消すべく，資産の国際的・国内的な再分配を実施すればよいだけである。世界を風靡している「軍事力による優位的支配」という統治者（トランプ，プーチン，習近平，金正恩，安倍晋三ら）の迷妄を払拭し，莫大巨額な兵器増強に関する財政資金を福祉・教育（そして環境保全）に投入すればよいだけである。要は，民衆を弄する国家的な「政治手法」こそに，全市民を不幸にする諸悪の根源がある。この「国家の巨悪」が漸進的にでも除去されるとき，東西南北問題も解消されて，未来には「世界連邦」の形成が可能になるであろう。

252　国際法と国際条約

現実には，「国家」間の合意としての「国際条約」が，今日の地球規模の環境侵害に連携して対処する協調的枠組を構築し，条約締結国の国内法である環境法の発展を促進するうえで多大な貢献を果してきた。「国際連合」とその関係機関が国際的法秩序の形成に重要な役割」を果している。残念ながら，その実現は，第二次大戦の戦勝国である常任理事国の拒否権発動で妨げられることが少なくない。この旧体制が維持される限り，国際連合による法形成の執行力は弱いままである。その代替的手段として，武力紛争地域の秩序回復のための武力行使が米国を中心とする自由主義国家の結束でなされ，その末端の非戦闘部隊として日本の自衛隊も参加した（戦争が根本的に環境保全に反することは◀140）。日本政府の一連の新立法は，この旧体制を担いつつ自国の防衛力を強化しようと意図している。しかし，米国主導の「世界の警察権」と称する武力介入は，果して公正なものであり，現に平和回復の成果をもたらしたのか。罪のない市民を含めた殺害・破壊の犠牲者を増大させ，一方では多数の難民の流出拡散，他方では報復のテロリズムの連鎖拡大とその抑止規制の強化により市民

の自由制約も拡大する一方ではないか。少なくとも結果として失敗に終った愚策が半世紀にもわたり反復されている。それゆえ非常任理事国としてドイツと日本とは、新体制の構築に全力を傾けなければならない。武力ではなく外交と経済交流による平和の協調に転換すべき時であるのに、わが国は羅針盤のないまま旧態依然の惰眠をむさぼっている（◀ 120・130・140）。

253　国際刑事裁判所の刑罰権

　注目に値するのは、2003年にオランダのハーグに常設された「国際刑事裁判所」である。その法的根拠となるローマ規程による刑罰権については、「国家刑罰権の一部が譲渡される」と説明されていた。しかし、その刑罰権が依然として「国家間の合意」という条約の制約下にある限り、国際刑法としての機能も制限されることを避け難い。そこで規範理論としては、伝統的な「国家刑罰権」の桎梏を解除する必要があるが、それは理論的には充分に可能なのである。刑罰権が国家自体ではなく、その基礎となる「市民の共同社会」に由来するものと考えるならば、国際刑法の更なる発展に資することができる（その理論的な試みとして、安藤34参照）。もっとも、正確には、「国際刑法」である必要まではなく、「国際社会の倫理規範」としてのソフトロウにこそ「刑罰権の淵源」を求めることができる（◀ 200～203）。たとえ、米国トランプ政権がこの枠組から脱退しても、多数の国家とその国民などの「世界市民」のコンセンサスがある限り、その集合的社会倫理のもたらす連携の力はソフトロウとしての「制裁権」を形成しうるであろう。ここでも刑罰権の「執行」にこだわる必要はない。国際刑事裁判所の判断自体が国際倫理の「正義」を宣明・確定し説得することになるからである。先ずは、国際世論の形成に依拠する国際市民の連帯的活動こそが重要なのである。

254　国連気候変動枠組条約と地球温暖化対策推進法

　地球人口の急増と人間活動の活発化による「温室効果ガス」（二酸化炭素、メタン等）の排出量増大による大気中濃度・地表温度の上昇の結果であるかは不確実であるとしても、海水の膨張、極地氷解による海面上昇、異常気象の頻発などの「気候変動」ないし「地球温暖化」が地球上で生じている。1990年の「気候変動に関する政府間パネル」（IPCC）第1次報告書は、温室効果ガス対策を行わないと、2100年には1990年よりも気温が1.5～4.5度上昇すると指摘していた。最近のIPCC報告書によると平均気温は、既に産業革命前より

[基礎編] Ⅱ章 地球環境保全の道徳倫理

も約1度上昇している。世界のCO_2排出量を実質0にし，他の地球温度化ガスの排出量も2030年水準から減らす必要がある。米国トランプ政権は，パリ協定からの離脱を決め，自主目標の設定を拒絶した。排出抑制の反対者は，気候変動でどれだけの犠牲が生じるかは不明だと主張する。しかし，不確実なことは，行動をしない理由とはならず，むしろ行動を促す根拠となる（予防原則）。この先の未来世代が何とか対処することになるだろうと考えるのは正しいかも知れないが，その逆に悲惨なことになる恐れもあるからである。今日の世界では自国の利益を優先する国が多くなり，完全な協調的行動の可能性はほぼ皆無のようにも見える。しかし，虚妄と欺瞞から目覚めねばならない。地球温暖化時計は地球滅亡まで残り「5分」のような切迫化状況にある。

255　国連気候変動枠組条約（1994）

さて，1992年のリオ・デ・ジャネイロで開催された「地球と開発に関する国連会議」（地球サミット）の成果として「国連気候変動枠組条約」（1994発効，1993日本締結）が採択された。

第1に，先進国と途上国との対立を緩和するために「温暖化防止」の共通の責務（排出・吸収の目録の作成・報告）を認めつつも，途上国には努力義務，先進国には重い責務（計画公表・達成状況の報告・審査，改善措置の検討と規制の資金援助）を認めた（共通だが差異のある責務）。第2に，科学的確実性がないことで予防的措置を延期する理由とすべきではない（3条）として，「予防原則」を採用した。第3に，本条約は，締結国を増大させるべく，一般的な「枠組」のみを規定し，条約の最高意思決定機関となる「締約国会議」（COP, Conference of the Parties）の作成する「議定書」で具体的施策が順次締結されることになる。1997年のCOP3で「京都議定書」が採択され，先進国は2008〜2012年（第1次約束期間）平均で1990年比少なくとも5％（日本は6％）の温室効果ガス削減義務を負うとされた。しかし，2011年のCOP17において，日本は第2次約束期間（2013〜2020年）への不参加を表明した（大口排出国不参加の不公平，国別削減率の不当性への不満を理由とするが，それは当初から予定されていたものでしかない。前記第1参照）ので，具体的な法的義務を負わなくなった。2015年のCOP21による「パリ協定」では，2020年以降の国際枠組として，世界平均気温の上昇を，工業化前比で2℃を充分下回る水準に抑制し，1.5℃に抑制するよう努力し，今世紀後半に温室効果ガス排出を実質0にするという目標が定められた。

256 地球温暖化対策推進法（1998）

　わが国は，「地球温暖化対策の推進に関する法律」を制定した。その前提となる国連条約では「地球温暖化」ではなく，「気候変動」とされている。「気候変動」とは，「自然の変動または人間活動の結果のどちらによるものであれ，すべての気候の時間的変化」とされている。それゆえ，「人間活動の結果」自体である必要はなく，冷暖を問わず「自然の変動」という事象で足りる。つまり，「予防原則」からして，「不確実性」（因果関係）の問題を回避できるように周到に考慮されている。これに対して，本法の「人の活動による地球全体の温暖化」という文言では，「寒冷化」が含まれず，「人の活動による」ものではないという批判・抵抗を容れてしまうおそれがあろう。①規制対象となる温室効果ガスは，二酸化炭素，メタン，一酸化二窒素，政令で定めるハイドロフルオロカーボン（HFC）・パーフルオロカーボン（PFC），六ふっ素硫黄，三ふっ素窒素である（2条3項）。②2016年に策定された温暖化対策計画では，2030年に2013年比26％削減するという中間目標，2050年までに80％の排出削減を長期的目標としている。③行政として，政府実行計画の策定（20条），地方公共団体実行計画の策定（21条），事業者には国・自治体の施策への協力が義務づけられている（5条）。しかし，既に2003年度のCO_2排出総量が1990年比8.3％増となっていたことから，民間事業者の法的義務づけが具体化された（2005改正）。すなわち，④一定の排出事業者（特定排出者，施行令5条）は，自ら排出する温室効果ガスを算定して抑制策を立案・実施し，その効果を自ら査定して新対策を策定・実施するという「循環的手法」および排出量の行政への報告，行政による公表という「情報手法」（26条，罰則68条1項；過料）である。国が特定排出者の排出実施を公表することは，特定排出者以外の排出事業者に自主的取組を促進させる効果をもち，また排出係数の小さい事業者に選択される動機づけともなりうる。特定排出者のファイル記録情報で主務大臣が保有するものは，「何人」も開示請求しうる（30条）。なお，特定排出者の「権利利益保護請求制度」（27条）と行政機関情報公開法・省エネ法との関係，判例（最判平23・10・14判タ1376号116頁）については，北村33・594〜598頁を参照されたい。

257 地球温暖化対策推進法の補完

　①「エネルギーの使用の合理化に関する法律」（1979省エネ法。工場・事業所のエネルギー使用の合理化，自動車・家電製品等の燃費・省エネ基準の強化（1998

改正），運輸部門の省エネ計画策定・報告の義務と勧告命令・罰則，建築物の届出義務など規制対象の拡大・強化（2005，2008改正。2015「建築物のエネルギー消費性能の向上に関する法律」の制定））。

②「特定製品に係るフロン類の回収及び破壊の実施の確保に関する法律」（2001フロン回収破壊法。フロン類は，単位当たりでCO_2 93～11,700倍の温室効果を有するので，生産禁止のほか，業務用空調機・冷蔵冷凍機等のフロン類回収破壊のための引渡引取義務，破壊業の許可・基準違反等について定める。2015「フロン類の使用の合理化及び管理の適正化に関する法律」（フロン類排出抑制法）に改正）。

③「新エネルギー利用等の促進に関する特別措置法」（1997新エネルギー法。風力太陽光発電等の新エネルギーの促進方針，利用方針，利用計画の認定，国の金融支援等について定める）。

④「電気事業者による新エネルギー等の利用に関する特別措置法」（2002新エネ発電法。風力・太陽光・バイオマス・中小水力等を利用した発電を電気事業者に義務づけるための諸方策について定める。◀120～122）。

Topic 27　日本の「再生可能エネルギー」利用発電の法的問題

　停滞する原子力発電とこれを補完する火力発電に代えて「再生可能エネルギー」利用発電を主力とする政策への転換が不可欠である。それでも，太陽光発電では，環境影響評価法の対象事業化，将来に大量の廃棄パネル（銀・鉛等の有害物質含有）の適正処理，また風力発電でも設備新設に伴う森林伐採，土砂流出，生態系・景観への悪影響を避けるための環境アセスメントの迅速化などの新たな課題が随伴してくる。特に，再生可能エネルギーの固定価格買取制度（FIT）をめぐり高収益を求める太陽光ビジネスが利権バブル化し，脱税事件にもなっている。現在の買取価格（事業用）は1kw当り18円であるが，当初の2012年度は普及促進のため40円で20年固定とされた。この買取価格の権利を持ちつつ施設建設を遅らすほどに利益が膨らむため，「売買権」の高値取引が生じている。これは入場券のダフ屋と変らない。また，同じく2012年に始まった「優遇税制」を利用する合法的な節税ができる。しかし，これを悪用した1億数千万円の脱税の嫌疑で国税局からの告発により法人税法違反などの罪で起訴される事件も発生している。FITの制度設計や参入事業計画の行政審査などが甘かったのではないか，と指摘されている。不正を生む過度な経済的利益誘導は慎まなければならない。

⑤「流通業務の総合化及び効率化の促進に関する法律」（2005。効率的で環境負荷の小さい物流ネットワークの形成が目指されている）。

⑥「国等における温室効果ガス等の排出の削減に配慮した契約の推進に関する法律」(2007 環境配慮契約法。各省庁および独立行政法人等の長は，電気供給，自動車購入，省エネ的改修事業，建築等の契約に当り，「温室効果ガス等」の排出削減に配慮した措置を講ずる努力義務を負う）。

⑦「都民の健康と安全を確保する環境に関する条例」（東京都。2008 改正）を別にすると，「国内排出量取引制度」（排出削減余力のある排出者と実現困難な排出者との間で環境負荷に価格をつけて取引することで，両者とも自発的な環境負荷削減に努めるようになる。）は，未だ実現できていない。

258　国際環境条約と国内環境法
(1)　オゾン層の破壊の規制
「オゾン層の保護のためのウィーン条約」(1985)。オゾン層を破壊するおそれのあるフロンガス等を規制する条約であり，その具体的義務化のために「オゾン層を破壊する物質に関するモントリオール議定書」(1987。1999 最終改正) が定められている。→「特定物質の規制等によるオゾン層の保護に関する法律」(1988 オゾン層保護法），「フロン類回収破壊法」(2001)，「フロン類排出抑制法」(2015)。

(2)　大気汚染の規制
「長距離越境大気汚染条約」(1979。化石燃料の燃焼窒素で生じる大気汚染・酸性雨の現象について，硫黄酸化物と窒素酸化物の排出削減率を定める条約である。「硫黄酸化物排出削減議定書」(1985 ヘルシンキ議定書)，「窒素酸化物排出削減議定書」(1988 ソフィア議定書)，硫黄酸化物削減を強化した「オスロ議定書」(1994) で生態系保護のための限界負荷量アプローチが採用された）。

(3)　海洋汚染の規制
①「海洋法に関する国際連合条約」(国際海洋条約，1994 発効)，②「海洋油濁防止条約」(1954)，③「油による汚染に伴う事故における公海上の措置に関する国際条約」(1964)，④「油による汚染損害についての民事責任に関する国際条約」(1970 発効)，⑤「1973 年の船舶による汚染の防止のための国際条約」(1978MAPPOL 条約。1997 議定書)，⑥「船舶油濁損害賠償保障法」(1975，2004)，⑦「油による汚染に係る準備・対応・協力に関する国際条約」(OPRC 条約，1995 発効)，⑧「危険物質及び有害物質の海上運送に関する損害に対する責任・賠償に関する国際条約」(1996HNS 条約。2010HNS 条約)，⑨「船舶のバラスト水及び沈殿物の規制及び管理のための国際条約」(2004)，⑩「船舶

の有害な防汚方法の規制に関する国際条約」（AFS 条約，2008 発効）。⑪「廃棄物その他の物の投棄による海洋汚染の防止に関する条約」（1972 ロンドン条約，1972 年発効）→⑫「海洋汚染及び海上災害の防止に関する法律」（1970。2004 改正，2007 改正）。

(4) **有害物質の規制**

①「残留性有機汚染物質に関するストックホルム条約」（2001 POPs 条約，2004 発効。ダイオキシン類，PCB，DDT など 12 種の残留性有機汚染物質の製造・使用の禁止，排出削減を目的とする）。→「農薬取締法」（1948），「化学物質の審査及び製造等の規制に関する法律」（1973 化審法。2009 改正），「特定有害廃棄物等の輸出入等の規制に関する法律」（1992 バーゼル国内法），「ダイオキシン類対策特別措置法」（1999），「ポリ塩化ビフェニル廃棄物の適正な処理の推進に関する特別措置法」（2001 PCB 特措法）。

②「国際貿易の対象となる特定の有害な化学物質及び駆除剤についての事前かつ情報に基づく同意の手続に関するロッテルダム条約」（1998 PIC 条約，2004 発効。先進国では禁止・制限されている科学物質を途上国が不知で輸入することを防止するために，その有害情報を事前に提供した上での同意手続を定めた条約である）。→「輸出貿易管理令」（1949，経済産業大臣の承認を要件とする）。

(5) **有害廃棄物の越境移動の規制**

「有害廃棄物の国境を越える移動及び処分の規制に関するバーゼル条約」（1989 バーゼル条約，1992 発効）。→バーゼル国内法，「廃掃法」（1992 改正）。

(6) **生物多様性の保全規制**

①「絶滅のおそれのある野生動植物の種の国際取引に関する条約（1973 ワシントン条約，1975 発効），②「生物の多様性に関する条約」（1992 生物多様性条約，1993 発効），③「バイオセーフティ議定書」（2000 カルタヘナ議定書）。→「森林法」（1951），「自然公園法」（1957），「環境基本法」（1992 改正），「生物多様性基本法」（2008），「自然環境保全法」（1957。2009 改正），「鳥獣の保護及び狩猟の適正化に関する法律」（2002 鳥獣保護法），「絶滅のおそれのある野生動植物の種の保存に関する法律」（1992 種の保存法），「特定外来生物による生態系等に係る被害の防止に関する法律」（2006），「遺伝子組換え生物等の使用等の規制による生物の多様性の確保に関する法律」（2005 カルタヘナ法），「鳥獣による農林水産業等の被害防止のための特別措置に関する法律」（2007）。

(7) **地域的自然環境の保全規制**

①「特に水鳥の生息地として国際的に重要な湿地に関する条約」（1971 ラム

サール条約，1975発効）→自然公園法，鳥獣保護法，ラムサール条約の登録湿地，②「南極条約」（1959，1961発効），「環境保護に関する南極条約議定書」（1991，1998発効），③「南極のあざらしの保存に関する条約」（1972，1982発効），④「南極の海洋資源の保存に関する法律」（1980，1982発効），⑤「南極の鉱物資源活動の規制に関する条約」（1988）→「南極地域の環境の保護に関する法律」（1997南極環境保護法）。

(8) 世界遺産の保全規制

「世界の文化遺産及び自然環境の保護に関する条約」（1972世界遺産条約，1975発効）→文化財保護法，自然環境保全法，自然公園法，森林種保存法。

259　人口増加による地球環境の壊滅的な影響

　世界の人口は，産業革命以後に増大を始め，2050年代には1987年の2倍，100億人になると予測されている。地球環境は壊滅に向っている。地球温暖化を阻止することも極めて困難な状況にある。それにもかかわらず，世界の政治経済は，地球の危機を忘れたかのような動きをしている。中国は「一帯一路」の構想により全世界の交通軍事要地を押さえ人民を送り込んで途上国の開発と資源獲得に邁進しており，軍事経済大国・米国との覇権争いに発展しつつある。EUも難民流入で軋んでいる（メルケルの退陣）。わが国の立ち位置が問われている。被爆国の日本が25年連続で提出した「核兵器廃絶決議案」は，国連総会第1委員会（軍縮）で採択されたものの，核保有国と非保有国の双方が日本案を批判して棄権した。日本が二枚舌のように核兵器禁止条約に反対しているからである。日本は，外国人労働者を非人道的な方策で受け入れるならば，国際的に弱小化するばかりか，信用も失いつつある。国連気候変動枠組条約の「京都議定書」の第2拘束期間の不参加表明でも国際社会を失望させた。しかし，今こそ日本は，パリ協定，国際司法裁判所からも脱退した米国政府に追従することなく，国際環境を主導してきたEU諸国との連帯を強化して，地球環境の壊滅に立ち向かい続けねばならない。場当りの綱引き政策を続ける日本は，国際社会からは「ずる賢い狐」と評価されている。日本からの海産物輸入禁止を継続している韓国との国際紛争においても，日本政府の主張は是認されなかった（2019年4月）。皇位継承でも男系男子と定める皇室典範の特別法で伝統・守旧にこだわり，男女平等に踏み切れない現状は，世界では奇異と見られている。思考停止の神道なのである。

【Ⅱ章　参考文献】

1. 内田智雄編『註注中国歴代刑法志』(創文社・1964)
2. J. ベンサム 'A Fragment on Government and an Introduction to the principles of Morals and Legislation' (1789), 山下重一訳「道徳および立法の諸原理序説」関嘉彦編『世界の名著38』(中央公論社・1967)
3. J. S. ミル, 'On Liberty' (1859), 早坂忠訳「自由論」関嘉彦『世界の名著38』(中央公論社・1967)
4. J. S. ミル, 'Utilitarianism' (1861), 伊原吉之助訳「功利主義論」関嘉彦編『世界の名著38』(中央公論社・1967)
5. J. S. ミル 'On Liberty' (1859), 塩尻公明・木村健康訳『自由論』(岩波文庫・1971)
6. 水野有庸訳「キケロ　ストア派のパラドックス」鹿野治助編『世界の名著13』(中央公論社・1968)
7. 鹿野治助訳「エピクテトス語録」鹿野治助編『世界の名著13』(中央公論社・1968)
8. 鹿野治助訳「エピクテトス要録」鹿野治助編『世界の名著13』(中央公論社・1968)
9. 鈴木照雄訳「マルクス・アウレリウス　自省論」鹿野治助編『世界の名著13』(中央公論社・1968)
10. 石川淳「宣長略解」同編『日本の名著21』(中央公論社・1970)
11. I. カント 'Die Metaphysik der Sitten' (1797・1798); Wilhelm Weischedel, 'Immannel Kant', Werkasusgabe Ⅷ' (Suhrkamp, 17 Aufl. 2014), Ders, 'Grundlegung zur Metaphysik der Sitten' (1785); Suhrkamp Studienbibliothek 2 (4. Aufl. 2015), 加藤新平・三島淑臣訳「人倫の形而上学(法論)」, 森口美都男・佐藤全弘訳「同(徳論)」, 野田文男訳「人倫の形而上学の基礎づけ」野田文男編『世界の名著32』(中央公論社・1972)
12. 大橋智之輔ほか編『法哲学綱要』(青林書院・1990)
13. 中村達也『経済学における中心と周縁』『岩波講座　社会科学の方法Ⅴ　分岐する経済学』(岩波書房・1993)
14. 頼祺一編『日本の近世13　儒学・国学・洋学』(中央公論社・1993)
15. R. ノージック, 島津格訳『アナーキー, 国家, ユートピア』(木鐸社・1994)
16. 川本隆史『ロールズ　正義の原理』(講談社・1997)
17. 長谷川寿一・長谷川眞理子『進化と人間行動』(東京大学出版会・2000)
18. 伊東研祐『環境刑法序説』(成文堂・2003)
19. A. ダマシオ; Looking for Spinpza − Joy, Sorrow, and the Feeling Brain (2003), 田中三彦訳『感じる脳　情動と感情の脳科学　よみがえるスピノザ』(ダイヤモンド社・2005)
20. B. スピノザ 'Ehtica', 工藤喜作・斎藤博訳『エティカ』(中央公論社・2007)

参考文献

21 D. ヒューム 'A Treatise of Human Nature' (1739), 土岐邦夫・小西喜四郎訳『人性論』(中央公論社・2010)

22 J. ロック 'Two Treatises of Government' (1690), 加藤節訳『完訳 統治二論』(岩波書店・2010)

23 A. セン 'The Idea of Justice' (2009), 池本幸生訳『正義のアイデア』(明石書房・2011)

24 R. ドーキンス, 日高敏隆ほか訳『利己的な遺伝子』(紀伊国屋書房・2012)

25 金井良太『脳に刻まれたモラルの起源』(岩波科学ライブラリー 209・2013)

26 森村進『リバタリアンはこう考える──法哲学論集──』(信山社・2013)

27 J. ヒース, 瀧澤弘和訳『ルールに従う 社会科学の規範理論序説』(NTT 出版・2013)

28 交告尚史「環境倫理学」高橋信隆ほか編『環境保全の法と理論』(北海道大学出版会・2014)

29 A. スミス 'The Theory of Sentiments' (1776), 村井章子・北川知子訳『道徳感情論』(日経 BP クラシックス・2014)

30 坂井豊貴『多数決を疑う 社会的選択理論とは何か』(岩波新書 154・2015)

31 飯島暢『自由の普遍的保障と哲学的刑法理論』(成文堂・2016)

32 増田豊『法倫理学研究』(勁草書房・2017)

33 森和也『神童・儒教・仏教──江戸思想史のなかの三教』(ちくま書房 1325・2018) 15 頁

34 安藤泰子『刑罰権の淵源』(成文堂・2018)

35 長井圓「環境刑法における保護法益・空洞化の幻想」横浜国際社会科学研究 9 巻 6 号 (2005)

36 長井圓「人格的法益と財産的保護との排他性・流動性」井田良ほか編『山中敬一先生古稀祝賀論文集・下巻』(成文堂・2017)

37 長井圓「グローバルな民主政治の危機でも地球環境を保全できるか?」(環境刑法入門第 10 回) 環境管理 2017 年 12 月号

38 長井圓「生命の法的保護の矛盾撞着(1)」中央ロー・ジャーナル 14 巻 4 号 (2018)

〔長井　圓〕

III 章　環境法の基本原理

300　環境保全の経済と倫理

　本章では，人間の生活を支える経済活動（資源の分配）が環境破壊をもたらすメカニズム（機序）を確認し，これに対応すべき環境保全の経済システム（系統）の再構築と倫理・法の規範の役割とについて考えたい。人間の生命は，他の動物と同じように，細胞の維持に必要な酸素吸入と炭酸ガス排出，水分栄養摂取と老廃物排出との交換的循環という生物法則に依拠している。また，衣食住に必要な資源を自然環境から労働で収奪・調達するという経済活動なしには成り立たない。他方，植物の光合成には動物の排出した炭酸ガスが有用であり，動物の排出した糞尿が土壌を豊かにして植物に栄養を与えるという自然循環の調和が成り立つ。このような相互依存の互恵的活動によって自然環境は復元しつつ持続する。この自然調和の平和的秩序を害するのが人類の経済活動の累行・累積による環境の劣化・破壊である。その全責任は人類にある。

　全生物は，その自由拡大のために生存競争をする。その過程で自然の復元力を超えるような経済活動に走る原因は，人間の本能的な欲望にあるので止み難い。その強欲を尽した富者も，その死をもって，既存の自由競争で獲得した権勢・社会的身分も全資産も失って余剰なものとなる。しかし，全生物が種を残して未来の継承を企てるように，人による「富の蓄積」は，その子孫継承のために，止むところがない。こうした未来に向けた「私財」の継承は，未来の世代における環境の劣化・破壊をもたらすとしたら，一体いかなる意味をもつのだろうか。未来において修復不能な汚染の蓄積をもたらすことは，人類の愚かな自損活動のつけ（負の遺産）になる。かかる悲惨な事態を回避するための「環境の倫理と法」が問われることになる。言語による高度な情報伝達を駆使した団結協力で食物連鎖の頂点に君臨する人類の傲慢（エゴイズム）を抑制するには，人間自らが環境保全の責務を自覚して自発的に「共存」の行動することが出発点となり，その啓発の情報伝達・教育活動が何よりも重要となろう。

[基礎編]　Ⅲ章　環境法の基本原理

301　環境汚染の経済活動

原始的な狩猟採取の経済社会では，経済活動と自然環境との調和が維持された。人は，花鳥風月を賞で星雲の観察で大宇宙における人間の小ささを知り，神（自然の創造主）の無限の偉大さの前にひれ伏したのである。わが国で1万年以上続いた「縄文文化」の時代がそれであった。母体を模した土偶は，母系社会における生命創造の神秘への畏敬を表わしたものかも知れない。「弥生文化」の時代に稲作が始まると「穀物」が財として蓄積可能になり，青銅器に示されるように，貧富による権力の差とともに父系の氏族社会における身分制度と小国家が生まれた（◀234(4)）。第1次産業としての農業を基礎として，江戸時代までは米の石高が身分の差に反映し，幕府と藩は不足した金銀の前借りのために米の先物取引が発達した（長井17・261頁参照）。欧米で発達した農牧業の下では，産業革命に始まる「工業化による大量の商品生産」が農牧民（農奴）を土地から追放・離反させ，無産の労働者としての市場供給を促進した。

こうした経済システムの大変動が，一方では都市での財産犯罪等の急増（江戸時代の人足寄場▶472(1)c，西欧における自由刑），他方では工業生産の排出による環境汚染（煙害等）すなわち公害の出現をもたらした。この排出は，「市場経済の外部」におかれた「自由財」（自然媒体としての財）の汚染・毀損であった。所有権の対象とならない「大気・流水・野生生物等」は，誰でも自由に使用・収益・処分の許されるため「自由財」であるとされ，誰もその損失費用を負担しないゆえに，その汚染・毀損も不法（財産権の侵害）ではないと理解された。その理論的不備は，ケインズの混合経済学を発達させたP. A. サムエルソン『経済学』（第7版・1967）が「新古典派統合」を第8版（1970）以降で反省して，「経済的不平等」・「環境汚染の経済学」さらに「エントロピー（廃物・発熱）の経済学」（1980）の項目を新設したことにも示されている。

302　所有権の対象外の自由財

個人の「所有物」であれば，その本人の生活効用が認められ不要にならない限り，大切に占有管理される（▶831(2)）。しかし，所有権の対象外である「自由財」は，伝統的には実定法の保護対象ではなかった。「自由財」は，民事損害賠償の対象にも刑事財産罪の対象にもならないので，その汚染者は法的責任を負うこともない。ただ自由財の汚染・毀損が第二次的に人の生命・身体・財産等に危害を与える場合に限り，法的責任が追及されたにすぎない（公害法）。

「自由財」でなくとも，誰にでも対価の支払なしに利用・消費が許されてい

る「公共財」（公的管理下の海岸，河川，森林，公道，公園また国防・警察・消防の設備・労務等）は，所有権の対象であっても，個別利用者の費用・自制が生じにくいので毀損され易い（公衆トイレや雑草にまみれた学校・共同住宅を見よ）。個人所有の農地・牧場であれば自らの継続的な使用・収益（管理費用の最小化）のために保全されるが，共有放牧地の草木は羊や牛に喰い荒されてしまう（共有地の悲劇）。それゆえ，古典的自由主義の「リバタリアン」（▶ 233〜235）は，政府の公的な管理規制を最小限にする「小さな政府」の下で「個人の最大限の自由」に基づく所有権の極大化を法的に保障すべきと主張する。全ての「公共財」の利用を有料化したならば，その収奪・毀損が防止可能になる（フリーライダーの排斥）。とはいえ，山林には「入会権」，海域・河川・湖沼には「漁業権」が設定可能であるが，無権利者からの利用料の徴収コストの方が高くなり，それで乱獲等が抑止されうるであろうか。とりわけ，「自由財」自体については，所有権と市場経済による自律が抑止作用をもたらすであろうか。

> ### *Topic 28* 市場経済の自然的均衡の神話
>
> 　確かに市場経済の下では，取引相手の需要・効用の実現に相互に配慮して協力しないと売買が成立しないので，その限りで互恵的関係が成立する。それにしても，個人の所有権を基礎とする市場経済の法則は「自由財」には妥当しえない。そもそも企業の不正活動・不祥事が連綿と続発し，大和証券が損失補顛等で自主倒産しバブル経済がはじけた後にも，ＶＷ，ダイムラー，三菱，スバル，日産，スズキなどの自動車会社が燃費の数値または車両検査に関わる不正を続出させたのはなぜか。既得権益と利権の拡大に走る「政・官」は信用しえないが，「業」（私企業）ならば信頼に足るとはいえない。皮肉にも民事責任・行政処分・法人処罰が問われるからこそ，不正の集団的隠蔽が行われ易いからである。法的な規制・制裁さえあれば不法が抑止されるなんて考えるのは，初歩的な誤りである。法的責任が追及可能になるには，更なる条件が不可欠である。それゆえ，A. Smith は，「レッセ・フェール」（需給の自然調和）では済まされないと考えて，「道徳倫理」の研究を先行していたのではなかったか（◀ 221）。個人道徳による自制または社会倫理による非難が有効に作用するには，私人の行動が他者に認識可能になるような「情報の透明化」が不可欠になる。そこでは，個人プライバシーや企業秘密との法的調整が重要である。

303　外部不経済の内部化と汚染者負担の原則

　環境法は，同時に経済法であり，経済法則と合致しないと有効に働かない。財産権の帰属なき自由財である環境からの収奪と環境の汚染で免れた費用は当

［基礎編］　Ⅲ章　環境法の基本原理

事者の「外部経済」（外部負担）ゆえに汚染者の負担外となる。これを汚染者の経済（費用負担）に「内部化」すれば，その排出による経済的負担を自ら避ける動機（インセンティブ）が生まれ，経済活動による自発的な環境保全（自己責任化）が達成可能になる。この「自己責任の一般的な内部化」と伝統的な自己責任の法律とは混同してはならない。民事の損害賠償制度も不法行為者または契約違反者に金銭賠償の経済的負担を義務づけて，加害者と被害者との衡平をはかり，不法の予防も達成する。そこでは，個人の被害発生（因果関係）が要件となっており，当事者間に限られた損害回復でしかない。それでは，「当事者間の領域外」で生じる環境負荷の抑止には役立たない。その機能は，「外部経済の内部化」に類似するものの，その不法は，特定個人の身体・財産等に対するものであって，「自由財」に対するものでなく，「市場経済」の外部で働くものでもない。これに対して，一般的に「外部不経済」を解消して「市場経済の内部化」を達成するのが，「汚染者負担（支払）の原則」である。すなわち，環境媒体（自由財）自体に対する危害は，損害賠償法の対象外であるからこそ，「汚染者負担の原則」が独自の環境危害抑止の経済的機能を発揮させる手段として必要になる。「自由財」は財産権の客体でもないので，前述のように特定人に対する財産損壊罪が成立する余地もないのでなおさらである。この意味では，環境刑法における不法排出投棄の罪は，「自由財」を損壊する罪であるといえる。要するに，「汚染者負担の原則」は，環境行政法に独自の経済的手段であるといえる。なお，この原則は「事前の予防」だけでなく「事後の回復」にも妥当する。例えば，不法投棄罪の違反がなされたときには，民事損害賠償の代替手段として，行政命令で是正回復等を履行させることになる。もっとも，「厚生経済」（最大多数の最大幸福の実現）の観点からは，私法による強制（不法行為契約法による損害賠償・差止）・公法による強制（行政規制，刑罰）のいずれが「個人・社会の最小費用」をもたらすかという「選択の合理性」についての査定が常に要請されることになる（シャベル6・201頁，551頁）。

304　汚染者負担の原則

例えば，廃棄物処理法では「産業廃棄物」（2条2・4項）という区分があり，その排出事業者に処理の責務を課し，その経済的負担をさせている（3・11条）。その多様な産業廃棄物の特性を最もよく知りうるのも排出事業者であるから，最も適切かつ迅速な分別処理と資源循環（3R）が期待できる点でも，経済的効果（対費用効果）が高いといえよう。これに対して，家庭等から排出され

る生活ゴミは「一般廃棄物」に分類され，これを地方公共団体（市町村）が収集・処理することになり，「汚染者負担の原則」が適用されていない（4・6・6条の2）。その理由を納税による自治体の公共的な住民サービスだとするのは誤っている。企業・法人も住民でないとはいえない。そもそも廃棄物の質量を問わずに収集・運搬・処理を無料とすることは，配分的正義にも反し，フリーライダー（費用負担を免れる者）を優遇することになる。どんなに大量の一般廃棄物を排出しても費用負担を免れることができるならば，住民にとって排出物を抑制しようとする経済的インセンティブが全く働かなくなってしまうからである。しかも，自治体の廃棄物焼却施設からはダイオキシンは抑制されてもCO_2が排出されている一方で，最終処分施設の新設は殆ど困難になっているのが現実である。そうであれば，旧態依然のまま一般廃棄物に「汚染者負担の原則」を適用しないのは不適切であろう。

Topic 29　ドイツの環境都市フライブルク

ドイツの環境都市として有名なフライブルク（Freiburg im Breisgau）市では，住民の一定の排出用容器の数に応じて自治体に廃棄物処理の代金を振り込むことになっている。だから住民は，過剰包装の商品や生ゴミが沢山出るような食料品の購入・調理すらも差し控え，刈り込んだ庭木や芝なども廃棄物として排出せずに堆肥作りに励んでいる（自発的な環境保全）。食料品店も魚肉や野菜のパック販売を控え，レジ袋を提供しないので，消費者は買物袋を各自が持参している。日本から見れば，時代遅れのように見えるが，ワインやビールの空瓶をもって醸造所に行くと，中味だけの料金で頒布してくれる。爆撃で破壊された歴史的建造物が完全に復元されている旧市街には市電などの公共交通手段以外の流入が禁止されている代りに，市電の乗換え駅の要所には無料の公共駐車場が設置されていた。これを有料化すると中心街に流入する私用車が増加するからであろう。さらに，市街地の公道に設置されている時間制のパーキングの料金は，違法駐車の反則金の額と大差がない。住民がすぐに通報義務（ドイツ刑法139条。ただし対象犯罪は限定されている。）を履行するので，反則金を免れることは難しいのだが，両者の金額がほぼ等しい理由は，両者の比例権衡を維持することで，（地方）政府が過大な制裁で市民を威嚇抑圧することは正義に反すると考えているからであろう。

これと比較して，日本の交通反則金や罰金の額は極めて高い。目的実現のための「手段の相当性」が軽視されている。立法者は市民の行為を力づくで制圧することに何らの恥や痛みを感じないのであろうか。それでは暴力団の行為と変らない。法治国家や法文化の成熟度が問われている。

305　自発的な経済活動の誘導

　法は国家の「命令」であり，少なくとも法実現の最終手段としては「強制・制裁」を伴わざるをえない。このような義務論的な法哲学の見解も有力であるが，無条件には賛同しえない。市民の多くは，倫理道徳が備わる限り，実定法の強制がなくても，自発的に環境規範を遵守する。だからこそ不要で過剰な規制（自由制限）が避けられるのである（◀ 300, Heath, 瀧澤訳 10 参照）。

　法の遵守をもたらすのは，市民による「法の承認・受容」である。その規範的妥当性は，市民に内在する道徳・倫理の認識に依拠する。それが「互恵的利他行動」を促進し，他害行為を自発的に避ける。市民は，法の強制よりも，その帰属する集団・共同体から排斥されることを本能的・経験的に怖れる。社畜のように働いて追い込まれた社員のみならず，いじめで仲間外れにされた学童等が「自殺」するのも，過度に干渉的・同調的な社会のひずみだと考えられる。それは，虚弱で安易な選択による行為に見えるが，決してそうではない。しかし，利他的行動と利己的行動とは表裏一体の関係に立つ。それゆえ，快楽を求め苦痛を避けるという「功利的行動」は，誰もが容易に選択する傾向にある（◀ 223）。人は自ら損失を蒙る「経済活動」を避ける。前述（◀ *Topic 28*）の自動車会社の不正活動の例も，市場競争・大量販売による経済的利益の獲得（コスト削減）が動機になっている。しかし，「隠蔽された不正」が公表・暴露されると，消費者・株主の信用を失い，その経営戦略は逆の結果となる。よって，企業内のコンプライアンス・プログラムの作成・実践，内部告発者の法的保護・刑事免責・報償が有用である。不買運動等の市民の社会的制裁を受けるだけなく，企業は「環境」に適合する技術開発に遅れるため，長期的には大きな経済損失を受けてしまう。「会社の使命や社会的役割を考えずに会社経営の目的を「株主価値の最大化」などと言っている。結局は，「俺（株主）に金をよこせ」と言っているにすぎない」（上村達男），とも指摘されている。

　賢明な一般消費者は，経済効率が良く，環境基準にも適合する商品を選好する（◀ 104）。このような商品を供給しうる企業こそが市場競争で優位に立つことができる。また株主もこのような企業を選択して投資することになるし，銀行も環境保全に努めないで市場から淘汰されるような企業には融資を控えることになる（◀ 104・122）。こうして，環境負荷をもたらす商品の生産・供給等の経済活動が市場から退出されることは，環境保全とも調和する。

〈300〉環境保全の経済と倫理

306　日本法の文化と干渉的規制

(1)　「個人の自由尊重」に乏しい法の文化

　わが国では今日に至るまで、「市民の自由の尊重」、「個人の自己決定に基づく自己責任」または「自律領域への不介入」という思想が充分に確立されてはいない。その文化的要因は、歴史的に形成されたといえよう。神頼みの自然崇拝の神道との習合・一体化により、仏教の個人主義的自律面（出家・修業による悟り）が弱まり民衆的救済面の他律依存（密教）へと偏り、さらに儒教の統治者による礼への服従と結びついて、「無常・護国・神国」という独善的・享楽的な民族主義の思想が強化されてきた（◀214〜216）。近世の洋学と明治維新後の西洋思想の継受により、初めて「自由民権運動」が生まれた。しかし、立憲民主主義の発達（大正デモクラシー）も不充分なままに、富国強兵・脱亜入欧の国家独立政策の下で西欧の植民地主義に参入し、日清日露戦争の勝利に浮かれて、人命を不要物のように廃棄して数百万人の犠牲者を重ねるまで降伏も自ら決意できないままで大東亜戦争の完全敗北に至った。しかし、自国の戦争責任は曖昧なままに外国に転嫁され放置されるうちに、惰性の成り行きを是認したのが憲法の「統治行為論」であり、三権分立の立憲主義に歪みをもたらした。その結果、新憲法の平和主義は朝鮮戦争と日米安全保障の対米従属政策により骨抜きにされた。展望なきままに現状重視の経済的発展を専ら追求するという「根本的矛盾」が清算されないままに、刹那主義の綱渡りを続け奈落に向っている。

(2)　委細を尽した法規制の氾濫

　農民・町人的な忍耐と零細な小回りの技巧の洒脱を生かした文化的伝統・習俗が現代法の文化にも沈潜している。残虐な刑の憲法的禁止（憲法36条）にもかかわらず、中世の残滓である死刑が平然と現状維持にしか関心のない最高裁により温存されている。市民の自律的欠損と相互不信とを前提として、江戸時代の五人組制度（相互監視）の延長のような「パターナリズムの干渉主義」による過剰で詳細な法規制が氾濫している（何でも処罰！）。これを立法裁量であるとして、司法も容認している。法に服従させる強圧的手段として犯罪化・重罰化が当然であるとして、形式的・画一的な「権力による統制」（加害的応報責任）が国民の圧倒的支持を受け、国家的刑罰依存の「潜在的被害者」の論理が拡張を続けている（▶492）。

[基礎編] Ⅲ章 環境法の基本原理

> ***Topic 30* 超ストレスの統制社会・日本!**
>
> 　イスラム的報復とも思える野蛮な退行的文化の特質は，女性の職業的進出を要請しながらも社会的地位の向上を阻害している（日本は先進国で最低の位置にあり，韓国・台湾では女性の大統領・総統が登場している）。家庭・町内会・学校・企業・官庁などの集団内のいずれの社会的関係においても，「軍国主義的統制」（マッチョな力による上命下服の同調的統制。不採算部門と下請会社等の切り捨てV字回復を私腹増大に結びつけたコスト・カッターのカルロス・ゴーンは，その巧妙な操縦者であろう。◀ *Topic 24*）が生き続けている。その特色は，環境法を含めた行政法の委細を尽した形式犯・抽象的危険犯の罰則体系に著しいにもかかわらず，これを法学者ですらも疑問視しない傾向にある。例えば，超規制社会では市民の憩いの場である広大な敷地の公園すらも例外としない。球技・喫煙・花火・バーベキュー等の楽しみの全面禁止，犬との散歩までが迷惑行為として禁止事項の告知が至る所に掲示されている。各自治体の条例は，市民の苦情申立による対応の結果でもあり，およそ執行困難であるのに無駄な罰則を付することで行政責任の単なる存在証明に終っている。細密過大な規制は，個人の自律の余地を失わせ，自由な生活の楽しみを削減して，市民の幸福実現を阻害する「ストレス社会」の形成にしか役立っていない。ストレスの緊張緩和のために芸能なき珍妙なお笑い芸人がテレビのバラエティ番組を席巻している。その無益なコストは，市民が払わされている。

307 情報開示による選択の促進

　環境保全に適合する市場経済活動（社会費用の最小化）を促すためには，個別の企業主体の活動に関する「情報」が開示され伝達されることによって，一般市民（消費者）が適切な行動を選択可能になるような制度が必要になる。地球温暖化の防止には，全企業に，CO_2 等の削減計画と実績を公表させることが必要である（▶256）。個別の商品につき環境適性度を表わす「標示」（マーク）の貼付をしたり，商品の種別毎に適性度を一覧できるようスマホやPCのサイトで公表することが一般化されると，環境保全の市場経済活動が企業・消費者の双方にとって良い選択をもたらす。

　例えばドイツでは再生紙は「環境保護紙」（Umweltschutz-papier）と呼ばれ，その価格は非再生紙よりも高額であるが，環境保護に関心の高い消費者はこれを選択購入する（日本の製紙会社では，その再生比率を偽装する事件が起きた）。ワンダーフォーゲルを生んだドイツ人は美しい黒森地方を保全したいからである。環境保全に要する費用が商品価格に反映することになるが，「汚染者負担

の原則」に合致している。空瓶等のデポジット制は，予め飲料価格に回収コストが上乗せされ，それが回収されるときに購入者に一部返却されるので得をした気分にさせるにすぎない。しかし，自治体が一般廃棄物として回収するよりは，産業廃棄物として事業者に回収させる方が経済活動に即しているであろう。3 R（Reuse, Reduce, Recicle）による資源循環型社会を促進するには，不要物の回収時に処理費用を徴収するのではなく，車輌や電化製品など可能な限り広範な商品についても，デポジット制が合理的ならば検討されてよい。制裁的方式よりも褒賞的方法，強制よりも自発を促すことが，人間の摂理（功利）にも合致することが明白である。誰でも強制を好まないからである（◀ 222）。

310 国家による環境政策の手法

(1) 概　説

　環境保全の法は，その性質からして市民の広範な日常生活領域の細部にまで及び，未然防止・予防原則からして前段階化することを避け難い。気候変動のもたらす甚大な損害が発生してからでは，もはや打つ手がないからである。古典的自由主義の立場では，違法な結果が発生して初めて国家の介入保護が必要になるのが原則である（結果無価値論）。行為と結果との因果関係が確定しうる場合にのみ，重大結果の未然防止（危険禁止）が正当化される（行為無価値論）。それ以上の漠然とした「リスク」防止は，国家の介入保護が許されない。このような伝統的な国家的保護の原則の修正を迫ったのが，環境法の「予防原則」なのである。しかし，これによって「自由の保障」（◀ 223）が廃絶されてはならず，「予防原則」との調和が追求されねばならない。環境保全にとって，市民の自発的行為・自律的活動の果たすべき役割は格段と強化されねばならない。市民の自律的環境保全が期待しうる限り，国家権力の介入は不要であり後退すべきである。むしろ，国家は，市民の自律的活動が強化されるような支援・誘導・啓発的手法を活用すべきことになる。

(2) 市民の自発的活動（自主的取組）

　環境保全の市民活動が社会に浸透するならば，その生活による環境負荷が自発的に削減されるかも知れない。町会の有志活動として，家庭廃棄物の収集場所の自主管理がなされ，地域の雑草刈りや清掃に協力する住民が多い。小中学校では，学童が自ら教室・トイレを掃除し，小動物の世話をし，校内の緑化運

動が行われている。さらに郷土愛や環境道徳を育むためには，そのような活動が校外の地域にまで拡張されるとよい。「道徳」は単なる暗記科目ではなく，実践を通じてのみ体得される。教育委員会や校長・教員まで「縦割の管轄意識」しかないのでは困る。これらは零細な活動でしかないが，そこで育まれた「環境を見る目」が環境法とその政策を支え，創意工夫を生むことになる。行政による土地利用区分・土地計画等の不備・懈怠と住民の偏狭な理解とが相畳して「迷惑施設」の反対運動が生じている。互恵的利他行動の意識が乏しければ，そのような母体から選出された議員も同様にしかならない。戸口数千円の町会費でも積もれば環境保全資金となる。イギリスでは有志市民による緑地買収や気候変動の抗議運動（逮捕者1千人超）がある。これに地方議会の力が結集されれば，小コストで真の市民参画の環境形成が実現可能になるだろう。その前提として環境保護の教育・学習・情報提供による啓発が要請される（環境基本法25条・27条，環境教育促進法）。「知は力なり」（◀240(4)）。

(3) **企業による自発的活動**

タクシー運転手による不法投棄の通報協力，全国野鳥密猟対策連絡会による鳥獣保護法違反の情報収集・告発などは，目の届かない行政管理を補うものになる。汚染原因者としての企業の自発的活動として，日本経済連合会の「環境自由行動計画」がある。企業内部の不正活動は，「外部へと透明化」されないゆえに反復されてはびこる。そこで企業内部にコンプライアンス計画を策定し，社外取締役制度の強化・企業内外のコンサルタント・弁護士による管理・看守は不可欠である。名ばかりの社外取締役の参画で取締役会が内向きの同調秘匿装置と化してはならない。企業は自ら内部情報を株主総会に提供することで自律ができる。マスメディアが企業情報を適確に市民に提供するならば，企業は社会的信用を失うことを最も怖れる。

環境保全に傾注しない時代遅れの企業は，株主からも見捨てられ銀行からの融資も受けられなくなる。今や企業経営が脱炭素社会を主導しつつある。企業がパリ協定と整合する長期目標の設定を推奨・認定するためのイニシアチブ「科学に基づく目標設定」（SBT）には世界有数の企業503社が参加しており，日本からも参加した56社中ソニーやコマツなど32社が認定された。自社エネルギーだけでなく，供給網からの排出管理と削減目標を設定しているという（田村14・27頁）。

(4) **行政による市民活動の活性化**

市民が参画して意見を示すことで環境計画はより充実することになる。市民

の意見書提出や公聴会の制度（都市計画法17条2項，種の保存法36条3～7項，ダイオキシン類対策特別措置法31条3項，環境影響評価法8・18条）がある。そのためには，中央政府や自治体の策定した「実行計画」（地球温暖化対策推進法20条の2・3），事業者の策定した「自動車排出窒素酸化物等排出抑制計画」（NOxPM法33・34条）が指針を示す情報となる。特に企業・事業所の排出情報の自主的公示公開が望ましいが，次善の策として行政情報公開法・情報公開条例による開示請求がある。個別法としては，排出量・使用量に関する行政保有情報（PRTR法10条1項），排出記録情報に関する行政保有情報（地球温暖化対策推進法21条の6）の開示請求があり，特に一般公開を義務づけるもの（ダイオキシン類対策特別措置法28条4項）がある。

市民の監視に晒すことは，法令遵守を促すことになる。操業記録閲覧請求制度（廃棄物処理法8条の4・15条の2の4）は，その義務違反が許可取消事由（同9条の2の2第1項1号・15条の3第1項1号等）にもなる点で，「間接強制」の一種である。また，処理施設設置者の情報公表義務（同8条の3第2項，15条の2の3第2項）が定められている。

(5) **行政と私人との合意（任意処分）**

環境法制の硬直さを避けて，法的根拠なしでも行政機関が個別的事例に即した柔軟な内容の協定を私人・企業と締結することができる。それが「公害防止協定」・「環境保全協定」である。その法的性質については，拘束力のない「紳士協定」であるとの見解と拘束力のある「契約」であるとの見解とが対立するが，個別条項の内容に応じていずれでもありうる（名古屋地判昭53・1・18判時893号25頁・環百97（2版），札幌地判昭55・10・14判タ428号145頁・環百4，高知地判昭56・12・23判タ471号179頁，奈良地五條支判平10・10・20判時1701号128頁。さらに最判平21・7・10判時2058号53頁・環百59)。協定の対象は原燃料，ばい煙，排水，騒音，振動，悪臭，産業廃棄物，協定の内容は終了時間，立入り調査，報告届出，変更協議，賠償責任など多様であり，全国で33件の締結数があるという。

次に環境NPOと関係者との「風景地保護協定」（自然公園法43～48条），「市民緑地契約」（都市緑地法55～59条，非課税措置），また「認定生態系維持回復事業」（自然公園法2条7号・20条9項2号・21条8項2号・22条8項2号・23条3項4号），「国内における地球温暖化対策のための排出削減・吸収量認証制度」（2013，J-クレジット制度）などがある。

[基礎編] Ⅲ章 環境法の基本原理

(6) 行政による情報の収集・公開

　行政管理の手段として，「許可制・資格制」等は事業者の適格性等の情報を「事前」に収集する機能を有している。「事後」に事業者の法令遵守状況等の情報を入手するのが「報告徴収・立入検査」である。また，前述の「環境保全協定」等も同様な機能を信頼関係の下で果たしている。

　刑事訴訟法所定の強力な捜査権限が与えられていない行政機関は，拒否したときには行政罰があるとの間接強制で「立入検査」を実施する。また「立入検査は，犯罪捜査のために認められたものと解釈してはならない。」（大気汚染防止法26条4項，水質汚濁防止法22条5項）と定めることで，刑事訴訟法の令状を要する強制捜査の処分（刑訴法197条1項）とを区別している。この行政手続で保全された証拠は，それ自体では刑事手続の犯罪立証に用いることができないので，刑事捜査機関（警察・検察）は裁判官の令状を得たうえで行政官庁に対する捜索差押の強制処分を実施するのが実務である。

　また，間接強制の行政措置として事業者の測定・報告義務（知事の公表義務）を定めるもの（ダイオキシン類特別対策措置法38条），産業廃棄物の排出事業者から運搬・処理の過程が適正に行われ，横流しや不法投棄が行われないように管理する手続手法として「産業廃棄物管理票」マニフェスト，最近ではコンピューター管理の報告書提出義務（廃棄物処理法12条の3第7項）が課せられている（虚偽報告への行政罰）。事業者の内部告発を促進するには，その告発者が事業者により不利益を受けないよう保護する必要がある。これが「公益通報者保護法」(2004)であり，その指定対象法には大気汚染防止法，廃棄物処理法，水質汚濁防止法，自然公園法がある。環境法の行政処分（制裁）が法令遵守の作用を発揮するには，これらの情報収集手続が充分に働くことが不可欠なのである。なお，事業者の内部的な法令遵守を担保する制度として，法定の工場に対する公害防止主任管理者・公害防止管理者の選任義務（公害防止組織法4・5条），法定の排出事業者に対する産業廃棄物処理責任者・特別管理産業廃棄物管理責任者の選任義務（廃棄物処理法12条8項・12条の2第8項）が課せられている。

(7) 経済的強制処分

　「最大多数の最大幸福の実現」という功利主義の原理（◀222・223・239）に従って「環境公益」の公正な実現を達成するには，経済法則と調和する法的手段を用いることが環境法においても理に適うことになる（シャベル6，クーター，ユーレン3）。誰もが自己の経済的利益の最大化を求めて行動するが，その「外

部負経済」が環境負荷をもたらす。その修復にも経済的費用が必要となり，その防止に要する立法・行政・司法の制度・運用も全て経済的費用が必要になる。その費用を最小化するには，合理的な法政策を採用するだけでなく，その費用の負担が配分的正義に合致しなければならない。特に反倫理的な行為者にその費用負担を免れさせてはならない。フリーライダーを放置すれば，手前勝手な不法が拡大して一般化してしまうからである。

　環境法に損益の経済的手法を取り込むと，誰もが経済的利益に利点のある行動を選択することになり，継続的に行為者を動機づけできるようになる。その結果，法執行の費用も低減される利点がある。その1つが経済的誘導手法であり，環境負荷低減行為者に対する国の経済的助成措置及び環境負荷低減行為者に対する国の「経済的助成措置」がある（環境基本法22条1・2項，循環基本法23条1・2項）。補助金や優遇税制（ポジティブ・インセンティブ）については，汚染者負担の原則のとの抵触がないように留意すべきことになる。その逆が賦課金や減免税（ネガティブ・インセンティブ）であり，汚染負荷量賦課金制度（公害健康被害補償法・1987），自動車税税率重荷措置，石油石炭加重課税（租税特別措置法90条の3の2）などがある。これらの経済的な措置は，誘導手法であっても，対象者の同意の如何を問わない点で「強制処分」の性質を有する。租税は金銭的負担を与える点では罰金・過料・賦課金と同じ性質を有し，ただ徴収方法が異なるだけであるともいえよう。とはいえ，金銭的痛みはともかく，社会的制裁と感じなければ非難の作用が働きにくいことが難点であろう。しかし，責任非難の制裁よりも不法継続による利益を剥奪することこそが環境保全にとって効果的なのである。この点で環境税や課徴金の制度が理に適っている。

(8) **制裁的公表**

　「小人閑居して不善を為す」。各人（自然人・法人）の活動について情報提供をすることは，人が社会的存在であることから人の行為を規律する作用をもたらす。公表制度も勧善懲悪の両作用を有する。行為者や市民の感じ方によって，褒賞になることも非難になることもある。中世には犯罪者を公然と人前に晒すという「名誉刑」があった。公開の処刑も，その犯人の生命・身体に対する侵害の苦痛に加えて精神に対する苦痛を与え，その社会的評価（名誉・信用）を低下させ（特別予防），同時に，これを見分する公衆を威嚇する効果を狙っていた（一般予防）。今日では，独自の「名誉刑」はなくなったが，あらゆる刑罰の賦課が，たとえ執行猶予つきであっても，社会に知られることで，「名誉刑」と同等の効果をもたらす。

[基礎編] Ⅲ章 環境法の基本原理

「制裁的公表」は，自由刑（拘禁刑）・財産刑（罰金・科料）でもなく課徴金・過料（行政的財産的不利益処分）でもないが，中世には多用された「名誉刑」に近い。当人の社会的評価を低下させる点で，不法の抑止効果をもたらす。これを最も怖れるのは著名な事業者であるが，その執行費用が低くて済む点が長所である。制裁（抑止）か褒賞（促進）かを問わず，自業自得なのであるから，事実に即した中立的情報の公表制度として一層の活用が望まれる。勿論，誰でも非難されることを嫌い，褒賞されることを喜ぶ。環境保全に対する積極的な企業活動をマスメディアが報道するよう動機づけるための施策が講じられるべきであろう。それによって適正な行動対象から外れた企業の社会的信用は自動的に低下する。これと別の制裁的公表は自ずと不要になろう。ここでも，その情報を受け取る一般市民の感性が問われるであろう。事業者に排出情報等の提出を義務づけ，これを行政機関が開示するという手続きを経る（地球温暖化対策推進法，ダイオキシン類対策特別措置法，PRTR法参照）。

(9) **強制処分**（行政処分，刑事処罰）

法令遵守の義務違反に対して，最終手段として強制的に行政不利益処分（許可等の停止・取消，過料，課徴金，賦課金，行政代執行）または刑事処罰（懲役・罰金等）が科せられて，環境保全の行政目的が実現される。

311 憲法による環境保全

(1) **立憲主義と民主主義の限界**

憲法は，国民の基本権・基本制度を保障し，公共の福祉を実現すべく，国家の立法・行政・司法の機関による権力行使を制約する最高法規である。たとえ議会制民主主義の下であっても，ドイツのナチス，日本の軍国主義による侵略戦争を阻止しえなかった。その忌まわしい経験と反省から日本国憲法は前文の国際協調主義と第9条の平和主義（戦争の放棄）を敢て定めたのである。ここで留意すべきは，民主主義的決定すなわち主権者たる国民の「一過性」の判断が終極的に正しいとは限らず（◀239・240），特に国民の戦争支持が歴史的には誤りであったことが判明している。また，戦争の遂行や軍備が環境保全と調和し難いことも自明である。そこで問われるのは，憲法の定める個人の基本権として「環境権」が保障されるべきかである。そもそも，「環境権」とは，どのような内容の人権なのか。環境保全は憲法によっても保障されるべきであるとしても，「個人に帰属する人権」としてなのか，それとも「国家の責務」・「公共の福祉」という公共的利益としてなのか。

(2) 個人の環境権と国家の環境保全義務

　人は誰でも環境という生存基盤により生かされている。しかし，日本国憲法には「環境権」を定める明文がない。それでも，不文の「環境権」が保障されていると解すべきなのか。あるいは，既定の基本権条項の中に「環境権」が包摂されていると解すべきなのか。そうではなく，憲法改正により「環境権」を新たに定めるべきなのか。いずれにせよ，もし創造主ならぬ各個人に不特定で包括的な地球環境に対する「自己決定の自由」（処分権）を認めたならば，他人の人格権・自由権・財産権のみならず，別人の環境権自体とも抵触しないか。こうして全憲法秩序が混乱し，むしろ環境保全の障害となりはしないか。外国の憲法には「環境権」を定めたものもあるとされているが，その法的な性質・内容がどのようなものであるのか。これについて，精密な比較検討が不可欠であろう。

> ***Topic 31*** **ドイツ連邦共和国の基本法20条a（1994年改正）**
>
> 　「国家は，将来世代に対する責任のためにも，憲法に適合する秩序の枠内で立法により，また法律及び法に基いて執行権及び裁判により，自然の生存基盤を保護する」（20条a）。
> 　すなわち，1994年の基本法改正により国家の責務として，未来世代も含めて人間の自然的生存基盤を保全すべき義務の規定が新設されたのである（その詳細につき，桑原9・140～190頁参照）。同条にいう「自然の生存基盤」とは「環境」と同義であるが，後者が不特定で定義不能なので用いられたようである。何よりも，この規定は，新たな個人の基本権を制定・保障したものではなく，国家つまり立法・行政・司法の各機関に対して環境保全の推進を義務づけるものでしかない。すなわち，国家の責務は，議会制民主主義に環境法の整備を要請することにある。そこでは，当然ながら，基本法の保障する「人間の尊厳」，人格権・自由権・財産権などの基本権等との「利益衡量による調和」が必要になり，かつ議会の立法裁量も尊重すべきことになる。しかしながら，基本法の改正が必要になったのには理由がある。環境保全についての議会の立法裁量の幅を従来よりも制約することにある。なぜならば，基本法改正の核心が，伝統的憲法秩序である「現在世代」の観点からのみでは足らず，「未来世代」にも等しく妥当すべき点で，「予防原則」（予防的アプローチ）の採用が含意されていることになる（なお，長井19・5～6頁参照）。

Topic 32 未来世代の保護と予防原則

　過去の世代の生活利益の追求の累積結果として，現在の世代が環境汚染による生存基盤のリスクに曝されている。現在世代は，新たな既得権益としてリスクを後代に転嫁してよいのだろうか。現在の立法に参与しえない点で不利益な立場に置かれる未来世代を犠牲にして，現在世代が自らの幸福実現のために環境資源等を優先的かつ専断的に消耗するような「不公正」は，明白な社会倫理違反であろう。既に検討したように，「古典的自由主義」（自由至上主義）は，「強者の早い者勝ち」（既得所有権の絶対性）を承認する思想であった（◀ 233 ～ 236）。これに対して，平等の実現を可能な限り推進しようとするのが「社会自由主義」（民主社会主義）の思想であった。この国家体制では，自由の平等保障は「共時的」のみならず「通時的」にも実現される。それゆえ，「世代間の公正保障」の憲法的義務が現在世代の立法者 にも課せられる。未来世代にも美しく豊かな生存基盤を維持するには，必然的に「予防原則」の立法が要請される。不確定な未来については確証に依拠した因果予測が困難だからといって，甚大で回復困難な損害発生の「リスク」を放置してよいという選択肢はありえない。それゆえ，因果関係の存在を基礎とする「伝統的な危険原則」（未然防止原則。刑法では旧来の「抽象的危険犯」）に代えて，不確実ながら重大なリスクにも対処しうる「予防原則」（刑法では「累積危険犯」の法理）の適用が立法者に許容されることになる。その具体化は，立法裁量における「法益衡量」・「比例衡量の原則」の適用に際して，環境規制の「優越性」が可能になる。例えば，環境規制に対する「所有権保護の相対化」が一層「公共の福祉」の観点から是認されうる。

(3) 環境権をめぐる日本の学説

　驚くべきことに，わが国の憲法学説では，環境を「公益」とするのではなく，個人の環境権として憲法 13 条，憲法 25 条または両条の競合により肯認するのが多数説のようである（例えば，辻村 15・141・144・292 ～ 296 頁）。しかし，そこにいう「環境権」の内実が問われよう。多くの学説は，「公害」（個人の人身・財産への危害）の問題と「環境保全」とを区別していないように見える（環境の「広義」・「狭義」の区別につき▶ 411・412）。

　a）憲法 13 条により「人格権」か「一般的自由権」かはともかく，生命・身体への危害防止が基本権として保障されることに争いはない。これに「環境権」の名を与えることは，誤解を招くだけで憲法の保障の実益もない。それどころか「財産権」（憲法 29 条）ですらも憲法的保障の対象になる。

　b）憲法 25 条により「社会権」として「環境権」を導出することも，これ

を「抽象的権利」とする通説・判例による限り，憲法的保障としての実質に乏しいであろう。そもそも同条の由来は，「経済的不平等の是正」または「社会的弱者の生活支援給付」にあるが，環境保全は富者・貧者を問わず等しく妥当すべきものであろう。

c）「憲法改正の方法により憲法化されるのが理論上正しい」としながらも，「自由を縮減する方向での憲法改正には反対を表明しつつ，憲法改正による環境保全条項の憲法化を主張し続けるべきなのであろうか。」という政治的判断の迷いを示す見解（岩間4・193頁）もある。しかし，憲法改正の核心は「環境権」・「国家の環境保全義務」の新設のいずれなのかにあろう。この問題に関して，「日本国憲法の解釈としても，国の環境権保護義務を導き出すためには，人権解釈によって環境権を導き出すことが不可欠である。」としながらも，「憲法の立憲主義の精神を強化するような改正は否定されるべきではない。そして，環境権への人権カタログへの採用は肯定されるべきある」として憲法25条1項・2項の適用を採用する見解（戸波5・373～374頁）がある。そこにいう憲法解釈論と憲法改正論との論理関係が明らかでない（改正規定は，単なる確認規定とする趣旨か。）ばかりか，「環境権として環境保全規定を設けることには，ドイツ学説は一致して反対していた。」（同371頁）こととの論理関係も定かでない（日本とドイツでは異なるにせよ，どう異なるのか）。

(4) **憲法解釈による基本権保護義務論**

憲法の改正ではなく解釈として「国家の基本権保護義務」を予防原則を根拠づけるために展開し，そこにいう「基本権」を憲法13条の「原理」に求める見解がある（桑原9・123～139頁）。その帰結として，「基本権保護義務を承認しなくてもできることが，基本権保護義務の承認により一部しなければならないことになるだけである。」（同132頁），「自然享受権も基本権として成り立つ可能性がある。……基本権保護義務には個人の権利が対応する。」（同139頁）とされている。そこでは，控え目ながらも，環境権が承認されているが，国家の環境保全義務を定めるドイツ基本法20条aは，個人の環境権を定めたものではないというのが通説なのではないか。

a）例えば，「景観の利益」（最判平18・3・30民集60巻3号948頁・環百62，鞆の浦事件・広島地判平21・10・1判時2060号3頁・環百64）あるいは「眺望計画」が保護されるのは，ホテル等の営業利益や建物所有権などの調整によるものであって（猿ヶ京温泉事件・東京高判昭38・9・11判タ154号60頁，京都岡崎有楽荘事件・京都地判昭48・9・19判タ299号190頁，松島海岸事件・仙台地決昭59・

5・29判タ527号158頁，野比海岸事件・横浜地横須賀支判昭54・2・26下民集30巻1～4号57頁・環百61，真鶴町別荘事件・横浜地小田原支判平21・4・6判時2044号158頁)，憲法13条から直接に導かれる環境権の効果ではあるまい。一般市民が自由に散策を楽しめるのも，森村田野の所有権者等がこれを許容しているからであろう。「市民の遊歩道」なども条例等により自治体と所有者との契約の効果であるのが通例である。「財産権の内容は，公共の福祉に適合するやうに，法律でこれを定める。」(憲法29条2項)とあるように，ここで問題になるのは，各人に帰属する権利ではなく，「公共の利益」なのである。環境権は，民法上の権利としても承認されてはいない。環境基本法も国及び地方公共団体の環境保全の責務を定めるにすぎない（6条）。

ｂ)「予防原則」について，環境基本法は，「人類の存続の基盤である環境が将来にわたって維持される」（3条）とし，「環境の保全上の支障が未然に防がれる。」（4条）と定める。この規定は「予防原則」を排除したものではない。経済的自由が過度に制約されることのないように，「予防原則」を一般的には明示しなかったにすぎない。ともあれ，1992年の気候変動枠組条約や生物多様性条約（前文）のように，予防原則が「一般原則」として採用される場合（◀254)，1995年の国連公海漁業実施協定（6条）のように予防原則の「特定措置の義務づけ」を定める場合などがある。それゆえ，これらの条約の国内法化に当たり，「予防原則」を個別事項に応じて取り込むことが可能になる。

ｃ）手続的権利としての環境権　「環境公益」は，関係市民の参画なしには決定してはならない性質のものである。それゆえ，環境公益の形成と実現に参画する公法上の権利（行政手続権）である（北村13・53～54頁)，とされている。そこでも，手続的参画は無条件のものとはされていない。

312　環境政策における事前規制と事後規制

国家による「法的介入」（強制処分）の時機が問われる。「行為前」・「行為後」・「損害発生後」のいずれが「国民の幸福・福祉の最大化」（社会的費用の最小化）にとって最適なのか。「私人主導」「公機関主導」か。規制には多大な労力（自由制裁)・費用（財産的制裁と身体的制裁との比較）が必要だが有効とも限らない（官庁での身障者の雇用比率の偽装が行われた理由について考えるとよい）。「新自由主義」として導入された国家による「規制の緩和」政策は，「小さな政府」すなわち国家の介入権限を縮小して個人・企業等の自律的な活動を促進・活性化することで，不要な強制・介入を避けると同時に，国家の基礎的財政収

支の均衡（プライマリーバランス）を達成し，高福祉による莫大な財政債務の赤字累積を解消しようとするものである。それは超高齢化社会における医療・福祉・年金等の財政支出を維持するのに必要不可欠な施策である（ただし，政府は，目先の景気対策・法人減税，いわゆるバラ巻き財政投資を優先し，長らく消費税の10％への引上すらも控え，基礎的財政収支均衡すらも2025年に延期するという問題先送り，導入に当っても増税に逆行する煩瑣な食糧品の不公正な減税などの「ポピュリズム政治」を続けている。後送りすれば，30％の消費税導入が必要になる。また，個人の能力差を無視し配分的正義に反する定年制を廃止すれば，労働不足を解消し，年金受給年齢を遅らすこともできる。それを阻害しているのは，実は選挙民である）。しかし，事前規制から事後規制へと変更する政策は，「予防原則」などの「環境規制」には必ずしも妥当しない。一度生じた環境破壊を事後に修復することは，不可能でなくとも，事前規制に較べて多大なコストを要することが明白だからである。例えば循環型社会の廃棄物処理では，3R（リユース，リデュース，リサイクル）よりも環境負荷を生じさせないような商品の製造計画こそが効率的な施策となる。さらに，製造される車もガソリン・ディーゼルから電気・電池・水素へ，その共有共用（シェアーリング等）へと移行しつつある。しかし，廃棄物処理のコストが嵩むと全国的に増大する（所有者不明の）空家の放置が増大する（登記等の行政縦割や減価償却税制の欠陥）。よって統合政策が必要になる。

313　開業規制の功罪

「開業規制」は，例えば民泊の有効利用の障害になるように，自由な職業選択の参入障壁として新規な創意・工夫を阻害する。安易で自己保全的な行政ほど，過敏な住民の苦情を逸らすために過度にパターナリスティックな最大限の規制をする。それが過大なコストを創業者にもたらし，その労務・商品価額の高騰を招き，そのつけを消費者が払わされる。完全主義ほど不完全なものはない。窮屈で息もつまるようなストレス社会となり，誰もが幸福を実感しえなくなる自縛状態となっている。保育所の慢性的不足が解消しないのも，自宅や母親の能力を超えるような適性基準や保育士の資格というハードルが高いためである。資格があれば事故が防げるとは限らない。開業規制は，業者の特定・適性審査に必要な調査権限や人的資源が行政官庁には限られていることから，申請者に情報提供を強いることになる。それが労力を要するだけの形式審査に終り，業者に大量の書類作成の負担を課して，ただ開業を遅らすだけにもなりか

ねない。こうして，不法に対する事後的な制裁は必要最小限に控え，環境負荷を生じさせないような「計画的な事前規制」(例えば環境アセスメント)が環境行政法では必要とはいえ，完璧な規制効果を求める余り高い基準(参入障壁)を設定することは合理的ではない。むしろ，新規な試行錯誤を認め，市民の意欲・活力を生かしつつ，その弊害があれば是正するという試行錯誤のスタンスが合理的なことも少なくない。自分の懐の痛まない公務員による行政活動(財政支出)の非効率には目に余るものがあり，それよりも民間事業がずっとましなことも多いのである。一度成立して固定化した規制は不要で不合理なのに惰性化して撤廃されないことも多い。それゆえ，事前規制と事後規制との優劣についても，個別の領域毎に慎重な考量・検証が要請される。

314　環境規制と比例権衡の原則
(1) 自由な生命活動と法的規制の制限

生命とは自立的・自発的な活動であり，その不可逆的終止が死である。それゆえ，人を含めて全生物が，自由な生命活動と種の保存を求めて生存競争をする。他者に危害を与えない限り，相互に個体の生存が確保される(もっとも，他者に作用しない行動などは殆んどありえない。それゆえ上述のような余裕と寛容による調整・受忍義務が要請される)。自然の法則(摂理)は，「最大限の共存」を要請する(生物個体における最大多数の最大幸福)。この共存・共生を困難にする危害が外部(他者)から加えられるのを制御・防止する国家(立法・行政・司法)による市民活動の管理の方策(手段)が「規制」である。この規制は，各個体の外部から加えられる「拘束」であって，個体の自由な選好活動(幸福)を制限し活力を殺ぐことにもなる。「規制」は，その対象・強度に差があるものの，その性質は自由への「危害」の一種なのである。しかも規制に要する費用は「社会の負担」となって個人に還元されることになる。だからこそ，不要・過剰な規制は，自由な生存・共存にとって有害な負担(反福祉)となる。危害防止に「必要・不可欠な最小限度の規制」(規制費用の最小化)こそが規制の危害性を正当化できることになる。すなわち，「危害」と「規制」とは，「比例」または「権衡」(バランス)のとれたものでなければならない(憲法13条・最大多数の最大幸福のための比例権衡の原則)。

(2) 比例権衡の原則

この原則は，①目的達成と手段との適合性(その手段が目的達成に有用なこと)，②目的達成手段の最小限度の必要性(目的達成に有用であっても，必要を超える

過度な制約であってはならないこと），③達成目的と制限された利益との権衡（達成される効用よりも制約される効用が大きなものであってはならないこと）により構成される。本原則を適用した判例として，薬局距離制限規定違憲判決（薬事法 6 条，最大判昭 50・4・30 民集 29 巻 4 号 572 頁），共有林分割規制違憲判決（森林法 186 条，最大判昭 62・4・22 民集 41 巻 3 号 408 頁）等がある。

さらに，廃棄物処理業取消の無限連鎖について，東京地判平 19・9・26LEX/DB25421123 は，「憲法 22 条 1 項が職業の自由を保障している趣旨に則して考えれば，廃棄物処理法 14 条の 3 の 2 第 1 項 1 号及び 14 条 5 項 2 号ニの規定の文言上，取消しの無限連鎖を招来するように読めるとしても，廃棄物の適正な処理体制をより一層確保するために欠格要件を設けた廃棄物処理法の趣旨を超えて，役員同士の相互監督義務の履行を期待することができない場合にまで許可の取消しを連鎖させることはできないと解することも可能である」と判示している（その詳細は，桑原 12・89～102 頁，無限連鎖への批判的な検討として北村 13・486～492 頁参照）。ただし，「比例原則は，過剰禁止を求めるもので，環境保護とは対立する。」とする。しかしながら，所有権保護は絶対的なものではなく，「公共の福祉」に適合しなければならない（憲法 29 条）。「未来世代の生存基盤」の保全を目的・法益として「予防原則」（◀ 311）を適正に適用する限り，必ずしもそうではない（目的・手段の相関性）。

315　職業選択の自由に対する規制

> *Topic 33*　最高裁昭 50・4・30 大法廷判決（薬局距離制限規定違憲判決）の判旨
>
> 　a）「職業選択の自由の意義」
> 　職業は，人が自己の生計を維持するためにする継続的活動であり，分業社会では社会の存続と発展に寄与し，各人が自己のもつ個性を全うすべき場として，個人の人格的価値とも不可分の関連を有する。職業選択の自由を基本的人権の一つとして保障したのも，職業のこのような性格と意義にある。この性格と意義に照らすときは，職業は，その開始，継続，廃止において自由であるばかりでなく，その選択した職業活動の内容，態様においても，原則として自由であることが要請される。
> 　b）「職業自由の公権力による規制」
> 　職業は，その性質上，社会的相互関連性が大きいものであるから，殊に精神的自由に比較して，公権力による規制の要請が強く，なんらかの制約の必要性が内在する社会的活動である。しかし，その規制を要求する社会的理由ないし

目的も，国民経済の発展，公共便宜の促進，経済的弱者の保護等の社会政策及び経済政策上の積極的なものから，社会生活における安全保障や秩序の維持等の消極的なものに至るまで重要性も区々にわたる。

　c）「職業自由の規制方法」

　職業の自由に対する規制も，専売制，資格制，特許制等の事前規制から事後の業態規制まで，各種各様の形をとる。それゆえ，これらの規制が憲法上是認されるかどうかは，具体的な規制措置について，規制の目的，必要性，内容，これによって制限される職業の自由の性質，内容及び制限の程度を検討し比較考量したうえで慎重に決定されねばならない。

　d）「立法府の合理的裁量範囲の尊重」

　この検討と考量は，第一次的には立法府の権限と責務である。裁判所としては，規制の目的が公共の福祉に合致すると認められる以上，その規制措置の具体的内容，必要性，合理性については，立法府の判断がその合理的裁量の範囲にとどまる限り，立法政策上の問題としてその判断を尊重すべきである。しかし，その合理的裁量の範囲については，事の性質上広狭がありうるので，裁判所は，具体的な規制の目的，対象，方法等の性質と内容に照らして，これを決すべきである。

　e）「許可制規制の基準」

　一般に許可制は，単なる職業活動の規制に加えて，職業の選択の自由に制約を課する強力な制限であるから，その合憲性を肯定するには，原則として，重要な公共の利益のために必要かつ合理的な措置であることを要する。また，それが社会政策ないしは経済政策上の積極的な目的のための措置ではなく，社会公共への弊害を防止するための消極的，警察的措置である場合は，より緩やかな規制によっては目的を十分に達成することができないと認められることを要する。許可制の採用自体が是認される場合であっても，個々の許可条件については，更に個別的に同要件に照してその適否を判断しなければならない。

　f）「薬事法の規制内容」

　業務内容の規制のみならず，資格要件を具備する者に限定し，それ以外の者による開業を禁止する許可制を採用したことは，公共の福祉に適合する目的のための必要かつ合理的な措置である。許可条件として薬局の構造設備，薬剤師の数ならびに許可申請者の人的欠格事由を定めた点も，その必要性と合理性を肯定しうる。

　g）「本件規制の消極的目的」

　主として国民の生命及び健康に対する危険防止という消極的，警察的目的のための規制措置であり，小企業の多い薬局等の経営保護という社会経済政策的な適正配置規制の意図するところではない。本件規制手段は，設置場所の制限にとどまるとはいえ実質的に大きな制約的効果を有する。このような制限を施されなければ職業の自由制約と均衡を失わない程度において，国民の健康への危険を生じさせるおそれのあることが，合理的に認められることを必要とする。

> h）「不良医薬品供給の危険」
> 　競争の激化―経営の不安定―法規違反という因果関係に立つ不良医薬品の供給の危険は，単なる観念上の想定にすぎず，確実な根拠に基づく合理的な判断とは認め難い。適正配置規制が，無薬局地域または過少薬局地域への進出促進，分布の促進の適正化を助長する機能を何程かは果しうるとしても，そのために設置場所の地域的制限のような強力な制限措置をとることは，目的と手段の均衡を著しく失するものであって，到底その合理性を認めることができない。その立法府の判断は，その合理的裁量の範囲を超えている。

316　最高裁昭50・4・30大法廷判決の趣旨

　本判決は，a）「職業」を人の生計維持，分業の社会的機能，各人の個性・人格の実現という3要素から，「職業選択」のみならず「職業活動」の自由として基本権保障の根拠を理由づけている。このような「強い要保護性」からすると，職業自由の制限も容易には許されなくなる。そこで，b）職業の社会的相互関連性を強調することで，規制の要請が内在する社会的活動であるとされ，c）規制方法としての専売制・資格制・特許制などの「事前規制」と「事後規制」の具体的措置に応じて，「規制の目的，必要性，内容」と「職業自由の性質・内容・程度」との比較考量により「規制の正当性」が決せられることになる。しかし，d）この規制措置については，「公共の福祉」に合致する限り，立法裁量が尊重されるが，「合理的裁量の範囲」を超えるときには裁判所が介入しうることになる。それでも，広範な違憲判断が生じてしまう。なぜなら，わが国の行政規制は，一般に事後規制で済む場合でも事前規制を多用するという介入的傾向が強いからである（◀306・313）。そこで，e）「事前の許可制」が職業の自由に対する強力な制限であるから，「重要な公共の利益のために必要かつ合理的な措置である」ことを要するとしつつも，いわゆる「二分基準」すなわち，①「社会経済政策上の積極的自由」ではなく，②「公共の弊害防止の消極的・警察的目的」の措置では，「より緩やかな規制」では目的達成に不充分な場合に限り，許可制の採用が是認されることになる。具体的に，f）薬事法の規制内容を見ると，許可制の要件として「業務内容の規制」・「資格要件の限定」また許可条件として「薬局の構造設備」・「薬剤師の数」・「許可申請者の欠格事由」は，必要性と合理性を充足しうる。しかし，g）本件規制は，主に「国民の生命・健康への危険防止」という消極的目的の規制であって，薬局の経営保護等の社会的経済的な規制でないところ，「規制場所の制限」という

[基礎編] Ⅲ章 環境法の基本原理

多大な制約効果を有するので，職業の自由制約と均衡を失うものであってはならない。結局，h）不良薬品供給の危険は観念上のものにすぎず確実な根拠による合理的判断とは認め難い。よって，目的と手段との均衡を著しく欠く立法判断は，その合理的な裁量の範囲を超えている（違憲），とされた。

317　規制目的二分論の当否

いわゆる二分論について学説は批判的であるが，判例はこの枠組を必ずしも硬直的に用いてはいない。規制目的が何かは自明ではなく，その設定如何で結論が恣意的になる。規制目的が複数あるときは，どうなるか。なぜ生命・健康の危害防止という消極的目的では厳しい規制基準になるのか（むしろ緩やかな規制基準でよいのではないか）。これらの疑問・批判は，判例が規制目的を積極・消極に二分した上これに「固定」した効果を結びつけていると理解しているようである。しかし，本判例は，確かに消極的目的（生命・健康の保持）の枠組で規制の当否（必要かつ合理性）を審査しているが，積極的目的（経営基盤の保持）の当否を審査対象から除外しており，これに緩い判断基準で足りるとは明言していない。薬局距離制限が生命・健康の弊害除去という消極的目的からの規制としては「立法事実」を欠くので，「目的に適合する効果的・合理的な手段」とはいえない趣旨を判断したにすぎない。ちなみに，「積極的規制目的」とは，必ずしも社会経済目的のすべてではなく，一定の経済的「弱者」の活動を優遇支援するような立法政策を意味するのであろう。そのような立法裁量は，明白に目的に適合せず著しく不合理な手段である規制でない限り，裁判所としては尊重するしかないとするのである。

それでは仮に寒村にも薬局が不可欠であり，その経営を維持しないと村民の健康保持も達成できないという場合であれば，経済的（営業的）規制として「距離制限」（公衆浴場法につき，最判平元・1・20刑集43巻1巻1頁は，合憲の理由として，住民の公共施設であることと経営困難であることを示している。）もある程度は有効かもしれない（共倒れの防止）。しかし，その核心は，村民の健康保持のための「薬局営業の確保」なのであって，その「距離制限」では役立たない。寒村であれば，診療所であれ商店であれ経営が成り立ち難いので，市場法則からして過疎にならざるを得ない。この場合には，参入規制の問題ではなく，経営支援の助成金・優遇税制などの「積極的措置」を政府がしないと村民の「健康保持」ができなくなる。この意味において，「積極的目的」・「消極的目的」は排他的でも，「社会経済政策」・「生命健康等安全政策」は必ずしも排

他的な関係に立たない。要するに，誤解の原因は用語の混乱にある。ともあれ，生きている市場原理に反する経済規則は効果が乏しいので本来は慎重でなければならない。企業家は，通例新たな機会を求めて企業を取り巻く環境に働きかけ，能動的に適応してゆく。そのための情報を開放しておけば，新たな需給の均衡が生じる。職業活動と営業活動（財産取引）との線引も難しい。安全規制と経済規制との区別も流動的である。資金がなければ医療も受けられず健康保持ができないからである

318　職業活動の参入規制
(1)　合憲とした判例

①社会秩序維持目的による「古物商」の許可制（最大判昭28・3・18刑集7巻3号571頁），②公衆衛生等の維持目的による「公衆浴場」の許可制（距離制限）（最大判昭30・1・26刑集9巻1号89頁・憲百Ⅰ94），③生命・健康等の維持目的による「歯科医」の資格制（最大判昭34・7・8刑集13巻7号1132頁），④無資格の医療類似行為の禁止（最大判昭35・1・27刑集14巻1号33頁），⑤反社会的行為たる「管理売春」の禁止（最判昭36・7・14刑集15巻7号1097頁），⑥運送需給安定目的のための「タクシー事業」の許可制（有償運送の禁止）（最大判昭38・12・4刑集17巻12号2434頁・憲百Ⅰ95），⑦事業活動保護目的での「小売市場」の許可制（距離制限）（最大判昭47・11・22刑集26巻9号586頁・憲百Ⅰ96），⑧養蚕業保護目的のための生糸の輸入制限（生糸価格選定制度）（最判平2・2・6訴月36巻12号2242頁・憲百Ⅰ98），⑨租税確保目的のための酒類販売の免許制（最判平4・12・15民集46巻9号2829頁・憲百Ⅰ99），⑩登記制度維持目的での「司法書士」の資格制（最判平12・2・8刑集54巻2号1頁・憲百Ⅰ100）がある。

(2)　検　　討

①の「古物商」の許可制は，窃盗等の財物領得犯が盗品を売り捌く行為等（刑法256条）を抑止する必要から，その取引相手となりうる「古物商」を規制する。③の「歯科医」の資格制は，治療技能を欠くときは患者の生命・健康を害するおそれがあり，④も同様である。また，⑩の「司法書士」の資格制も，適正な登記制度の維持と権利保護には法的知識技能が要求される。このような目的達成に必要な手段として，いずれも合理的な法規制（制限）であるといえよう。これに対して，②・⑥・⑦・⑧・⑨は，いずれも微妙である。②の「公衆浴場」の許可制は，風呂の利用ができない低所得者の健康衛生の維持にとって銭湯が有用であり，低価格の維持には経営上の困難を伴うので，共倒れの

[基礎編] Ⅲ章 環境法の基本原理

防止に距離制限が必要というのであれば，むしろ公的な資金援助こそが望まれよう。⑥の「タクシー事業」の許可制については，規制目的が問われよう。鉄道・バスのような公共利用の便宜を「タクシー業」に求めつつ，その利用料金を適正化しようとするには，むしろ市場の需給に委ねれば足りる。これに対して，密閉空間たるタクシーに付随して発生しうる犯罪等の防止目的を考えるにしても，「許可制」は過度な規制ではないだろうか。⑦・⑧は，経営的に弱い事業を保護するための「積極目的規制」といわれるものであるが，かかる規制・制限は短期的な保護にしかなりえず，事業の育成に結びつくとは考え難い。さて，⑤の売春業は戦後に女性の平等に反するという理由で売春防止法で禁止され女性は保護されることになった。ところで戦前までは，本能に由来する性的欲望を法的に禁圧することが困難であることから，売春業は「赤線」と呼ばれる一定地域に限り法的に許容されていた（なお，東電OL殺害事件で冤罪となったのはネパールからの「出稼ぎ労働者」であり，不法入国等で逮捕された）。諸外国でも行政管理下において性病予防の健康診断を義務づけつつ法的に例外許容するものが少なくない。その制度とは異なり，「管理売春」は，事業者（暴力団等）が女性を管理下において置屋に拘束し売春代金を吸い上げるものであるから，その実態が人身売買に類する点で，むしろ職業の自由を害する。

319 財産権の法的規制（憲法29条）

(1) 概　説

環境法は，許可制・届出制等の事前規制により職業選択の自由だけではなく，財産権や経済活動の自由をも制約することになる。これらの法的制約は，実害発生やその具体的危険の発生がなくとも，義務規定に形式的に反するだけでも法的な不利益や制裁を伴うことが多い。実定法に違反する以上処罰されたりするのは当然であると考える多くの人は，自分が規制を受ける本人になることに考えが及ばないのであろうか。

(2) 判　例

①溜池保全に必要でない（支障のある）工作物設置の制限（処罰の合憲・最大判昭38・6・16刑集17巻5号521頁・憲百Ⅰ103），②森林法の共有林分割制限（憲法29条2項違反・最大判昭62・4・22民集41巻3号408頁・憲百Ⅰ101），③証券取引法164条1項による短期売買差益の提供請求（合憲・最大判平14・12・13民集56巻2号331頁・憲百Ⅰ103）がある。

(3) 検　討

③の判例は，「インサイダー取引」（内部者不公正取引），すなわち公表されていない会社内部の情報を一般投資家に先立って知りうる立場にある者が，その情報に基いて会社の株式等を売買すれば，利益を取得または損失を防止できることになる。そのような有利な立場にある者が取引を行うことは，未公開の情報を知り得ない一般投資家と比べると著しく不公平であり，一般投資家の証券市場に対する信頼が失われ，証券市場の公正な競争機能が損なわれてしまうことが，証券取引法による規制の根拠とされている。もっとも，内部者取引に際して，内部情報を「利用」したとか，それによって現に「利益」を得たことは要件とされてはおらず，「形式的な行為」に当たれば法違反となる。しかし，ここでは一般投資家が内部者取引を不公正と「感じる」ことを規制根拠（保護法益）とするわけではない。仮に一般投資家がインサイダー取引を一種の「役得」であり，当然の権利だと考えているのであれば，証券市場に対する信頼も損なわれないことになる（山口 8・231 頁）。それどころか，「感じ方」が重要なのであれば，日本の取締役の俸給は欧米に較べて遥かに低いので，もっと高額で良いどころか，国際的な人材を集めるのに必要だ，ということにもなる。しかし，高額報酬に相応する「役割・機能」を実質的に果しているのか。それとも単なる「地位」に基づく「役得」にすぎないのか。それが問われている。

③の判例では，「インサイダー取引」が犯罪に当たるかではなく，証券取引法 164 条 1 項の定める「短期売買差益の提供請求規程」が財産権保障に抵触しないかが問われた。すなわち，X 社（原告）の株主 Y 社（被告）が X 社株の短期売買で 2,018 万円余の利益を上げた。そこで，X は本法 164 条 1 項に基づき Y に売買差益の提供を請求した。これに対して，Y は X の株主として得た秘密を不当に「利用」しておらず，また「一般投資家の損害発生」もないので，本件売買には上記の規定は適用されない，そうであれば本規定は憲法 39 条に違反するとして上告した。

[基礎編] Ⅲ章 環境法の基本原理

> **Topic 34 財産権制約の合憲性（上記③判例の要旨）**
>
> 　財産権は，それ自体に内在する制約がある外，その性質上社会全体の利益を図るため立法府の規制により制約を受けるものである。財産権の種類，性質等は多種多様であり，また財産権の規制を必要とする社会的理由・目的も社会公共の便宜の促進，経済的弱者の保護等の社会政策及び経済政策に基づくものから，社会生活における安全保障や秩序維持等を図るものまで多岐にわたるため，財産権の規制には種々の態様のものがあり得る。このことから，財産権の規制が憲法39条2項にいう公共の福祉に適合して是認されるものかどうかは，規制の目的，必要性，内容，それによって制限される財産権の種類，性質及び制限の程度等を比較考量して判断すべきである。

　上記は財産権制約の一般論を示したものである。しかし，「規制目的二分論」における「積極的」・「消極的」の文言が用いられていない。そこで，財産権の規制では，この枠組が採用されないと解されている。このことは，財産権規制に対する合憲審査要件が緩和され柔軟になりうるので，その結果として本件規制も合憲とされることになった。すなわち，判旨によれば，本規定は，「外形的にみて上記秘密の不当利用のおそれのある取引による利益につき，個々の具体的な取引における秘密の不当利用や一般投資家の損害発生という事案の有無を問うことなく，その提供請求ができることとして，秘密を不当に利用する取引への誘因を排除しようとするものである。上記事案の有無を同項適用の積極要件または消極要件とするとすれば，その立証や認定が実際上極めて困難であることから，同項の定める請求権の迅速かつ確実な行使を妨げ，結局その目的を損なう結果となりかねない。

　確かに秘密の不当利用等の立証困難ゆえにその「抽象的危険」を規制根拠とすることは理解できる。しかし，抽象的危険とは現実には危険のない行為を含めて規制することも意味する。これを法技術的に回避するには，行為者に危険の存在につき「反証の機会」を保障する方法もある。Yの行為が不当だとしても，なぜXが売買差益の提供を受けるべき正当理由があるのかは明らかではなく，むしろ利益剥奪の「課徴金」で対応するのが合理的である。現行法では，インサイダー取引の犯罪としての法定刑は，5年以下の懲役もしくは50万円以下の罰金（またはこれらの併科）であり（197条の2第13号），両罰規定により法人には5億円以下の罰金が科されており（207条1項2号），その犯罪収益は必要的な没収・追徴の対象ともなっている（198条の2）。よって，本件の規

定が目的達成に不可決な手段として合理的であるかは疑わしい。

320　損失補償（憲法29条3項）

　私有財産は，正当な補償の下に，これを公共のために用いることができる（憲法29条3項）。「適法」な規制による財産上の損失であっても，個人が財産的損失の犠牲を甘受すべき理由がないので，衡平の観点から国が損失補償の義務を負うことになる。例えば，所有者が指定された公園の域内で一定行為の許可申請をしたが不許可処分がなされた場合に「通常生ずべき損失」は補償される（自然公園法64・77条）。また，保安林指定処分により「通常受けるべき損失」も補償される（森林法33条）。他方，自然環境保全法や自然公園法には，指定補償規定が見られない。ただし，土地の公共性または自然環境の必要性ゆえに合理的な規制から生じる財産的損失は，「財産権の内在的制約」である限り，補償対象となりえない。もっとも，「合理的規制」・「内在的制約」の範囲，上記の「補償規定」の存否を決する基準，その法的性質も，必ずしも明らかではない。なお，前記319の①の工作物設置は，溜池保全の支障となる行為を規制するので適法な規制に当たる。これに違反する工作物設置は，違法になるので補償対象にもなりえない（自己責任に基づく損失）。

321　環境法の開業規制

　環境法では，一般に事後対応では遅いので「未然防止原則」が採用され，許可制・認可制などの開業規制が行われるのが通例である。例えば，1958年の水質二法（水質保全法，工場排水規制法）では「指定水域主義」の「緩い排水規制」（「命令前置規制の罰則」）という「事後対応」がなされていた。その欠陥を是正すべく，1970年の水質汚濁防止法（▶438）は，「未然防止」のために，「全公共用水域主義」の「一律の排水基準」を設定し，「個別排出口主義」の規制方法，命令前置を要しない「直罰制」を採用した（なお，下水道への放流は，本法ではなく「下水道法」が適用される）。とはいえ，規制対象となる施設は，政令で指定される「特定施設」を設置する工場または事業場に限定されている（2条2・6項。その指定事業場の数は，全国で約26万余である）。それゆえ，特定施設が設置されない限り，排出した汚水が公共用水域に流入しても規制対象とならない（無過失損害賠償責任は，その例外）。しかし，この指定特定設置制は，届出制の対象となるため，事前防止の重要な役割を果すことになる。特定施設を設置して公共用水に排水をしようとする者は，知事への「届出」が義務づけ

[基礎編] Ⅲ章 環境法の基本原理

られている。届出項目は，(a)設置者の氏名・名称・住所・法人代表者名，(b)工場・事業場の名称・所在地，(c)特定施設の種類・構造・設備・使用方法，(d)汚水処理の方法，(e)排出水の汚染状態・量などであり，かかる情報を通じて適切な行政管理が可能になる（5・7条違反の罰則は32条で3月以下の懲役・300万円以下の罰金，両罰規定・34条）。この届出は，その設置・変更の工事前になされねばならない（7条）。その届出内容が排水基準に適合しない場合には，その受理後60日以内に限り知事は計画変更・廃止の命令を発出することができる（8条。違反の罰則は30条で1年以下の懲役または100万円以下の罰金，両罰規定・34条）。

すなわち，この間に行政審査がなされ，60日以内に命令がない場合に限り，その後初めて特定施設による排出が許容されることになる。こうして，事業者等は，ただ「届出」さえすれば済むということではないことが，明らかになる。それにしても，旅館業者や畜産業者は，「届出」の義務規定をどのようにして知りうるのだろうか。法（届出義務）を知らない者がどうして法を遵守できるのだろうか（▶437(2)②）。

322 廃棄物処理業の許可制

「一般廃棄物」の収集・運搬・処分を業として行おうとする者は，当該業を行うとする区域を管轄する市町村長の許可を受けなければならない（廃棄物処理法7条1・6項）。このように，「許可制」が採用されている理由は，①「廃棄物」が「汚物・不要物」（同2条1項）であるため，不法投棄または不適正処理される性質を備え，かつ，②一般廃棄物は市町村が「一般廃棄物処理計画」に従って，その区域内における一般廃棄物を「生活環境の保全」上支障が生じないよう適正に収集・運搬・処分（再生を含む）すべき義務を負うため，③自ら一般廃棄物の収集・運搬・処分が困難である場合（同7条5項2号・10項）に限り，その事業を処理処分業者に代行させこれを管理すべきことになるからである（同4・6条の2）。

このような「生活環境保全」のための行政管理の必要からして，④開業許可は，(a)一般廃棄物処理計画に適合し，(b)事業用施設及び申請者の能力が事業を的確かつ継続して行いうる環境省基準に適合し，(c)不適格事由に該当しないことを要件とする（同7条5・10項）。また，⑤許可には「有効期間」があり（同7条2・7項），⑥処理処分業者は「一般廃棄物処理基準」の遵守義務が課せられ（同7条13項），業務の他人委託と名義貸しが禁止されることになる（同7

条14項，7条の5）。⑦許可事業者が本法または本法による処分等に違反したときは「事業の裁量的停止」（同7条の3），さらに悪質な場合には「許可の義務的取消」（同7条の4）の行政制裁を受け，⑧上記④〜⑦に関する違反は刑事罰の対象となる。このような「許可制」は，「生活環境保全」のための廃棄物適正処理という「目的」実現に不可欠な社会的分業システムとして，必要かつ合理的な「手段」であり，「合法」であるようにみえる。

Topic 35 廃棄物処理の「合法性」と「不法投棄等減少の根拠」

「産業廃棄物」に関する許可制もほぼ同一のシステムになっているが，いずれも水も漏らさぬ管理体制による制裁を用いた不法抑止下に許可業者は置かれている。このような行政制裁の強化と重罰化とが功を奏して産業廃棄物の不法投棄等が減少したとも喧伝されている。しかし，暴力（権勢）による威嚇・強圧によって人を服従・支配する点においては，国家（行政管理）と暴力団とでどこが異なるのであろうか。「合法性」という「目的の正当性」のみで「手段の強圧性」が正当化しうるかが問われている。さらに，制裁の強化が不法投棄減少をもたらしたという統計・因果関係の証明はない。むしろ，廃棄物処理処分業の社会システムが定着して「経営的」に成り立つようになったからこそ，不法投棄という「外部負経済」が解消されたのではないだろうか。市場取引の不能な汚物・不要物を原因者（排出事業者・一般消費者）から押しつけられたならば，適正処理の採算が成り立たない以上は，その原因者に代わって不法投棄するしかないのである。それでも，これを禁圧する合法システムが「許可制」なのである。江戸時代まで汚物・廃棄物の処理がどのような身分の人に押しつけられていたのか。再考すべきである。

特に問題なのは，上記⑦の「許可の義務的（必要的）取消」の制度である。既に適切に指摘されているように，許可取消は，まさに「許可業者の息の根を止める」効果をもつ。従って，その要件は，「比例権衡の原則」からは，改善命令などの要件よりも問題性の大きいものでなければならない。制裁的機能を持つ処分の場合は，違反者の情状に鑑みて処分内容を軽減する立法政策もありうる（リニーエンシー制度）。（北村13・186〜187・485頁。また，北村1・176頁参照。さらに曽和7は，アメリカ法の「シビルペナルティ」について，環境法違反との関係でも適正手続・民事・行政・刑事の制裁の限界づけなど多くの示唆を示している）。

過大な義務的取消は，余りに硬直的で刑事政策的にも疑問である。一連の組織犯罪対策立法の強化によって暴力団が民間企業に潜伏介入する傾向が強まり，廃棄物処理処分業も狙われているのは確かである。とはいえ，アンケート調査等によれば，暴力団員もできれば正業に就きたいと願っている（Uchiyama 2・456〜475頁，長井18・91〜159頁参照）。暴力団参入排除の果てはどこ

[基礎編] Ⅲ章 環境法の基本原理

> に行き着くのか。再び暴力団と刑務所との往復になる。元有罪確定者等の就職や住居賃貸からの社会的排除も同様であり，一層彼らを兇悪化して社会復帰を困難にする。暴力団員のレッテルの固定化でしかない（ラベリング論）。「義務的」取消は，暴力団の圧力で歪められる行政職員の枉法防止にはなるが，その場凌ぎの対策でしかない。警察職員の活用とか行政職員の研修とかによる執行の懈怠・欠損の補正的強化こそが望まれる。その実践をする代りに執行の赤字を民間業者の「一罰百戒」的制裁で転嫁処理するのは，不公正であろう。そもそも，法命令違反の「形式」から見れば「制裁」であっても，環境保全違反の「実質」から見れば，「環境負荷の継続的悪化」の阻止こそが環境法の核心的役割なのである。そこで必要なのは，それ自体では環境負荷の低減に直結しない「制裁」ではなく，現に環境負荷行為を低減・抑止させる効果のある「課徴金」による「利益剥奪」なのである。行為を反復・継続する限り増大する「不法」に比例する「課徴金」を行政処分で迅速に科することを可能にする「法改正」こそが検討されるべきであろう。

330　環境行政の基本法

　わが国の憲法には，国家の環境保全義務を定める明文が欠けている。しかし，「環境個別法を超える法」の役割を果すのが，①「環境基本法」(1993)，これを補完するのが，②「循環基本法」(2000)，「生物多様性基本法」(2008)，「環境影響評価法」(1999) である。また，③「土地基本法」(1989)，「エネルギー政策基本法」(2002)，「バイオマス基本法」(2009)，「水循環基本法」(2014) も環境保全の体系的理解に深く関わる基本法であり，罰則を欠く限りで環境刑法ではない。さらに，主要な環境個別法として，④水質汚濁防止法 (1970)，大気汚染防止法 (1968)，土壌汚染対策法 (2002)，⑤廃棄物処理法 (1970)，容器包装リサイクル法 (1995)，⑥自然公園法 (1957)，⑦自然環境保全法 (1972)，⑧地球温暖化対策推進法 (1998) がある。これらは，環境負荷からの保護客体から見ると，水・大気・土壌，自然公園，廃棄物，容器包装物，地球ということになる。特に，④・⑤は主に人の生産・消費の生活作用による「排出行為」からの汚染防止にあり，②・⑤は循環型社会形成と密接な関係に立つ（なお，「環境法体系の歴史的経過」などの環境法の発展・環境基準の要点については，西尾 16・2〜43 頁「環境法の法制」参照）。

331　公害対策基本法（1967）

(1) 工業化に伴う四大公害事件

既に明治中期の殖産工業の時代から別子・足尾・日立などの鉱山による鉱毒事件があった。敗戦後の産業復興とともに公害による健康被害が露呈し社会問題化したが，被害救済は民事損害賠償法で事後的に対応しようとしたにすぎない。事前規制としては，工業用水法（1956），水質二法といわれる水質保全法・工場排水規制法（1958），ばい煙規制法・地下水採取規制法（1962）といった個別法で対応してきたにすぎない。これらの法的不備を改めるために，「公害の未然防止」の総合的・計画的な対策基本法として「公害対策基本法」（1967）がようやく制定された。

(2) 公害対策基本法

本法は，①「基本法」という法形式を用いて，公害対策の共通原則として，「事業者・国・地方自治体の公害防止の責務」を明示したが，②「国民の健康保護」を絶対としつつも，「経済の健全な発展との調和」を目標とした。③「公害の定義」として，「事業活動その他の人の活動に伴って生じる相当範囲にわたる大気の汚染，水質の汚染……によって，人の健康又は生活環境に係る被害が生じること」（2条1項）としたが，「地球環境保全」をも一応は保護対象としていた。④公害対策の行政目的として「環境基準」（9条）を設定し，「公害防止計画」を策定し，地域特性に応じた総合的計画を講ずることにした。しかし，⑤「放射性物質」については，原子力基本法（1955）に委ねて，本法の対象外としている。その後，⑥公害対策基本法を補完するものとして，「自然環境保全法」（1972）が立法された。結局のところ，本法は，その名の示すように，主に「公害対策」つまり「人の健康又は生活環境」という「目前の切迫した事態」に対処する基本法でしかなかった。

332　環境基本法（1993）

(1)
「地球環境保全」（2条2項）が，1990年代に至り，前面化したのは，地球温暖化，オゾン破壊，海洋汚染，野生生物種の減少・違法取引，廃棄物の越境移動の「世界的協調の下」（5条）で克服すべき課題である。

(2) 環境負荷の低減と循環型社会

「環境への負荷の少ない健全な社会の発展を図りながら持続的に発展することのできる社会」（4条）では，「廃棄物への根本的な対応」が不可欠になった。廃棄物を「生活環境」・「公衆衛生」の保持という狭い観点からでなく（ただし，

[基礎編] Ⅲ章 環境法の基本原理

現行の廃棄物処理法1条は，これをなお「目的」として定めている。），市民生活活動の「生産・消費の帰結」という広い観点から見直すべきことになった（3条参照）。

> **Topic 36 循環型社会の形成──廃棄物処理は時代遅れ！**
>
> 　産業革命前は「自然的循環型社会」であった。デジタル革命後は，「計画的循環型社会」を形成すべきことになる，なぜならば，廃棄物という排出の「末端」（結果）ではなく，それをもたらす市民の生産消費活動という「発端」（原因）つまり「市場経済の濫用」こそが「人類の生存基盤」を危うくしているからである。極論すれば，全市民自身が程度の差はあれ「環境犯罪の共犯者」なのである。ただ単に「自分達の地域には廃棄物処分場は来て欲しくない」といった住民利己保全活動の多発ゆえに処分場の新設が閉ざされているような偏狭な問題ではない。どんなに立派な廃棄物処理施設を建設しても，そこには浄化されえない廃棄物が残存蓄積されてしまう。そんな局所的な問題ですらもない。人間の生活経済の一連の過程において，限られた地球資源が濫用され汚染物質が排出・蓄積されているのである。生産・流通の事業者のみでは足らず，「一般消費者」（全市民）の「全生活様式」が問われている。

それにもかかわらず，実はこの点でも「環境基本法」は充分ではなかったので，「循環基本法」（循環型社会形成推進基本法　2000）により補完がなされた。3R（Reuse, Reduce, Recicle）はよいことだが，廃棄を必要とするような「商品」は，初めから生産されてはならない。廃棄物となる物は，供給されてはならず，使用されてもならない。

(3) **未来世代の環境恵沢と未然防止原則**

　現在及び将来の国民の健康で文化的な生活の確保に寄与するとともに人類の福祉に貢献する（1条）という「人間中心主義」の下では，現在及び将来の世代の人間が健全で恵み豊かな環境の恵沢を享受するとともに人類の存続の基盤である環境が将来にわたって維持されるように（3条），「世代間の公平」が確保される。また，科学的知見の充実の下に環境保全上の支障が未然に防がれることを旨（4条）とすべきことになる。すなわち，「人類の生存基盤」が「将来にわたって維持される」には，環境保全において「未然防止」の原則が不可欠になる。ここにいう「未然防止」の原則は「予防原則」をも包摂している（北村13・74頁・278頁参照）。

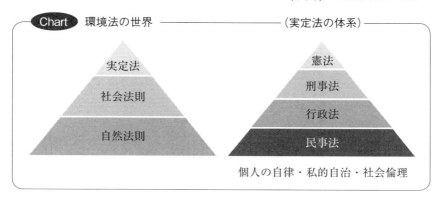

333 民事法による環境保全（私的自治の原則）

　国家と社会とは同一ではない。論理的にも歴史的にも、国家の前に社会がある（もっとも、国家が「社会契約」によって生まれたかどうかは疑わしい。◀224・240）。それゆえ、国家の「実定法」のみが法（規範）なのではない。社会には多様な共同体（町会・村落・学校・同好会・企業体・組合等の私的集団）がある。そこには「社会倫理」を基礎にして構成員によって自発的に形成された「社会規範」（自治原則）がある。それは、各個人の「道徳」に依拠した「自律的決定」（同意・承認）に由来するものである。その個人の自己決定の自由（自発性）は、自己の身体的欲求の充足（選好）によって「幸福」（自己実現）となることから、各個人相互に保障される。それが、「互恵的利他行動」であり、それによって生物的な自己保存の「利己的行動」が共同体の相互的な「個人尊重」の行動へと発展することになる。

　かくして、実定法の「民法」は、国家における各主体の個別利益をめぐる紛争を「衡平」に解決する裁判規範であるが、それ以前に「私的自治の原則」（行為規範）を前提としている。「契約自由の原則」は、各個人の自律的決定たる「同意」の合致「合意」を国家も尊重することを意味する。各人が合意に満足して「幸福実現」に至る。そこでは、「民事紛争」とならないので、国家が「民事訴訟制度」を提供して、「民事実体法」を適用する必要もない。要するに、私的自治による自由な契約が成立しない場合（紛争）にのみ、国家は実定法たる民事訴訟法による民事実体法の適用で各人の「権利実現」を保障すべきことになる（私的自治に対する民事法の「第二次的規範性」）。この意味において、民法も「裁判規範」であって、必ずしも「行為規範」ではない。この民事の自律

的解決の法理は,「環境保全」の自発的な実現活動にも妥当する(具体的には,
▶ 305 ～ 307, 310(2))。住民も自治体も「環境協定」を締結可能である。

> ### Topic 37 私的自治による美しい町づくり
>
> 　国家が個人の環境権を保障せずとも,また環境行政法に依拠せずとも,それらの不足は,市民の自治的活動によって補完することができる。公共交通機関による騒音振動などの公害紛争の多くは,国家・自治体による都市計画などの土地利用制度の不備,これに対する議員・官僚の怠慢不作為に帰因する。国土が狭く人口密度が高いことが原因なのではない。その国の文化的程度は都市・村落の景観に反映されている。欧米の都市では,既に 200 年前から電柱が撤去されてきた。敗戦の焼野原からの復興に当たり,なぜ日本は美しい街区を整備できず,電力会社や建設会社の野放図な勝手が横行したのか。ミュンヘン,ストックホルム,プラハ,ワルシャワ,ブタペスト,どのヨーロッパの都市でも戦争で破壊された歴史的建造物が復元されて優美な都市景観が維持されている。カナダ,オーストラリアでも公道からの距離制限により整然と建築物が並立している。しかし,良き政治による公的規制が働いていないことを嘆いても仕方がない。住民の自業自得であることを認識すれば,公的規制に頼らずとも問題解決はできる。「美しい日本の私」(川端康成)を洒落でなくしうる。現に「民間協定」で美しい住宅街区が数多く実現できている。地域住民は眺望景観を害する建築物の恣意的建設を制限するような「地域協定」を予め策定することができる。これに依拠して建築主と交渉することができる。しかし,所有権を無視するような住民運動を多数決などと標榜してゴリ押ししても無益であろう。その所有権制限の保障のための「基金」は,住民が協力して醵出するしかないのである。住民が自らの無力を感じるならば,「法の形成」に当たる代議士(政治家)の選挙に住民がどう関与したのかを再考するしかあるまい。「ポピュリズム」の内実が問われている。

334　民事法による公害の防止・救済
(1) 概　　説

　「環境公益」の保全には,民事訴訟による紛争解決制度は役立たない。個人には「環境基本権」だけでなく,自然人・法人(企業,組合,国家,公共団体)にも「環境私権」が認められないからである。これに対して,土地所有者の「相隣関係」(民法 209 ～ 238 条)をめぐる紛争は,当事者間の私益調整を必要とし,民事訴訟の対象となる。また,個人の生命・身体・財産等に対する「公害」の加害・被害をめぐる紛争は,民事法の対象であって,①民法には不文の

「人格権」に対する危害の差止め訴訟と，操業停止の仮処分請求訴訟（民事保全法 23 条 2 項）と②債務不履行または③不法行為による「損害賠償請求訴訟」とに区別される（◀ 105・112・114）。

(2) **不法行為による損害賠償**

原則として，「故意又は過失によって他人の権利又は法律上保障される利益を侵害した者」が損害賠償の義務を負う（民法 709 条）。しかし，その例外として「土地の工作物」につき，「占有者が損害の発生を防止するのに必要な注意をしたときは，所有者がその損害を賠償しなければならない。」（同 715 条）ので，土地の所有者は「無過失」でも賠償責任を負うことがある。無過失賠償責任は，大気汚染防止法 25 条，水質汚濁防止法 19 条，鉱業法 109 条，原子力損害賠償法 3 条（◀ 112）等でも認められている。ところで，原則として，不法行為者の「故意・過失」が要件となるのは，行為者に自ら注意をさせて「不法の未然防止」を達成させることにある。とはいえ，「無過失」の例外があることは，「不法の抑止」よりも「不法の事後賠償」（被害補償）に重点があると解されている。もっとも，「無過失」でも賠償義務を負わされるとすれば，行為者は一層のこと「不法の抑止」に努めることになるともいえよう。いずれにせよ，被害者（原告）からすれば，不法行為の立証責任を負担するが，「過失」（注意義務違反）の立証を免れることで，賠償を受け易くなる点が優れている。

(3) **国　家　賠　償**

不法行為者が国または公共団体であっても，損害賠償の責任を免れない。国家賠償法は，「国または公共団体の公権力の行使に当たる公務員が，その職務を行うことについて，故意又は過失によって違法に他人に損害を加えたときは，国又は公共団体が，これを賠償する責に任ずる。」（1 条 1 項）。また「道路，河川その他の公の営造物の設置又は管理に瑕疵があったために他人に損害を生じたときは，国又は公共団体はこれを賠償する責に任ずる。」（2 条 1 項）と定める。それゆえ，公務員であっても職務外でした不法行為については，上記の適用外となり，本人が民法上の賠償責任を負うべきことになる。

(4) **公害訴訟の限界**

公害事件は，排出行為――汚染媒体の累積作用――人の死傷または財産毀損という「因果関係」を辿る。原因物資の科学的特定など「個別の因果関係の立証」が困難なことが多い。不法行為責任を追及することは，被害賠償に必要であるかばかりか，その不法の原因たる「排出行為」を抑制させる効果をもたらす。とはいえ，個別の因果関係が不明（不特定）である限り，被害救済にも一

［基礎編］　Ⅲ章　環境法の基本原理

般予防にも結びつかない。ここに「事後的対応の公害民法」の法的限界がある。それゆえ，「事前規制の環境行政法」へと重点を移し，「環境負荷となる排出行為」自体を違法として抑止すべきことになる。

(5)　民事訴訟外の公害救済

事前防止が必要とはいえ，被害救済の必要性は決して否定されない。民事訴訟の提起・立証の負担を軽減するには，当事者間の「裁判外の和解手続」を活用する必要がある。①「裁判外紛争解決手続利用促進法」(2004) では，一般的な訴訟代替紛争処理制度（ADR, Alternative Dispute Resolution）が整備された。②「公害紛争処理法」(1970) による「公害審査会」と「公害等調整委員会」によるあっせん，調停，仲裁がなされる。③「公害健康被害補償法」(1973, 1987改正）により，汚染原因者の「賦課金」を財源とする医療費・逸失利益・慰謝料などを考慮した補償金の給付がなされる。④「水俣病救済措置法」(2009), ⑤「石綿健康被害救済法」(2006) によりアスベスト被害で労災補償対象外の患者救済がなされる。⑥「原子力損害賠償法」(1961) により設置された「原子力損害賠償紛争解決センター」での和解仲介手続がなされる。

335　市民による企業への働きかけ

(1)　概　　説

営利を追求する企業が最も弱いのは，消費者たる市民である。消費者が企業の提供する商品・労務を購入しなければ，その企業は倒産するであろう。「王様」と持ち上げられる消費者の需要こそが，「環境にやさしい商品」の供給を企業にさせることができる。さらに市民は「株主」として連帯すれば，環境保全に対する会社経営の在り方に向けて物申すことができる。今や「環境倫理」が企業運営を刺激し，「エコライフ」は企業収益の増大の好機ともなる。原子炉の建設事業や運営事業を推進しようとする企業は，いずれも「環境保全」の高コストという障壁に直面している（◀ 120 〜 122)。これと逆に，市民・消費者の「環境意識」が薄弱であれば，企業の産業廃棄物を増大させて「循環型社会の形成」を阻害する。

(2)　会社法の株主代表訴訟等

市民は，①一定の株主になれば，株式会社の発起人・設立時取締役，設立時監査役，役員等もしくは清算人の責任を追及する訴，利益の返還を求める訴などをなしうる（会社法847 〜 853条)。②一定の株主は株主総会の目的事項と招集理由を示して株主総会の召集を請求しうる（同297条)。また，③株主は，

株主総会において議案を提出できる（同304条）。これらの手続を通じて、会社の代表取締役等の「環境保全」に関する経営の在り方を匡すことができる。

> ### Topic 38 「もったいない！」食品の大量投棄
>
> 　金の成る木でも所有しているのだろうか。世界には、20兆円近くの資産を有する驚嘆すべき長者が少なからず存在する。その一方で、ソマリヤやコンゴまたミャンマーのドヒィンギャーあるいは中南米の難民等に限らず、飢に苦しむ困窮者が数限りなく存在する。それにもかかわらず、富裕な日本に限っても無駄な食品損失が年間で632万tにもなる。その量は世界の食品援助量の約2倍にも達している。「もったいない！」は日本人の美徳なんて「神話」でしかない（◀103）。それどころか日本には「食品リサイクル法」（1998、食品循環資源の再生利用等の促進に関する法律）なんていう立派な法律もあるのだから驚くしかない。現実には、上記の632万tの約半分は、家庭の冷蔵庫等から捨てられ「一般廃棄物」として適法に処理されている。残りの約300万tは製造・流通・小売の過程で「納期限切れ」などの理由で「産業廃棄物」（不要物）とされている。なぜだろうか。食品業界には「3分の1ルール」という現存する商慣行がある。製造日から賞味期限までの期間が1/3を経過するとスーパーマーケット・コンビニエンスストアなど食品小売業者は納品を拒否する。しかも、賞味期限が残り1/3になる食品は、食品小売店では売場から撤去されるか、値引販売の対象になってしまう。しかし、悪いのは業界ではなく、その原因は主婦等の消費者にある。賞味期限の長い食品のみが選択されるからである。ここにも市場経済の法則（効用）が働くのである。農水省は1/2ルールを推進しようとしたが、飲料・菓子でも効果はなかったという。「循環型社会形成」はどうなるのか。フランスでは、2015年から賞味期限切れ食品の廃棄が法律で禁止され、フードバンク等の援助機関から年間数百万人に無料提供されるようになった。この動向はEU全体に拡大しているという。購買力の乏しい困窮者等に無料提供しても、企業の売上が減少することにはならない。学校・福祉施設等の給食用にも過剰食料品を割引提供できれば、財政投入が削減化される。消費者・企業・行政も連携の努力・工夫をすべきである。

　わが国でも生徒の7人に1人は生活困窮状態に置かれていることを忘れてはならない。流通経済研究所の推計によれば、2017年度に賞味期限の1/3を過ぎてメーカーに返品される加工食品は562億円に上るが、その7割の400億円超は食べられるのに廃棄されているという。インターワイヤードの調査によると、賞味期限が切れた食品でも食べるとした消費者が86％もいた。消費者の意識が変われば、廃棄を減少できる。セブンイレブンは、2019年8月から

[基礎編]　Ⅲ章　環境法の基本原理

即席麺の仕入れを 1/2 ルールに変更する。既にスーパーのセオコーは全食品を 1/2 ルールに変え，マルエツや光洋も検討しているという。さらに，賞味期限の表示を「年月日」から「年月」へと変更する動きも見られる。

Topic 39　逆の「もったいない！」　廃棄食品の横流し再販売と人材の廃棄

　逆の「もったない」もある。食品の無駄を防ぐために賞味期限等を偽って提供したりした伊勢の「赤福」や京都の「船場吉兆」があった。最近では「食品廃棄物業者」ダイコーがビーフカツなどを横流して販売した事件（2016）が「食の安全」という観点から社会的に非難され，食品衛生法違反・詐欺罪などで摘発された。

　農水省・環境省からは「再犯防止策」として，産廃排出事業者による食品の物理的破壊・委託した廃棄物処理者への実施確認（監査）の必要性等が提案された。それにしても，消費者の賞味期限への過度な反応と同じく，完全主義をめざす行政の過剰な反応ではあるまいか。罰則が効果ないので，徹底的な管理強化をするのは，経済法則にも反するので効果は乏しい。不信過剰なストレス社会に拍車を駆けることになる。排出業者が自ら事後処理まで実施監査すべきならば，信用担保の「マニフェスト制度」なんかいらない。二重のコストになってしまう。マニフェストの戻り票の虚偽記載等に対する罰則の強化も一案ではあるが，弱小な処理業者への締めつけに終るであろう。処理業者は，排出業者からの受託料を下げてまで受注競争をしないと経営が成り立たない。このような経済法則下にダイコーも置かれていた。

　ダイコーに対して，愛知県の行政処分は，「許可の取消」ではなく，より寛大な「改善命令」であった。「甘過ぎる」との非難もあった。愛知県では 545 の廃棄物処分業者に許可を出しているが，廃棄現場指導を担当する資源循環推進課の職員数は 10 名程度であったという（坂本 12・45〜47 頁参照）。これを倍増するには，職員配置で調整するのが無理であれば，財政担保のための県民税等の増大が必要になる。愛知万博とかの目先の景気対策をすべきだったのだろうか。そもそも「行政執行の欠損」について，県議会は原因調査をしたのであろうか。実効性のある行政執行をするには，職員の卓越した技能と真摯な態度とこれに対する市民の関心が不可欠である。

　このような「経済法則」と「社会倫理・法令遵守」との矛盾相反する「構造問題」の中で個別の不祥事が発生している。ただ表面に露呈した業者や公務員の「責任追及」をしても社会的排除にしかならず，ことは連鎖反復にしかならない（諸行無常）。最近だけでも，神戸製鋼，耐震設備会社・自動車製造会社の不正隠蔽ばかりか，経団連自体が一度も就職協定を遵守しえたことがない。また，罰則がないからだという人（元ジャーナリスト・裁判官等から万羅栄低番組に昇格した人）もいる。要は，「人を育成するのに必要なことは何か」な

> のだ。C. ゴーンばりに首切り・リストラ・下請中小企業の足切りとなった人材が韓国・台湾等に企業情報と共に流出した結果，平成初年に世界のトップ50社の2/3を占めた日本企業は平成末にはトヨタのみになったという。

336　行政に対する抗告訴訟等

(1) 概　説

行政官庁がした許可・不許可等の「行政処分」に対して，処分を受けた事業者またはその処分で不利益を受ける住民は，その処分の適法性・有効性を争うことができる。その手法は2つある。第1が，「行政事件訴訟法による抗告訴訟」であり，第2が訴訟（裁判）手続によらずに「行政不服審査法による審査請求」である。

(2) 行政事件訴訟法による抗告訴訟

行政処分の安定性を確保するために，たとえ処分要件を欠く「違法」な行政処分であっても，それは「有効」に止まる。その「有効性」を争う行政訴訟が「抗告訴訟」と呼ばれる。

【Ⅲ章　参考文献】

1　北村喜宣「環境法執行手段としての課徴金制度」環境法研究19号（1991）
2　Ayako Uchiyama 'Changes of Boryokudan after Enforcement of the Anti-Boryokudan Law in Japan', 長井圓 編 'Organized Crime A World Perspective' 神奈川法学31巻3号（1997）
3　ロバート・D・クーター，トーマス・S・ユーレン，太田勝造訳『新版 法と経済学』（商事法務・1997）
4　岩間昭道「日本における環境保全の課題の憲法化」ドイツ憲法判例研究会編『先端科学技術と人権』（信山社・2005）
5　戸波江二「『環境権』は不要か」ドイツ憲法判例研究会編『先端科学技術と人権』（信山社・2005）
6　スティーブン・シャベル，田中亘・飯田高訳『法と経済学』（日本経済新聞出版社・2010）
7　曽和俊文『行政法執行システムの法理論』（有斐閣・2011）
8　山口厚編著『経済刑法』（商事法務・2012）
9　桑原勇進『環境法の基礎理論──国家の環境保全義務』（有斐閣・2013）
10　J. Heath，瀧澤弘和訳『ルールに従う　社会科学の規範理論序説』（NTT出版・2013）

[基礎編]　Ⅲ章　環境法の基本原理

11　桑原勇進「環境法における比例原則」高橋信隆ほか編著『環境保全の法と理論』（北海道大学出版会・2014）
12　坂本裕尚「ダイコー横流し事件に巻き込まれた排出事業者――その後の対応策と再発防止策」環境管理2016年8月号
13　北村喜宣『環境法』（弘文堂・4版・2017）
14　高村ゆかり「COP24「脱炭素」を促す成果を」日経新聞2018年11月22日（朝刊）
15　辻村みよ子『憲法』（日本評論社・6版・2018）
16　西尾哲茂『わかーる環境法』（信山社・増補改訂版・2019）
17　長井　圓『消費者取引と刑事規制』（信山社・1991）
18　長井　圓 'Organized Crime as the Cultural Produce in Japan' 神奈川法学33巻1号（1999）
19　長井　圓「環境刑法における保護法益・空洞化の幻想」横浜国際社会科学研究6号（2005）

［長井　圓］

IV章 環境刑法の基本原理

> Principles 原理編

- **400** 環境保全の手段としての刑法
- **410** 公害刑法から環境刑法への展開
- **420** 刑法典の定める「環境犯罪」
- **430** 刑罰と行政的不利益処分
- **440** 伝統的犯罪と環境犯罪との相違
- **450** 犯罪責任の根拠
- **480** 刑罰の目的と効果
- **490** 一般予防論の検討

＜別冊『未来世代の環境刑法2』掲載＞

V 章　環境破壊の法的事例

500　深刻な豊島事件の教訓

　環境法の三大事件としては，「福島原発事件」(2011)，「チッソ水俣病事件」(1956) および「豊島事件」(1983 〜 1990) が著名である。豊島事件は，廃棄物処理法違反事件として日本最大の生活環境破壊（公害）をもたらした。廃棄物処理法違反が累行・蓄積すると，私たちの生活基盤を崩壊させる。その悲惨な教訓を与えた。環境保全の事前規制が有効に機能しなかったゆえに，特定産廃措置法による事後処理事業が 2003 年 9 月から開始された。しかし，事後の環境修復は当初の 10 年計画でも完了せず，2017 年 3 月豊島からの廃棄物搬出のみが完了したにすぎない。今後も処理施設の撤去，地下水浄化および整地等に数年以上を要するとされている。この間に無害化処理された廃棄物・土壌は 91 万 t を超え，約 730 億円の費用を要した。それでも，瀬戸内海の小豆島に近く自然豊かであった豊島の原状回復には程遠い。

　このような深刻な被害をもたらしたにもかかわらず，刑事事件としては，廃棄物処理法違反の有罪判決で，経営者 X に言い渡された刑は懲役 10 月（当時の法定刑は「1 年以下の懲役又は 50 万円以下の罰金」）であるが，執行猶予 5 年であったので，実際には刑務所に入らなかった。また，その法人 T 社に言い渡された刑は罰金 50 万円でしかなかった（とはいえ，当時の法定刑の上限は 50 万円であったから，刑法上は最も重く処罰されたことになる）。香川県の環境行政管理が適切になされていたとすれば，このような甚大な廃棄物処理法違反は起きなかったはずである。このように事後的に評価された結果，廃棄物処理法の罰則等が格段と強化されるに至っている（▶ 516）。また，T 社は，処理業の許可取消をされたほか，民事訴訟で，和解違反の債務不履行責任（民法 415 条）に基づき，島民らへの損害賠償の支払および廃棄物撤去の命令も出された。しかし，T 社は破産宣告を受けたため，その履行もなされなかった。それにしても，T 社および X らは，①倒産という社会的排斥・事実上の制裁，②刑事責任，③民事責任，④許可取消等の行政責任，すなわち，環境破壊に対する 4 つの責任

[基礎編］ Ⅴ章　環境破壊の法的事例

（◀103〜106）を重畳的に負うことになった。以下では，事件の民事・行政・刑事の法的責任と手続を確認する。

501　民事・行政法の責任・手続

(1)　民事差止訴訟

　T社は，1975年に，香川県知事に対して，豊島での有害廃棄物処理業の許可申請（◀312〜319・812）をした。これに対し，島民らは，1978年に，T社の操業等の差止訴訟（◀114）を提起した。その差止請求の根拠は，島民らの「健康な生活を維持し，快適な生活を求める権利」の保護であった。もっとも，裁判所は，一般的に訴訟相手の企業活動にも配慮し，差止に慎重な判断を示すことが多い（大越2・101頁参照）。この事件でも，T社が許可を受ける前であり，島民らの健康な生活等への差し迫った危険を認めることは難しく，島民らが勝訴する見込みはなかったと考えられる。

(2)　民事和解

　この差止訴訟の間に，T社は，処理業の許可申請の内容をみみず養殖の土壌改良処分に変更した。県知事が条件付でこれを認容する意向を表明した。この動きを受けて，島民らも，T社と「和解」をすることにした。和解とは，民事紛争の当事者が互譲して紛争の中止に合意することをいう（◀333）。その和解条項では，T社の操業に詳細な条件が付され，また事業活動での損害賠償および操業一時停止等が取り決められた。Xらが，これを確約し和解調書が作成されて，差止訴訟は判決を経ることなく終了した（六車1・(1)35〜37頁参照）。

　しかし，T社は，県知事からの事業許可取得後，上記の和解条項を守らず，1983年ころから，みみず養殖とは無関係の汚泥やシュレッダーダスト等を大量に搬入し始めた。これに対し，所轄官庁の県は，金属回収を予定するゆえにシュレッダーダストは「廃棄物ではない。」とのXらの主張を受入れ，適切な指導等をしなかった。T社の不適正処理は，兵庫県警により，1990年に廃棄物処理法違反の罪の嫌疑でXらが逮捕されるまで続けられた（刑事手続につき◀405）。

(3)　行政機関の許可取消・措置命令・行政代執行の不作為

　香川県は，Xらの逮捕等を受けて，T社の廃棄物処理業の許可を取消し（◀322），さらに廃棄物を撤去するようT社に「措置命令」（廃棄物処理法19条の2（現19条の5））を発出した。しかし，T社はこれに応じなかった。

　行政機関は，命令履行をしない義務者に代わって，その履行を自ら行う

か，あるいは第三者にこれをさせることができる。これを「行政代執行」という。この行政代執行にかかった費用は，本来の義務者から徴収することができる（行政代執行法1条）。しかし，T社が既に事実上倒産状態にあり，その費用徴収が見込まれず，また当時の分析検査では周辺環境に問題がないなどとして，県は行政代執行を見送った（六車1・(1)30～31頁参照）。

(4) 公害調停

島民438名は，1993年に，公害紛争処理法に基づき，周辺海域の汚染による健康被害等を根拠として，香川県，T社および排出事業者らを被申請人として公害調停（◀334(5)。さらに詳細は北村3・252～253頁）の申請を行った。調停の結果，排出事業者が，住民に解決金を支払うこととされた（総額は約3億2,500万円）。また，2000年に，香川県は，住民らと最終的な合意に至った（環百105）。その合意内容は，①県の謝罪，②県による廃棄物等の搬出・焼却・溶融処理，③住民側の損害賠償請求の放棄等であった。他方で，T社は1996年に破産宣告を受けていたので，合意成立の見込みがないとして，その調停は打ち切られた。

(5) 損害賠償等請求訴訟

島民らは，1996年に，上述のように，T社に対する損害賠償（◀334）および廃棄物撤去の請求訴訟を提起した。高松地判平8・12・26判時1593頁・環百36は，この請求を認容し，T社に精神的損害に対する一律5万円の慰謝料支払と撤去費用151億円の前払命令を出した。島民らの目的は，慰謝料を受け取ることではなく，その支払債権を原資として，X所有の処分場の土地所有権をT社の破産財団から買い取ることにあった（環百36（難波譲二）参照）。島民らが，その後実際に土地所有権を取得したことは，公害調停における廃棄物撤去の枠組形成に寄与したと指摘されている（六車1・(2)62頁参照）。

(6) 民事訴訟と行政訴訟との関係

豊島事件では，民事訴訟のみが選択されたが，同一の紛争事件に対して，民事訴訟と行政訴訟との両方を用いることもできる（◀333～336。北村3・249～251頁も参照）。行政訴訟とは，行訴法に基づき，国や地方公共団体等の行政庁の公権力行使の取消・変更等を求める訴訟である。行政訴訟は，地方裁判所・高等裁判所の民事部専門部所属の裁判官が担当する。また，行訴法7条は「行政事件訴訟に関し，この法律に定めがない事項については，民事訴訟の例による。」と定める。この意味で，行政訴訟の実質は民事訴訟の一形態である。

行政訴訟で可能なのは，①行政処分の取消，②行政の義務づけ，③行政処分

の差止等の請求である。もっとも、裁判所は、行政処分の適法性を広く解する傾向にあるので、行政訴訟を提起しても原告敗訴の可能性が高いとも指摘されている（大越2・101頁参照）。

なお、行政不服審査法に基づき、行政不服審査会等が行政処分の効力の可否を裁決する制度もある。行政訴訟と行政不服審査請求とのいずれを選択しても構わないが、石綿健康被害救済法や公害健康被害補償法は、行政訴訟に先立って審査請求することを義務づけている（北村3・223～224頁参照）。

502　刑事法の責任

神戸地姫路支判平3・7・18判例集未登載（六車1・(1)27～28頁参照）は、T社およびXらを産業廃棄物の処理事業範囲の無許可変更罪（当時の廃棄物処理法14条5項・25条1号（現14条の2第1項・25条1項3号）。両罰規定は同29条（現32条））で有罪とした（◀500）。しかし、シュレッダーダストについては、香川県が「廃棄物ではない。」としてきた対応を踏まえて、起訴対象からも外されたとされる。この検察の対応は果して正しかったのか。

また、豊島事件以降、無許可処理業の罪・事業範囲の無許可変更罪の法定刑は、不法投棄罪と同様に、段階的に引き上げられた。すなわち、1991年改正・3年以下の懲役もしくは300万円以下の罰金またはその併科、1997年改正・3年以下の懲役若しくは1,000万円以下の罰金またはその併科、2000年改正・5年以下の懲役もしくは1,000万円以下の罰金またはその併科となった。また、両罰規定（◀406(3), ▶635(2)～(4)）では、法人業務主の本罪の法定刑は、2000年改正で、自然人行為者についての「各本条の罰金刑」から、不法投棄罪と同様に「1億円以下の罰金」に改められ、2010年改正で「3億円以下の罰金」に引き上げられた。この重い罰金は、経済的利益のためなら悪質な行為を止めようとしない（暴力団系の）悪質事業者への強力な制裁（応報）と同時に、重大な環境破壊の修復に必要な莫大な公費をも算入したものであろうか（◀430）。しかし、重い法定刑を定めさえすれば、犯罪抑止が実現するとは限らない。「有効で公正な刑罰」とは何なのかが問われている（◀402, *Topic 40*）。

何よりも、刑事法（刑罰）自体には環境破壊の原状回復効果はない（◀ *Topic 3*）。豊島の原状回復が進められているのも、上記のように住民らが民事訴訟や調停制度を活用したからである。

【V章　参考文献】

1. 六車明「豊島事件における環境紛争解決過程(1)・(2)」法学研究 75 巻 6・7 号（2002）
2. 大越義久「環境保護の方法としての刑法」町野朔編『環境刑法の総合的研究』（信山社・2003）
3. 北村喜宣『環境法』（弘文堂・4 版・2017）

［渡辺靖明］

VI章 環境犯罪と公害犯罪

600 犯罪の基礎概念

　公害刑法または環境刑法という特別刑法または行政刑法の犯罪と刑罰においても，刑法総論が妥当することから（刑法8条），その基本的知識を修得しておくことが重要となる。本章では，まず，公害犯罪・環境犯罪の性質を理解するのに必要な知識のうち，犯罪の分類と一般的成立要件とを取り上げる。

610 犯罪の分類

　個別の犯罪類型は，その性質に応じて様々に分類される。その中で公害犯罪または環境犯罪との関連で重要となるのは，「侵害犯」と「危険犯」の区別である。

611 侵害犯と危険犯

　犯罪の処罰規定は，それぞれ法益を保護する機能を有する（◀ *Topic 45*）。法益とは，法が保護しようとする利益であって，その内容は処罰規定によって異なるものとなる。例えば，殺人罪（刑法199条）の法益は人の生命である。窃盗罪（235条）の法益は人の財産である。

　侵害犯と危険犯は，法益が実際に侵害されることを必要とするか否かで区別される。犯罪の成立に法益が現実に侵害されることを必要とするものを侵害犯と呼ぶ。これに対して，実際に侵害されることは不要であるが，侵害される危険性が発生することを必要とするのが危険犯である。先に挙げた殺人罪や窃盗罪は侵害犯に分類される。これらの犯罪の成立には，人の生命や財産が現実に侵害されること，すなわち，殺人罪では人が死亡すること，窃盗罪では人の所有する財物がその持ち主の手（占有・管理）から失われることが必要なのである（◀ 441(2)）。公害犯罪・環境犯罪の中にも，侵害犯が存在する。例えば，公害刑法のなかでは，故意公害致死傷罪（公害罪法2条2項）がこれにあたる

(▶ 650)。しかし，ほとんどの公害犯罪・環境犯罪は危険犯に分類することができる。

612 危険犯の種類

　危険犯は，さらに具体的危険犯と抽象的危険犯に区分される（▶ 441, 442(1)）。具体的危険犯とは，法益侵害の危険性が発生していることが犯罪の構成要件（既遂）とされているものを指す（構成要件について▶ 621）。これに対して，抽象的危険犯とは，具体的危険の発生が構成要件要素とされていないものを指す。この区分が比較的にわかりやすいのは，放火罪である。放火に関する規定は刑法108条から118条に見られ，犯行の態様や放火客体に応じていくつかの処罰規定が存在する。そのうち，現住建造物等放火罪（刑法108条）と建造物等以外放火罪（刑法110条）を比べてみる（その詳細は◀ *Topic 49*）。

　◎ 刑法108条　現住建造物等放火　「放火して，現に人が住居に使用し又は現に人がいる建造物……を焼損した者は，死刑又は無期若しくは5年以上の懲役に処する。」

　◎ 刑法110条　建造物等以外放火　「放火して，前2条に規定する物以外の物を焼損し，よって公共の危険を生じさせた者は，1年以上10年以下の懲役に処する。」

　両罪は，行為として「放火」が必要とされている点で共通しているが，放火対象に違いが見られる（現住建造物か，建造物以外か）。さらに重要な相違点として，110条では，「公共の危険を生じさせた」ことが要求されているのに対して，108条の犯罪規定ではそのような要求はなされていない。このことから，110条は具体的危険犯，108条は抽象的危険犯として理解されている。放火罪の法益は「不特定及び多数の人の生命，身体，財産」（ただし，判例は「不特定又は多数」のとする。）であるが，この法益に対する具体的危険性の発生が110条では必要とされ，108条では必要とされていない。

　公害刑法・環境刑法の領域では，例えば，公害罪（公害罪法2条1項）や放射線発散等の罪（放射線発散防止法3条1項）が具体的危険犯に当たる。

　◎ 公害罪法2条1項　「工場又は事業場における事業活動に伴って人の健康を害する物質……を排出し，公衆の生命又は身体に危険を生じさせた者は，3年以下の懲役又は300万円以下の罰金に処する。」

◎ 放射線発散防止法3条1項 「放射性物質をみだりに取り扱うこと……により，……核燃料物質の原子核分裂の連鎖反応を引き起こし，又は放射線を発散させて，人の生命，身体又は財産に危険を生じさせた者は，無期又は2年以上の懲役に処する。」

これに対して，具体的危険の発生を要求していないその他多くの公害犯罪・環境犯罪は抽象的危険犯に位置づけられよう（例えば，大気汚染防止法33条の2第1項1号，水質汚濁防止法31条1項1号）。

613 侵害犯と危険犯との区別

ただし，それぞれの犯罪類型の法益理解や規定形式（例えば「危険」の明示の有無）の捉え方次第では，侵害犯と危険犯のいずれに当たるかの判断は異なるものとなる（◀441）。環境犯罪においては，環境それ自体を人から独立させて固有の保護法益とするか（生態系主義），環境汚染によって危険にさらされる人の生命，身体等を保護法益とするか（人間中心主義）について，見解の相違がある（◀243，434，436，440）。例えば，水質汚濁防止法で処罰対象となる水質汚濁行為について（◀321，438，*Topic 47*），「水質」という環境媒体自体を保護客体または行為客体と捉えるのであれば，これは水質に対する侵害犯として分類されることとなる。これに対して，水質汚染によって侵害されうる「人の生命，身体」が法益であると考える（または「危険」が規定されていないことに着目する）場合には，この犯罪は人の生命・身体に対する抽象的危険犯に分類されることになろう（浅田1・37頁参照。◀ *Topic 48*）。

環境犯罪を環境に対する侵害犯として理解する場合，犯罪の成立には，「現に環境が悪化したこと」が必要となる。上述のように，侵害犯は，法益が現実に侵害されたことを必要とするからである。しかし，裁判例を見る限り，「現に環境が悪化したこと」を積極的に立証する必要はないと考えられているようである。例えば，廃棄物の野積みが不法投棄罪（廃掃法16・25条1項14号）に当たるかが問題となった最高裁判例（最決平18・2・20刑集60巻2号182頁・環百50。▶862(3)）で，被告人は自分たちの行為は環境に悪影響を与えるものではないと主張していた。この主張に対して，原審は，被告人が積み置きしていた廃棄物には四散防止措置等が講じられていなかったのであるから，環境に対する侵害が現在していなかったとしても，不法投棄罪が成立するとしている。ここでは，防止措置が講じられていない以上，環境汚染の危険性が存在し，そ

の危険性で不法投棄罪の成立に足りると解されているようである。つまり、不法投棄罪は、侵害犯ではなく、危険犯として理解されている。

そもそも、環境犯罪の場合、個々の犯罪行為によって環境にどのような悪影響がどの程度生じているか、生じる可能性があるのかを評価することが難しい側面もある。例えば、一回の環境汚染行為だけを見ると、環境への影響は軽微であって、環境に対する実害は存在しないような場合も考えられうる。では、このような軽微な行為には、危険犯の成立を肯定しうるだけの法益侵害の危険性が存在しないのか、というと、必ずしもそうはいえない。単体では無視できる程度の危険性を生じさせる行為だとしても、それが大量に行われることで、法益の侵害や危険性が生じることがある（累積犯や蓄積犯という。◀439）。このような側面が環境犯罪にあるとすれば、1回の犯罪行為によって環境が現に悪化しなければならないとか、その危険性が発生しなければならないと理解することは、環境犯罪の特徴を十分に反映していない、と言えようか。

620　犯罪の一般的成立要件

犯罪が成立するための条件（要件）は、刑法の犯罪規定（刑法各則または行政刑法の罰則）の個々の条文に規定されている。しかし、その条文に規定されていないが、すべての犯罪に共通して認められなければならない犯罪成立要件も存在する。このような犯罪の一般的成立要件については、刑法総則に関する法解釈を示した「総論」の対象として扱われ、公害犯罪・環境犯罪の成否を検討する際にも当然に前提とされる条件である（刑法8条）。

一般には、犯罪が成立するためには、構成要件該当性、違法性、責任の3要件が揃わなければならないとされている。通説によれば、犯罪の成否を検討する上では、この3要件が充足されるかを、順々に検討（判断）していく必要がある（これに反対する学説もある）。

> **Chart**　犯罪成立に関する検討・判断の順序・構造
> ① 構成要件該当性が認められるか？
> ② 違法性が認められるか、または違法性が欠けないか？
> ③ 責任が認められるか、または責任が欠けないか？
> → ①から③まですべて「Yes」＝犯罪成立

621　構成要件該当性

(1)　客観的構成要件

　犯罪の構成要件とは，端的に言うならば，刑法の総則・各則を定めた条文に記載されている犯罪成立条件である。この構成要件は，客観面・外形面に関する構成要件（客観的構成要件）と，行為者の主観面・内面に関する構成要件（主観的構成要件）に区分される。まず，前者の客観的構成要件について説明する。例えば，廃棄物不法投棄罪を例に挙げると，この犯罪の客観的構成要件を記述する廃掃法 16 条は次のように規定している（本罪の個別の成立要件の詳細は▶860）。

◎ 廃掃法 16 条　「何人も，みだりに廃棄物を捨ててはならない。」

　この不法投棄が犯罪として処罰されることは，同法 25 条 1 項 14 号に規定されているが，不法投棄罪の客観的構成要件は次のようになる。

> **Chart**　廃掃法 25 条 1 項 14 号の客観的構成要件
> ①　投棄された物が「廃棄物」であること
> ②　廃棄物の投棄が「みだりに」なされていること
> ③　廃棄物が「捨て」られたこと

　これらの各要素が充足されると，構成要件の客観面は充足される。

(2)　主観的構成要件（故意）

　構成要件該当性が認められるには，客観面だけではなく，主観的構成要件も充たさなければならない。廃掃法 16 条は，行為者の主観面について条件を規定していないが，主観的構成要件の中身はどのように理解されるのか。犯罪の主観面での成立条件については刑法総則に一般的規定があり，すべての犯罪にこの規定が妥当する。

◎ 刑法 38 条　「罪を犯す意思がない行為は，罰しない。ただし，法律に特別の規定がある場合は，この限りでない。」

　この「罪を犯す意思」のことを故意（または犯意）と呼ぶが，刑法 38 条本文では，故意がない犯罪は原則的に処罰されないとされている（故意犯処罰の原則◀432）。わが国の刑法を支える思想に，「責任なければ刑罰なし」（責任主義◀435(2), *Topic 42*）という考えがある。この責任主義によれば，仮に重大な

結果を引き起こしたとしても，その原因となった行為者の意思決定が非難可能なものでなければ，その行為者を処罰することはできない。「犯罪を行わない」という選択を取れたにもかかわらず，あえて「犯罪を行う」という意思決定を行った場合に，刑罰による非難が正当化されるのである。

では，どのような場合に，「故意がある」と言えるか。故意の定義については，議論があり，一概に示すことはできない。ただし，少なくとも「犯罪となる事実（構成要件に該当する客観的事実）を認識している」場合でなければ故意の成立を認めることができないと考えられている。客観的構成要件該当事実，つまり，自己の行なっている行為や生じさせる結果等が客観的構成要件に該当することを認識して行動している場合でなければ，故意を肯定することができない。

◎ 故意＝（少なくとも）客観的構成要件該当事実の認識があること

(3) 主観的構成要件（過失）

刑法38条ただし書は，「法律に特別の規定がある場合は，この限りでない。」として，故意犯処罰の原則の例外を認めている。この例外にあたるのが，過失犯である。一般的な語感からすると，過失とは「わざとではない」ということになろうが，刑法において過失は不注意と言い換えることができ，より専門的に言えば「注意義務に違反していること」と定義される。つまり，「注意していなければならなかったのに，その注意を怠ったために，犯罪結果が生じたこと」が過失なのである。

◎ 過失＝注意義務に違反していること

この過失犯の成立要件・構造，とくに「注意義務」の内容については，故意の内容と同様に議論がある。通説からは，注意義務とは①犯罪結果が発生する危険性を予見しなければならない義務（予見義務）と，②犯罪結果を回避しなければならない義務（結果回避義務）から構成されると理解されている。前者の予見義務は，犯罪結果の発生を予見できる場合（予見可能性）であれば，基本的に肯定されるが，後者の結果回避義務は法令などに照らしてその場で行為者がとるべき行動内容が何であったのかを個別具体的に検討することで導かれる。行為者がこれらの義務を怠ったために犯罪結果が発生してしまった場合，その者は過失犯としての責任を負う。

〈620〉 犯罪の一般的成立要件

◎ 注意義務＝①予見義務（≒予見可能性）＋②結果回避義務

　ところで，わが国では，公害刑法・環境刑法の領域での過失処罰は，水質汚濁防止法31条2項，海洋汚染防止法55条2項，大気汚染防止法33条の2第2項，下水道法46条2項，鉱業法147条2項等や，公害罪法3条など，限られた場合でのみ規定されている（◀「環境法の罰則一覧」）。例えば，ドイツでは，廃棄物の無許可取扱いの罪が過失で行われた場合も処罰されるが，わが国の廃掃法では過失処罰規定が存在しない（▶674(1)①）。そこで，わが国でも，特に環境刑法の領域で過失処罰規定をもっと積極的に設けるべきとの主張もなされている（町野2・11頁，今井3・71頁）。

　行政刑法の領域で過失犯が起訴されることは稀であって，判例においても，過失犯の成立が肯定された事案は非常に少ない。環境犯罪事案では旧汚濁防止法（現在の海洋汚染防止法）について「過失犯処罰規定の存否」が問題となった最決昭57・4・2刑集36巻4号503頁がある（◀ *Topic 44*）。

***Topic 54*　公害犯罪における過失犯**

　公害罪法の成否が問題となった最判昭62・9・22刑集41巻6号255頁・環百108（大東鉄線工場塩素ガス噴出事件），最判昭63・10・27刑集42巻8号1109頁・環百109（(日本アエロジル塩素ガス流出事件）では過失犯の成立が認められているが，公害罪法3条1項にいう「操業」等の要件が欠けているために，刑法201条の業務上過失傷害罪の成立が肯定されている（▶654(2)）。その意味で，公害刑法に定める過失犯の成立が認められたものではない。そのほかに公害が原因で，胎児に病変を発生させ，出生後にその胎児を死亡させた事案（最決昭63・2・29刑集42巻2号314頁・刑百Ⅱ3，いわゆる水俣病刑事事件（◀438(3)，▶ *Topic 71*）があるが，通常の刑法犯である業務上過失致死罪の成立が認められている。判例は，公害犯罪としての過失犯処罰について謙抑的な態度をとっているものといえよう。

622　違法性と責任（有責性）

　上述の客観的構成要件と主観的構成要件がそれぞれ充足されれば，行為者の犯行が構成要件に該当しているといえ，犯罪成立のファーストステップの充足が認められる。つまり，構成要件該当性が肯定される。もっとも，構成要件該当性が肯定されたとしても，違法性や責任が否定されれば，犯罪は成立しない。

　違法性とは，構成要件に該当する行為に処罰すべき社会的実害があるかど

うかをチェックする要素である。例えば、犯罪規定に該当する行為（すなわち、構成要件に該当する行為）を故意又は過失で行なった場合でも、それが急迫不正の侵害から自己の身を守るためにやむを得ずに行なった行為であるとすれば、正当防衛（刑法36条）にあたり、違法性が認められず、犯罪とはならない（環境犯罪で違法性が問題となる場面については、長井・渡辺5参照）。

　また、責任が認められない場合も同様である。責任が否定される代表的な例としては、心神喪失者（39条1項）や刑事未成年（41条）の違法行為が挙げられる。

623　犯罪の特殊（拡張）形態

　これまで確認してきた犯罪成立条件は、行為者が1人（単独正犯）で犯罪を完成（既遂）させた場合を前提とするものである。しかし、犯罪が完遂させられていなくとも処罰すべき場合は存在し、行為者が複数で犯罪を行うこともある。前者が未遂犯であり、後者が共犯である。これらは、既遂の単独正犯を原型とする通常の構成要件と区別して、修正（拡張）された構成要件と呼ばれる。

624　未遂の要件

　刑法の各則本条は、犯罪要件がすべて充足された場合、つまり犯罪が既遂となった場合を処罰することを原則とする。しかしながら、犯罪によって侵害される重要な法益をより広く効果的に保護するためには、犯罪が既遂に至る前でも処罰を認めるべき場合がある。刑法では、例外的に犯罪が既遂に至らない場合、つまり、犯罪が未遂（さらに予備・陰謀等）にとどまる場合の処罰が認められている。ただし、過失同様に、未遂の処罰はその旨が明示されていることが必要である（刑法44条）。

　既遂前の処罰類型としては、犯罪の実行につき謀議する場合（陰謀）、そのための準備を行う場合（予備）、実際に実行に移した場合（未遂）の3つが存在する。環境刑法の領域では、陰謀を処罰する規定は存在しないが、予備を処罰する規定として、廃棄物輸出罪の予備（廃掃法27条）や放射線発散罪の予備（放射線発散処罰法3条3項）および特定核燃料物質の不法輸出罪の予備（同法6条3項）などがある。未遂を処罰する規定としては、廃棄物輸出罪等の未遂（廃掃法25条2項）、放射線発散罪の未遂（放射線発散処罰法3条2項）および装置製造罪の未遂（同法4条2項）、装置等所持罪の未遂（同法5条3項）、特定核燃料物質輸入および輸出罪の未遂（同法6条2項）、鳥獣捕獲罪等の未遂（鳥獣

保護法（鳥獣の保護および管理並びに狩猟の適正化に関する法律）83条2項および84条2項）などがある。

しかし，未遂犯の処罰規定があるにもかかわらず，環境刑法の領域で，未遂罪の成立を認めた裁判例はほとんどない。なぜ，判例では未遂罪の成立が認められていないのであろうか。

この点については，公害刑法・環境刑法において危険犯が多く存在することと関連するものと思われる。すでに確認したように（◀612），危険犯とは，法益侵害の危険性が認められた時点で既遂が認められる類型であるが，「危険」とは，元来，質量ともに不明確な概念である。殺人罪などの侵害犯の場合，犯罪結果または法益侵害の存否（死んでいるか否か）は比較的容易に判断できるのに対して（◀441(2)），特に抽象的危険犯の場合，危険性の発生が認められるか否かを明確に判断することは難しい。ともすれば，法益侵害の危険性がかなり早い時点で認められうることも考えられる。その結果，通常であれば，未遂犯と評価されても不思議ではないような事案の多くが危険犯の既遂罪に組み込まれている可能性がある。したがって，実際に，未遂犯として処罰される事案が少なくなっているのではなかろうか。

Topic 55　環境犯罪における「危険」

判例では，例えば，廃棄物を後々不法に土中に埋めようとして，そのための穴の脇に野積みしていた行為が，不法投棄罪の既遂として処罰されている（前掲・最決平18・2・20）。他にも，鳥類を捕獲しようと矢を射かけたが，矢が外れた事案でも，鳥獣保護法違反（◀711(4)）の既遂が認められている（最平8・2・8刑集50巻2号221頁・刑百I 1）。これらの事案では，行為当時，未遂処罰規定が存在しなかったために，既遂犯が否定された場合には，行為者を無罪とせざるを得なかった（現在では，いずれも，未遂処罰規定が設けられている）。しかし，いずれの行為についても，（法益理解にもよるが）環境という法益を害する危険性のあることは否定できない。そのため，既遂処罰を認めるに足るだけの法益侵害の危険性があったと評価されたものであろう。反面，環境犯罪を危険犯として構成することから，既遂犯の成立範囲が広く認められることになるとすれば，未遂犯が成立する場面が実際に想定できるのか，そもそも未遂処罰規定を設けるのは適切であるのか。この点に関しては，環境犯罪および未遂犯における「危険」についての検討が必要となろう（総括的には◀439〜444）。

625 共犯の要件

(1) **概　説**

　刑法は，犯罪が単独で行われる類型を原則としているが，例外として複数人によって行われることも予定する。ただし，複数人の関与の程度・態様によって，扱われ方が異なる。主導的に犯罪を行った者と，それに手助けを行っただけの者とでは，処罰の程度を区別すべきであり，それぞれどのような場合に犯罪の成立を認めるべきかの条件も異なるものとなろう。刑法上は，自ら構成要件該当行為を行った者を正犯と呼び，それ以外の形態で犯罪に関与した者を共犯と呼ぶ。さらに，正犯，共犯には，その行為態様によって，下記 *Chart* のように，種々の犯罪類型が区別される。

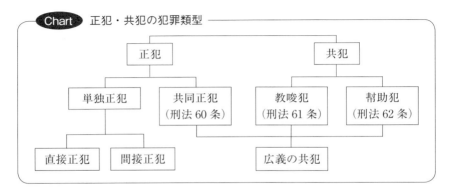

(2) **正　犯**

　正犯の中で，単独で構成要件該当行為を行なった者を「単独正犯」と呼ぶ。単独正犯では，構成要件該当行為を行うことが必要とされるが，これは必ずしも自らの手で行わなくても良い。他人を「道具」のように用いることで，構成要件を実現した場合にも正犯を肯定することができる。例えば，医師が患者を毒殺しようと，情を知らない看護婦に対して毒薬を注射するように指示したとする。この場合，医師は，殺人罪の構成要件を実現するための「道具」として看護婦を利用している。このように他人を「道具」として構成要件該当行為を行う場合を「間接正犯」と呼ぶ。これに対して，自らの手で構成要件該当行為を行う場合を直接正犯と呼ぶ。

(3) **共　犯**

　共犯にはいくつかの関与形態が存在し，刑法は，その形態の相違に応じて，3つの条文を規定している。共同正犯（刑法60条），教唆犯（61条），幇助犯

(62条)であり，これら3つを合わせて，「広義の共犯」と呼ぶ。

このうち，共同正犯は，その名からも分かる通り，正犯の一形態でもある。単独でなされているのか，複数によってなされているかに違いはあるものの，正犯とされる点では，単独正犯と共同正犯との間に違いはない。

これに対して，教唆犯，幇助犯は，正犯以外の関与者に認められる従属的な共犯の規定である。この2つを合わせて，「狭義の共犯」（あるいは，従属的共犯）と呼ぶ。教唆犯は，正犯に対して犯罪を行わせることを決意させて実行させた場合に認められ，幇助犯は，教唆によらずに正犯が犯罪を行うのを容易にした場合に認められる。両形態とも，正犯が成立しうる場合でなければ，成立しない。その意味で，狭義の共犯は，正犯に従属して初めて成立する関与形態である。

◎ 教唆＝正犯に犯罪を行う決意をさせること
◎ 幇助＝正犯の犯罪を容易にすること

(4) 共同正犯

共同正犯とは，2人以上の者が合意の上で犯罪を実行することをいう。共同正犯の成立要件は，一般に，①共同実行の意思と②共同実行の事実の2つと理解されている。共同実行の意思とは，2人以上の者が特定の犯罪を行うために互いに協力する意思をいう。共同実行の事実とは，2人以上の者が共同して特定の犯罪の構成要件該当行為を行うことをいう。

> **Chart** 実行共同正犯の成立要件
> ① 共同実行の意思＝2人以上の者が特定の犯罪を行うために互いに協力する意思
> ② 共同実行の事実＝2人以上の者が共同して特定の犯罪の構成要件該当行為を行うこと

典型的なのは，構成要件該当行為を共に実行または分担している場合である（実行共同正犯）。例えば，甲と乙が，互いに意思連絡を交わした上で，一緒に廃棄物を担いで共に不法に投棄した場合，合意の上で不法投棄という構成要件該当行為を共に行っているので，両者には不法投棄罪の実行共同正犯が成立する。

しかし，これ以外に，自ら構成要件該当行為を行なっていない共犯者にも，

[基礎編] Ⅵ章　環境犯罪と公害犯罪

共同正犯が認められることがある。それは，2人以上の者が特定の犯罪を行うことを共謀（緊密な意思の連絡）し，その共謀者の中の一部の者が犯罪の実行に出た場合である。この場合，直接に構成要件該当行為を行なっていない共謀者も含めて，すべての共謀者に共同正犯の成立が認められることがある（共謀共同正犯）。共謀共同正犯が認められるためには，①2人以上の者が特定の犯罪を行うことにつき，緊密な意思の連絡があること（共謀），そして，②共謀者の中の一部の者が犯罪の実行に出たこと，が必要である。

> **Chart**　共謀共同正犯の成立要件
> ①　2人以上の者が特定の犯罪を行うことにつき，緊密な意思の連絡があること（共謀）。
> ②　一部の共謀者が構成要件該当行為を行なっていること

この共謀共同正犯は，構成要件該当行為を自ら直接に行うことを必要としない点で，教唆犯や幇助犯と共通の性質を有している。それゆえ，共謀共同正犯と，教唆犯・幇助犯との線引きは，かなり曖昧なものとならざるを得ない。事実，判例においては，複数の関与者がいる場合のほとんどが共謀共同正犯として処理されている。このような点を踏まえ，共謀共同正犯の成立要件については，上記2つに加えて，自己の犯罪を行う意思（正犯意思）があったこと，関与者が重要な役割を担っていたこと等，直接正犯に匹敵するだけの事情が認められなければならないとの主張も見られる。

630　環境刑法の事例検討

環境犯罪の成否を検討するにあたっては，個々の条文の（各則上の）要件解釈が重要となるが，具体的な事案を検討するにあたっては，一般的な（総則上の）犯罪成立要件が主題となることも珍しくはない。ここでは，実際の判例・裁判例を取り上げて（説明の便宜上事実に修正を加えることがある。），環境犯罪の総論的問題を検討する。

631　不作為犯の事例

> **Topic 56　事例1　廃棄物の海中放置**
>
> 　被告人Xは，造船所を経営していたが，廃業して造船所施設を解体することになった。その際，Xは，解体業者Aに対して，施設の土台として利用されていた海中のコンクリート塊を残置するように指示した。
>
> （広島高判平30・3・22 LEX/DB25449400）

　事例1で問題となったのは，廃棄物の不法投棄罪（廃掃法16・25条1項14号）である。同罪は，①「廃棄物」を②「みだりに」③「捨て」ることが客観的構成要件である（各要件の内容は▶860）。このうち，総論的視点から問題となるのは，海中にあったコンクリート塊を放置したことが「捨て」たと言えるのか，である。

　「捨て」るという言葉からすれば，行為者が一定の動作を行った場合に，本罪の行為に該当するように思われる。刑法上の処罰規定の多くは，このように「〜した」ことで処罰される類型，つまり作為犯として定められている。これに対して，「〜しなかった」ことによって成立する犯罪を不作為犯と呼ぶ。例えば，刑法130条後段の不退去罪がその代表例である。もっとも，「〜しなかった」ことによって成立するといっても，不作為犯は，単に「何もしなかった」こと（無為）を処罰するのではなく，「行わなければならないことをしなかったこと」を処罰する類型である。したがって，不作為犯が認められるためには，その前提として，「一定の動作を行うべき義務」（作為義務）が肯定されなければならない。

　では，事例1の場合，条文に規定されている「捨て」るという作為を行っていないから，被告人には不法投棄罪が成立しないことになるのか。否，である。というのも，作為犯規定は作為以外の行動を処罰しないとしているわけではなく，不作為でも一定の場合には処罰されうることを認めているからである。つまり，作為犯規定に不作為で違反することはありうるのである。このような場合を不真正不作為犯と呼び，不作為犯規定に不作為で違反する真正不作為犯（前述の不退去罪が代表例）と一般に区別される。

　たしかに，廃掃法の不法投棄罪は，上述したように，「捨て」た行為を処罰する作為犯規定である。しかしながら，造船所施設を解体した時点で，Xにはこのコンクリート塊を撤去する作為義務が認められる。したがって，この義務に反してコンクリート塊を除去しなかった場合，不作為犯として不法投棄罪に

632 故意の共同正犯

> **Topic 57　事例2　適法処理困難廃棄物の委託事例**
>
> 　被告人Xは，自身が代表を務める会社の保管する廃棄物（硫酸ピッチ）の処分をいかにするべきか悩んでいたところ，Bからその処理の申し出を受けた。Xは，Bがこの廃棄物を不法投棄することを確信していたわけではないものの，その適正処理が極めて困難であることから，不法投棄の可能性が高いことを認識していた。それでもやむを得ないと考えて，Xはその処理をBに委託した。実際には，BはさらにCらに指示して，Xから委託されていた廃棄物を不法投棄させていた。　　　　　　　　（最決平19・11・14刑集61巻8号757頁）

事例2では，廃棄物の不法投棄罪が問題となり，故意と，共同正犯という2つの論点が関係する。

(1) **故意の成否**

刑法上の処罰が認められるためには原則として故意が必要であり，故意があるといえるためには，少なくとも「構成要件該当事実の認識」を要する（◀621(2)）。しかし，「どの程度」認識している必要があるのか。構成要件該当事実の存在を疑いなく確信していることまで必要なのか，それとも，その高度な「可能性」または「蓋然性」を認識していれば足りるのであろうか。事例2のように不法投棄がなされると確信していない場合であっても，故意を認めて良いのであろうか。

結論から言えば，判例では，事例2では，Xに故意が認められている。すなわち，不法投棄がなされることを確信していなくとも，その高度な可能性があることを認識していれば良いとされたのである。このような「構成要件該当事実の発生が，確実だとは考えていないが，その高い可能性があることを認識（認容）しつつ，それでもやむを得ないと考えている」場合を，未必の故意と呼び，故意の一類型として承認されている。

(2) **共同正犯の成否**

次に共同正犯の問題である。事例2では，Xは実際に廃棄物の不法投棄を行ったわけではないので，直接正犯や実行共同正犯にも当たらない。他に考えられうるのは，共謀共同正犯，間接正犯，教唆犯，幇助犯のいずれかである。

前2者が正犯形態であり，後2者が狭義の共犯形態であるが，より重い関与類型である正犯の検討が優先される。

事例2では，XとBとの間に不法投棄の遂行に関する明示的な意思連絡は存在せず，さらに，実際に不法投棄を行なったCらと被告人はなんらのコンタクトも取っていない。それにもかかわらず，最高裁は，X，Bらに共謀共同正犯の成立を肯定した。判文では，Xは，Bらが「不法投棄に及ぶ可能性を強く認識しながら，それでもやむを得ないと考えてBに処理を委託し」ているため，「未必の故意による共謀共同正犯の責任を負う」と判示されている。

共謀共同正犯の成立要件（◀625(4)）に照らしてみると，まず，Cらが不法投棄を行ったことで，②「一部の共謀者が構成要件該当行為を行なっている」点には問題がない。

では，不法投棄が行われる可能性を認識しつつXがBに処理を依頼していることは，①「2人以上の者が特定の犯罪を行うことにつき，緊密な意思の連絡」があったと言えるであろうか。不法投棄についての明示的な意思の連絡のない場合で，①の要件を問題なく認めて良いかには異論もありうるところであるが，この事案で共謀共同正犯が肯定された理由については，投棄された廃棄物（硫酸ピッチ）の特殊性があったとの分析がなされている（例えば渡辺7・102頁）。すなわち，硫酸ピッチは，許可を受けた処理業者であっても適正処理が困難なものであって，処理能力のない無許可業者に預けた場合，不法投棄されることはほぼ確実ともいえる。とすれば，たしかに，不法投棄について明示的なやりとりが行われていないとしても，不法投棄の可能性を「強く」認識しながらも，処理方法等に関する具体的な相談がなされていない本事案では，不法投棄が行われることについてのXとBらとの間での意思の連絡は，緊密なものであったということができよう。このような事情も踏まえて，本事案では，共謀共同正犯の成立が肯定されたのではなかろうか（なお◀432(2)）。

633　間接正犯と共同正犯

> **Topic 58　事例3　不法投棄の指示事例**
>
> 被告人Xは，廃棄物処理業を営む会社の代表取締役であったが，産業廃棄物を処分する際に，費用を抑えるために一般廃棄物と混ぜ，これを一般廃棄物として処分していた。Xは，この作業を，事情を知らない従業員Dらに指示して行わせていた。　　　　　（大阪高判平15・12・22判タ1160号94頁改題）

事例3においても，Xは自ら不法投棄を行っているわけではない。それゆえに，廃棄物の不法投棄罪の直接正犯や実行共同正犯には当たらない。では，その他の正犯形態，すなわち，間接正犯や共謀共同正犯の成立は認められないであろうか。

事例3では，実際に実行行為（不法投棄）を担当した従業員Dらには事情が知らされていない。その限りでは，Dらは，Xの道具として利用されていると言えるために，Xには間接正犯が認められうる。もっとも，実際の事案では，Dらがまったくなんの事情も知らないという場合は稀である。上記事案で，従業員が，不法投棄の事実を薄々感づいていた場合には，不法投棄罪の故意による幇助として処罰される可能性があるし，Xとの間に緊密な意思連絡があれば，X共々共謀共同正犯として処罰されることになる（渡辺7・101頁参照）。

634 過 失 犯

> ***Topic 59*** 事例4　塩素ガス流出事例
>
> 　被告人Xと被告人Yは，タンクローリーで工場に運ばれてきた液体塩素を貯蔵タンクに移し替える作業を行う班に配属されていた。被告人Xは配属されたばかりの未熟練技術員であり，被告人Yは経験豊富な熟練技術員であった。被告人Xは，被告人Yの了承のもと，単独で液体塩素の移し替え作業を行っていたところ，作業ミスから，塩素ガスを大気中に放出させ，工場周辺の住民に傷害を負わせた。
> 　　　　　　　　　　　　　　　　　　（前掲・最判昭63・10・27改題）

事例4において問題となるのは過失犯の成否であり，具体的な罰条として，過失公害致傷罪（公害罪法3条2項），業務上過失致傷罪（刑法211条）が考えられうる。前者は，公害犯罪にカテゴライズされるが，後者は通常の刑法犯である。

まず，直接的に結果を引き起こした被告人Xに過失が認められることに問題はない。不慣れであるにもかかわらず，単独で作業を行ってしまった被告人Xには，他人を傷害させるおそれを予見できたし（予見可能性），その結果を回避するために熟練技術員の監督のもとで作業を行う義務（結果回避義務）を負っていたのであるから，過失犯を基礎づける注意義務違反が認められる（◀621(3)）。

では，直接的に結果を引き起こしていない被告人Yにも過失犯の成立は認められるのであろうか。刑法においては，他人の行動に対する注意義務を理由に，

〈630〉 環境刑法の事例検討

過失犯の成立が認められることがある。事例4では，被告人Yは熟練技術員であり，経験の浅い被告人Xが適切に作業を進められるように監督する義務を負っている。このように部下等への指揮監督を行う義務に違反して結果を発生させた場合に認められる過失を監督過失と呼ぶ。事例4では，監督過失として被告人Yにも過失犯の成立が認められうる。

さらには，被告人Xを配属するにあたって，Xに対する十分な教育・指示が行われていなかったとすれば，その配属を決めた者にも過失が認められることがある。このように，物的体制・人的体制を整える義務に違反して結果を発生させた場合に認められる過失を管理過失と呼ぶ（事例4のもととなった判例では，未熟技術員に対して教育を行う職責を負っていた者に過失犯の成立が認められている）。この管理過失と上述の監督過失を合わせて，管理監督過失と呼ぶが，特に，公害犯罪・環境犯罪は，企業が主体となることが多く，その場合，犯罪結果の発生に複数人が関与することも稀ではないために，この管理監督過失が重要な問題となりうる。

> **Topic 60** 過失公害致傷罪（公害罪法）と業務上過失致傷罪との関係
>
> ところで，事例4で被告人XおよびYに過失が認められるとして，過失公害致傷罪（公害罪法3条2項），業務上過失致傷罪（刑法211条）のいずれになるのか。この点，公害罪法3条にいう「工場又は事業場における事業活動に伴って」の各論解釈から，判例上は，偶発的に生じる事故の場合には，過失公害（致死傷）罪が成立しないとされている（詳細は▶ 652(2)）。したがって，事例4では，業務上過失致傷罪の成立が肯定される。

635 両罰規定

(1) 概説

これまで，犯罪成立要件について扱ってきた。刑法総論の重要問題として，最後に，①自然人でない「法人」をどのように処罰するのかという問題と，②罪数の問題（◀ 636）を取り上げる。

(2) 法人処罰の必要性

法的に，人は2種類存在する。我々生きている自然人と，企業などの法人である。法人は，自然人のように肉体や意思を持っているわけではないが，社会における経済活動を円滑にするために，権利・義務の主体となることが一定の法分野で認められている。

他面で，法人が組織体として犯罪に関与する場面も存在する。公害犯罪・環境犯罪は，まさに企業などの法人によって行われることの多い犯罪である。この場合，実際に犯罪行為に出た直接行為者は，その法人の自然人としての構成員（代表取締役や従業員など）であるが，この構成員のほかに，法人を処罰する必要性がある。さもなければ，法人が，その犯罪から経済的利益を得ているにもかかわらず，構成員をスケープゴートにして自らは何ら責任を負わないことになるからである。これでは，企業犯罪，環境犯罪を効果的に抑止することができない。

このような観点から，公害刑法・環境刑法においては，例えば下記のように，犯罪を行った自然人に加えて，その者が属する法人（および人（自然人）の業務主）を処罰する両罰規定が数多く設けられている（◀「環境法の罰則一覧」）。

◎ 廃掃法32条1項 「法人の代表者又は法人若しくは人の代理人，使用人その他の従業者が，その法人又は人の業務に関し，次の各号に掲げる規定の違反行為をしたときは，行為者を罰するほか，その法人に対して当該各号に定める罰金刑を，その人に対して各本条の罰金刑を科する。」

このように犯罪を実際に行った行為者のほかに，法人に対しても制裁を加える規定を両罰規定と呼ぶ。

(3) **法人の刑事責任**

a) 法人の犯罪能力

法人を処罰する際には，明文規定を必要とする。刑法は，自然人による犯罪および自然人に対する制裁を原則としており，法人に対する処罰は例外原理だからである。

かつては法人が犯罪を行うことはできない，つまり，法人には犯罪能力がないと考えられていた。というのも，①意思や肉体を持たない法人は，犯罪行為を行うことができない，②法人処罰を肯定するのは，自由刑を中心とする現行の刑罰制度に合致しない，③法人内の自然人を処罰すれば足りる，と考えられていたからである。これに対して，現在では，法人に犯罪能力を肯定する考えが一般的である。なぜならば，①法人もその機関を通じて意思決定を行い，社会的に活動しているといえる，②罰金は法人に対しても科すことができる，③法人内の自然人を処罰するだけでは法人による犯罪を抑止できない（▶635(2)）からである。

b）法人の処罰根拠

　法人の犯罪能力を肯定することを前提に，法人をなぜ処罰することができるのかについては，見解の対立がある。通説は，法人のトップやそれに準ずる者が行う行為は，法人による行為と「同一視」できるのであるから，そのような上位の立場にいる者が犯罪行為を行った場合には，法人が犯罪行為を行ったといえると考えている（同一視理論）。この考え方からすると，法人と同一視できる自然人の特定が必須であり，法人内の自然人が犯罪行為を行ったことが証明された場合にのみ，法人の処罰が認められることになる。

　これに対して，企業犯罪では，組織内部の実態を明らかにできない場合があることから，自然人の特定を不要とする考えも主張されている。この考えは，特定の自然人を介さずに，法人それ自体の責任を問うべきとする（組織体モデル）。組織体モデルからは，法人の落ち度によって犯罪結果が生じたことが明らかであれば，具体的に犯罪行為を行った自然人が特定されなくとも，組織体としての法人の刑事責任を問うことができるとされる。

　組織体モデルからは，理論的に，法人内の自然人が処罰されえない場合であっても，法人処罰を肯定することができる。しかし，現在の法制度では，法人だけを処罰する規定は存在せず，自然人の処罰可能性が前提とされている。とすると，自然人に注目する同一視理論の方が，現在の法制度に整合しているといえようか。

(4) 過失の要否

　では，法人内の自然人が法人の事業の一環として犯罪行為を行った場合，直ちに法人を処罰して良いだろうか。それとも，自然人が犯罪行為を行ったことについて，法人も何らかの形で加功していると言えなければならないのであろうか。この問題は，法人に過失が認められなければならないのか，という形で議論されている。

　法人処罰に過失が必要であるとすれば，従業員を適切に選任・監督しなければならない義務に法人が違反したといえる場合にのみ法人処罰を認めることになる。通説は，法人処罰に過失が必要であることを前提に，従業員が犯罪行為を行った場合，基本的に法人の過失が推定されると主張する（過失推定説）。「推定される」ということは，法人に過失がなかったことを証明しない限り，過失が認められることを意味する。例えば，廃棄物処理会社X（法人）の従業員Y（自然人）が不法投棄を行った場合，会社Xが処罰を免れるためには，従業員Yに対して不法投棄を行わないよう適切に監督を行っていた，つまり，

[基礎編] Ⅵ章　環境犯罪と公害犯罪

注意義務に違反していなかったことを証明しなければならない。この証明に失敗すれば、会社Xは処罰されることになる。

この通説の考えは、本来、犯罪があったことの証明は検察官が行わなければならないのに、この原則を修正し、犯罪がなかったことの証明を被告人に行わせるものである（挙証責任の転換）。これに対して、「疑わしきは被告人の利益に」という刑事法の原則からすれば、挙証責任の転換は許されず、法人に過失があったことを証明しなければならないとする見解（純過失説）も有力である。

Topic 61　判例における業務主の「過失推定」

戦前の判例は、両罰規定における業務主の処罰の根拠を「無過失責任」と捉えていた（例えば、大判昭17・9・16刑集21巻417頁）。しかし、当時から「過失推定説」が有力に主張され、戦後には両罰規定の但書に明文で過失推定説を採用する法令も登場した。こうした動きもあって、最大判昭32・11・27刑集11巻12号3113頁は、入場税法の両罰規定には上記のような但書がなかったにもかかわらず、自然人業務主につき、選任監督等の過失推定および無過失証明による免責の余地のあることを法解釈として認めた。また、最決昭40・3・26刑集19巻2号83頁・刑百Ⅰ3は、外為法の両罰規定に関して、法人業務主についても、上記判例等を引用したうえで、同様の法解釈を示した。

636　罪　　数
(1)　概　　説

実際の事件では、行為者が複数の構成要件に当たる行為を行っていることが多い。例えば、拳銃で他人を射殺した場合、殺人罪のほかに銃刀法違反の不法所持罪も成立している。このように複数の犯罪が成立する場合、それぞれの犯罪の関係と刑の処断とが問題となる。つまり、すべての犯罪が成立するのか、それともいずれかの犯罪だけが成立するのか、複数の犯罪が成立する場合には科刑（実際に下される宣告刑の範囲の枠組を決定すること）上どのように扱われるのか、という問題である。このように犯罪の個数と科刑（処断刑）が問題となる場面を罪数論と呼ぶ。罪数には、次の*Chart*の通り、本来的一罪、科刑上一罪、併合罪の3つのカテゴリーが存在する。

〈630〉 環境刑法の事例検討

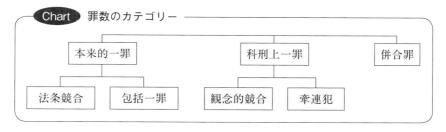

(2) 本来的一罪

本来的一罪とは，複数の犯罪が成立するように見えて，「単純一罪」と同じく1個の犯罪だけしか成立しないとされる場合である。本来的一罪は，さらに法条競合，包括一罪に区分される。

a）法 条 競 合

法条競合とは，一見すると，複数の構成要件に当てはまるように見えるが，各構成要件の関係性から1個の犯罪しか成立しないような場合である。例えば，廃掃法には不法投棄罪が存在するが，不法投棄を罰する規定は軽犯罪法1条27号にも存在する。行為者が汚物を大量に不法投棄した場合，一見すると，廃掃法と軽犯罪法の両者の不法投棄罪が成立するように思われる。しかし，この場合，法定刑の軽い軽犯罪法の罪は，重い廃掃法の罪に吸収されるため，廃掃法の不法投棄罪だけが成立する（土本6・41頁，渡辺8・61頁参照）。

b）包 括 一 罪

包括一罪とは，一見すると，複数の構成要件に該当したり，あるいは1個の構成要件に複数回該当したりする行為のように見えるが，その違法・責任の内容からして，1個の構成要件の充足だけが認められる場合である。包括一罪に当たるものとしては，例えば，次のような場合が考えられる。

Topic 62 事例5 複数回の無許可処理業事例

被告人は，適正な許可を得ずに，1週間に5回にわたり，業として特別管理産業廃棄物を不法に収集・運搬した。（東京高判平16・6・1 LEX/DB28115049）

この場合，被告人に，無許可処理業罪（廃掃法14条の4第1項・25条1項1号）が成立する。では，5回の収集・運搬行為にそれぞれ同罪が認められるかというと，そうではない。というのも，この罪は，「業として」行う者，つまり，反復・継続して犯罪行為を行う者を処罰することを予定したものだからで

173

ある。このように，数個の同じ行為が行われることが構成要件上想定されている場合を集合犯と呼ぶが，この類型では，全体が包括一罪となる。それゆえに，事例5では，1つの無許可処理業罪が成立することになる。

(3) **科刑上一罪**

科刑上一罪とは，複数の犯罪が成立しているが，科刑上1つの罪として扱う場合をいう。この類型は，刑法典に規定が存在する。

◎ 刑法54条1項 「一個の行為が二個以上の罪名に触れ，又は犯罪の手段若しくは結果である行為が他の罪名に触れるときは，その最も重い刑により処断する。」

この条文からは，科刑上一罪は，2つの類型に区分されることが読み取れる。まず，1個の行為が同時に2個以上の罪名（構成要件）に該当する類型であり，これを観念的競合と呼ぶ。典型例としては，1個の爆弾を投げて，複数人を殺害した場合である。この場合，爆弾を投げるという1個の行為によって複数の殺人罪を犯しているが，刑法54条1項前段により，観念的競合として刑を科す段階で1個の殺人罪を犯したものとして処理される。

次に，犯罪を構成する数個の行為が互いに手段・目的の関係や原因・結果の関係にある類型であり，これを牽連犯と呼ぶ。典型例としては，文書偽造罪と偽造文書行使罪である。両者は，手段と目的の関係にあるため，牽連犯として，科刑上一罪にあたる。

環境刑法の領域において，科刑上一罪が認められた裁判例には次のようなものがある。

Topic 63 事例6 鴨銃猟事例

狩猟免許を有する被告人は，日没後に法定の除外事由がないのに，鴨を捕獲するために，散弾銃の弾丸を発射して銃猟を行った。

（高松高判昭47・9・7判タ291号273頁）

事例6では，被告人には，まず散弾銃を発射した行為につき銃刀法（銃砲刀剣類所持等取締法）10条2項違反が認められ，さらに夜間に銃猟を行った行為につき鳥獣保護法38・83条1項4号の違反が認められる。端的にいえば，法律が認めていない場合で勝手に銃を発射した行為に銃刀法違反が認められ，夜間に銃で狩猟を行った行為に鳥獣保護法違反が認められる，ということである。

この場合，銃で狩猟を行うという1つの行為で，それぞれ取締目的の異なる2つの法律違反を犯しているために，観念的競合に当たる。

(4) 併　合　罪

◎ 刑法45条前段　「確定裁判を経ていない二個以上の罪を併合罪とする。」

併合罪とは，確定判決を経ていない複数の罪を指す。端的にいうならば，複数の構成要件に該当する行為が，これまで説明してきた一罪のいずれにも該当しない場合ということができる。併合罪の場合，各罪のうち最も重い有期刑の長期を1.5倍することとなっている（つまり，最も重い有期刑の長期が5年だった場合は，刑の上限は7年6月になる）。環境刑法の領域において，併合罪が認められた裁判例には次のようなものがある。

Topic 64　事例7　猫虐待死投棄事件

被告人は，自己の飼育する猫を虐待の上，殺害し，その死骸を公園に捨てた。
（奈良地判平30・8・8 D1-Law 判例ID/ 28263851）

事例7では，愛護動物を虐待・殺害した行為が愛護動物殺傷罪（動物愛護管理法44条1項）に，さらに，その死骸を公園に捨てた行為が不法投棄罪（廃掃法16・25条1項14号）に該当する。この場合，動物を殺害する行為と，その死骸を捨てる行為は別個の行為であるし，それぞれの罰条も内容的に全く異なるものであり，一方を行えば他方を当然に行うといった関係性にあるわけでもない。したがって，本来的一罪，科刑上一罪のいずれにも当たらない。それゆえ，各罪は併合罪に当たる。

(5)　判断の困難な事案

具体的事案を処理する際には，いずれの類型に当たるのかが明白ではないような場合も存在する。

Topic 65　事例8　廃棄物の放置後覆土事件

被告人Xは，解体工事で生じた廃棄物を，ある土地に運び込んで，これを置いておいた（第1行為）。その後，Xは，上記廃棄物が周囲から見えないようにするために，その上に覆土した（第2行為）。
（東京高判平21・4・27 東高刑時報60巻44頁改題）

事例8では，第1行為，第2行為ともに，廃棄物の不法投棄罪が成立する。問題は，第1行為と第2行為の罪数関係である（福山好典「判批」高橋則夫ほか編『判例特別刑法　第2集』（日本評論社・2015）275頁参照）。

　まず考えられるのは，両行為は同じ廃棄物に関して問題となっているので，いずれかの行為を処罰すれば足り，他方の行為はそれに吸収されるという処理である。つまり，法条競合に当たる，という考え方である。

　あるいは，一見して複数の行為に見えるが，同一の廃棄物を同一の場所に捨てたのであるから，1個の構成要件充足だけ認めれば良いとの考えもありうる。つまり，包括一罪に当たる，という考え方である（その中でも共罰的事後行為という類型に当たる。この点については，渡辺8・62頁参照）。

　最後に，両者の行為は別個の機会になされた別個の行為であるから（実際の事案では，第1行為と第2行為とは，半年近く間が空いていた），併合罪として処理すべきとする考えもありえよう。

　このように罪数を考えるにあたっては，問題となる構成要件の特徴を踏まえた上で，具体的事案の事情を加味した判断が求められることになり，必ずしも一義的な回答が示されるわけではない領域が存在する。

637　より深く学ぶために

　本節では，刑法の基本的知識を学ぶことを目的に，刑法総論の重要テーマを扱ってきた。本書で以下に取り扱う環境刑法各論の説明を読み解く際には，ここで扱った総論の知識を役立てて欲しい。もっとも，本章から修得される知識は，概括的で断片的であり，各論点・概念には，それぞれ幅広く奥の深い議論が存在する。それらを垣間見るには，まず「刑法総論」の名のつく教科書を読むことをお勧めする。

Topic 66　初学者向けの教科書

　最初から難解な教科書を読むことは，法学初学者にとって大きなハードルであろう。ここでは，刑法総論を初学者向けに解説した教科書等を挙げる。まずは，これらの平易な教科書から刑法総論の勉強を始められてはいかがであろうか。

◎ 佐伯仁志『刑法総論の考え方・楽しみ方』（有斐閣・2013）
◎ 十河太朗ほか著『START UP 刑法総論判例50！』（有斐閣・2016）
◎ 井田良『入門刑法学 総論』（有斐閣・2版・2018）
◎ 只木誠『コンパクト刑法総論』（新世社・2018）
◎ 松原芳博『刑法概説』（成文堂・2018）
◎ 辰井聡子・和田俊憲『刑法ガイドマップ（総論）』（信山社・2019）

【Ⅵ章　参考文献】

〔環境犯罪〕

1　浅田和茂「環境刑法の分類」中山研一ほか編『環境刑法概説』（成文堂・2003）
2　町野朔「序説 概観――日本の環境刑法」同編『環境刑法の総合研究』（信山社・2003）
3　今井猛嘉「環境犯罪」西田典之編『環境犯罪と証券犯罪』（成文堂・2009）
4　長井圓「刑法は環境保護に役立つか？」（環境刑法入門第1回）環境管理2016年6月号
5　長井圓・渡辺靖明「不法投棄などすべての環境負荷を処罰してよいか？」（環境刑法入門第5回）環境管理2016年2月号

〔不法投棄罪〕

6　土本武司「廃棄物の処理及び清掃に関する法律」平野龍一ほか編『注解特別刑法3　公害編』（青林書院・1985）
7　渡辺靖明「自分で「捨て」なくとも不法投棄罪で処罰されるか」（環境刑法入門7回）環境管理2017年6月号
8　渡辺靖明「同じ廃棄物を2度捨てると二つの不法投棄罪で処罰されるのか？」（環境刑法入門8回）環境管理2017年8月号

［冨川雅満］

[基礎編] Ⅵ章　環境犯罪と公害犯罪

640　公害罪法と裁判事例

641　公害罪法の基礎

　公害罪法（「人の健康に係る公害犯罪の処罰に関する法律」）は，1970年の「公害国会」で成立した，わずか7条で構成されている法律である。当時，工場や事業場により国民の生活や健康が害される事態（公害）が多発し，無視できないものとなっていた。また今後の産業発展によるさらなる被害の拡大に対処する必要があった。そのため，大気汚染防止法，水質汚濁防止法，廃棄物処理法などで行われている行政規制と罰則に加えて，特別刑法として人身犯罪に対する刑事規制を行うために制定されたのが公害罪法である。

　例えば工場等から有害物質が排出されることにより，人身へと被害が及ぶ場合，仮に公害罪法が存在しなかったとしても，刑法を適用しうる（◀438(3)）。具体的には，人に危害が及ぶ場合には傷害罪（刑法204条），人を死に至らしめた場合には殺人罪（199条），過失致死罪（209・210条）等が成立しうる。それだけでなく，有害物質を空気中に排出しあるいは水へ混入するような場合には，ガス漏出等罪（118条）や水道汚染罪（143条），水道毒物混入罪（144条）が成立する可能性が考えられる。

　しかしながら，刑法に規定されている犯罪類型では，公害への対応としては不十分であった。なぜなら，4大公害病を想定すればわかるように，公害の種類や態様は多種多様であるにもかかわらず，刑法では，気体や液体の放出を伴うごく一部の環境侵害しか処罰することができないからである。また有害物質を垂れ流す工場があっても，人に被害が生じる以前の段階では処罰することができないという問題もある。公害は，事業活動によって，組織的・継続的に発生させられ，複雑な過程を経て人間の健康を害する。それゆえ刑法とは別に，公害を直接的に罰する規定が必要となったのである。公害罪法の1条は，本法の目的を次のように定めている。

> ◎　公害罪法1条　「この法律は，事業活動に伴って人の健康に係る公害を生じさせる行為等を処罰することにより，公害の防止に関する他の法令に基づく規制と相まって人の健康に係る公害の防止に資することを目的とする。」

> ***Topic 67　立法目的明示の意味***
>
> 　1970年の公害国会で新しく制定された他の法律，具体的には海洋汚染防止法，水質汚濁防止法，農用地土壌汚染防止法等も，各法律の第1条で，立法の目的を明らかにしている（これに対し，刑法は，目的規定をおいていない）。なぜこのような規定を設けているのであろうか。
> 　第1に，刑法のような，人間の生活に密着する生命・身体や財産というかけがえのない利益は，保護を行う理由や処罰する理由が説明するまでもなく明らかだからあろう。また第2に，立法技術という点から考えた場合には，何故立法されたか，どういう経緯が存在したのかを明確にしておくことで，立法当時には予想されていない問題が生じた際に，立法趣旨や目的に立ち返ることを可能にし，問題解決の指針を明確化し容易化するというメリットがうまれる。

　それでは公害罪の場合，目的を定めることでどのような指針を明らかにしたのであろうか。この点，公害罪法は，およそ全ての種類の公害を処罰するわけではなく，「人の健康に係る」ものだけを対象として公害の処罰を行うことを明らかにした。例えば，工場を建設したところ，近隣住宅への太陽光が遮られたという場合を考えてみよう。この場合には，いわゆる「日照公害」といわれる公害が発生している。しかし，「人の健康を害する物質」（◀650）は登場しないため，公害罪法の適用がなされないことが判明する。目的規定が存在すると，このような場合への対処方法が考えやすくなるといえる。

642　公害罪の特色

　公害罪は，1970年に立法された当時，環境罰則として画期的なものであった。その理由は，以下の3つの特徴にある。

　第1に，公害罪法は，行政による命令（措置命令による間接罰）に違反することを処罰するのではなく，自然犯として処罰を規定する（直罰）ことで，（担当行政とは無関係の）警察・検察が独自に直接的に捜査，立件することを可能にしていた。

　第2に，因果関係について，推定規定を置いたことである。公害が発生したとしても，人間が健康を害する直接的な原因や，メカニズムが不明なことは少なくない。この点を悪用して，被疑者は，隣接する違う工場が排出した物質が原因であると抗弁をすることがある。そのような場合であっても，刑事責任を問えるように，公害罪法5条は，厳格な要件の下で，因果関係の推定を認める

[基礎編] Ⅵ章　環境犯罪と公害犯罪

ことにした。

　第3に，法人処罰規定を置くことで，工場で実際に働く従業員だけではなく，事業主の処罰を可能にし，工場や会社全体で，公害を防止するよう義務づけた。

　以上のような点を組み合わせた公害罪は，公害や環境侵害対策の切り札となることが期待されていた。しかしながら，公害罪法は積極的に運用されることはなかった。次にこのことを，データから参照する。

643　公害罪の運用状況

　犯罪白書によれば，（データの存在する）1972年から1991年まで，公害罪は，年間平均4.2件しか警察庁に新規受理がなされていない（以下の図参照）。公害罪だけでなく水質汚濁防止法違反，大気汚染防止法違反，廃棄物処理法違反等を加えた公害・環境犯罪全体では，年間平均5,167.8件の新規受理があることを考えると，極めて少数である。

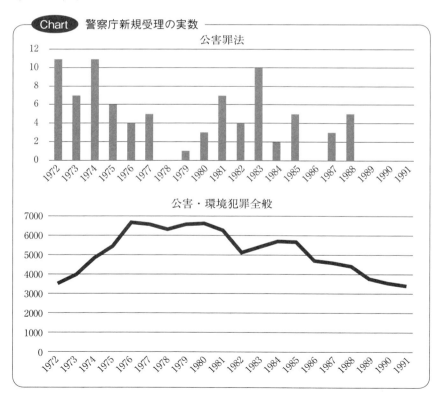

Chart　警察庁新規受理の実数

180

> *Topic 68* 福島第一原発事故と公害罪法
>
> 　最近でに，福島第一原発事故（◀110〜113）のあとに，放射性物質を含む汚染水を海に流出させた点が，公害罪違反であるという告訴がなされたが，告訴を受けて捜査を行った福島地検は，東京電力株式会社ほか32名らを，証拠不十分として不起訴処分にした（読売新聞2016年3月30日（朝刊）38頁）。この不起訴処分に不服があるとして，検察審査会が請求された。福島検察審査会も，不起訴は相当であると判断した。検察官の判断，すなわち放射性物質が「排出」されたことの十分な証拠はなく，当該排出により「危険」が発生したことの十分な証拠もなく，当該排出は「事業活動に伴う排出」には当たらず，および，「過失」を立証する十分な証拠がないという判断は，不当ではないとされたのである（読売新聞2016年7月8日（朝刊）25頁）。

650　公害罪の構成要件

　公害罪法の罰則は，2条と3条に規定されている。2条が公害の発生を認識している場合である「故意犯」を定めるのに対し，3条は，認識の欠ける「過失犯」を定めている。それゆえ，2条違反を故意公害罪，3条違反を過失公害罪と呼ぶ（具体的な内容については，後で検討する）。」

◎　公害罪法2条1項　「工場又は事業場における事業活動に伴って人の健康を害する物質（身体に蓄積した場合に人の健康を害することとなる物質を含む。以下同じ。）を排出し，公衆の生命又は身体に危険を生じさせた者は，3年以下の懲役又は300円以下の罰金に処する。
　同2項　「前項の罪を犯し，よって人を死傷させた者は，7年以下の懲役又は500万円以下の罰金に処する。」
　同3条1項　「業務上必要な注意を怠り，工場又は事業場における事業活動に伴って人の健康を害する物質を排出し，公衆の生命又は身体に危険を生じさせた者は，2年以下の懲役若しくは禁錮又は200万円以下の罰金に処する。
　同2項　「前項の罪を犯し，よって人を死傷させた者は，5年以下の懲役若しくは禁錮又は300万円以下の罰金に処する。」

　また公害罪は，業務主（法人，自然人）自体を処罰できるように両罰規定（◀

[基礎編] Ⅵ章　環境犯罪と公害犯罪

406 (3), 635 (2)〜(4)) も定めている。というのも, (公害罪の2条と3条により) 従業員しか公害罪で処罰されないのであれば, 業務主は, トカゲの尻尾切りのように, 次々に逮捕された者に代わる新たな従業員を補充して公害行為を継続する可能性があるからである。

◎ 公害罪法4条 「法人の代表者又は法人若しくは人の代理人, 使用人その他の従業者が, その法人又は人の業務に関して前2条の罪を犯したときは, 行為者を罰するほか, その法人又は人に対して各本条の罰金刑を科する。」

651　公害罪が行われる場所

化学工場や, 製鉄所, 発電所, 製紙場のような工場や, 炭鉱, 養鶏場, 牧場, 採石場といった事業場では, 歴史的に環境汚染が問題となりがちであった。日本を震撼させた4大公害病を考えると, 水俣病の原因物質はチッソの工場から, 四日市ぜんそくの原因物質は石油コンビナートから排出されていた。

そこで公害へ対処するため, 立法者は, 「工場」と「事業場」における環境侵害行為を規制した。具体的には, 洗濯をクリーニング工場が行う場合, その排水が環境を汚染すれば, 公害罪法の適用の可能性があるのに対し, 家で洗濯を行う場合は, その排水が環境を汚染したとしても公害罪法は適用されないことになる。

そして工場や事業場に行われる活動の中でも, 公害罪法は, 「事業活動に伴って」生じる公害だけを処罰している。例えば, 工場から排出された排水であっても, 工場内の私的なスポーツサークルが, 家庭用洗濯機でユニフォームの洗濯を行っている場合には, 公害罪法の適用はないことになる。事業活動で行う場合には, 私的な活動とは規模が異なり環境被害が大きくなることがあるため, 公害罪法は異なる評価を行っている。

652　公害罪の排出物資

公害罪では, 「人の健康を害する物質」を排出している場合にのみ処罰されることになる。具体的には, 塩素やシアンなどが, 人の健康を害する物質の例である。また人の体に蓄積した場合に人の健康を害する物質も同様である。例えば, 「鉄」は, サプリメントとして発売されていることからも明らかなように, 一定程度人体に必要であり, また人体に含まれている物質である。しかしながら通常の量以上に蓄積した場合には, 人の健康に害をもたらす。そのため,

〈650〉公害罪の構成要件

蓄積すると危険な物質についても，公害罪法は規制することにした。
　ところで公害罪法は，「物質」という規定を採用しているので，熱エネルギーについては公害罪を適用することができない。例えばサーバールームのような大規模施設を冷やすエアコンによる熱交換は，地球温暖化の一因であり，温暖化防止のために公害として処罰すべきであるとの意見がある。しかしながら，熱エネルギーそれ自体は「物質」でははないので，公害罪では処罰することはできない。また「放射能」それ自体も，エネルギーではあるが，物質ではないため，公害罪法を適用することはできない（放射性「物質」の排出には，公害罪の適用の可能性がある）。公害罪を適用できる限界として争いがあるのは，微生物である。例えば，微生物を用いる薬品工場や研究所等から，微生物が排出された場合にも，公害罪法が適用されるのであろうか。これについて，立法当局は，微生物は物質には該当しないとしていたが，学説においては該当するという理解が有力である。刑法における水道毒物混入罪においては，細菌の混入も処罰されているからである。

653　公害の排出態様・被害

(1)　概　　説

　以上に加えて，公害罪が成立するためには，「排出行為」により，「公衆の生命又は身体に危険」を生じさせる必要がある。以下では，順に検討していくことにしよう。

(2)　排出行為をめぐる議論

　有害物質を，工場や事業場から，自己の管理の及ばない大気，水域等に出すことが，「排出」であるとされている。もっとも，排出とはどのようなものなのかによって公害罪の成立範囲が異なってくるので，争いがある。現在では，排出を広く解する広義説や，事業活動説，排出事業活動説，狭義説などが主張されている。各説の内容や，理由，問題点は下記 *Chart* の通りである。

[基礎編] Ⅵ章 環境犯罪と公害犯罪

Chart 排出行為をめぐる学説

	広義説	事業活動説	排出事業活動説	狭義説
排出の捉え方	工場又は事業場において管理する有害物質を，何人にも管理されない状態において，工場又は事業場外に出すことをいう。	工場又は事業場における事業活動に伴って，その管理する有害物質を，何人にも管理されない状態において，工場又は事業場外に出すことをいう。	事業活動説が認める事業活動のうち，排出事業活動中に行われるのが排出である。	事業活動に伴う排出でのうち，排出事業として行われる排出で，かつ対象が廃棄物（不要物）の場合に限る（継続性を要求する極端狭義説もある）。
理由	工場や事業場には，有害物質の発生源が多いために，事業関係者に対して特段の注意を喚起するために，公害罪は設けられた。	広義説では，広すぎるが，公害を発生させる恐れのある企業およびその従業員に対し，その発生の防止のための必要な注意を強く喚起する必要がある。	工場又は事業場における事業活動の内，廃棄物その他の物質を排出する活動には，有害物質を排出する危険性が高いものが多く，危険度の高い業務に従事する者に，特別の注意を喚起するため，公害罪は設けられた。	基本的には，排出事業説の論拠が正当であり，ただし他の法令との整合的な解釈のために，排出概念をさらに限定する必要がある。
問題点	工場が失火で焼損し，建材が燃えて有害物質が排出された場合であっても，公害罪になってしまう。学校（事業場）で理科の実験指導を行っていたところ，教師の過失で塩素ガスが発生して放出された場合でも，公害罪が成立してしまう。	タンクローリーを運転する運転手が過失によりⅰ工場内で液体酸素を流出させた場合と，ⅱ公道上で流出された場合に，周辺住民への健康被害は同じであるとする。ⅰの場合のみ公害罪が適用され，ⅱの場合は公害罪が適用されないことを合理的に説明できない。	公害罪には，過失犯処罰規定が存在するのにもかかわらず，事故による有害物質排出（偶発的な事故）には，公害罪が適用しづらくなってしまう。	

184

以上を前提に，最高裁はどのような立場を採用したのであろうか。以下では，2つの事件（◀ *Topic 69, 70*）を詳しく見ていく。

> ***Topic 69*** 大東鉄線工場塩素ガス噴出事件
> （最判昭 62・9・22 刑集 41 巻 6 号 255 頁・環百 108）
>
> 釘の製造等を行う A 株式会社は，その製造過程で生じる有害な排水を中和処理するため，工場施設内に，排水処理場を設け，同所に硫酸等の各種薬品貯蔵タンクを設置して，貯蔵した薬品は，適宜中和処理してこれを公共水域に流すなどしていた。しかしながら A 株式会社の従業員である B が，配達された処理剤である稀硫酸を受け入れる際に，誤って次亜塩素酸ソーダのタンクに接続して注入しまい，その結果，塩素ガスを大量に発生させ，同処理場の出入り口およびタンク蒸気口等から工場外の大気に放出して，付近の住民 119 名に，塩素ガス吸入に基づく傷害を負わせた。検察官は，会社の従業員 B については，公害罪法 3 条 2 項の過失公害罪で，会社については，4 条の両罰規定で公訴提起を行った（なお，タンクローリー運転手については，過失致傷罪で起訴されているが公害罪法では起訴されていない）。

第1審，第2審ともに，広義説を採用し，A と B を公害罪違反で有罪としたが，最高裁は，被告会社 A について，無罪を言い渡し，また従業員 B について，過失公害罪の成立を否定した（ただし業務上過失傷害罪は認めた）。そしてその際，職権で次のように判示した。

「法律三条一項にいう『工場又は事業場における事業活動に伴つて人の健康を害する物質を排出し』とは，同法制定の趣旨・目的，その経過，右規定の文理等に徴すると，工場又は事業場における事業活動の一環として行われる廃棄物その他の物質の排出の過程で，人の健康を害する物質を工場又は事業場の外に何人にも管理されない状態において出すことをいうものと解するのが相当であり，人の健康を害する物質の排出が一時的なものであることは必ずしも同法三条の罪の成立の妨げにならないが，事業活動の一環として行われる排出とみられる面を有しない他の事業活動中に，過失によりたまたま人の健康を害する物質を工場又は事業場の外に放出するに至らせたとしても，同法三条の罪には当たらないものというべきである」。

つまり，本件事故は，たしかに工場の排水処理場内で発生したものではあるが，単に廃水の中和に使用する薬品を工場内に受入れる事業活動中の過失により発生したものに過ぎないので，事業活動の一環として行われている廃棄物そ

の他の物質の排出の過程において人の健康を害する物質を排出した場合ではない。したがって、公害罪は成立しないというのである。これは、上記排出事業活動説に親和的な判示であるということができる。最高裁が、排出事業活動説を前提とすることは、日本アエロジル塩素ガス放出事件でも明らかにされた。

> ***Topic 70*** 日本アエロジル塩素ガス放出事件
> （最判昭 63・10・27 刑集 42 巻 8 号 1109 頁・環百 109）
>
> タンクローリーで運搬されてきた液体の塩素を、工場の貯蔵タンクに受け入れる作業中に、未熟練技術員Aが単独で受入れバルブを閉めようとし、一緒に受入れ作業に従事中の熟練技術員Bがこれを了承したため、未熟練技術員Aが誤ってバルブを開け、大量の塩素ガスを大気中に放出させて付近住民等に傷害を負わせた。この事件ではAとBさらに受け入れ作業担当班の責任者である技師C、これらの総括者で人員配置や安全教育の責任者であった製造課長Dの4名が、過失公害罪に当たるとして起訴された。

最高裁は、大東鉄線工場塩素ガス噴出事件の判示と同じ判示をして、排出事業活動説に立脚することを明らかにした上で、「本件事故は、アエロジルの製造原料である液体塩素を工場内の貯蔵タンクに受け入れる事業活動の過程において発生した事故であって、事業活動の一環として行っている廃棄物その他の物質の排出の過程において人の健康を害する物質を排出したことによって発生した事故ではないのであるから、本件事故につき公害罪法三条を適用することはできないものというべきである。」とした。この事件により、最高裁が排出事業活動説を採用することが明確となった。そして、排出事業活動説を前提とすると、ホースの接続ミスのような事故型の公害のケースで、公害罪が成立しないという、実務への影響が存在することも明白となろう。

(3) 公衆の生命又は身体に危険

4大公害病では、多くの人間に健康被害が生じた。四日市ぜんそくでは、コンビナートから排出された大量の亜硫酸ガスが、気管支炎等の呼吸器疾患の患者を発生させた。また新潟水俣病では、メチル水銀が阿賀野川に放流され、生物濃縮により魚に溜まり、この魚を摂取した人が有機水銀中毒の症状に陥った。

これらの事件を踏まえると、公害は被害が拡大する前に、そして誰かの健康が実際に害される以前に防止しなければならない（人の健康に被害が生じる場合には、刑法でも対応することが可能である）。そこで、公害罪は、「公衆の生命又は身体に危険」が生じれば、公害罪が成立するとした（それゆえ、公害罪は具

体的危険犯である（◀438(3), 612)）。

　もっとも，この危険がどのような場面で認められるのか問題となる。これについては，公害の種類や態様ごとに考えていくほかないが，工場排水が有害物質を灌漑用水に排水し，それを用いた水田で人の健康を害する米が生産された場合，米が生産された段階で危険が発生したということができる。また，四日市ぜんそくでは，ごく一部の住民が軽傷であるにしても若干の異常が生じ，放置すればさらに症状が悪化する可能性があり，かつ同地区の住民にも異常が生じる可能性のある段階で，危険の発生が認められる。新潟水俣病では，メチル水銀が魚介類に蓄積したが，この場合，摂取する住民らに蓄積すれば発病に至る程度の段階で危険の発生が認められることになる。

> **Topic 71　チッソ水俣病（熊本水俣病）刑事事件**
>
> 　新日本窒素肥料株式会社が，塩化メチル水銀を含む工場排水の排出を続けた。それによって水俣湾等の魚介類が汚染され，これを摂取した地域住民，特に妊婦の胎児が胎児性水俣病に罹患し，出生した子のうち2名が障害を負い，6名が死亡した。最決昭63・2・29刑集42巻2号314頁・刑百Ⅱ3は，「胎児に病変を発生させることは，人である母体の一部に対するものとして，人に病変を発生させることにほかなら」ず，「胎児が出生し人となった後，右病変に起因して死亡するに至った場合は，結局，人に病変を発生させて人に死の結果をもたらしたことに帰する」として，同社社長・工場長らを「業務上過失致死傷罪」（刑法211条1項）で有罪とした。この事件でも，公害罪法は結局適用されなかった（◀438(3)）。

654　公害罪の成立要件のまとめ

> **Chart　公害罪の成立要件**
> ① 工場又は事業場で
> ② 事業活動として
> ③ 人の健康を害する物質（身体に蓄積した場合に人の健康を害する物質）が
> ④ ②の一環として行われる廃棄物その他の物質の排出過程で排出され，
> ⑤ 公衆の生命又は身体に危険を発生

　上の①〜⑤の成立要件を全て満たすことを前提にすると，公害罪法の立証・認定は必ずしも容易なことではなく，実務上積極的な運用がなされなくなったのも，理解できるであろう（◀ *Topic 54*）。

[基礎編] Ⅵ章　環境犯罪と公害犯罪

660　公害罪法の問題点

　以上のように，当初は公害や環境侵害への切り札として期待された公害罪であったが，実際にはほとんど運用されない状況となってしまった。その理由は，公害罪の解釈について，実務が非常に限定的な立場を採用したからであった。そのことから，公害や環境対策の罰則を立法する際の課題が判明する。

　公害罪の「排出」概念について，実務が非常に限定的な解釈を採用せざるを得なかった理由は，条文に，解釈の幅を広げる要素がなかったからである。公害罪の条文において罰することのできる態様は，必ず「排出」という文言の範囲内に収まらなければならなかった。そのため，最高裁は，大東鉄線工場塩素ガス噴出事件とアエロジル塩素ガス放出事件のような偶然的な事故の事例において，適切な処罰範囲を導くために，「排出」を限定的に解する理解に至った。しかし「排出」を限定すると，公害罪が適用できる範囲全体が狭くなってしまう。このような限定が，全体として見ると，公害罪自体の適用を難しくしているのである。

　それゆえ立法論としては，例えば「みだりに」「正当な理由なく」「故なく」のような，条文の内部に犯罪の成立を阻却（排斥）する要件を設定し，「排出」という点の以外にも，適切な処罰範囲を導く余地を設定すべきであったように思われる。現に，公害罪をめぐる議論では，排出行為が，各種行政基準の枠内に収まっていた場合でも，なお公害罪が成立するのか議論がなされていた。これは，各種行政基準を考慮する要件が欠けていたこと，つまり立法技術として問題があったことを意味している。

　また公害事件は多種多様である。大気汚染，水質汚濁，廃棄物処理といったものを，およそ「物質」や「排出」と表現して規定を作るのではなく，公害を媒介する素材の性質や，被害が広がるメカニズムごとに，罰則を設けて立法する方がよかったのではないであろうか。現に，公害罪より後に成立した，ドイツの環境刑法では，環境媒体ごとに異なる規定を導入しており（▶671），今後の立法論として参考になろう。

Topic 72　公害罪法の適用が検討される領域？

　公害罪は今後どのような環境侵害に適用されるべきなのであろうか。想起されるのは，毎春猛威をふるう，「花粉公害」への，公害罪の適用である。もっともすでに述べたように，花粉の排出が，事業活動に伴う「排出」と評価できるかは，非常に難しいところであり，また杉林が「事業場」と評価できるのか，さらに公害罪が適用される主体は誰になるのか等の問題がある。そして日本全体に杉林が広がっている状況では，公害罪を適用したからといって，状況は改善されない可能性が高い。公害罪は，すでに偶発的な事故へも適用が問題視されているが，それだけではなく今後の新たなタイプの公害に対応できるかという点からも，非常に疑問である。

【Ⅵ章　参考文献】

1　藤木英雄「人の健康に係る公害犯罪の処罰に関する法律」金沢良雄ほか編『注釈公害法体系 第1巻』（日本評論社・1972）
2　藤木英雄編『公害犯罪と企業責任』（弘文堂・1975）
3　田宮裕・廣瀬健二「人の健康に係る公害犯罪の処罰に関する法律」伊藤栄樹ほか編『注釈特別刑法 第7巻』（立花書房・1987）
　※末尾に，公害罪関連の文献をほとんど網羅する詳細なリストが掲載されている。
4　金谷利廣「判批」『最判解 刑事篇 昭和62年度』——大東鉄線工場塩素ガス噴出事件
5　香城敏麿「判批」『最判解 刑事篇 昭和63年度』——日本アエロジル塩素ガス放出事件

［今井康介］

[基礎編] Ⅵ章 環境犯罪と公害犯罪

670 ドイツ刑法の環境犯罪

　環境刑法の今後の議論の方向性を示す上で，諸外国の法制度を知ることは重要な役割を持つ。環境法という領域においては，特にドイツ法の参考価値は高い。ドイツは，1994年に，「国は，将来の世代に対する責任においても，憲法適合秩序の枠内で，立法により，並びに法律及び法に基づく執行権及び裁判により，自然的生活基盤を保護する」との規定（20条 a）を基本法（わが国の憲法に相当する）に導入した（岩間6・269頁，岡田7・223頁参照。2002年の改正により，現在では「自然的生活基盤及び動物を保護する」と規定されている）。環境保全条項が基本法に盛り込まれていることからも，環境の法的保護に対する関心の高さが窺われる。

　さらには，ドイツでは，1980年に，環境犯罪に対する意識を市民に根付かせ（象徴的・一般予防的効果），環境犯罪を体系的に整理することを目的に，環境犯罪の処罰規定が刑法典に盛り込まれた（▶421）。その後も，処罰の間隙を埋める目的で1994年に，EU内部での環境犯罪規制の足並みを揃える目的で2011年に，大きな改正がなされている（1998年までの改正については，伊東3・113頁以下参照）。環境犯罪の効果的な処罰と体系化を志向する同国の積極的な立法・改正動向からしても，ドイツ環境刑法は，わが国の環境刑法を考えるにあたって，良い比較対象となろう。

671 ドイツ環境刑法の基礎

(1) 概　説──体　系

　前述の通り，わが国とは異なり，ドイツでは，刑法典そのものに環境犯罪に対する処罰規定が設けられている。ドイツ刑法典（Strafgesetzbuch）には，その第29章に「環境に対する犯罪行為」と題する章が設けられ，324条から330条dまで13ヶ条の規定が設けられている。そのうち，刑の加減および免除に関する規定（330条および330条b），没収に関する規定（330条c），定義に関する規定（330条d）を除く9ヶ条が犯罪規定である。

　これら犯罪規定は，大きく2つのグループに分けることができる。まず1つに，水域，土壌，大気など個別の環境媒体を保護する処罰規定である（わが国については▶700）。これは，客体に着目した規定であり，同じ環境媒体に対する犯罪を同一の条文に纏めて規定している。水域汚染の罪（324条），土壌汚

染の罪（324条a），大気汚染の罪（325条），要保護区域の危殆化の罪（329条）がこれに当たる。

これに対して，保護される客体ではなく，環境を侵害・危殆化する行為の態様に着目した処罰規定も存在する。ここには，騒音等の発生の罪（325条a），廃棄物の許されない取扱いの罪（326条），施設の許されない操業の罪（327条），危険物等の許されない取扱いの罪（328条），毒物の流出の罪（330条a）が挙げられる。

わが国では，各特別法（行政法）の中に個別の処罰規定が設けられているのに対して，ドイツでは，環境犯罪の処罰規定が刑法典に盛り込まれることで，それぞれの犯罪の関連性が可視化され，環境刑法の体系化がなされている（◀ 421・422・432）。ただし，ドイツでは，わが国のような「行政刑罰法規の氾濫と無機能」を回避するために，比較的軽微な違反行為は，刑罰ではなく「秩序違反法」の「反則金」の対象となる。◀ *Topic 41*）。

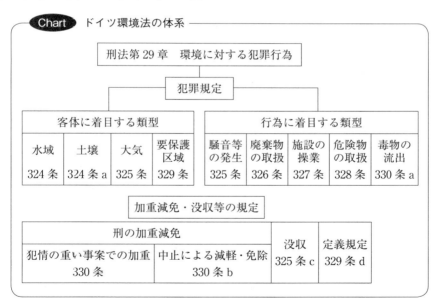

(2) **ドイツ環境刑法における法益論**

以上のようにドイツ環境刑法においては，客体と行為によって構成要件が分類されているが，これらの構成要件に共通する形で保護法益をいかに解するべきかについては，人間中心主義と生態系中心主義（◀ 440）との間で，かつて

対立が見られた。現在では，両者の考えを併用する統合説が通説に位置づけられている。統合説からは，環境犯罪を処罰する諸規定は，環境それ自体を保護しながら，同時に人の自然的生存環境も保護するものであって，場合によってその重点が変わりうるものであるとの理解が示されている。純粋に環境だけを保護するわけではないという点で生態系中心主義とは異なり，人の具体的な利益が侵害される必要はないという点で人間中心主義とも距離を置く見解である。統合説が通説に位置づけられている理由の1つには条文の作り方にある。

例えば，土壌汚染の罪（324条a第1項）は次のように規定している。

◎ ドイツ刑法324条a第1項 「行政法上の義務に違反して土壌に物質を持ち込み，染み込ませ又は流出させ，これにより，
1号 他人の健康，動物，植物若しくはその他の重要な価値をもつ物若しくは水域を損なうのに適した方法で，又は
2号 広範囲に土壌を汚染し又はその他悪化させた者は，5年以下の自由刑又は罰金に処する。

324条a第1項1号は，単に土壌汚染を行っただけではなく，それが「他人の健康，動物，植物若しくはその他の重要な価値をもつ物若しくは水域を損なうのに適した」ものであることを必要としている。このうち，「他人の健康……を損なうのに適した」という箇所については，土壌汚染によって人の健康という法益が侵害される可能性があることを要求するもので，人間中心主義的な理解に馴染むものである。他方で，「動物，植物……若しくは水域を損なうのに適した」という箇所については，人の法益との関連性が要求されておらず，生態系中心主義的な理解に親和的である。このように，ドイツ現行法の規定ぶりは，人間中心主義，生態系中心主義のどちらか一方だけを重視するものではなく，その両者を，場合に応じて力点を変えながら，保護しようとするものであって，統合説の発想に立脚している。1980年刑法改正時の立法趣旨にも，「刑法による環境の保護は，人の生命や健康を環境の危険から保護するためだけに必要なわけではない。……生態学的な保護利益も法益として認められる。」との説明がなされている。このような法律の規定ぶり，立法趣旨が，統合説が通説と評される要因となっている。

では，判例はどうか。ドイツ連邦通常裁判所（ドイツの最上級裁判所。以下，連邦通常裁と略称する）は，少なくとも人間中心主義的な立場を排斥しており，廃棄物の不法投棄が問題となった事案で，このことを明らかにしている（2013

年10月23日判決BGHSt 59, 45)。ドイツ刑法326条1項4号は，水域等を持続的に汚染する危険性のある廃棄物の不法投棄等を禁止している（▶673(1)）。問題となったのは，被告人が廃棄物を投棄した場所が，水の循環構造上，他とは隔離していた（つまり，水が汚染されても，その汚染水が他に漏れ出す可能性が低い）という事案である。原審は，このような場所では仮に地下水が汚染されたとしても人に対する危険性は生じていないとして，同罪の成立を否定した。これに対して，連邦通常裁は，刑法326条1項4号aで規定されている水域は独立した保護客体であるから，人に対する悪影響の存在は不要とであると判示した。この連邦通常裁の判例は，人の具体的利益の侵害を不要とする生態系中心主義や統合説から説明が容易であるのに対して，人間中心主義の立場からは説明が困難であると評されている。というのも，人間中心主義からは，環境犯罪の成立に，環境それ自体の侵害では不十分で，それ以上に人の法益が侵害されなければならないからである。

672 行政との関係（行政従属性）

わが国がそうであるように，ドイツにおいても環境刑法は行政法の規制と強い結びつきを有している（京藤4・326頁参照。また◀435）。例えば，先に挙げた土壌汚染の罪（324条a第1項）には「行政法上の義務に違反して」との文言が見られ，他にも，施設の許されない操業の罪（327条1項）には，「必要な認可を受けずに」といった文言が見られる。ここでは，環境犯罪の処罰が行政法上の義務や行政行為（認可など）の存否・内容に左右されることになる。ドイツにおいて刑法上の環境犯罪の可罰性は，行政法・行政行為に関連づけられているものがほとんどである。例外は，328条2項3号に規定されている「核爆発を生じさせた者」に対する処罰規定，これに対する教唆・幇助を行なった者に対する処罰規定（328条2項4号），および，330条a（毒物の流出による重大な危殆化の罪）にとどまる。このように，犯罪の成否が行政法や行政行為に左右されることを，「行政従属性」と呼ぶが，この行政従属性はドイツ環境刑法における最重要概念と言える（立石2・1頁以下参照）。

[基礎編] Ⅵ章 環境犯罪と公害犯罪

> **Topic 73 行政従属性重視の3つの理由**
>
> 　ドイツにおいて，行政従属性が重視されているのには，大きく3つの理由が存在する。
> 　第1に，環境刑法が環境犯罪対策において二次的機能を有するとの考えである。環境犯罪とは，行政における事前規制が功を奏さなかった場面であり，その意味で，刑法による処罰は事後規制として位置づけられる。このような関係性からすれば，刑法による処罰は行政法による規制の後になって登場するものである。したがって，環境保護の適正化を図るのは，一次的には行政法の役割である。この環境刑法の二次的機能という側面からは，行政法上の評価が刑法においても優先されるべきことが導かれる。環境刑法の二次的性質は，刑法の一般的性質である最終手段性（ウルティマ・ラチオ）の原則にも合致する（刑法の補充性や謙抑主義ともいう）。
> 　第2に，第1の理由と関連するが，条文の簡素化という利点が挙げられる。環境刑法の二次的機能からすれば，行政法で許される行為は刑法上の処罰から除外されなければならない。しかし，行政法上許される又は許されない場合を細かく刑法規定に盛り込むと，条文が長く煩雑となる。そこで，関連する行政法規を刑法の条文で参照することで，簡素な条文を作ることができる。これは刑法における明確性の要請（刑罰法規はその内容が具体的に理解できるように規定されなければならない，との要請）にも合致するものである。
> 　第3に，アクチュアルな問題への対応が容易になるという理由がある。従前の処罰規定で対応しきれない場面が生じたとき，刑法の改正が必要となる。しかし，刑法改正には，慎重な検討が必要で，長い時間が必要となる。これに対して，例えば，新たな行政行為を行うことで処罰の間隙を埋めることができるとすれば，刑法の改正作業は不要となり，喫緊の問題への迅速な対応が可能となる。
> 　このような理由から，ドイツ環境刑法においては，行政従属性が前提とされている（詳細な内容については山中1・26頁以下参照）。

673　ドイツ環境刑法における廃棄物犯罪

(1)　概　　説

　ドイツでは環境犯罪が刑法典に規定されているためか，わが国と比して，個々のテーマについて議論の蓄積が見られる。そのいずれもがわが国の環境刑法にとって示唆に富むものであるが，ここでは，わが国でも議論のある廃棄物犯罪（◀800）を取り上げる。

　ドイツ刑法典には，廃棄物と関連した処罰規定が2つ存在する。廃棄物の許

されない取扱いの罪（326条）と，施設の許されない操業の罪（327条2項2号）である。前者の廃棄物の許されない取扱いの罪は，ドイツの環境刑法において最も適用事例の多い実務上の最重要犯罪類型であって，多様な論点を含んでいる。その中でも特に中心的な役割を果たすのは，廃棄物概念である。

ドイツ刑法326条には，1項から6項までの規定があり，1項で廃棄物の許されない管理，2項で廃棄物の越境輸送，3項で放射性廃棄物の不引渡しを処罰している。4項は未遂処罰規定，5項は過失処罰規定，6項は例外的に処罰が否定される場合の規定である。

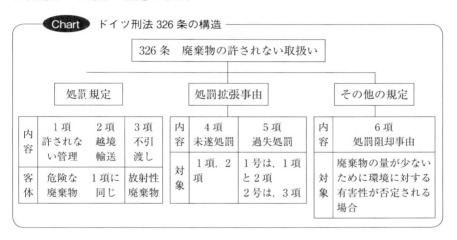

このうち，基本類型となるのは1項の許されない管理である。

◎ ドイツ刑法326条1項（廃棄物の許されない取扱い）
「みだりに，
  1号　毒物若しくは，公共にとって危険な，人若しくは動物に感染しうる疾病の病原体を含有し若しくは生じさせうる廃棄物，
  2号　人に対して発癌性があり，生殖に危険を及ぼし若しくは遺伝子を変質させる廃棄物，
  3号　爆発の危険があり，自然発火しやすく若しくは軽微といえない放射線を含む廃棄物，
  4号　種類，性質若しくは量によっては，
    a）持続的に，水質，大気若しくは土壌を汚染し若しくはその他悪化させ，若しくは

b）動物若しくは植物の存続を危険にさらす廃棄物

を，それについて許可を受けた施設の外で，又は定められた若しくは許可を受けた手続から著しく逸脱して，収集し，運搬し，加工し，利用し，貯蔵し，廃棄し，排出し，除去し，売買し，仲買し又はその他管理した者は，5年以下の自由刑又は罰金に処する。」

一見すると，複雑に見えるが，その骨子は，「みだりに（違法要素），1号から4号のいずれかに当たる危険な廃棄物を（客体），定められた手続等に反して（行政従属性），収集等の行為を行う（実行行為）こと」が構成要件要素である。条文の構造を把握できるように，図式化すると下記の *Chart* のようになる。

> **Chart** ドイツ刑法326条1項の構造
>
> Ⅰ　構成要件
> 　1　客観的構成要件
> 　　(1)　客体＝「危険」な「廃棄物」
> 　　（1-1）「廃棄物」とは，
> 　　　①　主観的廃棄物に当たるか，又は
> 　　　②　客観的廃棄物に当たる場合
> 　　（1-2）「危険」とは，以下のいずれかに当たる場合
> 　　　①　毒物又は，感染しうる疾病の病原体を含む廃棄物（1号）
> 　　　②　発癌性があり，生殖に危険を及ぼし，又は，遺伝子を変質させる廃棄物（2号）
> 　　　③　爆発の危険があり，自然発火しやすく，又は，放射線を含む廃棄物（3号）
> 　　　④　種類，性質若しくは量によっては，以下のⅰ又はⅱの適性を有する廃棄物（4号）
> 　　　　ⅰ　持続的に，水域，大気若しくは土壌を汚染し若しくはその他悪化させる適性
> 　　　　ⅱ　動物若しくは植物の存続を危険にさらす適性
> 　　(2)　実行行為　→以下のいずれかの行為
> 　　　①　収集：ある場所に集めること
> 　　　②　運搬：あらゆる場所的移動（国内輸送に限るとの見解あり）
> 　　　③　加工：利用を目的としない，あらゆる質的・量的変更
> 　　　④　利用：他の素材の代替品として，意味ある目的に供すること
> 　　　⑤　貯蔵：あらゆる一時的な保存
> 　　　⑥　廃棄：最終的に処分する目的で継続的に放置すること

⑦ 排出：容器から外界の環境に流出させること
⑧ 除去：破壊などのいかなる利用とも言えない行為
⑨ 売買：購入・売却を対象とする，業としてのあらゆる行為
⑩ 仲買：取引を仲介し，成功させること
⑪ その他の管理：①から⑩に当たらない，その他の処理に関連する行為
　(3) 行政従属性
　　→以下のいずれかに該当すること
　　　① それについて許可を受けた施設の外部での行為であること
　　　② 定められた手続からの著しい逸脱があること
2　主観的構成要件：故意
Ⅱ　違法性：正当な権限がないこと（「みだりに」）
　　　　　　　＊囲み数字についてはいずれかを充たせば足りる。

　上記図からも明らかなように，実行行為がかなり網羅的に記述されており，およそあらゆる管理行為が含まれることになっている（わが国については▶800）。したがって，この処罰規定の可罰性を実質的に限界づけているのは，客体要件である。本罪に当たるためには，問題となっている物が廃棄物であり（廃棄物属性），かつ，危険性を含んだ（危険性要素）ものでなければならない。

(2) **廃棄物属性**

　326条1項には1号から4号までに客体が規定されているが，当然のことながら，そのいずれもが実行行為時に「廃棄物」に当たることを前提としている（わが国の廃棄物概念について▶830）。廃棄物の定義自体は刑法典には存在せず，行政法である循環経済法3条に規定されている（循環経済法とその改正動向については，勢一8・237頁以下参照）。

◎ 循環経済法3条1項　「この法律にいう廃棄物とは，その占有者が処分し（entleidigen）又は処分しようとし，処分しなければならない物質，客体のすべてをいう。……」

　循環経済法で廃棄物に当たらないとされる一部の物品についても刑法上の廃棄物に当たるとされることはある。例えば，放射性物質は，原子力法や放射線防護法の対象となるので，循環経済法上の廃棄物には当たらないが，刑法上の廃棄物には当たる。このような一部の例外はあるものの，基本的にはこの循環経済法における廃棄物の定義が刑法上も用いられる。

循環経済法の定義規定からは、廃棄物に2つの種類が存在することがわかる。1つに、占有者が処分した又は処分しようとしている物質・客体（主観的廃棄物、または任意的廃棄物）、もう1つに占有者が処分しなければならない物質・客体（客観的廃棄物、または強制的廃棄物）である。いずれも廃棄物に当たるもので、その法的効果において異なるところはないが、廃棄物として認められるための基準に相違が見られる。

　a）主観的廃棄物

　主観的廃棄物に当たるか否かは、その物の占有者の意思内容に左右される。つまり、「占有者が廃棄物を処分する意思を有しているか否か」（処分意思）が基準となる。この主観的廃棄物の概念は、ドイツ基本法14条で保護されている所有の自由に配慮したものだとされている。つまり、後述の客観的廃棄物に当たらない限りでは、物を保持するのか、処分するのかを市民自身が自由に決めて良いとの発想に基づく概念である。

　処分意思（Entleidigungswille）の存否を判断するにあたって、物の所有権者の意思ではなく、あくまで占有者の意思が基準となる。循環経済法3条9項によれば、占有者といえるためには物を事実的に支配していれば足り、民法上の占有者概念に必要とされる物に対する占有の意思は不要とされている。仮に占有の意思を必要と解した場合、占有放棄の意思を示した者は占有者に当たらないことになる。しかし、これでは、占有放棄の意思（＝処分意思）によって主観的廃棄物該当性が判断されるべきなのに、占有放棄の意思を示した段階で占有者が存在しない、との奇妙な結論になってしまう。このような矛盾を避けるために、主観的廃棄物における占有者には、占有の意思が不要とされている。

　客観的に見れば価値のある物であっても、処分意思が肯定される以上、主観的廃棄物に当たる。処分意思の存否は基本的に、物の占有者にとってその物が価値のないものと言えるかどうかにより判断される。ただし、処分後に直接的に物が再利用されることを目的として占有者が物を放棄している場合には、処分意思が否定される。例えば、リサイクルショップに物を売却する場合、その物は占有者にとって価値のないものであるとも言えるが、それが再利用されることを目的としているために、処分意思が否定され、廃棄物に当たらないということになる（わが国のリサイクルと廃棄物との関係については▶840・850・900）。

> **Topic 74　自動車の過失放置**
>
> 　主観的廃棄物については，判例では，特に自動車が問題となることが多い。実際に問題となった事案としては，例えば，次のものがある。
> 　被告人は，橋の下に車両を放置していた行為につき，過失による廃棄物の許されない取扱いの罪で訴追された。犯行時，同車両は自走可能であり，半年後に車検を受けることが予定されていた。ツェレ上級地方裁判所は，この車両が主観的廃棄物にあたりうるとした（2015年9月23日判決 BeckRS 2016, 09489）。というのも，車両占有者に，この車両をスクラップ場に持っていく意図があったため，処分意思が肯定されうるからである。
> 　なお，処分意思を判断する際に，物の客観的価値が判断材料になること自体は否定されない。上の自動車の事案では，車両が走行不能であったり，（旧車としての）市場価値がなかったりする場合には，処分意思が肯定されやすくなる。

b）客観的廃棄物

　客観的廃棄物は，占有者の意思内容を問わず，廃棄物とされる。つまり，占有者の意思に反して廃棄物と評価され，法で要求される手続に則って処分する義務が課されることになる。主観的廃棄物概念とは反対に，この点に，ドイツ基本法14条で保護されている所有の自由の侵害が認められるが，同条2項は，所有権者には公共の福祉の観点で義務が負わせられることを規定しているので，廃棄物が客観的に公共の福祉を害するものである場合には，その占有者に処分義務を課すことも正当化される。

　客観的廃棄物の判断基準については，循環経済法3条4項に規定が見られる。

◎ 循環経済法3条4項　「1項の意味での物質若しくは客体についてその本来的目的設定に合致した利用がもはやなされない場合，その具体的状態に基づくと現在若しくは将来にわたり公衆の福祉，とりわけ環境を危殆化する適性を有している場合，かつ，その潜在的危険性がこの法律の規定及びこの法律に基づいて公布された法規則に従った規則通りかつ無害な利用若しくは公益に即した除去によってのみ排除されうる場合には，占有者はこれを処分しなければならない。」

　この規定からは，客観的廃棄物が認められるための3つの基準が読み取られる。

[基礎編] Ⅵ章　環境犯罪と公害犯罪

> **Chart** 客観的廃棄物の3要件
> ① 物がその本来の目的に応じて利用されなくなった場合
> ② 物の具体的状態に照らし，現在又は将来において，環境をはじめとする公共の福祉を危険にさらす適性がある場合
> ③ 上記危険性が，物が法律等に従い規則通りに無害な形で利用され，又は公益に即して除去されることでのみ，取り除かれる場合

①については，その文言上，本来的目的での利用が可能ではあるものの，現に利用されていない場合にも廃棄物とされるように読めるが，占有者が利用していないことだけをもってして廃棄物と評価すべきではないとの主張がなされている。この点につき，判例では，客観的に利用価値のなくなった物であることが要求されている。では，その物に複数の利用方法が考えられる場合は，どうか。例えば自走不能の車両でも，車体を解体して得られるパーツに市場的価値があるとすれば，なお客観的に利用価値があるとも言いうる。この点につき，判例の中には，個々のパーツに利用価値があるとしても，それは車両本来の目的に即した利用価値ではないため，車両全体が廃棄物に当たるとしたものがある（ブラウンシュヴァイク上級地方裁判所 NStZ-RR 2001, 42）。それによれば，自動車における利用価値の判断では，合理的な出費の範囲内で車両が安全に走行可能な状態になりうるかが重要になるという。つまり，自動車の本来的目的は走行であるとして，この目的での利用価値の有無に着目しているのである。

②の基準については，刑法上，廃棄物の危険性要素（▶673(3)）と重なる部分が多く，独自の意義に乏しいとも言える。つまり，刑法上は，廃棄物概念に当てはまるだけでは足りず，危険性要素も必要である。危険性要素が充たされる場合には，公共の福祉を害する危険性のあると言えるので，②の基準の持つ意義は低い。

③の基準は，客観的廃棄物概念が基本法の保証する所有の自由を害していることに照らして，廃棄物の処理を義務づけるための比例性を担保するものである。客観的に廃棄物としてその処理を義務づけられることは，最終手段（ウルティマ・ラチオ）でなければならない。連邦憲法裁判所の判例も，廃棄物としての処理を市民に要請することは，その物の利用・活用から得られる利益と，危険を取り除くために公権力が介入する公衆の利益とを比較衡量すべきとしている（連邦憲法裁判所 1993 年 6 月 24 日判決 NVwZ 1993, 990）。

(3) 危険性要素

326条1項では，客体要件として廃棄物に当たることに加えて，1号から4号に規定されている要素が要求されている（▶673(1)）。これらの要素は，廃棄物が人や環境等にとって「危険」であることを基礎づけるものである。したがって，廃棄物に当たるとしても，各号に規定されている危険性要素を充足しない限りは，廃棄物の許されない取扱いの罪には該当しない。

各号の危険性要素にはそれぞれ独自の意義づけがあり，解釈上の論点を含んだものがあるが，ここでは，その中で実務上最も重要であると言われている4号要素を取り上げる。

◎ 326条1項4号 「種類，性質若しくは量によっては，
a) 持続的に，水質，大気若しくは土壌を汚染し若しくはその他悪化させ，若しくは
b) 動物若しくは植物の存続を危険にさらす廃棄物」

特徴的なのは，4号aもbも人に対して危険性を生じさせることを要求していない点である。つまり，これらは環境それ自体を侵害させるような危険性を含んだ廃棄物を客体とした類型である。すでに確認した通り，判例は，人に対して直接的に危険性を惹起することを必要としていない（▶672(2)）。

Topic 75　投棄自動車は4号に含まれるか

この4号をめぐっては，判例上，投棄自動車が含まれるかが問題とされることがある。というのも，自動車においては車両それ自体ではなく，車体内に残された燃料等の液体が漏れ出ることで環境の汚染が生じるからである。したがって，実務上は，車体内に，環境を害する液体が残されているか，その液体を貯蔵するタンクやパイプに劣化が見られるかについての認定が問題となることが多い。また，仮に車体に残る液体が漏れ出たとしても，周囲に害されるような水域や土壌があったかどうかが問題とされることもある。判例の中には，車体がコンクリート上に投棄されていた事案で，車体内の液体が漏出した際に土壌汚染の危険があったといえるのかについて原審の認定は不十分であると指摘したものがある（コブレンツ上級地方裁判所1995年9月15日決定NStZ-RR 1996, 9）。

[基礎編]　Ⅵ章　環境犯罪と公害犯罪

674　総　　括

　ドイツ法の大きな特徴は，主要な環境犯罪を刑法典に規定することで，環境刑法を体系立て，各犯罪の関係性を明確化している点にある。環境犯罪の処罰規定を個別の特別法に規定しているわが国では，ともすれば，何が環境犯罪に当たりうるのかが明確とは言い難い側面があるが，このようなドイツの立法には参考になるところがあろう。

　個別のテーマに目を向けてみると，廃棄物に関する罪の客体において，わが国が総合判断を採用している（▶831）のに対して，ドイツでは主観的廃棄物と客観的廃棄物を区分してそれぞれに別個の判断基準を設定しているなど，大きな相違が見られるとはいえ，個別事案で廃棄物に当たるかどうかを判断するときに，当該物の有用性や市場価値などを考慮する点には類似性が見られる。わが国の判例上の廃棄物概念（総合判断説）に批判があることはⅧ章において説明がある通りであるが（▶831(4)），利用価値の判断内容や周辺環境への影響の考慮の仕方に関するドイツの議論は，今後の安定した法解釈のあり方を模索する上でも参考になるものと思われる。

【Ⅵ章　参考文献】

〔環境刑法〕
1　山中敬一「ドイツ環境刑法における解釈論上の諸問題」刑法雑誌32巻2号（1992）
2　立石雅彦「環境の刑法的保護」刑法雑誌33巻2号（1993）
3　伊東研祐『環境刑法研究序説』（成文堂・2003）
4　京藤哲久「環境犯罪の構成要件」町野朔編『環境刑法の総合研究』（信山社・2003）
5　中山研一ほか編『環境刑法概説』（成文堂・2003年）

〔ドイツ基本法（憲法）における環境保護規定〕
6　岩間昭道「ボン基本法の環境保全条項（20a条）に関する一考察」ドイツ憲法判例研究会編『未来志向の憲法論』（信山社・2001）
7　岡田俊幸「ドイツ憲法における「環境保護の国家目標規定（基本法20a条）の制定過程」ドイツ憲法判例研究会編『未来志向の憲法論』（信山社・2001）

〔ドイツの循環経済法〕
8　勢一智子「持続可能な社会における法秩序の行方」環境法研究38号（2013）

＊　なお，ドイツ環境刑法の調査にあたっては，*Krell*, Umweltstrafrecht, 2017; *Saliger*, Umweltstrafrecht, 2012; *Kloepfer/Heger*, Umweltstrafrecht, 3. Aufl. 2014などを参考とした。

［冨川雅満］

Ⅶ章　自然生態系の刑法的保護

700　大気・水体等の刑法的保護

　環境基本法2条3項では典型7公害（◀241⑶），「大気汚染」,「水質汚濁」,「土壌汚染」,「騒音」,「振動」,「地盤沈下」,「悪臭」を規定する。本章では，「大気汚染」についての大気汚染防止法（◀438⑴a），「水質汚濁」についての水質汚濁防止法（◀321・438⑴b，*Topic 46*），および「土壌汚染」についての土壌汚染対策法に関して，事例に即して環境刑法の役割を考える。

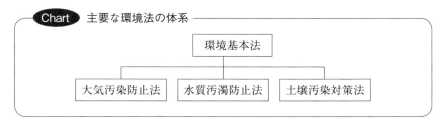
Chart　主要な環境法の体系

701　大気汚染防止法
(1)　概　　説
　日本では，高度経済成長期に大気汚染が深刻な社会問題となり，四日市ぜん息などの公害病も発生した。1962年制定のばい煙規制法に代わり，1968年に大気汚染防止法が制定された。同法は，「国民健康の保護」と「生活環境の保全」を保護法益（◀241）とする。同法の「ばい煙」とは，いおう酸化物（二酸化いおう，三酸化いおう），ばいじん（すすや微粒粉など），有害物資（カドミウム，塩素，ふっ化水素，鉛，窒素酸化物など）であり，基本的に燃料などの燃焼過程で発生するものが対象となる（2条1項）。

[基礎編] Ⅶ章 自然生態系の刑法的保護

(2) ばい煙発生施設

Topic 76 ばい煙発生施設の事例

A県B町に所在するC社は，その工場に窒素酸化物を排出するボイラー（伝熱面積が10㎡以上）を設置することとした。この場合，C社は「ばい煙発生施設」を設置しようとする者であり，大気汚染防止法により，A県知事に所定の届出をすることが求められる。

「ばい煙」を排出する施設で工場・事業場に設置されるものが，「ばい煙発生施設」である（同条2項）。

ばい煙を大気中に排出する者が，「ばい煙発生施設」を設置しようとするときは，工場や事業場の名称および所在地,「ばい煙発生施設」の種類，構造，使用方法等を都道府県知事に届け出なければならない（6条1項）。「ばい煙発生施設」の構造等の変更をする場合も同様である（8条1項）。大気汚染は，フロー型（今後に加えられる）環境負荷であり，人間は呼吸せざるをえないから，汚染された大気の直接的曝露は不可避である。その影響を緩和するために，同法は発生源から大気への排出を発生源において，行政の対応によって極小化することを企図する。そのため，発生源を行政（都道府県知事）に確知させるために，届出制を採用している。ばい煙発生施設の届出義務，ばい煙発生施設の構造等の変更届出義務に違反ないし虚偽の届出した場合について罰則が科される（34条1号・直接罰制）。法定刑は3月以下の懲役又は30万円以下の罰金である。ここで環境刑法は届出制の実効性を確保するために機能する。

(3) **排出基準と計画変更命令**

Topic 77 計画変更命令の事例

C社の届出内容を精査したA県は，C社の計画による施設の構造では，大気汚染防止法に基づく排出基準に適合しないと考えた。そのため，A県知事はC社に対し施設の構造について計画の変更を命じた。

同法は，ばい煙排出者は，そのばい煙量又はばい煙濃度が当該「ばい煙発生施設」の排出口において排出基準に適合しないばい煙を発生してはならないと定める（13条）。排出口とは，「ばい煙発生施設」において発生するばい煙等を大気中に排出するために設けられた煙突その他の施設の開口部をいう（2条14

項)。

　ばい煙に係る排出基準は，環境省令で定められる（3条1・3項）が，都道府県が条例でより厳しい（上乗せ）排出基準を定めることもできる（4条1項）。都道府県知事は，設置や構造等変更の届出を受理した日から60日以内に限り，排出基準に適合しないと認めるときは，施設の構造・使用方法等についての計画の変更，さらには施設設置の計画の廃止を命ずることができる（9条）。また，都道府県知事は，ばい煙排出者が当該「ばい煙発生施設」の排出口において排出基準に適合しないばい煙を継続して排出するおそれがあると認めるときは，その者に対し，期限を定めて施設の構造・使用方法等について改善命令や使用の一時停止命令を発することができる（14条1項）。これらの命令違反に対し，法は罰則を定めている（33条・命令前置制）。法定刑は1年以下の懲役又は100万円以下の罰金である。ここで環境刑法は強い行政措置である命令の実効性を確保するために機能する。ここでの法定刑は大気汚染防止法の中では一番重い類型で，同法が大気汚染発生源に対する，行政による規制，予防措置をもって生活環境を保全することを重視していることが理解できる。なお，排出基準は排出の濃度をコントロールする濃度規制であるところ，この手法では濃度を希釈すれば汚染物質を環境中に排出する余地が生まれる。こうした対応がされる場合には，個々の工場や事業場が排出基準を遵守していても，大気汚染物質の全体総量が多くなる。そこで，同法は一定の地域における大気汚染物質の総量を規制する総量規制基準も導入している（5条の2）。同法は，かかる総量規制基準の遵守について排出基準の遵守と同様の仕組みを設ける（9条の2等）。

(4)　**排出基準違反の直接罰**

Topic 78　**排出基準違反の事例**

　C社の工場の近隣に住むDはぜん息に罹患したところ，その原因は，同社施設から排出される窒素酸化物が原因であると考えた。Dから相談を受けたB町役場では職員を派遣して，C社工場内の「ばい煙発生施設」の排出口である煙突において，窒素酸化物の濃度を測定させたところ，大気汚染防止法に基づく排出基準値を超えていた。

　前述のとおり，同法の届出義務違反には，法令上の義務違反に直ちに行政罰を科す直接罰制（◀434(1)・435）が採用され，「ばい煙発生施設」が排出基準

［基礎編］　Ⅶ章　自然生態系の刑法的保護

に適合しないおそれがあるときには使用の一時停止命令をまず出して，それが守られない場合に行政罰を科す命令前置制が採用されている。もっとも，後者の命令前置制は一般に，命令を出すかどうかについて行政の判断が介在し，違反への対応が遅れる，政治的圧力が介入する余地がある，一時的に命令を遵守しても，しばらくして再開するといった問題点が指摘されることがある。そこで，同法は1970年の改正で，排出基準違反については，直接罰制を導入した（◀436(1)⑤）。

その法定刑は，6月以下の懲役又は50万円以下の罰金である。直接罰制の導入により，都道府県警察は行政の介在なくして，違反者を捜査，検挙することができる。この結果，排出基準の不遵守に対して直接に行政罰が科されることとなり，排出基準は法的拘束力を持つこととなる。環境刑法により，排出基準そのものの実効性が確保される。排出基準違反については，過失犯も処罰され，法定刑は現在，3月以下の禁錮又は30万円以下の罰金である。総量規制基準違反も同様である（33条の2第1項1号・2項）。前述の事例では，C社は排出基準違反により両罰規定（36条）をもって罰金を科される。

同法は，行政による規制，予防措置をもって「国民健康の保護」と「生活環境の保全」を実現しようとすることから，大気の汚染により人の健康又は生活環境に係る被害が生ずることを防止するため緊急の必要があると認められる場合に，行政（環境大臣又は都道府県知事）による報告徴収や立入検査（26条1・2項）を定める。そして，その実効性を確保するため，環境刑法として，報告義務違反，虚偽報告，検査拒否，妨害，忌避の場合に対し，法定刑30万円以下の罰金を科す（35条4号・直接罰制）。

702　水質汚濁防止法

(1)　概　　説

日本では，高度経済成長期には，水質汚濁も深刻な社会問題となり，水俣病，イタイイタイ病などの公害病も発生した。1958年制定の水質保全法および工場排水規制法に代わり，1970年に水質汚濁防止法が制定された（◀321）。同法の保護法益は大気汚染防止法同様,「国民健康の保護」および「生活環境の保全」である。

(2) 特定施設

> **Topic 79　特定施設の事例**
>
> 乙県丙町の海沿いに工場を所有する甲社は，その工場内から「公共用水域」である海に水を排出する者として，水質汚濁防止法の「特定施設」である汚水処理施設を設置し，乙県知事に対し届出をしていた。

　同法では，「特定施設」を設置して「公共用水域」に排水する者に対して，都道府県知事への届出を義務付ける（5条）。ここで「公共用水域」とは，河川，湖沼，港湾，沿岸海域その他公共の用に供される水域等である（2条1項）。

　「特定施設」とは，カドミウムその他の人の健康に係る被害を生ずるおそれがある物質として政令で定める物質（有害物質）を含むか（健康項目・1号），化学的酸素要求量その他の水の汚染状態を示す項目として政令で定める項目（生活環境項目）に関し生活環境に係る被害を生ずるおそれがある程度のものである（2号），汚水又は廃液を排出する施設で政令で定めるものをいう（2条2項）。同法は，工場や事業場の名称および所在地，「特定施設」の種類，構造，設備，使用方法，処理方法，排出水の汚染状態および量等の届出を求める。「特定施設」の構造等の変更をする場合も同様である（7条）。工場又は事業場からの公共用水域への排水による水質汚濁は，大気汚染同様，フロー型環境負荷である。同法は，受容能力を超えた生活環境の汚染を発生源において，行政の対応によって未然に防止することを企図する。そのため，発生源を行政（都道府県知事）に確知させるために，届出制を採用している。特定施設の届出義務，特定施設の構造等の変更届出義務に違反ないし虚偽の届出した場合について罰則が科される（32条・直接罰制）。法定刑は3月以下の懲役又は30万円以下の罰金である。ここでも環境刑法は届出制の実効性を確保するために機能する。

(3) 排水基準不適合の排出

　また，同法は，排出水を排出する者は，その汚染状態が当該「特定事業場」の「排水口」において「排水基準」に適合しない「排出水」を排出してはならないと定める（12条1項。◀ *Topic 46*）。ここで「特定事業場」とは「特定施設」を設置する工場又は事業場であり，そこから「公共用水域」に排出される水を「排出水」という（2条6項）。「排水基準」は，排出水の汚染状態について，環境省令（健康項目，生活環境項目）で定められるが，都道府県が条例でよ

[基礎編] Ⅶ章　自然生態系の刑法的保護

り厳しい（上乗せ）排水基準を定めることもできる（3条1・3項）。都道府県知事は、設置や構造等変更の届出を受理した日から60日以内に限り、排水基準に適合していないと認めるときは、施設の構造・使用方法等についての計画の変更、さらには施設設置の計画の廃止を命ずることができる（8条1項）。また、都道府県知事は、排出水を排出する者が、その汚染状態が当該特定事業場の排出口において排水基準に適合しない排出水を排出するおそれがあると認めるときは、その者に対し、期限を定めて特定施設の構造・使用方法等について改善命令や排出水の排出の一時停止命令を発することができる（13条1項）。これらの命令違反に対し、法は罰則を定めている（30条・命令前置制）。法定刑は1年以下の懲役又は100万円以下の罰金である。大気汚染防止法同様、ここでも環境刑法は強い行政措置である命令の実効性を確保するために機能する。ここでの法定刑も水質汚濁防止法の中では一番重い類型で、同法が汚水排出源に対する、行政による規制、予防措置をもって生活環境を保全することを重視していることが理解できる。なお、大気汚染防止法同様、水質汚濁防止法も総量規制基準を導入している（4条の5第1項）。同法は、かかる総量規制基準の遵守について排水基準の遵守と同様の仕組みを設ける（8条の2等）。

***Topic 80*　排水基準不適合の排水の事例**

> 「海水に異常がある」という付近住民からの相談により、乙県の職員が調査し、分析したところ、ある有害物質による水質の汚濁によって人の健康又は生活環境に係る被害が生ずることを防止する緊急の必要があると認められた。そこで、乙県の職員がその付近に所在する甲社工場の立入検査をしたところ、「特定事業場」である同工場の「排水口」からの排出水において、当該有害物質について水質汚濁防止法に基づく排水基準値を超えていた。

同法も行政による規制、予防措置をもって、「国民健康の保護」と「生活環境の保全」を実現しようとすることから、「公共用水域」等の水質の汚濁による人の健康又は生活環境に係る被害が生ずることを防止するため緊急の必要があると認められる場合の、行政（環境大臣又は都道府県知事）による報告徴収や立入検査（22条1・3項）を定める。そして、その実効性を確保するため、環境刑法として、報告義務違反、虚偽報告、検査拒否、妨害、忌避の場合に対し、法定刑30万円以下の罰金を科す（33条4号・直接罰制）。

排水基準違反については罰則が科され、法定刑は6月以下の懲役又は50万

円以下の罰金であり、過失犯も処罰され、法定刑は現在、3月以下の禁錮又は30万円以下の罰金である（31条1項1号・2項・直接罰制）。大気汚染防止法同様、直接罰制により、都道府県警察は行政の介在なくして、違反者を捜査、検挙することができる。この結果、排水基準の不遵守に対して直接に行政罰が科されることとなり、排水基準は法的拘束力を持つこととなる。環境刑法により、排水基準そのものの実効性が確保される。もっとも、大気汚染防止法と異なり、総量規制基準違反は命令前置制である（13条3項・30条）。前述の事例では、甲社は排水基準違反により両罰規定（34条）をもって罰金を科される。

なお、排水基準違反の排出水が排出される「特定事業場の排水口」とは「排出水を排出する場所」（8条1項）である。*Topic 80* の事例では、例えば、甲社工場内で発生する排水と「特定施設」である汚水処理施設の排水が合流して、海に接続する排水用パイプの先から排出した場合である。しかし、判例・実務では、「排出」、「排水口」という文言を広くとらえており、「特定施設」に起因しない場合でも排水基準違反罪を構成するとされている（名古屋高判昭50・10・20高刑集28巻4号434頁、大阪高判昭54・8・28LEX/DB27682234等）。このような判例・実務は行政措置の実効性を確保するために環境刑法が機能することを超え、環境刑法そのものが生活環境の保全のための規制・予防機能を果たすことを示す。

703 土壌汚染対策法

(1) 概　説

土壌が化学物質により汚染されると、その汚染土壌を直接摂取（摂食または皮膚接触）したり、汚染された土壌から化学物質が溶け出した地下水を飲むことなどにより、人の健康に影響を及ぼすおそれがある。土壌汚染は比較的古くから発生していたものと考えられるが、近年、工場跡地の再開発・売却の増加等により、土壌汚染事例の判明件数が増加した。土壌汚染は、一定レベルの汚染がすでに存在しているストック型（既に加えられた）環境負荷である。「国民健康の保護」を保護法益とする土壌汚染対策法は、「防止法」ではなく、「対策法」であり、汚染土壌による人の健康被害を遮断すべく措置を講じる。

[基礎編] Ⅶ章　自然生態系の刑法的保護

(2) **特定有害物質**

> **Topic 81　土壌汚染の事例**
>
> 　X社はY県内の土地（本件土地）を所有している。本件土地では同社が化学工場を操業し、工場内に「有害物質使用特定施設」が設置していた。今般、同施設の使用を廃止したため土壌汚染対策法3条1項に基づく調査をしたところ、砒素による汚染が発見された。

　同法は、土壌汚染を「特定有害物質による汚染」とする（1条）。「特定有害物質」としては、鉛、砒素、トリクロロエチレンを含め、同法施行令で合計26物質が指定されている（2条1項）。「有害物質使用特定施設」の使用を廃止した場合（施設の使用は継続するが特定有害物質の使用をやめる場合を含む）、当該施設が設置されていた工場又は事業場の土地所有者等は、120日以内に所定の土壌汚染調査を実施して（施行規則1条1項）、結果を都道府県知事に報告しなければならない。「有害物質使用特定施設」とは、水質汚濁防止法2条2項が規定する「特定施設」で同条2項1号に規定する特定有害物質を製造・使用・処理するものである（3条1項）。かかる施設の存在した土地は、特定有害物質で汚染されている可能性がある。都道府県知事は、土地所有者等が調査義務に違反したり、虚偽の報告をしたときは、報告命令や報告是正命令を発することができる（3条4項）。かかる命令に違反した場合には、1年以下の懲役又は100万円以下の罰金が科される（65条1号・命令前置制）。環境刑法は命令の実効性を確保するために機能する。法定刑は土壌汚染対策法の中では一番重い類型であり、汚染土壌の存在を行政が正確に把握すること担保する。X社は汚染の状況をB県知事に正しく報告しなければならない。

> **Topic 82　土壌汚染と民法改正**
>
> 　不動産である土地を買ったところ、土壌汚染が判明した。大気汚染や水質汚濁のようなフロー型環境負荷と異なり、土壌汚染はストック型環境負荷である。買主が土壌汚染調査費用・撤去費用・処分費用等金銭的な損害を被ったので、売主に損害を賠償して欲しいと求める。このような事例が数多く民事裁判で争われてきた。民法の売買契約における瑕疵担保責任の問題であり、「隠れた瑕疵」について売主に損害賠償責任を負わせていた。ところが、今般民法が改正され、新法は「瑕疵」の概念を捨て、これに代わるものとして「契約の内容に適合しないもの」（契約不適合）という概念を基礎に据えた（562条）。これは

契約内容に照らして導かれる「あるべき」性質からの乖離を問題とする手法である。土地売買契約における土壌汚染のリスクに対応するために，契約条項の定め方が以前にもまして重要となる。

(3) 要措置区域

> **Topic 83　要措置区域の事例**
>
> X社から調査を受託した会社によれば，砒素による汚染の程度は同法6条1項1号の環境省令で定める基準を超えていた。B県知事は本件土地を「要措置区域」として指定した。

同法は，①土壌汚染状況調査の結果，当該土地の土壌の特定有害物質による汚染状況が環境省令で定める基準に適合せず（6条1項1号），②「土壌の特定有害物質による汚染により，人の健康に係る被害が生じ，又は生ずるおそれがあるものとして政令で定める基準に該当する場合には（同2号），都道府県知事が「要措置区域」として指定することを定める。

B県知事は汚染状況の基準不適合に加え，特定有害物質について「人の曝露（直接摂取，地下水経由摂取）の可能性があり，汚染除去等の措置が講じられていない場合には，本件土地を「要措置区域」として指定することとなる。「要措置区域」とは，特定有害物質によって汚染されており，当該汚染による人の健康に係る被害を防止するため当該汚染の除去，当該汚染の拡散の防止その他の措置（汚染の除去等の措置）を講ずることが必要な区域である（6条1項）。都道府県知事は，当該汚染による人の健康に係る被害を防止するために必要な限度において，要措置区域内の土地の所有者等に対し，汚染除去等の計画を作成し，提出すべきことを指示し，提出しないときは命ずることができる（7条1・2項）。そして，汚染除去等の計画を提出した者が当該計画に従って実施措置を講じていないと認めるときは，都道府県知事は，その者に対し，当該実施措置を講ずべきことを命ずることができる（同条7・8項）。これらの命令に違反した場合にも，1年以下の懲役又は100万円以下の罰金が科される（65条1号・命令前置制）。環境刑法は命令の実効性を確保するために機能する。X社はB県知事に対し汚染除去等計画を提出しなければならない。

(4) **大気汚染防止法・水質汚染防止法との相違**

土壌汚染対策法には，大気汚染防止法の排出基準違反や水質汚濁防止法の排

[基礎編] Ⅶ章　自然生態系の刑法的保護

水基準違反への直接罰制ような罰則は定められていない。大気や水と異なり，前述のとおり土壌汚染「対策」は一定レベルの汚染がすでに存在しているストック型（既に加えられた）環境負荷であることが前提になっているからである。しかし，「国民健康の保護」実現のため，かかる環境負荷に行政（環境大臣や都道府県知事）による措置をもって対処することから，土壌の特定有害物質よる汚染により人の健康に係る被害が生ずることを防止するため緊急の必要があると認められる場合の，行政による報告徴収や立入検査（54条1・2項）を定める。そして，その実効性を確保するため，環境刑法として，報告義務違反，虚偽報告，検査拒否，妨害，忌避の場合に対し，法定刑30万円以下の罰金を科す（67条4号・直接罰制）。両罰規定もある（68条）。

【Ⅶ章　参考文献】

1　平野龍一ほか編『注解特別刑法3　公害編』（青林書院・1985）
2　北村喜宣『環境法』（弘文堂・4版・2017）
3　潮見佳男『債権各論Ⅰ』（新世社・3版・2017）
4　吉村良一『別冊法学セミナー　司法試験　環境法　論文式試験の解説』（日本評論社・2012）
5　荏原明則・神戸秀彦『別冊法学セミナー　司法試験　環境法　論文式試験の解説』（日本評論社・2013〜2015）
6　東京商工会議所編著『改訂版　環境社会検定試験　eco検定公式テキスト』（日本能率協会マネイジメンントセンター・2008）

［阿部　鋼］

710　愛護動物の刑法的保護

　われわれは，土の上に暮らし，大気を吸って，水を飲んで生活をしている。それゆえ，自然環境の保護は重要な課題である。もっとも，自然の中には，人間だけでなく動物も生活しており，動物と関連する環境の法的な規制は大きな問題である。人間と動物の関わりには，様々なものがあり，例えば，馬車のように，動物を人間の為に利用したり，あるいは肉牛のように，人間の食用としたり，さらには家で飼われているペットのように，家族の一員として，様々な場所で様々な種類の関わりがある。そのため，動物と人間との関係を定める法律には，多くの種類が存在する。

　本章では，多くの法律を整理し，さらに動物と人間との関連の中で生じている新しい問題，すなわち人間から動物を保護するという類型（動物愛護管理法）について検討を行うことにする。

711　動物と人間との関係法
(1)　概　　説

　動物と人間との関わりに関する法は，3つのカテゴリーに区別することができるであろう。それは，①「人間」を「動物」から守る法律，②「人間」と「動物」をともに守る法律（生態系を守る法律），③「人間」から「動物」を守る法律である。具体例をあげると，次の *Chart* のようになる。

Chart　動物と人間との関わりに関する法の分類		
①「人間」を「動物」から守る法	②「人間」と「動物」をともに守る法（生態系を守る法）	③「人間」から「動物」を守る法
家畜伝染病予防法 狂犬病予防法	外来生物法 種の保存法	鳥獣保護法 動物愛護管理法 ※なお，文化財保護法

(2)　「人間」を「動物」から守る法律——①の法律

　まず第1のカテゴリーは，動物による害悪や侵害から人間の環境を守る目的で立法された法律である。例えば，鳥インフルエンザを例に考えてみよう。鳥インフルエンザは，鳥類に感染し，非常に強い病原性をもたらす感染症である。

これは，とくに鶏を育成する畜産家にとって，自らの家畜が全滅に至りうる，非常に危険な感染症である。それだけではなく，鳥インフルエンザウイルスが変異することで人に感染する力を持ち，人間に感染症が蔓延し死者が出るパンデミックが発生することが危惧されている。このような事態を回避するためには，人間に被害が蔓延する以前の段階で，食い止める手段が必要であり，かかる手段を定めるのが家畜伝染病予防法である。

すなわち，家畜伝染病予防法は，28種類の家畜伝染病を定めて（2条），都道府県知事は，家畜伝染病のまん延を防止するために感染した家畜の殺処分を所有者に命じることができる（17条）。この命令に違反すると，63条により，3年以下の懲役又は100万円以下の罰金が科されることになる。

また狂犬病は，発症すると非常に致死率の高い人畜共通感染症である（狂犬病は，感染症法に基づき四大感染症に指定されている）。このような感染症の蔓延を防ぐために，狂犬病予防法は，犬の所有者に予防接種を義務づけている（5条）。これに違反して予防接種を行わない場合には，27条2号により，20万円以下の罰金が定められている。予防接種により，狂犬病の蔓延を防ごうという趣旨である。

以上のように，人畜共通感染症による動物から人間への感染リスクがあるような領域においては，人間を守るために動物の殺処分等を含めた動物規制が行われていることが判明する。

(3) 「人間」と「動物」をともに守る法律――②の法律

これに対し，外来生物法（2004。「特定外来生物被害防止法」と呼ばれることもある）は，例えば，カミツキガメのように，日本在来の生態系を損ね，農林水産物に被害を与える恐れのある外来種を「特定外来生物」に指定し（2条），許可なく飼育することを禁じ（4条），違反した場合には，33条により3年以下の懲役若しくは300万円以下の罰金を科すことにしている。さらに特定外来生物を，国が殺処分することができるようにしている（11条の2の3）。

この法律では，すでに存在する人間と動物の環境を，特定の外来生物から保護する構造となっている。

また種の保存法は，絶滅の恐れのある野生生物の種を保護するため，日本に生息する国際希少野生動植物の259種を，捕獲などすることを禁止している（9条）。これに違反した場合には57条の2により，5年以下の懲役又は500万円以下の罰金又はこれの併科となる。種の保存法は，生態系が生物にとって重要な前提であり，また生態系が自然環境の重要な一部であることを前提にして，

絶滅の恐れのある野生動植物の保護を図る規定である（1条）。

以上のように，第2のカテゴリーは，自然環境における「生態系」あるいは「生物多様性」は，人間にとっても，動物にとっても生存に欠くことのできない重要な要素でありまた生存の前提であるから，法律で保護を行うものである。

(4) 「人間」から「動物」を守る法律——③の法律

①や②では，人間が保護される規定となっていた。これに対し，③の類型では動物を保護しているように見える規定も存在する。その例として，鳥獣保護法（正式名称「鳥獣の保護及び狩猟の適正化に関する法律」）をあげることができる。

もっとも，注意を要するのは，大気汚染や水質汚濁が処罰されているのは，大気や水それ自体の悪化が悪いことだからではない。汚染された大気や，汚れた水が人間の健康を害するゆえに処罰対象となる。③においても，一見すると動物の利益が保護されているものの，実は①や②と同様に，③においても人間の動物と関連する利益が保護されている点には注意を要する。

> **Topic 84　鳥獣保護法前史**
>
> もともと鳥獣保護法の前身は，1873年の鳥獣猟規則と呼ばれるものである。これは，現在の法律と比較すると，大きく違う。というのは，その内容が狩猟を規制するものだったからである。江戸時代には江戸幕府が狩猟を厳しく規制しており，明治時代にその規則が緩んだために，銃による人身事故や，他人の土地に狩猟のために無断で立ち入るなどの問題が急増した。そのために制定されたのが猟規則である。その後，1892年の改正により，ツバメなどの保護鳥獣が定められ，1895年に狩猟法へと改正された後に，1963年に鳥獣保護及狩猟ニ関スル法律と改名された（現行法は，その2002年の全部改正として制定された）。鳥獣保護法は，現在では，狩猟だけでなく鳥獣保護についても定める。

◎ 鳥獣保護法1条　「この法律は，鳥獣の保護及び管理を図るための事業を実施するとともに，猟具の使用に係る危険を予防することにより，鳥獣の保護及び管理並びに狩猟の適正化を図り，もって生物の多様性の確保（生態系の保護を含む。以下同じ。），生活環境の保全及び農林水産業の健全な発展に寄与することを通じて，自然環境の恵沢を享受できる国民生活の確保及び地域社会の健全な発展に資することを目的とする。」

鳥獣保護法における，鳥獣とは，鳥類と哺乳類に属する「野生」の動物である。例えば，ツバメを，捕獲・殺傷し，ツバメの卵を採取・損傷すると，鳥獣

[基礎編] Ⅶ章 自然生態系の刑法的保護

保護法の8条より禁止され，1年以下の懲役または100万円以下の罰金が処されることになる（「捕獲」の意義をめぐる判例については▶ *Topic 55*）。

　さらに文化財保護法も，一部の動物を保護する。文化財保護法は，例えば法隆寺のような，国民にとって貴重な財産を保護するために，各種文化財を保護するものである。この法律では，建造物や絵画，彫刻のような有形文化財や，演劇のような無形文化財，信仰や年中行事などに関する風俗慣習といった民族文化財等を保護すると同時に，貝塚や動物，植物なども記念物として保護している。例えば，カモシカ，カワウソ，トキは，特別天然記念物に指定されている。もっとも，これは人間の文化財をメインとした法律であって，動物の保護を目的とした法律ではない。それゆえ，動物の保護を正面からうたっている法律は，動物愛護管理法（正式名称は，「動物の愛護及び管理に関する法律」）のみである。

720　動物愛護管理法

(1)　概　説

　動物愛護管理法は，動物虐待等を禁止することで人間の動物への接し方を明確化し，行政の動物への対処や責任を明らかにすることで，動物に関するルールを作る法律である（繰り返しになるが，動物それ自体の利益を保護するものではない）。もっとも，動物に対する感覚は人や地域，世代，動物の種類等によって大きく異なっているので，それらを調整して，1つの法的なルールとする点が第一の問題となる。例えば，一部のベジタリアンには，牛肉を食べる為に牛を殺害することは許しがたいことであるのに対し，ステーキ愛好家には，食用に牛を殺害することに躊躇を覚えないであろう。それゆえ，ルール作りが難しいのである。

　またこの点をクリアしても，第2に，法律の技術的な問題がある。動物は，法的には権利の主体ではなく，権利の客体である。例えば，子供のいないお金持ちのペット愛好家が，死ぬ際に，ペットに財産を相続させ自分が死んでも困らないようにしようとしても，日本の民法は，ペットへの相続や遺贈を認めていないので，信頼できる人に，負担付き遺贈をするなどの方式を採用するしかない。このように，動物は，法的に何かをできる主体であるとは見なされておらず，動物に関する環境を立法しようとすると，いかにして人間の利益と関連

させるのか，立法技術が難しいのである。
　以下では，このような点に注意しつつ，動物愛護管理法の罰則について検討していくことにする。
　(2) 動物愛護管理法の罰則
　学説において，動物愛護管理法の罰則の解釈や処罰の理由が争われているものとして，3つの類型が存在する。それは，①愛護動物の殺傷（44条1項），②愛護動物の虐待（44条2項），③愛護動物の遺棄（44条3項）である。
　44条を見ると，①～③の類型は，殺害や虐待や遺棄といった行為はすべて対象が「愛護動物」となっている。そして44条4項は，愛護動物を，次のように，「牛，馬，豚，めん羊，山羊，犬，猫，いえうさぎ，鳥，いえばと，あひる」の11種類と「人が占有している動物で哺乳類，鳥類又は爬虫類に属するもの」と定めている。

◎ 動物愛護管理法44条4項「前三項において「愛護動物」とは，次の各号に掲げる動物をいう。
　一　牛，馬，豚，めん羊，山羊，犬，猫，いえうさぎ，鶏，いえばと及びあひる
　二　前号に掲げるものを除くほか，人が占有している動物で哺乳類，鳥類又は爬虫類に属するもの」

　まず問題となるのは，この1号所定の11種類の動物に，人が占有していない野生動物も含まれるかである。というのも，44条4項2号には，「前号に掲げるものを除くほか，人が占有している動物で哺乳類，鳥類又は爬虫類に属するもの」という規定が存在するので，1号も同じように人が占有する動物を意味していると理解する余地があるからである。
　これについて，現在の支配的な見解は，野生動物も含まれると解釈している。なぜなら44条2項には，「自己の使用し，又は保管する愛護動物」と書かれているので，愛護動物には本来的には野生の動物も含まれることが前提となっているからである。たしかに，動物が殺傷されているのを目撃した際に生じる嫌悪感は，それが野生動物か否かによって相違はない（この点については，後述する）。それゆえ，支配的な見解は適切である（またオーストリア刑法やドイツ動物保護法においても，野生生物は保護対象から排除されていない）。
　実務上も，愛護動物には野生の動物も含まれていると解されている。当日拾ってきた猫を殺害する様子をインターネットで実況中継した被告人につき

[基礎編] Ⅶ章　自然生態系の刑法的保護

愛護動物殺害罪の成立を認めた福岡地判平14・10・21（裁判所ウェブサイト）や，敷地に入ってきた猫を捕まえて，熱湯をかけ，その映像を公開していた被告人につき，東京地判平29・12・12LEX/DB 25449209が，愛護動物殺害罪を肯定している（ただし，両事案ともに捕まえたことによって虐待行為時には野生動物でなくなっていたと理解する余地もある事案である）。

(3) **愛護動物殺傷罪**（44条1項）

◎ 動物愛護管理法44条1項 「愛護動物をみだりに殺し，又は傷つけた者は，2年以下の懲役又は200万円以下の罰金に処する。」

愛護動物をみだりに殺し，又は傷つけた者は，2年以下の懲役または200万円以下の罰金となる。それゆえ，本罪は動物自身の生命や身体といった利益が保護されていると理解することが可能である。しかしながら，動物それ自体は法的には，権利の客体であって主体ではない。

それでは，なぜ愛護動物をみだりに殺害あるいは傷害すると処罰されるのであろうか。その1つの考え方として，愛護動物への加害が，弱者としての人への加害を想起させるため，こうした嫌悪感を防ぐために処罰される，とすることがありうる。愛護動物が殺害されている事態を目撃すると，これは人間に実行する前の演習なのではないか，次こそ人間の子供が狙われるのではないかという（科学的ではないが）特別な嫌悪感が生じる。この種の特別な嫌悪感の発生を防止するには，動物への加害行為自体を処罰することで対応可能である。

このような理解から，さらに2つの帰結が導かれる。第1に，極めて例外的な事態であるが，愛護動物への加害が人に伝わらず，嫌悪感が発生しえない事例においては，愛護動物殺傷罪は成立しないということである。例えば，誰も訪れることのない離島の小屋の中で加害行為を行うがごとき場合には，同罪は成立しない。また第2に，条文で要求されている「みだりに」という点の解釈も，そのような嫌悪感という点が判断に際して重要となる。嫌悪を発生させない殺害，例えば，肉牛に，苦痛をできる限り与えない方法で殺害して，食用にする場合（40条に動物を殺す場合の方法が定められている）には，「みだりに」といえないというべきである。

しかしながら現在の支配的見解は，動物愛護管理法1条を根拠として，愛護動物の殺傷が処罰されるのは，動物愛護の良俗を害したからであると説明する（動物愛護の良俗違反説）。

◎ 動物愛護管理法1条 「この法律は，動物の虐待及び遺棄の防止，動物の適正な取扱いその他動物の健康及び安全の保持等の動物の愛護に関する事項を定めて国民の間に動物を愛護する気風を招来し，生命尊重，友愛及び平和の情操の涵養に資するとともに，動物の管理に関する事項を定めて動物による人の生命，身体及び財産に対する侵害並びに生活環境の保全上の支障を防止し，もつて人と動物の共生する社会の実現を図ることを目的とする。」

しかしながら動物愛護の良俗違反説には4つ問題がある。第1に，動物愛護の良俗は，その内容があまりにも漠然としている。動物への接し方は，人，世代，地域により様々である。このような漠然とした内容では，刑事罰が存在することの十分な説明とはなりえない。

第2に，動物愛護の良俗違反説は，動物愛護管理法の「最終目的」と，その目的を実現するための個別の規定における「規制手段」を混同しており妥当でない。すなわち愛護動物の虐待を禁止すること（規制手段）で，最終的に達成しようとするのが，動物愛護の良俗（最終目的）であり，動物愛護の良俗説は，それを取り違えてしまっている（別の言い方をすれば，設定する法益を遠くに置きすぎており内容が抽象的過ぎる）。

第3に，動物愛護の良俗違反説は，自説の利点として，動物愛護管理法全体の統一的な法益の説明に資する点を指摘するが，成功しているようには思われない。というのは，動物愛護の良俗を害するには，殺傷や虐待さらには遺棄すら不要だからである。例えば，世界中の動画サイトから，動物虐待の映像を集めてきて編集し，そのファイルを日本で上映すれば（殺傷行為より）広い範囲で，動物愛護の良俗は害される。しかしながら現行の動物愛護管理法は，動物への虐待映像の公開を処罰していない。それゆえ，動物愛護の良俗という観点からは，殺傷・虐待・遺棄のみを処罰するという説明は出来ないのである。

第4に，動物愛護の良俗違反説の強調する統一的な保護法益という点は，個別の規定の解釈論的に問題を生じさせる。後述する愛護動物遺棄罪の解釈において，動物愛護良俗説は，動物愛護の良俗という保護法益からではなく，（刑法の）遺棄罪とのアナロジーから解釈論を展開していることがその証である。また，食用にする目的なら愛護動物の命を奪うことが許されるにもかかわらず，愛護動物が生き残る可能性のある遺棄行為をすると処罰される動物愛護管理法は，動物愛護という観点のみからは，合理的な説明が難しいように思われる。

219

なお愛護動物殺傷罪には，両罰規定が設けられており，法人の役員や従業員によって法人の行為として，行われた場合には，殺傷行為を行った本人だけでなく，法人も処罰対象とされている（48条）。ここでは，ペットショップ等で売れ残ったペットを殺害する事態が規制されている。また，愛護動物であっても，鳥獣保護法や外来生物法で殺処分が認められている場合には，「みだりに」という要素が否定される。

（4） 愛護動物虐待罪（44条2項）

◎ 動物愛護管理法44条2項 「愛護動物に対し，みだりに，給餌若しくは給水をやめ，酷使し，又はその健康及び安全を保持することが困難な場所に拘束することにより衰弱させること，自己の飼養し，又は保管する愛護動物であって疾病にかかり，又は負傷したものの適切な保護を行わないこと，排せつ物の堆積した施設又は他の愛護動物の死体が放置された施設であって自己の管理するものにおいて飼養し，又は保管することその他の虐待を行った者」

例えば，飼っている犬に十分な餌を与えないという場合には，愛護動物虐待罪が成立する。この罪も，動物が飢えてガリガリになっていたり，不潔な状態や不適切な環境で飼育されている，さらには虐待されていると想起させることが，特別な嫌悪感情を発生させ，これを防止すべく規定されているものである。

それでは，愛護動物虐待罪にいう「虐待」行為とはどのようなものなのであろうか。まず法文上書かれているような「餌をやらない」「給水させない」などのネグレクトに当たる行為は虐待に当たる。それ以外の行為であっても，「その他の虐待」を行った場合には，愛護動物虐待罪が成立する。

ここでいう「その他の虐待」については，2つの考え方が対立している。1つの考え方は動物の側から見て，「苦痛」が虐待の要素であると解する見解である。これと対立する考え方は，人間の側から見て，残虐性ある行為が虐待であるという考え方である。すでに述べたように，本罪の保護法益を「嫌悪感の防止」と解するならば，後者の考え方が適切であろう。

動物虐待のおそれがある事態については，施行規則12条の2が定めており，①動物の鳴き声が過度に継続して発生し，又は頻繁に動物の異常な鳴き声が発生していること，②動物の飼養又は保管に伴う飼料の残さ又は動物のふん尿その他の汚物の不適切な処理又は放置により臭気が継続して発生していること，③動物の飼養又は保管により多数のねずみ，はえ，蚊，のみその他の衛生動物

が発生していること、④栄養不良の個体が見られ、動物への給餌及び給水が一定頻度で行われていないことが認められること、⑤爪が異常に伸びている、体表が著しく汚れている等の適正な飼養又は保管が行われていない個体が見られること、⑥繁殖を制限するための措置が講じられず、かつ、譲渡し等による飼養頭数の削減が行われていない状況において、繁殖により飼養頭数が増加していることが挙げられている。

実務上、愛護動物虐待罪が肯定された事例として、牧場の経営者が、1ヶ月にわたり馬2頭に、不衛生な環境において、十分な餌を与えず栄養障害状態に陥らせたという事案において、愛護動物虐待罪の成立を認めた伊那簡判平15・3・13日（裁判所ウェブサイト）がある。

(5) **愛護動物遺棄罪**（44条3項）

◎ 動物愛護管理法44条3項　「愛護動物を遺棄した者は、100万円以下の罰金に処する。」

例えば飼育している犬が大きくなりすぎて手に余るようになったので、隣町の公園に捨ててくるような場合には、愛護動物遺棄罪が成立する。ちなみに同罪の法定刑は、愛護動物虐待罪と同じであるが、愛護動物遺棄罪は、愛護動物殺傷罪や愛護動物虐待罪とは異なり、「動物愛護行政」あるいは「動物管理行政」の実現のための規定である。以下では、このことを具体的に説明していくことにしよう。

動物に関して、行政は、多くのことを要求されている。国及び地方公共団体は、3条により動物の愛護と適正な飼育に関し、普及啓発を図らなければならず、環境大臣は、動物愛護の基本方針を定め（5条）、都道府県知事は、動物愛護管理計画を定めて推進を行わなければならない。また、9条により、地方公共団体は、動物の健康及び安全を保持するとともに、動物が人に迷惑を及ぼすことのないようにするため、条例で定めるところにより、動物の飼育及び保管について動物の所有者又は占有者に対する指導をし、多数の動物の飼育及び保管に係る届け出をさせることその他必要な措置を講じさせることが法律で定められている。さらに都道府県知事は、周辺の生活環境の保全等に係る措置を勧告し、動物による人の生命や身体、財産を害する恐れのある動物の飼育許可を審査し、34条に指定されているように、動物愛護担当職員を設置し、都道府県は所有者が飼育できなくなった犬または猫の引き取りを行わなければならない（35条）。

[基礎編] Ⅶ章　自然生態系の刑法的保護

しかしながら，もし，飼っている猫や犬を町中に自由に捨ててよいとしたらどうなるであろうか？　町には捨て犬や捨て猫があふれ，動物の糞尿や死骸により公衆衛生が悪化したり，あるいは人畜共通感染症がまん延したりしてしまう。また，行政がそのような状態を改善しようとすると，今度は，捨て犬や捨て猫の回収に多大な費用と労力を要することになってしまう。つまり，自由に遺棄を認めると，動物愛護・管理行政は，根本的に崩れてしまう。このような事態を避けるために，愛護動物遺棄罪は制定されている。愛護動物殺傷罪や，愛護動物虐待罪では「みだりに」殺害や虐待を行わなければ，処罰されることはなかったが，愛護動物は「みだりに」遺棄を行わなくても処罰されるのは，1匹でも犬が放置され引き取りを求められれば，行政は引きとらなければならず，動物行政に負担が生じるからである。

> ***Topic 85*** 「動物保護法」（旧法）との関係
>
> 動物愛護管理法の前身たる動物保護法が1973年に制定された際，動物の虐待と遺棄は，動物保護法の13条で規定されていた。その際，虐待と遺棄は，かなり違う性格の行為であり，虐待が動物愛護の精神に基づく規定であるのに対し，遺棄の方は，動物愛護よりも，野良犬・野良猫を増やさないという目的の方がより強く作用しているという指摘がなされていた（ちなみに1973年には犬がかみつく事案が2,500件，当時は毎年70万匹が捕獲され，処分費用が莫大なものとなっていた）。この指摘は，正当である。動物の遺棄行為それ自体は，通常，弱者たる人への加害行為を想起させないから，愛護動物の殺傷や虐待の場合と同じ理由で処罰されていると考えることはできないからである。

そして以上のような理解から，次のような帰結が導かれる。第1に，行政は原則として生きている犬又は猫を引き取らなければならず（35条），さらに動物が死んでいる場合であっても回収しなければならないので（36条2項），愛護動物遺棄罪は，生きている愛護動物だけでなく，死んだ愛護動物を遺棄した場合であっても成立すると解すべきである（これに対し刑法は，生きている人（老年，幼年，身体障害又は疾病のために扶助を必要とする者）を遺棄する遺棄罪（刑法217条）と，死んだ人（死体）を遺棄する死体遺棄罪（190条）を区別して規定している点に注意を要する。）。

第2に，自分の家の前に捨てられた犬は，全て引き取ると評判の愛犬家宅前に，生まれたての子犬を捨ててくる場合，保護が確実に期待出来る状態にしている以上，動物行政になんら影響は発生せず，愛護動物遺棄罪は成立しないと

解すべきである。

　第3に，遺棄の意義について，「愛護動物を移転又は置き去りにして場所的に隔離することにより，当該愛護動物の生命・身体を危険にさらす行為」を意味するという理解や，このような理解では遺棄の態様や危険の内容に問題があるとして，「移置・置去りにより，占有者（飼育者）と愛護動物との間に場所的隔離を生じさせ人的環境保護を悪化させること，又は物的環境を悪化させることによって，愛護動物の生命・身体に対する（重大な）危険を創出・増加させること」と解する見解が示されているが，いずれの見解も動物への危険というほとんど立証不可能な要素を内容としており疑問である。また動物愛護管理法は，動物の利益を保護する法律ではないため，動物への危険を遺棄の内容として考慮すべきでない。上述の本稿の立場からは，遺棄とは，「愛護動物を移転又は置き去りにするなどして，愛護動物が人の生命，身体，財産を侵害し，あるいは我々の公共財ともいえる生態系や生物多様性，良好な周辺環境に被害を与えるなど，行政が看過し得ない事態（例えば9条）が生じた場合」を指すと解すべきである。要するに愛護動物遺棄罪は，動物愛護行政や動物管理行政という実践的な活動が処罰根拠の規定であり，行政が無視することのできない事態，介入せざるを得ない事態が発生すれば成立するのである。

721　環境法としての動物愛護管理法

　以上のようにして，動物と人間の関わりには多くの形態があり，①人間を動物から保護する法律，②人間と動物をともに保護する法律，③動物を人間から保護する法律が存在した。最近問題となっているのは，③の類型であり，とくに動物愛護管理法である。この法律は一見したところ，動物自身や，動物の利益を保護しているように見えるが，実は人間の環境を保護し，人間の環境保護に役立つ動物行政を実効的なものならしめる面をもつことに注意が必要である。この意味で，動物愛護管理法も環境法の1つというべきなのである。なお，2019年の国会に，動物愛護管理法の改正案が提出される予定である。その内容は，愛護動物虐待罪などの厳罰化を含んだものとなっている。

[基礎編] Ⅶ章 自然生態系の刑法的保護

【Ⅶ章 参考文献】

1 青木人志『動物の比較法文化 動物保護法の日欧比較』(有斐閣・2002)
2 青木人志「わが国における動物虐待関連犯罪の現状と課題」村井敏邦先生古稀祝賀『人権の刑事法学』(日本評論社・2011)
3 青木人志『日本の動物法』(東京大学出版会・2版・2016)
4 青木人志「動物保護法の日英比較」法律時報88巻3号(2016)
5 三上正隆「判批」法律時報78巻10号(2006)
6 三上正隆「動物の愛護及び管理に関する法律44条2項にいう「虐待」の意義」国士舘法学41号(2008)
7 三上正隆「愛護動物遺棄罪(動物愛護管理法44条3項)における「遺棄」の意義」法学新報121巻11・12号(2015)
8 三上正隆「愛護動物遺棄罪(動物愛護管理法44条3項)における「遺棄」概念」愛知学院大学法学研究57巻3・4号(2016)
9 三上正隆「動物虐待関連犯罪の保護法益に関する立法論的考察」愛知学院大学宗教法政研究所紀要58号(2018)
10 環境省自然環境局野生生物課鳥獣保護管理室(監修)『鳥獣保護法の解説』(大成出版社・改訂5版・2017)
11 Kazushige, Doi, Das Tierschutz in Japan, ZJapanR 44, 2017.
12 箕輪さくら「イングランドの動物虐待に関する判断基準」上智法学論集61巻3=4号(2018)

[今井康介]

VIII章　廃棄物処理法の罰則規定

800　廃棄物処理法の目的

801　公衆衛生と生活環境
(1) 概　説——廃棄物処理法前史

廃棄物処理法（1970）は，廃棄物の適正処理等をして，「生活環境の保全及び公衆衛生の向上」を図ることを目的としている（1条）。

同法の「廃棄物」とは「汚物」または「不要物」をいう（2条）。これに対して，廃棄物処理法制定前の法令では，適正処理等の対象は「汚物」のみであった。例えば，旧刑法（1880）427条7号は，汚穢物投棄罪を規定していた（法定刑は1日以上3日以下の拘留または20銭以上1円25銭以下の科料。ちなみに当時の1円は現在の貨幣価値に換算すると5,000円前後）。また，汚物掃除法（1900）は，市・指定町村の「汚物」の掃除義務を課していた。さらに，汚物掃除法を全面改正して制定された清掃法（1954）も，「汚物」の衛生処理事業を市町村の役割とし，多量の汚物排出者等に対する市町村長の汚物処理命令制度や汚物取扱業の市町村長の許可制などが導入された。さらに，上記の命令違反（7・23条。法定刑は3万円以下の罰金），無許可汚物取扱業（15・21条。法定刑は6月以下の懲役もしくは3万円以下の罰金またはその併科）や汚物の不法投棄（11・24条。法定刑は3万円以下の罰金または拘留もしくは科料）に対する罰則も規定された。

汚物掃除法も清掃法も，伝染病予防の観点から「汚物」の適正処理に重点が置かれていた（例えば，清掃法では，「汚物を衛生的に処理し，生活環境を清潔にすることにより，公衆衛生の向上を図ることを目的とする」（1条）と規定されていた）。しかし，戦後の高度経済成長に伴って事業活動から大量の産業廃棄物が排出され，生活環境が害される事態が生じた。そこで，「汚物」に当たらない産業廃棄物の処理体系を新たに整備するために，清掃法を全面改正して廃棄物処理法が制定され，法規制の対象が「汚物」のみならず「不要物」にまで拡張された。

[基礎編] Ⅷ章　廃棄物処理法の罰則規定

（2）「生活環境」の意義

　清掃法では，上記のように，「生活環境の清潔」は「公衆衛生の向上」を達成するための手段であった。これに対して，廃棄物処理法では，「生活環境の保全」と「公衆衛生の向上」とが，法の目的（法益）として並置されている。そこで，一見すると，一方では清掃法を継受して「汚物の適正処理」が「公衆衛生の向上」に結びつけられ，他方では廃棄物処理法で新たに「不要物の適正処理」が「生活環境の保全」に結びつけられているようにも思える。しかし，例えば，汚物を大量に路上に捨てれば悪臭等が生じて「生活環境」も害されるとすれば，「生活環境の保全」と「公衆衛生の向上」とは，必ずしも截然とは区別しえないように思われる。

　そもそも「生活環境」とは何か。これを「生活に身近な環境」である，と狭く解すれば，人里離れた山奥に産業廃棄物を捨てても，「自然環境」（生態系等）は害しても，「生活に身近な環境」は害していないゆえに，不法投棄とはいえなくなってしまう。また，廃棄物を減量・再生すれば，焼却に伴うCO_2の発生低減や，省資源につながるが，これらは「地球環境」の問題ゆえに「生活に身近な環境」ではないとして，本法では考慮されないことになってしまう。それゆえ，本法においても，「生活環境」は「地球環境」・「自然環境」を排斥する趣旨と解すべきではない（◀ 241(5)・445(7)）。

802　排出抑制と再生

　1991年改正により，廃棄物処理法1条の目的ないしその達成手段に「排出抑制」と「再生」とが追加された。廃棄物の排出量および適正処理による環境負荷が増大し，処理施設等でも大量の廃棄物を処理しきれず，また最終埋立処分場の増設も地域住民等の反対等で困難となっていた。そこで，そもそも廃棄物をできるだけ排出せず，また排出された廃棄物もできるだけ再生に回し，最終処分量を減らして，環境負荷を低減することが目指されたのである（もっとも，廃棄物の循環利用は，全市民の生活様式そのものの構造的転換という地球規模の巨視的な問題でもある。◀ *Topic 36*）。

810　廃棄物の処理体系の概要

811　一般廃棄物と産業廃棄物

(1) 概　説

　廃棄物処理法の適用対象は，基本的に「廃棄物」（2条1項）である。「ごみ，粗大ごみ，燃え殻，汚泥，ふん尿，廃油，廃酸，廃アルカリ，動物の死体その他の汚物又は不要物」がこれに当たる。さらに「一般廃棄物」（2条2項）と「産業廃棄物」（2条4項）とに区分されて，それぞれ異なる処理体系にのせられる。

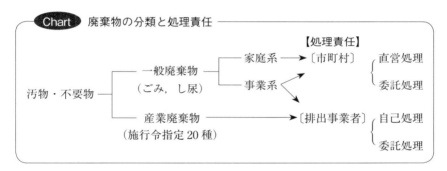

　なお，爆発性，毒性，感染性のある廃棄物は，「特別管理廃棄物」とされ，それぞれ一般廃棄物，産業廃棄物に分けられる（2条3・5項）。通常の一般廃棄物や産業廃棄物よりも処理等の基準が厳格になっている。

(2) 一般廃棄物

　産業廃棄物以外の廃棄物が「一般廃棄物」である（2条2項）。その処理責任は市町村が負う（6条）。市町村は，一般廃棄物処理計画を作成し，この計画に従って処理を進める（6条の2第2項）。ただし，汚染者（排出者）たる家庭にではなく，市町村にその処理責任を全面的に負わせるべきなのかは，立法論として再考の余地がないわけではない（◀304）。

(3) 産業廃棄物

　事業活動に伴って排出される廃棄物が「産業廃棄物」である（2条4項）。施行令2条で指定される20種がこれに当たる。その処理責任は排出事業者が負う（11条1項）。排出事業者は，処理基準に従って自己処理をするか（12条1～4項），委託基準に従って処理業者に処理委託をする（12条5・6項）。通例は，

委託処理がなされている。

(4) 家庭系一般廃棄物と事業系一般廃棄物

「事業者は，その事業活動に伴って生じた廃棄物を自らの責任において適正に処理しなければならない」（3条1項）。それゆえ，事業活動に伴って生じる限り，「一般」か「産業」かにかかわらず，その処理責任は排出事業者に生じる。廃棄物処理の現場では，事業活動から出る一般廃棄物を「事業系一般廃棄物」と呼び，家庭から出る一般廃棄物を「家庭系一般廃棄物」と呼んで区別している。例えば，「紙くず」は，指定された業種（建設業，パルプ・紙・紙加工品製造業，新聞業，出版業，製本業・印刷物加工業等）から出されると「産業廃棄物」であるが，それ以外の事業で出されると「事業系一般廃棄物」となる。市町村は，一般廃棄物処理計画において，事業系一般廃棄物をどのように処理するかも決定する（なお，大塚3・458頁は，事業から排出された廃棄物の処理責任を事業者に一本化することを提案する）。

Topic 86 有害使用済機器の新設

廃品回収業者が，回収した廃家電を山積にし，火災を発生させるなどしていたにもかかわらず，廃家電には資源となる金属が含まれる「有価物」であるとして「廃棄物」としての規制をためらう自治体が多かった。そこで，2017年改正により17条の2が新設され，「有害使用済機器」を保管・処分する一定の事業者に，その保管等の都道府県等への届出等の基準遵守が（罰則付で）義務づけられた。「有害使用済機器」とは，「使用を終了し，収集された機器（廃棄物を除く。）のうち，その一部が原材料として相当程度の価値を有し，かつ，適正でない保管又は処分が行われた場合に人の健康又は生活環境に係る被害を生ずるおそれがあるものとして政令で定めるもの」とされていている。具体的には，家電リサイクル法（▶910）対象のテレビ，冷蔵・冷凍庫，洗濯・乾燥機，エアコンの4品目および小型家電リサイクル法対象の28品目である。

「廃棄物を除く」ので，「有害使用済機器」は，「廃棄物」ではない。もっとも，「その一部が原材料として相当程度の価値を有し」ているとしても，少なくとも金属資源が回収されることもなく山積にされ放置された段階では，少なくとも「廃棄物の疑いのある物」ではないだろうか（ちなみに，（家電リサイクル法も，再商品化の対象を「特定家庭用機器廃棄物」（「機械器具が廃棄物となったもの」）と定める（1・2条））。そうすると，法改正をせずとも，行政機関が立入検査（廃棄物処理法19条）等し指導をして，その管理・保管につき是正させることも可能だったのではないか。

812　処理業・処理施設の許可制
(1) 概　説
　廃棄物の処理業をするには，一般廃棄物については市町村長の許可（7条1・6項），産業廃棄物については都道府県知事の許可が必要である（14条1・6項）。処理業とは，「収集・運搬」および「処分」であり，処分はさらに「中間処理」（減量等）と「最終処分」（埋立・海洋投棄）とに分かれる。なお，「再生」のための加工も，その過程で中間処理等を伴う限り，処理業の許可が必要となる（◀321）。また，許可を得たのとは異なる処理をするには，「事業範囲変更の許可」が必要となる（7条の2第1項・14条の2第1項）。さらに，処理業の許可とは別に「処理施設の設置」にも，原則として都道府県知事の許可が必要である（8・15条）。

(2) 処理委託基準・管理票
　排出事業者は，法令で定める委託基準に従って，許可を得た処理業者と書面による委託契約を締結しなければならない。また，排出事業者は，委託をした各処理業者に「管理票」（実務では「マニフェスト」）と呼ばれる書面を交付しなければならない（12条の3・4。◀310(6)）。排出事業者は，この管理票の写しを一定期間保存し，管理票に関する報告書を都道府県知事に毎年提出する義務を負う（12条の3第2項）。
　これらの許可・委託等に関する違反は，処罰対象となる（▶ *Chart* 業法違反の罪（一部））。

820　廃棄物処理法の処罰規定

821　罰則の対象行為
(1) 概　説
　廃棄物処理法の罰則の対象となる行為は，①不法投棄・不法焼却の行為（▶ *Chart* 不法投棄罪・不法焼却罪），②廃棄物処理業に関する違反の行為（▶ *Chart* 業法違反の罪（一部）），③廃棄物の輸出入の行為（▶ *Chart* 輸出入に関する罪）に大別しうる。

(2) 不法投棄罪
　警察庁の統計資料によれば，環境事犯の約8割が廃棄物処理法違反の罪で占められている（▶ *Chart* 過去10年間の環境事犯の検挙件数の推移）。また，環境

[基礎編] Ⅷ章　廃棄物処理法の罰則規定

白書によれば，その約半数が不法投棄罪で占められている（不法投棄罪の個別の要件の検討は▶860）。

Chart　不法投棄罪・不法焼却罪

	禁止規定	罰則規定	法定刑
廃棄物の不法投棄	16条	25条1項14号	5年以下の懲役もしくは1,000万円以下の懲役またはその併科
廃棄物の不法焼却	16条の2	25条1項15号	
廃棄物の不法投棄，不法焼却の未遂	16・16条の2	25条2項	
廃棄物の不法投棄，不法焼却を目的とする収集・運搬		26条6号	3年以下の懲役もしくは300万円以下の罰金またはその併科

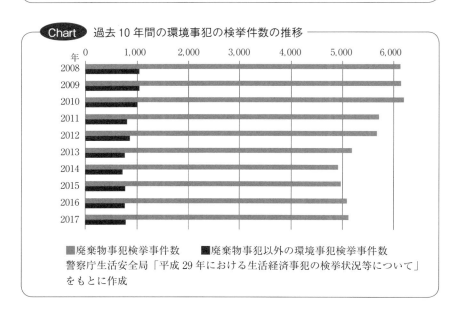

Chart　過去10年間の環境事犯の検挙件数の推移

■廃棄物事犯検挙事件数　　■廃棄物事犯以外の環境事犯検挙事件数
警察庁生活安全局「平成29年における生活経済事犯の検挙状況等について」をもとに作成

大規模な不適正処理・不法投棄等の事案が生じる度に，その抑止対策として，数次の改正で法定刑が段階的に引き上げられてきた（▶ **Chart 不法投棄罪・無許可処理業の罪の重罰化の歴史**）。そのほか，2003年には不法投棄等の未遂が，2004年には不法投棄等の目的での収集・運搬がそれぞれ処罰の対象とされた。

〈820〉 廃棄物処理法の処罰規定

Topic 87　大規模不適正処理事件と法改正

　1973 年の「六価クロム事件」は，1976 年の廃棄物処理法初改正のきっかけとなった。すなわち，東京都が購入した化学工場跡地に，発がん性リスクのある六価クロム鉱滓が大量投棄されていたことが判明した（都が処分した鉱滓は約 42 万立方メートル）。この事件を受けて，事業者に対する措置命令制度が創設された。また，廃棄物処理法として初めて不法投棄罪の法定刑にも自由刑が規定された。

　また，豊島事件（◀ 500）をきっかけとして，1991 年改正がなされ，処理施設設置の届出制から許可制への変更や管理票制度の導入（◀ 310(6)。ただし当時は対象が「特別管理産業廃棄物」に限定。1997 年改正で対象が「産業廃棄物」に拡大。）がなされ，不法投棄・業法違反の罪の重罰化がなされた（◀ 502）。

　さらに，1999 年に発覚した「青森・岩手県境不法投棄事件」をきっかけとして，2000 年改正がなされ，措置命令等の対象者等の拡張や排出事業者の最終処分確認義務化が定められ，両罰規定で業法違反の罪についても法人重課となった（◀ 502，▶ *Chart* 両罰規定。法改正の詳細は北村 5・504 頁，阿部 6・59 〜 211 頁参照）。この事件は，産業廃棄物処理業者 2 社が両県境の広大な土地に大量の産業廃棄物（最終的な撤去量は 109 万立方メートル）を不法投棄したもので，処理業者の法人業務主および社長らが不法投棄罪で有罪判決を受けた。豊島事件と同じく，特定産廃措置法（2003。詳細は北村 5・501 頁）による特定支障等除去事業の対象となり，2022 年度まで実施される原状回復の費用は約 480 億円と見込まれている。ちなみに，同法の特定支障等除去事業の対象事業は 19 件であり，そのうち 12 件がなお継続中である。

Chart　不法投棄罪・無許可処理業の罪の重罰化の歴史

法令	不法投棄罪	無許可処理業の罪
旧刑法 1880 年制定	1 日以上 3 日以下の拘留または 20 銭以上 1 円 25 銭以下の科料	
清掃法 1954 年制定	3 万円以下の罰金または拘留もしくは科料	6 月以下の懲役もしくは 3 万円以下の罰金またはその併科

231

[基礎編] Ⅷ章　廃棄物処理法の罰則規定

廃棄物処理法			
1970年制定	5万円以下の罰金		1年以下の懲役または10万円以下の罰金
1976年改正	①（有害）産業廃棄物	6月以下の懲役または30万円以下の罰金	1年以下の懲役または50万円以下の罰金
	②処理計画区域内またはその地先水面での廃棄物，処理計画除外区域内での下水道等の公共水域での一般廃棄物，処理計画除外区域内またはその地先水面での①以外の産業廃棄物	3月以下の懲役または20万円以下の罰金	
1991年改正	特別管理廃棄物	1年以下の懲役または100万円以下の罰金	3年以下の懲役もしくは300万円以下の罰金またはその併科
	廃棄物	6月以下の懲役または50万以下の罰金	
1997年改正	産業廃棄物	3年以下の懲役もしくは1,000万以下の罰金またはその併科	3年以下の懲役もしくは1,000万円以下の罰金またはその併科
	一般廃棄物	1年以下の懲役または300万円以下の罰金	
2000年改正	5年以下の懲役もしくは1,000万円以下の罰金またはその併科		

　環境白書によれば，産業廃棄物の投棄件数はピーク時の1998年には1,197件，投棄量は42.2万tであったが，2016年には投棄件数131件，投棄量2.7万tにまで減少している。もっとも，この不法投棄事犯の減少傾向が，重罰・厳罰化による効果のみであるとは断定しえない。廃棄物処理処分業のシステムが社会に定着し処理業の経営が安定化したことなどが，その理由として考えられるからである（◀ *Topic 35*）。

〈820〉 廃棄物処理法の処罰規定

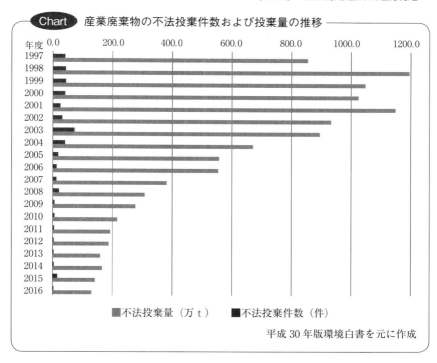

産業廃棄物の不法投棄件数および投棄量の推移

■不法投棄量（万t）　■不法投棄件数（件）

平成30年版環境白書を元に作成

(3) 廃棄物処理業に関する罪（業法違反の罪）

事業者の適正処理を所轄する行政機関の指導監督を強化・補充するための罰則である。例えば，無許可処理業が処罰対象となっているほか，排出事業者の無許可業者等への産業廃棄物の処理委託も処罰対象となる（▶ *Chart* 業法違反の罪（一部））。また，例えば，契約書不作成の委託などの委託基準違反や管理票等の違反も処罰対象となる（詳しくは，渡辺 26・66〜71 頁参照）。

さらに，自治体の長は，不適正処理等をした排出事業者や処理業者等に対して，原状回復や影響除去の措置命令等を出すことができる。その命令に従わないときも，処罰対象となる（「間接罰制度」◀ 435）。

[基礎編] Ⅷ章　廃棄物処理法の罰則規定

> ***Topic 88*　不法投棄罪と措置命令違反の罪との関係**
>
> 　廃棄物の不法投棄と，その廃棄物撤去の措置命令違反との罪数はどうなるか。この措置命令が履行されない場合には，都道府県知事は，自ら費用を負担して支障除去の措置を講じ（19条の8），その費用を違反者から徴収できないときは適正処理措置推進センターに除去費用の補てんを求めることになる（19条の9）。そうすると，不法行為によって生じた原状回復の費用が行政（税金）や他の事業者に不当に転嫁される。それでは，反倫理的な行為者が費用負担を免れ，フリーライダーが放置されて，不法な環境負荷が継続して一般化してしまいかねない（◀310(7)）。例えば，窃盗等の財産権の侵害に対しては，その被害者自らが民事不法行為に基づいて加害者に損害賠償を請求できる。しかし，特定の被害者なき不法投棄の環境負荷に対しては，民事損害賠償をなしえない。措置命令は加害者に不法な環境負荷の原状回復をさせるという民事損害賠償に代替する機能をもつ。この命令を不当に拒む行為には，環境負荷の維持という点で，当初の不法投棄には包摂しえない不法があるとすれば，不法投棄罪とは別に命令違反の罪が成立し，併合罪（刑法47条）または観念的競合（同54条）として処理されることになろうか。これに対して，両罪の法定刑は同一であって，しかも命令違反による環境負荷の維持といっても，結局は同一行為者の不法投棄から既に生じた同一の環境負荷（法益侵害）にすぎないとすれば，その不法も実質的に1つであるとして，両罰を包括一罪とすることも考えられよう（罪数一般については◀636）。

(4)　**不法投棄罪と無許可処理業の罪との関係**

　不法投棄罪は，現実に生活環境の清潔さを破壊する行為を防止しようとするもの（いわゆる「自然犯」）であり，業法違反の罪は，行政監督下での適正処理確保のための法規制を潜脱する行為を防止しようとするもの（いわゆる「行政犯」）であるとしたうえ（「自然犯」と「行政犯」との関係は◀432），その保護法益を異にするとの見解がある。この見解からは，不法投棄行為が無許可の最終処分（埋立・海洋投棄）業の行為にも当たるときは，無許可処分業の罪と不法投棄罪との観念的競合（◀636(3)）として処理される，とされている（土本7・42頁，古田8・269頁等。裁判例として東京高判平13・4・25東高刑時報52巻1～12号25頁）。この見解も，業法違反の罪を単なる形式犯とする趣旨ではないと思われる（◀437(2)b）。すなわち，所轄行政機関の指導監督による適正処理の確保も，結局のところ廃棄物の不法投棄・不適正処理による生活環境等への危害防止にあるからである（京藤1・331頁参照）。

　なお，不法投棄罪は，「何人」にも禁止される行為であって，その「行為自

体」が環境負荷なき適法な再使用等であれば適法となるのに対して，無許可処理業の罪は，その行為が事業として反復・継続してなされることが予定されている。それゆえ，その「行為の一連の過程」に環境負荷のリスクがなく適正処理または再生利用に至るか否かが問われる。こうして，両罪には，その不法を基礎づける環境負荷への評価の局面に差異があると考えられる（長井 13・29 頁参照）。

Topic 89　適正処理された場合の委託違反の罪の成否

　最決平 18・1・16 刑集 60 巻 1 号 1 頁は，次の事案で委託違反の罪（廃棄物処理 12 条 5 項・25 条 1 項 6 号）の成立を認めた。被告人 X らは，工事現場から排出された木くずなどを Y 社の積替保管場所に搬入し，収集運搬・処分の費用を Y に支払って，その処理委託をした。Y は，産業廃棄物の収集運搬業の許可は受けていたが，処分業の許可は受けておらず，これらの廃棄物を不法投棄していた。最高裁は，「「産業廃棄物の処理を他人に委託した」とは，上記 12 条 3 項（現 12 条 5 項・筆者注）所定の者に自ら委託する場合以外の，当該処理を目的とするすべての委託行為を含むと解するのが相当であるから，その他人自らが処分を行うように委託する場合のみならず，更に他の者に処分を行うように再委託することを委託する場合も含み，再委託先についての指示いかんを問わない」と判示した。この解釈は，処理の「再委託」をも禁止・処罰対象とする法の趣旨に忠実である。

　これに対して，原審は有罪としつつも，本事案とは異り，仮に，排出事業者が，無許可業者に処理委託をしたものの，許可業者に再委託するよう指示し，再委託先で適正処分された場合にまで処罰するのは「行き過ぎ」とした。確かに，このような場合には，刑訴法 248 条に基づき起訴猶予とするか，「可罰的違法性」（処罰に値するだけの質と量とを備えた違法性）が欠けるゆえに犯罪不成立とする余地はあろう（◀437(2)e）。もっとも，そのようなケースは，現実にはほとんど考えられないように思われる。

[基礎編] Ⅷ章　廃棄物処理法の罰則規定

Chart　業法違反の罪（一部）

行為	行為の対象・内容	禁止・義務規定	罰則規定	法定刑
無許可処理業	一般廃棄物	7条1・6項	25条1項1号	5年以下の懲役もしくは1,000万円以下の懲役またはその併科
	産業廃棄物	14条1・6項		
	特別管理産業廃棄物	14条の4第1・6項		
処理業の許可（更新）の不正取得	一般廃棄物処理業	7条1・6項（7条2・7項）	25条1項2号	
	産業廃棄物処理業	14条1・6項（14条2・7項）		
	特別管理産業廃棄物処理業	14条の4第1・6項（14条の4第2・7項）		
事業範囲の無許可変更	一般廃棄物処理業	7条の2第1項	25条1項3号	
	産業廃棄物処理業	14条の2第1項		
	特別管理産業廃棄物処理業	14条の5第1項		
処理施設の無許可設置	一般廃棄物	8条1項	25条1項8号	
	産業廃棄物	15条1項		
処理施設の設置許可の不正取得	一般廃棄物	8条1項	25条1項9号	
	産業廃棄物	15条1項		
処理施設の無許可変更	一般廃棄物	9条1項	25条1項10号	
	産業廃棄物	15条の2の6第1項		
命令違反	一般廃棄物処理業の業務停止命令違反	7条の3	25条1項5号	
	産業廃棄物処理業の業務停止命令違反	14条の3		
	特別管理産業廃棄物業の業務停止命令違反	14条の6		
	生活環境保全上の支障の除去等のために出された措置命令違反	19条の4第1項・19条の4の2第1項・19条の5第1項・19条の6第1項		

〈820〉 廃棄物処理法の処罰規定

	排出事業者・一般廃棄物処理業者・産業廃棄物処理業者・特別管理産業廃棄物処理業者の改善命令違反	19条の3	26条2号	3年以下の懲役もしくは300万円以下の罰金またはその併科
	生活環境保全上の支障の除去等のために出された措置命令違反	19条の4第1項(19条の10第1項)・19条の5第1項(19条の10第2項)		
処理委託（基準）に関する違反	一般廃棄物委託違反	6条の2第6項	25条1項6号	5年以下の懲役もしくは1,000万円以下の懲役またはその併科
	産業廃棄物委託違反	12条5項		
	特別管理産業廃棄物処理委託違反	12条の2第5項		
	一般廃棄物委託基準違反	6条の2第7項	26条1号	3年以下の懲役もしくは300万円以下の罰金またはその併科
	産業廃棄物委託基準違反	12条6項		
	特別管理産業廃棄物委託基準違反	12条の2第6項		
	一般廃棄物再委託禁止違反	7条14項		
	産業廃棄物再委託禁止違反	14条16項		
	特別管理産業廃棄物再委託禁止違反	14条の4第16項		
処理受託禁止違反	産業廃棄物	14条15項	25条1項13号	5年以下の懲役もしくは1,000万円以下の懲役またはその併科
	特別管理産業廃棄物	14条の4第15項		
管理票等に関する義務違反等	排出事業者の排出者管理票交付義務違反・記載義務違反・虚偽記載	12条の3第1項	27条の2第1号	1年以下の懲役または100万円以下の罰金
	運搬受託者の管理票写し送付義務違反・記載義務違反・虚偽記載	12条の3第3項前段	27条の2第2号	
	運搬受託者の管理票写し回付義務違反	12条の3第3項後段	27条の2第3号	
	処分受託者の管理票写し送付義務違反・記載義務違反・虚偽記載	12条の3第4・5項・12条の5第6項	27条の2第4号	

[基礎編] Ⅷ章 廃棄物処理法の罰則規定

管理票交付者の管理票写し保存義務違反	12条の3第2・6項	27条の2第5号
運搬受託者の管理票写し保存義務違反	12条の3第9項	
処分受託者の管理票写し保存義務違反	12条の3第10項	
産業廃棄物処理業者または特別管理産業廃棄物処理業者の虚偽管理票交付	12条の4第1項	27条の2第6号
運搬または処分の受託者の管理票未交付での産業廃棄物受交付	12条の4第2項	27条の2第7号
運搬または処分の受託者の産業廃棄物の運搬または処分の虚偽管理票送付	12条の4第3項	27条の2第8号
処分受託者の中間処理産業廃棄物の最終処分の虚偽管理票送付	12条の4第4項	
電子管理票虚偽登録	12条の5第1項	27条の2第9号
電子管理票報告・義務違反,虚偽報告	12条の5第2・3項	27条の2第10号

※管理票等に関する措置命令違反の罪もある（12条の6第3項・27条の2第11号）。

(5) 廃棄物の輸出入

廃棄物は「国内処理」が原則のため（2条の2第1項），その輸出には環境大臣の「確認」が必要となる。また，廃棄物の輸入は，国内での適正処理に支障を出さないよう抑制すべきとされているため（2条の2第2項），その輸入には環境大臣の「許可」が必要となる。これらの確認・許可の違反は，処罰対象となる（▶ *Chart* 輸出入に関する罪）。

なお，いわゆる「バーゼル条約」（1989）では，「有害廃棄物およびその他の廃棄物の輸出には，輸入国の書面による同意を要する」とされている。日本も，「バーゼル法」の制定および廃棄物処理法の改正をして，同条約に1993年に加入している（◀258(5)）。バーゼル法上の「特定有害廃棄物」を輸出入するには，外為法（外国為替及び外国貿易法）に基づく経済産業大臣の承認が必要である（4・8条）。未承認の輸出入は，処罰対象となる（外為法48条3項・52・69条の

7第5号。法定刑は5年以下の懲役もしくは1,000万円以下の罰金またはその併科（ただし当該違反行為の目的物の価格の五倍が1,000万円を超えるときは当該価格の5倍以下の罰金））。そのほか、バーゼル法でも、特定有害廃棄物の輸出入者に対する措置命令違反等が処罰対象となる（17・24条。法定刑は3年以下の懲役もしくは300万円以下の罰金またはその併科）。

Chart 輸出入に関する罪

行為	禁止・義務規定	罰則規定	法定刑
無確認輸出	10条1項・15条の4の7第1項	25条1項12号	5年以下の懲役もしくは1,000万円以下の懲役またはその併科
無確認輸出の未遂		25条2項	
無確認輸出の予備		27条	2年以下の懲役もしくは200万円以下の懲役またはその併科
無許可輸入	15条の4の5第1項	26条4号	3年以下の懲役もしくは300万円以下の罰金またはその併科
輸入許可条件違反	15条の4の5第4項	26条5号	

(6) 両罰規定

廃棄物処理法には、両罰規定（32条。「両罰規定」の意義は◀406(3)・635(2)～(4)）も置かれている（本法の両罰規定の法定刑の変遷については◀502）。また、刑訴法250条2項は罰金刑の公訴時効を3年と定めているが、廃棄物処理法32条2項では、業務主の公訴時効が5年に延長されている。もっとも、仮に摘発されても廃業・破産をされてしまえば、実際上その罰金の徴収はできない（実際に、刑事実務では、法人に対する100万円超の罰金額の徴収は一般に困難になっている（高崎27・131頁参照））。それゆえ、このような重罰・厳罰による「威嚇」の抑止効果は必ずしも見込めないとも指摘されている（阿部6・188頁参照）。

なお、本法の両罰規定では、「法人」（法人業務主）と「人」（自然人業務主）とで、その科される法定刑に差異がある（▶ *Chart* 両罰規定）。

[基礎編] Ⅷ章　廃棄物処理法の罰則規定

Chart　両罰規定

対象行為	法定刑（「法人」）
法人の業務に関し，25条1項第1～4・12・14・15号または25条2項に該当する違反行為	3億円以下の罰金（32条1項1号）
法人の業務に関し，25条1項（1～4・12・14・15号を除く。），26・27・27条の2・28条2号，29・30条に該当する違反行為	各罰則の本条で定める刑罰（32条1項2号）

※「人」（自然人業務主）には，いずれの対象行為についても，各本条の罰金刑が科される。

830　廃棄物の意義

831　総合判断説（判例）

(1) **概　説**

その客体が「汚物」または「不要物」でなければ「廃棄物」に当たらない。生ごみやし尿を思い浮かべれば分かるように，「汚物」に当たるか否かの判断は，おそらくそれほど難しくはないであろう。これに対して，「不要物」はどうか。何をもって「不要」というのか。特にその持主が「不要」ではないと言い張っているときはどうするのか。

判例および行政の解釈によれば，不要物に当たるか否かは「総合判断」によって決せられる。すなわち，「不要物」とは，「自ら利用し又は他人に有償で譲渡することができないために事業者にとって不要になった物いい，これに該当するか否かは，その物の性状，排出の状況，通常の取扱い形態，取引価値の有無及び事業者の意思等を総合的に勘案して決する」（最決平11・3・10刑集53巻3号339頁・環百34。おから事件判例），とされている。もっとも，事業者等には，結局何が基準となるのかわからないとして，総合判断説は評判が悪いようである。

(2) **不法投棄罪との関係**

例えば，終バスに乗り損ねたので，駅前に停めてあった他人の自転車を無断で使用して，自宅近くまで走行した後，盗難を隠ぺいするため，近隣の山林や路上に放置した場合に，窃盗や遺失物横領に加えて「不要物」の不法投棄にも

当たるのか。取引価値のある新しい自転車であれば「不要物」でないことになるのか。それとも，盗難した者を占有者として，その意思は放置した段階で「不要物」であることになるのか。しかし，自転車の持主（所有権者（真の利用者））の意思はどうなるのか。客観的に放置・投棄されたことから直ちに「不要物」であるとは断定しえないのである。これとは異なり，2，3回乗ったが上手く乗りこなせないので，その持主が買ったばかりの自転車を「もう使えない」といって粗大ごみに出せば「不要物」となる。また，これを山林等に放置した場合には，いかに取引価値があっても，「不要物」の不法投棄であることは否定しえないであろう。結局のところ，物質的な性状でなく，占有利用者の意思として「不要物」であったか否かが重要となりうる（長井14・28～29頁参照）。

なお，占有者（利用者）がクラシックカーを現に使用しているのに，行政機関が古くて汚いからというだけでこれを「不要物」として法規制をすることはできない。不要物でない限り，その占有者にとっては「財産」であって，市民の財産権は公共の福祉や法令の制限に反しない限り保障される（憲法13・29条1項，民法206条）からである（長井13・186頁参照。神山9・242頁も，廃棄物としての故意の有無の認定は本人の意思内容や客観的事情から合理的に行わなければならないとする）。それゆえ，占有者の意思がどちらかはっきりしないときは，「疑わしきは占有者に有利に」判断するしかないと思われる（この財産権の保障の観点から，ここでの「占有者」（利用者）としては，自転車の盗難者のような違法な占有者はとりあえず除外しておきたい）。

Topic 90 廃墓石無許可収集運搬事件

広島高岡山支判平28・6・1 LEX/DB25448093では，次の事案で無許可収集運搬罪の成否が争われた。被告人Xは，産業廃棄物に当たらないとの知人の助言を信じて，廃墓石を約2年間無許可で収集・運搬し，その一部を山中に埋めるなどしていた。「廃墓石」の「産業廃棄物」該当性につき当時の環境省通知（行政解釈）の基準が必ずしも明確でなかったこともあり，所轄の県や警察も，その間，被告人に廃墓石の回収等を指導することはなかった。しかし，廃墓石の不法投棄が社会問題化すると，所轄の県は，Xに「廃墓石の投棄は不法投棄に当たるので，これを撤去すること。」，「廃墓石は産業廃棄物に当たるので，収集運搬には許可が必要である。」などの指導・警告等をするようになった。それにもかかわらず，Xがこれに従わず，無許可収集運搬を続けたため，逮捕・起訴された。広島高岡山支部は，本件廃墓石の産業廃棄物該当性および

[基礎編] Ⅷ章　廃棄物処理法の罰則規定

Xの故意・違法性の意識（◀ 432(2)）を認めて有罪とした。
　しかし、廃墓石を山中に埋める行為には、（行政解釈が基準とする）「宗教的感情の対象物」や再利用するとの意思のあることを見出すことができず、専ら「不要物」であるとの意思が外部に明白に表明されている（県も、Xの行為前に、行政処分の指針として、「明らかな不法投棄」であれば、破棄物に当たるとしていた。それなのに、なぜ、Xへの指導が遅れたのか）。それゆえ、不法投棄罪として起訴されていれば、「廃棄物」（不要物）であることを比較的容易に認めることができたのではないだろうか。

(3)　業法違反の罪との関係

> ### *Topic 91*　おから事件判例の事案と判旨
>
> 　被告人Xは、無許可で豆腐製造業者からおから合計 522 t を処理料金を受け取って収集し、これを自社の工場まで運搬して、同工場において肥料・飼料等にするために熱処理して乾燥させていたとして、産業廃棄物の無許可処理業の罪で起訴された。
> 　最高裁（◀ 831(1)）は、本件「おから」が産業廃棄物であることを認め、Xを有罪とした。その理由として、「おからは、豆腐製造業者によって大量に排出されているが、非常に腐敗しやすく、本件当時、食用などとして有償で取り引きされて利用されるわずかな量を除き、大部分は、無償で牧畜業者等に引き渡され、あるいは、有料で廃棄物処理業者にその処理が委託されており、被告人は、豆腐製造業者から収集、運搬して処分していた本件おからについて処理料金を徴していた」からだと判示した。

　もし、本件おからが、山林、河川、公道に捨てられたり、焼かれたりしていれば、Xの不要とする意思も明白なので、「不要物」と認められよう。しかし、Xは、本件おからを自己の工場内で単に放置していたわけでもなく（自己所有地での積置（野積み放置）が不法投棄に当たるかについては▶ 862）、極めて不充分ながらも再生のための処理を行っていた。それでも、最高裁は、Xが扱っていた物は「産業廃棄物」に当たるとした。ここでは、総合判断において、おからが食用以外で一般的に有償譲渡できる物であったかどうかが重要な判断基準となっている。これは、無許可処理業者であっても営利目的であれば、売れる物をぞんざいに扱ってみだりに捨てたりはしないからであろう。反対に、売れない物は、最終的に在庫となって無許可処理業者にとって「不要」となり、事業の失敗によって、不法投棄のリスクが高まる。上述のように、処理業は適正な

〈830〉「廃棄物」の意義——総合判断説

処理の能力のある者にだけ許可されている。それは，まさにこうした事業活動で生じる不適正処理のリスク抑制のためである。有償譲渡できない物でも，最終的に適正処理することができれば，環境負荷は生じないからである。この点からすれば，最高裁が無許可処理業の罪との関係で有償譲渡性の基準を重視したことにも理由がある。

> **Topic 92　「専ら物」との関係——古タイヤ事件判例**
>
> 　廃棄物処理法は，「専ら再生利用の目的となる廃棄物」（実務では「専ら物」と略称されている。）の制度を設けている。すなわち，「専ら物」については，その処理業の許可は不要となる（7条1項但書・同6項但書・14条1項但書・同6項但書）。最決昭56・1・27刑集35巻1号1頁は，被告人Xが廃タイヤを無許可で収集・運搬等したとして，無許可処理業の罪の成否が問われた事案（古タイヤ事件）で，「専ら再生利用の目的となる産業廃棄物」とは「その物の性質及び技術水準等に照らし再生利用されるのが通常である産業廃棄物をいう」とし，「本件自動車の廃タイヤは，本件当時，一般に再生利用されることが少なく，通常，専門の廃棄物処理業者に対し有料で処理の委託がなされていた」として，本件タイヤは「専ら再生量の目的となる産業廃棄物」に当たらないとして，Xを有罪とした。
> 　再生利用されるのが通常でなければ，再生品として利用したり，売ったりする見込みが立たず，結局のところ再生加工もなされないままに「不要物」となりうる。そうすると，やはり適正な処理能力を持たない事業者は，これを不法投棄等してしまいかねない。すなわち，古タイヤ事件判例でも，おから事件判例に先立って有償譲渡性や物の性状等を重視した判断が既になされていたと考えられる。

　もっとも，おから事件では，周辺住民からの悪臭の苦情をきっかけとして，所轄する県は，Xに対して廃棄物処理の許可が必要である旨の通知もしていたとされる。つまり，本件おからは，適正な有効利用もされずに，近隣への生活環境に既に悪影響を及ぼしていた。この意味で本件おからは既に不要物というよりも汚物に近い状態になっていた。さらに，こうした事情から，Xにも周辺に環境負荷を与えていることは認識されていたと考えられる。そうであれば，「占有者の意思」の基準からしても，不要物ないし汚物であったと言わざるを得ない。また，本件おからが環境負荷を与えていた限り，Xの行為は「公共の福祉」による財産権の制約（憲法29条2項，民法1条1項）の対象とせざるを得ない状況にあったといえよう（長井18・31頁参照。また，ドイツ法の「客観的

243

[基礎編] Ⅷ章　廃棄物処理法の罰則規定

廃棄物」の概念（◀673⑵ｂ）も参照。もっとも，Ｘの製造工場と住宅地域との近接は，国や地方自治体の土地利用区分・計画等の不備・懈怠の結果でもある。◀310⑵，***Topic 37***）。豊島事件（◀500）でも，こうした環境負荷の有無等を踏まえつつ，同様の判断が期待されていたのではなかったか。ちなみに，現在の実務では，環境省の通知等によって，主観的意思を客観的に判断するという「客観的総合判断説」がとられている。例えば，廃棄物が「概ね180日以上の長期にわたり乱雑に放置されている状態」であれば，再生するつもりで占有しているとはいえないとみなされる（北村5・451頁参照）。これは，「占有者の意思」を事業者の一方的な主張で判断するのではなく，合理的に判断すべきことを求めるものである。

⑷　**「有償譲渡性」と「再生」との関係**

もっとも，かつての行政実務では，有償譲渡性の基準が重視されていた。例えば，産業廃棄物の排出側が，これを再生品等の原材料として販売する体裁を取り，受取側からその代金を受領し，その代わりに輸送費や人件費の名目で，その販売代金を上回る代金を受取側に支払う。一見すると「売買」なので，その客体は「売れる物」すなわち有償譲渡性のある物のように見えるが，実際には排出側に金銭上のマイナスが生じている。そこで，このような「逆有償」による仮装を避けるために，物品とその代金との関係だけでなく，取引全体を見て「廃棄物」該当性が判断される（北村5・453〜454頁）。これは，おから事件判例の影響を受けたものであろうか。

しかし，おから事件判例に対しては，「再生」との関係で，次のような疑問も示されていた。「廃棄物が再生されたと判断されるためには，有償譲渡の可能性が必要であると解され，したがって，廃棄物に操作を加えて一定の有用性が生じ，利用可能な状態になったとしても，有償譲渡の可能性がない場合には，それは未だ廃棄物であり，これを利用したり廃棄物処理業者以外の者に無償で譲渡したりしてはならず，処分しなければならないことになる。しかし，廃棄物の再生利用促進の観点からすると，このような結論は極めて不都合なものではないか」（匿名解説・判タ1160号（2004）94頁）。

現在の環境省の行政解釈でも，排出事業者の事業過程で排出された段階では産業廃棄物に当たっても，これを再生利用やエネルギー源として利用する場合，これが譲受者の事業として確立・継続していれば，逆有償として引渡されても，その譲受者が占有者となった以降には廃棄物に当たらないとされている（2005年および2013年の通知。北村5・454頁参照。なお行政解釈の変遷については，阿部

244

17・86頁参照)。また，おから事件後の刑事裁判例には，この行政解釈と同様の判示をしたものがある。これについては，後述する（▶850(4)）。

840 循環基本法と廃棄物処理法との関係

841 最終手段としての適正処理

(1) 概　説

　循環基本法（▶900）は，いわゆる「3R」（Reduce（発生抑制），Reuse（再使用），Recycle（再資源化））を定め，発生抑制を優先すべきものとしている。しかし，大量生産・大量消費を前提とした流通過程それ自体を根本的に改めない限り，廃棄物の排出抑制は困難である。それゆえ，発生抑制それ自体は必ずしも進んでいないようである。そこで，循環基本法も，廃棄物等をできる限り①再利用，②原材料化，③エネルギー利用化することとし，廃棄物等を最終処分に回す量を減らすことを目指している。

(2) 法の体系

　上記①～③は，基本的に資源有効利用促進法および各種リサイクル法が管轄し，④適正処理（最終処分）は，廃棄物処理法が管轄する。適正処理は，あくまで最終手段として位置づけられている。

　しかし，せっかくリサイクル品となっても，製造コストがかかり割高となるため，結局売れ残って在庫がたまっているとも指摘されている。そうすると，その在庫は，結局のところ「不要物」となって，適正処理に回さざるを得なくなる。そこで，廃棄物処理法と資源有効利用促進法とを統合して，廃棄物の排出抑制と再生とを一体的に進める法整備が必要であるとも主張されている（福士4・68頁）。

(3) 「廃棄物等」の意義

　循環基本法は，その対象を「廃棄物等」としている。すなわち，①「廃棄物」，②「使用済み物品」，③「未使用の収集・廃棄物品」，④「人の活動に伴い副次的に得られた物品」である。これらのうち，循環利用にとって有用なものが「循環資源」となる。①の「廃棄物」を掲げることで，資源有効利用促進法および各種リサイクル法と廃棄物処理法との架橋がなされている。②～④の物品は，廃棄物等の「等」に当たるものであり，客観的価値や占有者の意思とは無関係に定まるとされている。廃棄物以外の物品も循環資源として有用であれば，

循環利用に積極的に回すべきことになる。もっとも，②〜④の物品も現に適正な循環利用がなされない限り依然として「不要物」だとすれば（長井14・52頁参照），なお①の「廃棄物」（不要物）とはどう異なるのか。このような曖昧さもあってか，「廃棄物等」の概念は，食品リサイクル法を除き，リサイクル法において活用されていない。この点を含め，循環基本法には，なお課題があるとされている（北村5・298頁）。

842　開業許可不要の特例

(1)　概　　説

廃棄物処理法にも，「再生」目的であれば処理業の許可を不要とする様々な特例措置がある。これは，確実に再生をなしうると認められた事業者に，処理業の許可取得に係る手続やコスト等の負担を軽減し，円滑な再生を進めることが意図されている

(2)　代表的な特例制度

例えば，①「専ら物」制度（◀ *Topic 92*）や②「再生利用指定制度」がある。②は，地方自治体の長から再生利用されることが確実であるとして，個別指定または一般指定を受ければ処理業の許可は不要となる制度である。また，環境大臣の認定による③「再生利用認定制度」および④「広域認定制度」がある（◀ *Chart* **許可不要の特例**）。③は，基準に適合した知識・技能・施設等をもって再生利用を行う事業者として環境大臣の認定を受ければ，処理業・処理施設の許可が不要となる制度である。④は，製造業者等が環境大臣の認定を受ければ，その製品が廃棄物となった場合に，都道府県毎の許可を取ることなく広域的にこれを収集・運搬・処理することができる制度である。

(3)　特例措置の現状

①の「専ら物」の制度は，行政実務では，「古紙，くず鉄，空き瓶類，古繊維」の4種にのみ限定されて運用されている。また，それ以外の②〜④の特例でも，*Chart* **許可不要の特例**で示したような問題点があり，必ずしも積極的に活用されていない。例えば，環境省のHPによれば，③の再生利用認定制度では，一般廃棄物につき2016年11月7日までで50件，産業廃棄物につき2013年12月27日までで41件しか認定されていない。同じく④の広域認定制度では，一般廃棄物につき2019年3月20日現在で70件，産業廃棄物につき2019年2月21日現在で207件の認定に留まっている。

⟨850⟩ 循環基本法制定後の刑事裁判例

Chart 許可不要の特例

	許可不要制度	根拠条文	適用対象	要件	有効範囲	委託契約書	問題点
①	「専ら物」を処理する場合(1970)	7条1項但書・同6項但書	一般廃棄物		全国	不要	対象が古紙，くず鉄，空き瓶類，古繊維の4種に限定されている。
		14条1項但書・同6項但書	産業廃棄物			必要	
②	再生利用指定(1970)	7条1項但書・同6項但書・施行規則2条2号・2条の3第2号	一般廃棄物	市町村長の指定	指定をした市町村内	不要	個別指定では，個別の「排出者」・「運搬者」・「処分業者」まで一括して指定されるゆえに，排出者ごとに指定を得なければならない。一般指定では，市町村・都道府県をまたがるような広域処理ができない。
		14条1項但書・同6項但書・施行規則9条2号・10条の3第2号	産業廃棄物	都道府県知事の指定	指定をした都道府県内	必要	
③	再生利用認定制度(1997)	9条の8	一般廃棄物	環境大臣の認定	全国	不要	対象が廃ゴム製品，汚泥，廃プラスチック類，廃肉骨粉，金属を含む廃棄物の5種に限定されている。
		15条の4の2	産業廃棄物			必要	
④	広域認定制度(2003)	9条の9	一般廃棄物	環境大臣の認定	全国	不要	広域的に適正処理を行えるだけの経理的基礎，知識および技能を持ち，かつ適切な処理施設を持つ比較的大手の製造業者に限られている。
		15条の4の3	産業廃棄物			必要	

850　循環基本法制定後の刑事裁判例

(1) 概　説

　上記のように，廃棄物処理法の特例措置も必ずしも積極的に活用されていない。しかし，このままでは，適正処理が優先されて，廃棄物の再生や循環利用は進まない。再生のための煩瑣な手続やコスト増を嫌う事業者は，排出した

247

廃棄物を再利用・再資源化に回さず，適正処分に回してしまうからである（篠塚 10・485 頁参照）。こうした問題を意識してか，循環基本法制定後の刑事裁判例には，廃棄物の「総合判断」（◀830）に再生や循環利用の観点を取り込んで，廃棄物の該当性判断をしたものがある。以下では，その代表的な裁判例を紹介し，これに若干の考察を加える（これらの裁判例の詳細な検討は，伊藤 15・77〜100 頁参照）。

(2) 廃棄物該当性判断は投棄時基準

（大阪高判平 15・12・22 判タ 1160 号 94 頁・裁判例 1 ）

被告人 X は，中間処理業の許可を得て，産業廃棄物である汚泥を固化して埋戻材として再生利用の業を行っていた。しかし，実際には，受入れた汚泥に若干の固化材を投入しただけで，これを山林に投棄していた。裁判例 1 は，結論としては不法投棄罪（16・25 条 1 項 14 号）の成立を認めたものの，一般論として，廃棄物が投棄された時点で「再生」されていれば廃棄物ではないとした。しかも，廃棄物の再生利用促進の観点を踏まえて，総合判断説における「有償譲渡性」の要件を外したうえ，再生に適した一定の客観的価値が生じた場合には廃棄物の再生であるとした（それゆえ，廃棄物としての法規制は不要となる）。その理由として「再生」された物は占有者の自由な処分に任せてももはや規制する必要がないからだとされている。しかし，X らは，客観的にも汚泥の再生に失敗し，これを山林に投棄したにすぎない。また，この投棄行為をしたことから，X にも汚泥の再生利用の意思はなかった，とされた。このように，裁判例 1 は，不法投棄罪との関係では廃棄物該当性判断の基準が投棄時になることを明言し，かつ「総合判断」において「再生」の観点を取り込むべきことを明らかにした。この点で重要な裁判例である。

(3) 廃棄物該当性判断の相対性

（名古屋高判平 17・3・16 LEX/DB28105236・裁判例 2 ）

被告人 X は，汚泥の収集・運搬・中間処理の業の許可を受けていたが，処理を委託された建設汚泥に許可を受けていた中間処理とは異なる処理を施して，これを建設現場で土砂（埋戻材）として使用し処分した。X は，①事業範囲の無許可変更罪（14 条の 2 第 1 項・25 条 1 項 3 号）および②不法投棄罪で起訴された。

裁判例 2 は，まず，不法投棄罪は現実の環境破壊行為を処罰しようとするものであるから，「投棄の時点」を基準に廃棄物であったか否かが判断されるとした。また，再生利用の促進をしようとする近時の社会的要請を踏まえると，X が無許可とはいえ汚泥に適正な処理を施して建設用土砂とし，現にその

用途で用いた以上，有償譲渡性の有無にかかわらず，投棄（埋立等）の時点で廃棄物として規制する必要はないとして，②については無罪とされた。ここでは，裁判例1と同様に，投棄時を基準に再生利用の有無による廃棄物該当性判断がなされている。他方で，裁判例2は，廃棄物処理の許可制は，廃棄物についての環境保護という行政目的を達成するためであるから，最終処分の時点まで，これを行政の監督の下に置く必要があるとした。また，有償譲渡できないものは占有者にとって不要になっても他に譲渡・利用される可能性が低いとし，そのような本件汚泥はその受入れから最終処分の過程では廃棄物として規制する必要があるとして，①については有罪とされた。

　確かに，建設現場で有効利用されている限り，環境負荷は生じない。すなわち，②の投棄との関係では，汚泥の有償譲渡が可能であったか否かではなく，建設用土砂としての利用が適法な再生利用といえるか否かが問われている。それゆえ，有償譲渡性を問題とする必要もなかったといえる。これに対して，①の業法違反との関係では，元々は単なる売れない汚泥であるから，業として再生のための適正な処理・利用に失敗すれば無許可業者にとって「不要物」となるリスクがある。そうすると，これが不法投棄等されるリスクも生じる。すなわち，業法違反の罪は，業として反復・継続してなされるゆえに，投棄（処分）の時点で再生利用されたか否かのみでなく，一連の過程で上記のリスクがないかに照らし，有償譲渡性の観点も踏まえて，廃棄物該当性が判断される。裁判例2では，このような観点から廃棄物該当性判断が不法投棄罪と業法違反の罪とで相対化された（伊藤15・89頁）。これは，裁判例1と同様に不法投棄罪との関係では廃棄物の再生推進の観点を取り込みつつも，業法違反の罪との関係では有償譲渡性を重視したおから事件判例との均衡を図ったものといえよう。

(4) **再生事業の確立性等基準**——木くず事件の裁判例

　a）水戸地判平16・1・26LEX/DB28095210・裁判例3①

　解体業者Xらが排出された木くずを無許可処理業者Yに無償での処分委託をした。Yが，産業廃棄物の無許可処理業の罪（14条6項・25条1項1号）で起訴された。裁判例3①は，廃棄物処理法の目的に「再生」が加わったことや，資源の有効利用ないし再資源化の法整備が進み，循環型社会へ向かおうとする社会的動向を踏まえ，再生利用目的がある場合には，その物の取引価値および事業者の意思内容の判断に際して，その物が排出事業者と受入れ業者にとって一連の経済活動の中で価値・利益があると判断されているか否かを検討しなければならない，とした。Y社は，本件木くずに工作を加えてチップを製造し，

これを売却しており，本件木くずはY社にとって取引価値があった。Xも，処分料金を支払うことなくYの工場に持ち込むことで利益を享受していた。それゆえ，Xらがチップ製造等のための選別をしてYの工場に搬入した段階で，本件木くずは有用物となっていた，とされた（無罪（確定））。

　b）東京高判平20・4・24判タ1294号307頁・環百35・裁判例3②

　他方で，Yに処理委託したXらは，処理委託違反の罪（12条5項・25条1項6号）で有罪とされ，これが確定していた。しかし，判例3①で受託者側のYが無罪となったことで，Xらが自らも無罪であるとの主張をして再審請求がなされた。

　裁判例3②は，概要次のように判示した。当該物件に市場での価値がなければぞんざいに扱われ不法投棄等される危険性が高まるので，取引価値・有償譲渡性は一般的には重要な判断要素になる。しかし，関係法令に照らし，循環的な資源の有効な利用が促進されるべきことは明らかであり，また許可を得た上で再生利用を行うことに伴う各種規制等が循環的な資源の有効利用の促進に際して負担となることも否定できない。そこで，当該物件の再生利用に関連する一連の経済活動の中で，各事業者にとって一定の価値があるかどうかという点を取引価値の一要素として加えることは許される。しかし，その判断の一要素とするためには，単に受入れ業者により再生利用が行われるというだけではなく，その再生利用が製造事業として確立したものであり，継続して行われていて，当該物件がもはやぞんざいに扱われて不法投棄等される危険性がなく，廃棄物処理法の規制を及ぼす必要がないというような場合でなければならない。しかし，Yの再生事業は製造事業として確立し継続したものとなっている状況にはなかった（有罪）。

　c）東京高判平20・5・19判タ1294号312頁・判例3③

　裁判例3③は，裁判例3②とほぼ同様の判示をしているが，さらに当該受託業者においてその再生利用が事業として確立し，適切かつ安定的，継続的に行われていることが必要と判示した。

(5) 若干の考察

　裁判例3の①と②・③とは，循環的利用の形成推進という観点から有償譲渡性の基準が絶対的・決定的ではなく，再生利用の観点を取引価値等の判断要素において考慮すべきとする点では共通する。しかしながら，裁判例3①の基準では，無許可業者が代金を徴収して木くずを引き取っても，一部を販売用と称してチップに加工してさえいれば，法規制から外れることになってしまう。そ

〈850〉 循環基本法制定後の代表的な刑事裁判例

れでは，結局のところ売れないゆえに不要物となって不法投棄等されるリスクの生じることを抑制できない。そこで，裁判例3②・③は，受入れ業者の再生事業活動に確立性・継続性・安定性のあることを要求した。すなわち，処理業の行為は反復・継続してなされるゆえに，受入れた廃棄物を単に再生しさえすればよいわけではない。上記のリスクを抑制するためには，再生事業が確立・継続・安定していて，受入れた物を反復・継続して原料・製品として利用し，ぞんざいに扱わないことが認められなければならない。これが認められて初めて，不法投棄等されるリスクがなくなるので，許可制による行政の指導監督の下に置く必要がなくなる。これが裁判例3②・③の趣旨だと思われる（ちなみに，広島高岡山支判平28・6・1（◀ *Topic 90*）は，「専ら物」（◀ *Topic 92*）に当たるとするには，廃棄物の当該再生利用事業に確立性・継続性のあることが必要としている）。

851　事前規制と事後規制

　裁判例3②の示した確立性等の要件に対しては，新規に再生事業を始めようとする際に，始めから事業活動の確立性・継続性が確保されていることは少なく，結局のところ，廃棄物処理業の許可申請をするしかない。それでも，裁判例3②・③が，なお廃棄物に当たらない場合の余地を残したのは，専ら物を4種に限定している行政実務を踏まえて，再生事業活性化のための規制緩和を目指したものではないかとも推測されている（長井14・32頁参照）。

　これに対して，裁判例2は，法の前提通りに現に有効な再生利用がなされるまではあくまで「廃棄物」とした。そこでは，事案を異にするとはいえ，再生事業の確立性等には全く言及されていない。Yは，所轄の県からも保管量削減の指導を受けたり，近隣住民から粉塵，悪臭等の苦情もなされ，最終的には木くずから自然発火の火災を発生させたとされている（それが事業の確立性等を否定する根拠ともされた。ただし，本件Yの工場と住宅地域との近接にも，国や地方自治体の土地利用区分・計画等の不備・懈怠が露呈している。◀ 310 (2)，*Topic 37*）。確かに，このように火災等の生活環境の悪影響が現実に起こってからでは手遅れとすれば，許可制の下で事前規制を貫く方が，取締る側の行政機関にとっても，処理場等の近隣住民にとっても，安心・安全ではあろう。しかし，仮に再生の加工・利用に成功し，環境負荷はなかったのにもかかわらず，「無許可は無許可」としてなお処罰すべきなのか（◀ 437 (2) e）。平成30年版環境白書によれば，循環利用率（循環利用量／（循環利用量＋天然資源等投入量））は，循環基本法の制

[基礎編] Ⅷ章　廃棄物処理法の罰則規定

定された2000年度の約10％からおおむね7割向上しているが、近年は2020年度目標の17％には及ばず、横ばい状態が続いている（▶ *Chart* 循環利用率（％）の推移）。ここでは、こうした循環利用の現状も踏まえて、「事前規制と事後規制との優劣」についての慎重な考量・検証が要請されよう（◀313）。

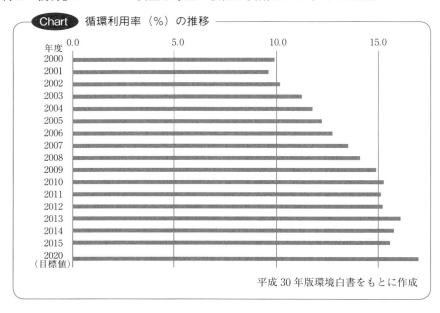

平成30年版環境白書をもとに作成

Topic 93 「権利のための闘争」

　裁判例2は、不法投棄罪に関して無罪としながら業法違反の罪で有罪としても、再生利用の推進という法の精神には反しないとする。その理由は、再生事業をしたければ個別指定等を受けたり、その指定が受けられなかったときは行政訴訟や行政不服審査（◀515）で争えるからだとした。

　確かに、行政機関の判断が常に正しいとは限らない。適正処理の確保という事前規制について完璧主義に陥るあまり、申請の可否等について市民と紛争にならなければ、廃棄物の再生に関する自己の消極的な姿勢に気づかないこともあろう。また、裁判例3②・③をも踏まえるならば、事業者自らが、行政に対して自己の再生事業の確立性等を積極的に主張等して、適切な事業として行政機関に容認してもらうことも必要なのではないか。事業者（市民）と行政とは対等な関係である。循環利用社会を形成推進していくには、行政や裁判所に全てお任せの受け身の姿勢でよいのか。ここでは、事業者（市民）による「権利のための闘争」も時には必要なように思われる。

860　不法投棄罪の成立要件

　上述のように，統計上環境事犯の8割を廃棄物処理法違反の罪が占め，その約半数が不法投棄罪とされている（◀ 821(2)）。また，不法投棄罪は，他の法令でも規定されている（▶「環境法の罰則一覧」）が，実際には，廃棄物処理法以外ではほとんど検挙・処罰されていない（廃棄物処理法とそれ以外の法令の不法投棄罪との関係は ◀ *Topic 47*）。この実務の動向に即して，以下では，廃棄物処理法の不法投棄罪（16・25条1項14号）の成立要件を検討する。

861　「みだりに」の要件

(1) 概　説

　不法投棄罪の構成要件は，廃棄物を「みだりに捨て」ることである（◀ 621(2)）。「みだりに」とは，一般に「法的に正当な理由なく」と解釈されている。その具体的範囲は，個別の事案毎に法の趣旨や社会の常識などに照らして判断していくしかない，とされている（土本7・36頁，神山9・238頁等参照）。福島地会津若松支判平16・2・2判時1860号157頁も，「投棄された物の性状，行為の態様，管理の状況，環境への影響，行為者の意図等」を踏まえて判断されるとしている。結局のところ，「みだりに」に当たるかどうか（可罰的違法性）は，不法投棄として規制することが個人の「私的領域」（プライバシー）への過剰な介入に当たるか否かや，環境負荷が実質的に生じるか否かを踏まえて，慎重に判断することが望まれる（◀ 437(3)a・445(7)）。

(2) 処理施設投入事件

> #### *Topic 94*　処理施設投入事件判例の事案と判旨
>
> 　被告人Xは，一般廃棄物および産業廃棄物の汚泥の収集運搬業の許可を持っていたが，一般廃棄物（庁舎内の汚水槽内のし尿を含む汚泥）と産業廃棄物（庁舎内の雑排水槽内の汚泥）とを分別せずに混合して収集し，これを市の一般廃棄物のし尿処理施設に搬入・投入した（処理施設投入事件）。最決平18・2・28刑集60巻2号269頁は，当該事案で不法投棄罪の成立を認めるに当たり，「一般廃棄物以外の廃棄物の搬入が許されていない本件施設へ一般廃棄物たるし尿を含む汚泥を搬入するように装い，一般廃棄物たる汚泥と産業廃棄物たる汚泥を混合させた廃棄物を上記受入口から投入したものであるから，その混合物全量について，法16条にいう「みだりに廃棄物を捨て」る行為を行ったものと認められ」ると判示した（有罪）。

[基礎編] Ⅷ章 廃棄物処理法の罰則規定

　また，千葉地判平 20・6・20 判例集未登載（芝田 23・72 頁参照）は，一般廃棄物の収集運搬業の許可を持つ被告人が回収した産業廃棄物を市の一般廃棄物の焼却施設に持ち込んだ事案で，仙台地判平 24・10・17LEX/DB25483214 は，被告人が事業で生じた一般廃棄物および産業廃棄物を家庭ごみ（一般廃棄物）の集積場で繰り返し捨てた事案で，それぞれ不法投棄罪の成立を認めている。

　しかし，これらの廃棄物は最終的に処理施設で物理的には綺麗に処理されるのであるから，環境負荷は生じないようにも思える。それなのに，なぜ廃棄物を「みだりに」捨てたことになるのか。

　それは，廃棄物を処理施設に投入する行為は，廃棄物処理法の処理基準（6条の2第2項・7条13項・12条1項・14条12項）に従ってなされる限りで許され，家庭ゴミを集積場に置く行為も，市町村の処理計画（6条）に従って適切な分別に協力（2条の4）してなされる限りで許されるからである。逆に言えば，法の正規の手続に従わず，適切な分別をしないで投入・放置する行為は，同じ「捨てる」でも法的に許されない（古田 8・268 頁参照）。そもそも，産業廃棄物の排出事業者が，処理コストを市町村に無断で委ねることは，汚染者負担原則にも反し，電車やバスの「ただ乗り」をするのにも等しい。また，一般廃棄物であれ産業廃棄物であれ，その適正処理は，処理施設の処理能力や許容量等を前提に，環境負荷をできる限り低減してなされることを前提としている。それにもかかわらず，処理施設への「ただ乗り」行為が反復・模倣されれば，当該施設の処理計画を阻害して，やがて適正処理のシステムを破たんさせかねない（長井 18・32〜33 頁参照）。この意味で，上記判例等の事案での「捨てる」行為は，なお，不当な環境負荷（「累積危険」としての環境負荷◀ 445 (7)）を生じさせうる。それゆえ，「みだりに」が欠けることもないと考えられる。

Topic 95 投棄量の認定

　処理施設投入事件判例は，「全体として中間処理施設として受け入れることの許されないものであることは明らか」として，一般廃棄物と産業廃棄物との混合物全量について「不法投棄罪が成立する」としている。廃棄物処理法の不法投棄罪の客体は，2000 年の改正前までは，「一般廃棄物」と「産業廃棄物」とで区別して規定され，産業廃棄物の不法投棄罪の方が重く処罰されていた。しかし，一般廃棄物と産業廃棄物とは，混ぜて捨てられることが多いにもかかわらず，その種別を特定して立件しなければ，「みだりに捨てた」ことは明白でも，不法投棄罪としての処罰ができなくなる。そこで，不法投棄罪の客体の種別が廃止された（◀ *Chart* **不法投棄罪・無許可処理業の罪の重罰化の歴史**）。

〈860〉 不法投棄罪の成立要件

本判例は，この法の趣旨に忠実なものともいえる。とはいえ，Xには，「一般廃棄物」に当たる汚泥を当該処理施設に投入することは法的に許されていた。それゆえ，その量刑判断においては，一般廃棄物の投入分の割合を考慮する必要があると指摘されている（長井18・33頁参照）。

862 「捨てる」の要件

(1) 概　説

「捨てる」について，従来の行政解釈は，「最終的な自然への還元」とされていたが，最決平18・2・20刑集60巻2号182頁・環百50（野積み事件判例）を契機に，裁判例や一部の学説では「管理放棄」とされている。以下で順にみていこう。

(2) 最終的な自然への還元説

この見解は，「捨てる」を「廃棄物を最終的に占有者の手から離して自然に還元することをいい，「処分する」ということと同旨である」とするものである。すなわち，日常用語と同義であって「地上に投棄する」，「海中に投棄する」，「地中に埋める」，など最終処分する行為のこととされる（多谷11・92頁）。

しかし，本説に対しては，①廃棄物の処分が常に「捨てる」という形で処分されるわけではなく，「捨てる」ことが「処分」に当たるとはいえても，「処分」したことが「捨てる」ことと同じとは到底いえない。②特に埋立処分との関係では，土中に廃棄物を埋めることは一般的に相当なものとして行われており，「捨てる」とは異なり一般的に禁止の対象となる行為ではない（古田8・264頁）。このような批判がなされていた（もっとも②の批判は，「みだりに」を否定することで解消可能といえる（前田巖『最判解（刑事編）平成18年度』94～95頁注(26)参照））。

(3) 野積み事件

> **Topic 96　野積み事件判例の事案と判旨**
>
> 被告人Xらは，自己所有地内に掘った穴に産業廃棄物を投入して後で埋め立てるつもりで，これを「積み上げた」（いわゆる「野積み」）。最高裁は，「本件汚泥等を工場敷地内に設けられた本件穴に埋め立てることを前提に，そのわきに野積みした」行為は，「その態様，期間等に照らしても，仮置きなどとは認められず，不要物としてその管理を放棄したものというほかはないから，これを本件穴に投入し最終的には覆土するなどして埋め立てることを予定していたとしても，法16条にいう「廃棄物を捨て」る行為に当たる」と判示した（有罪）。

255

[基礎編]　Ⅷ章　廃棄物処理法の罰則規定

　本判例の調査官解説は，同判例は「捨てる」の意義として「最終的な自然への還元」に代えて「管理の放棄」という要素を示唆したものとする。その要点は次の通りである。

　最終的な自然への還元説では，例えば不要となった家財道具をアーケードのある商店街に放置しても「自然への還元」状態に置いたとはいえず，困難な状況が生じる。これに対して，「捨てる」を「事実上の管理・支配（権）を放棄すること」と解すれば，この放置も「捨てる」に当たる。また，軽犯罪法1条27号の汚廃物放棄罪の「棄てる」も汚廃物の管理（権）放棄と解されているので，（廃棄物処理法の）不法投棄罪でも同様に解することは，法解釈の統一性および明確性の観点からも相当である（前田・前掲書92～93頁）。本件では，Xらが積み上げた時点で，そこに廃棄物を回収・再利用する意思のないことも明らかであり，適切に保管しようとする意思さえも看取することはできない。それゆえに，事実上の管理の放棄による「捨てる」を認めうる（また，この行為は法の目的，社会通念に照らして「みだりに」にも当たる（同98・100頁））。

　(4)　野積み事件判例は「事例判断」

　同調査官解説は，上記のように論じる一方で，本判例は管理の放棄というファクターを示唆しつつ，事例判断にとどめており，不法投棄に当たる範囲の議論の余地を残している，としている。確かに，最高裁は，「「捨てる」とはこのようなものだ。」という一般的定義は何ら示してはいない。また，東京高判平21・4・27東高刑時報60巻1～12号44頁（◀636⑸）も，本判例の趣旨は覆土による埋立てのような典型的な「自然還元の処分」が不法投棄に当たらないとしたものではない，と判示している。

　そもそも，Xらは，本件で起訴される以前にも産業廃棄物を穴に投入して埋め立てる行為を既に何度も繰り返しており，Xらの従業員も当該作業を「捨てる」と表現していたと認定されている。さらに，Xらは将来も同様に穴への埋立を行うつもりであった。しかも，当該工場の近隣には河川や自然公園があり，また10軒程度の民家もあったにもかかわらず，野積みした廃棄物の飛散・流出などの防止措置は何らとられていなかったとされる。それゆえ，本件の野積み放置によって現に環境負荷も生じており，穴に埋立てたのと同等の可罰的違法性が生じていた。本判例では，こうした本件での個別事情があったからこそ，まさに本件の「野積み」が「捨てる」に当たるという事例判断がなされたとも考えられる。

(5) 管理放棄説の定着

それでも，野積み事件判例以降の裁判例では，「捨てる」を「管理の放棄」と解したうえで，不法投棄罪の成否を検討することが基本的に定着してきているとも評価されている（今井康介・新・判例解説 Watch23 巻（日本評論社・2018）302 頁）。また，管理放棄説を支持する見解（例えば環百 50（辰井聡子））のほか，「捨てる」を「管理放棄」として徹底すべきとする見解（船戸 24・68 〜 69 頁）も示されている。

しかし，そもそも「管理放棄」＝「事実上の管理・支配（権）を放棄すること」とは，具体的にいかなる行為を指すのか（◀ *Topic 47*）。また，「最終的な自然への還元」も，廃棄物の投棄・放置の管理放棄をして「自然に任せる」ことを指すとすれば，「最終的な自然への還元」と「管理放棄」とにそれほど違いがあるのだろうか。

(6) 占有放棄説

管理放棄説を基本的に支持しつつも，「管理（権）」の概念は多義的ゆえに，これを「占有（権）」と捉え直し，「捨てる」とは「占有（権）の放棄」とする見解がある。本説は，刑事法の解釈論で蓄積のある「占有」概念を参考に，①廃棄物に対する支配という客観的要件（占有の事実）と②支配意思という主観的要件（占有意思）とを総合して判断することを提言する（阿部 20・216 〜 218 頁）。本説は，「管理放棄」の内容の不明確さを率直に認めて，「占有放棄」としてその具体化を図ろうとするものである。とはいえ，本説も野積み事件では不法投棄罪の成立を認める。しかし，自己所有地内での野積みが果たして「占有放棄」に当たるのか，という疑問も指摘されている（今井 21・75 頁参照）。

(7) 環境負荷行為としての不法投棄

仮に「捨てる」を「自然への還元」と解した場合でも，これには，家庭で排出された野菜・魚肉のくずを敷地内に埋める行為のように，それ自体生活環境に必ずしも有害でない適法行為を含む。そこで，不法投棄の違法性にとって決定的なのは「みだりに」の要素であって，最終的な自然への還元に当たる行為であっても，その投棄・放置が「みだりに」環境負荷を与える場合にのみ不法投棄に当たるとする見解（長井 19・181 頁）もある。

この見解からは，アーケードのある商店街で不要な家具を歩道上に放置することも，人工の場所であるから「自然への還元」がないとは言えず，生活環境をみだりに害するゆえに不法投棄罪が成立する。また，野積み行為が違法となるのは，積み上げた廃棄物が環境負荷の防止措置を講じられることなく相当期

[基礎編] Ⅷ章 廃棄物処理法の罰則規定

間野ざらしにされ続けたことにあるとされる。例えば，母親が殺意を持って赤ちゃんにミルクを与えずに放置して餓死させれば，いわゆる「不真正不作為犯」（◀631）としての殺人罪が成立する。上記の見解によれば，「みだりに捨てる」にも，こうした不作為犯的な要素が含まれているとされる（長井19・181頁。なお，広島高判平30・3・22LEX/DB25449400（◀631）は，管理放棄としての「捨てる」には「不作為」の形態を含むとする）。確かに，野積み事件のXらには，排出事業者・土地所有者として自己の創出した産業廃棄物を適正処理すべき法令上の責任があった。また，Xらは，既に敷地内に掘った穴に埋立るという不適正処理を繰り返していた。この「法令」や「先行行為」の点からも，不真正不作為犯を基礎づける「作為義務」を認めうるように思われる（不作為の不法投棄の作為義務の検討は，今井22・26～32頁参照）。

これに対して，野積み事件判例の調査官解説は，本件で起訴された行為はあくまで積み上げた行為であって，その後の放置ではなく，不作為犯としての構成は同判例の前提とする訴因の構成ともそぐわないとする（前田・前掲書100頁）。しかし，本判例は，本件で「管理の放棄」を認める前提として，「その態様，期間等に照らしても，仮置きなどとは認められ」ないことを挙げている。管理放棄説からも，日常生活や適正処理に不可欠な一時的な投棄・放置（仮置き）は当然に不可罰であるとすれば，「みだりに」の要素において，一定の時間の経過で生じる「環境負荷」の有無を考慮せざるをえないのではないか。すなわち，本件では，Xらが管理義務（作為義務）を放棄して環境負荷の放置・増大を生じさせたからこそ，当初の「野積み」も「みだりに捨てる」と同視しうる。このように解した場合には，管理放棄説と最終的な自然への還元説とは，実質的に異なるとはいえないように思われる。

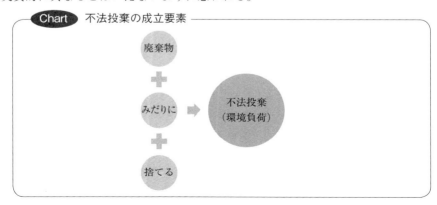

Chart　不法投棄の成立要素

258

(8) 廃棄物状況不良変更説

　近時注目されている見解として、「廃棄物不良状況変更説」がある。すなわち、「捨てる」を「廃棄物管理のより期待できない状況に置き周辺環境への影響を発生させる行為」とする見解（今井 21・76 頁）である。

　しかし、そもそも「管理のより期待できない状況に置く」とは、具体的にどのような行為を指すのか。また、それは、「最終的な自然への還元」や「管理放棄」とどこまで異なるのか。もっとも、本説では、「還元処分」や「放棄」（投棄・放置）という動作による限定が付されていないので、他説よりも「捨てる」の範囲画定が困難になるか、過度に拡張されてしまうおそれがある（実際に、本説は、他人の捨てたゴミ袋に「穴をあける」行為も、悪臭という周辺環境への影響を発生させるゆえに、「捨てる」に当たるとする。これは重い不法投棄罪の決定刑に見合うだけの不法を備えているだろうか）。さらに、本説は、廃タイヤはいわゆる「安定型産業廃棄物」（有害物質や有機物等が付着しておらず、雨水等にさらされてもほとんど変化しない廃棄物）であるから、自己所有地内に他人が放置した廃タイヤに覆土して埋立をしても周辺環境への影響は無視できるレベルだとして、必ずしも「捨てる」に当らないとする（この事案については▶Topic 97）。その結論は妥当だとしても、その理由づけには疑問がある。それでは、廃タイヤを人里離れた山奥で全く人目に触れずに投棄したときはどうか。おそらく本説からも不法投棄罪の成立は否定されないであろう。しかし、「管理のより期待できない状況」に置いていても、廃タイヤが「安定型廃棄物」ゆえに「周辺環境への影響」が乏しいとして、不法投棄に当らないことにならないか。そもそも「安定型」かどうかも、「捨てる」ではなく処理場での「廃棄物」の性質の分類基準にすぎない。加えて、本説も「みだりに」と「捨てる」とは別個の要素として考察している。しかし、「みだりに」と「管理のより期待できない状況に置き周辺環境への影響を発生させる行為」（不良変更）との区別が明らかでない。例えば、自宅の庭で堆肥を作るための穴を掘って生ごみを埋める行為が不法投棄にならないとすれば、それは「みだりに」が欠けるからなのか、それとも「不良変更」が欠けるからなのか。本説からはこの区分が必ずしもはっきりしない。また、「管理のより期待できない状況に置く」だけでなく、「周辺環境への影響を発生させる」という要素が重要な要素として別途要求されている。しかし、結局のところ、不法投棄とは「廃棄物をみだりに捨てることで環境負荷を生じさせること」をいう。このことを複雑な表現で言い換えているにすぎないのではないか。本説の他説への批判には鋭いものがあり、また

［基礎編］　Ⅷ章　廃棄物処理法の罰則規定

その趣旨自体はよく理解しうるものの，本説にも，なお課題が残されている。

> **Topic 97　発見した他人の廃棄物の不適正処理**
>
> 　札幌地裁小樽支判平19・5・11判例集未登載は，被告人が整地作業中に（他人によって）野積みされた廃タイヤを発見したが，これを移動させることなく覆土して埋立てた事案で，被告人はたまたま廃棄物を発見しただけでこれを管理していたとは認められないとして，不法投棄罪の成立を否定した。管理放棄説の立場から，この裁判例を支持する見解もある（城12・200頁）。確かに，2010年改正で，廃棄物処理法5条2項で「土地の所有者又は占有者は，その所有し，又は占有し，若しくは管理する土地において，他の者によって不適正に処理された廃棄物と認められるものを発見したときは，速やかに，その旨を都道府県知事又は市町村長に通報するように努めなければならない。」と定められている。しかし，これは，努力義務であって，その違反に罰則はない。それゆえ，自己所有地に放置等された他人の廃棄物については，適正処理等の責任は負わない，というのが，法の趣旨ではないか。現行法の下では，このことが明文で確認された。また，むしろ，本件被告人は，自己所有地に環境負荷を押しつけられた「被害者」ともいえる。このような観点からは，管理放棄がなかったというだけでなく，「みだりに」の要素も欠けるともいえるのではないだろうか（なお，結論として，上述のように，廃棄物状態不良変更説からも，不法投棄罪の成立は否定されている。今井22・20～21頁）。

863　管理領域内の野積み一般と未遂・既遂

　廃棄物処理法の不法投棄罪は，2003年の法改正によって，その未遂も処罰対象となった（16・25条1項14号・25条2項▶ *Chart* 不法投棄罪・不法焼却罪）。野積み事件のＸらの行為は，2001年になされている。それゆえ，不法投棄罪の未遂は，本件当時は「事後法の禁止」（実行のときに適法であった行為は，その行為後に制定された法によって処罰されることはない，という罪刑法定主義の派生原則の1つ。）により不可罰であった。そこで，野積み事件判例について，「未遂処罰規定がなかった以上，不可罰とすべき事例であったように思われる」とし，「未遂処罰規定が新設されてもなお，本決定の射程がそのまま及ぶと解すべきではない」との指摘もなされている（谷直之・受験新報673号（2007）23頁。また◀ *Topic 55*）。確かに，不法投棄罪の未遂処罰が可能となった現行法の下では，野積み全般につき無理に既遂の成立を認める必要はないともいえる。刑法43条の未遂は「減軽できる」として刑の任意的減軽を定めているにすぎ

〈860〉 不法投棄罪の成立要件

ない。それゆえ，その処置により環境負荷が生じたとしても，未遂の成立に留めたうえで，なお既遂に近い刑を科すことも可能だからである（ただし，何をもって不法投棄の着手か，これに関する行政解釈に疑問の余地がないわけではない。渡辺 25・69・71 頁注 9 参照）。

もっとも，そもそも廃棄物を自己所有地内で「みだりに」であれ占有・管理する行為は，市民の「捨てる」の一般的な語感・常識と合致するだろうか。このような行為は，環境負荷の増大をもたらし，土地所有権の濫用に当たる限りで，不法投棄罪とは別に明文で処罰対象とする方が市民にとっても分かりやすいであろう（罪刑法定主義。渡辺 25・69 頁。なお，川口 2・306 頁の議論も参照）。

【Ⅷ章　参考文献】

〔環境刑法〕
1　京藤哲久「環境犯罪の構成要件」町野朔編『環境刑法の総合的研究』（信山社・2003）
2　川口浩一「環境刑法」阿部泰隆・淡路剛久編『環境法』（有斐閣・4 版・2011）

〔廃棄物処理法〕
3　大塚直『環境法』（有斐閣・3 版・2010）
4　福士明「ゴミの管理をどうするか　廃棄物」大塚直編『18 歳からはじめる環境法』（法律文化社・2013）
5　北村喜宣『環境法』（弘文堂・4 版・2017）
6　阿部泰隆『廃棄物法制の研究』（信山社・2017）

〔廃棄物処理法罰則〕
7　土本武司「廃棄物の処理及び清掃に関する法律」平野龍一ほか編『注解特別刑法　第 3 巻　公害編』（青林書院・1985）
8　古田佑紀「廃棄物の処理及び清掃に関する法律」伊藤栄樹ほか編『注釈特別刑法 第 7 巻　公害法・危険物法編』（立花書房・1987）
9　神山敏雄「「廃棄物の処理及び清掃に関する法律」における犯罪と刑罰」中山研一ほか編『環境刑法概説』（成文堂・2003）
10　篠塚一彦「環境犯罪——環境財に対する罪」町野朔編『環境刑法の総合的研究』（信山社・2003）
11　多谷千香子『廃棄物・リサイクル・環境事犯をめぐる 101 問 改訂』（立花書房・2006）
12　城祐一郎『特別刑事法犯の理論と捜査〔2〕』（立花書房・2014）

〔廃棄物概念〕
13　長井圓「"おから"は産業廃棄物にあたるとされた事例」北村喜宣編著『産廃判例を読む』（環境新聞社・2005）

14 長井圓「廃棄物とその再生利用をめぐる法的問題と裁判例」環境管理 2015 年 9 月号
15 伊藤渉「再生利用と廃棄物処理法上の犯罪」東洋法学 54 巻 3 号（2011）
16 嘉屋朋信「いわゆる「廃棄物の定義」の問題に関する一考察」警察学論集 64 巻 4 号（2011）
17 阿部鋼「循環型社会形成推進過程における廃棄物事犯の研究（2）」法学新報 117 巻 121 巻 3・4 号（2014）

〔不法投棄罪等〕

18 長井圓「産業廃棄物の野積み，処理施設への投入を不法投棄と認めた新判例——最二決平成 18.2.20 および最三決平成 18.2.28」NBL834 号（2006）
19 長井圓「敷地内の野積み行為が不法投棄とされた事例」北村喜宣編著『産廃判例が解る』（環境新聞社・2010）
20 阿部鋼「循環型社会形成推進過程における廃棄物事犯の研究（1）」法学新報 117 巻 3・4 号（2010）
21 今井康介「廃棄物の不法投棄と廃棄物処理法 16 条の解釈について」早稲田法学会誌 65 巻 1 号（2014）
22 今井康介「廃棄物処理法における不法投棄罪の各論的検討」早稲田法学会誌 68 巻 2 号（2018）
23 芝田稔秋「廃棄物処理法違反事件〜不法投棄と一般廃棄物無許可営業」月刊廃棄物 41 巻 12 号（2015）
24 船戸宏之「廃棄物処理法（無許可処理業，不法投棄）」判タ 1436 号（2017）
25 渡辺靖明「廃棄物を「捨て」なくとも不法投棄に当るか？」（環境刑法入門第 6 回）環境管理 2017 年 4 月号
26 渡辺靖明「廃棄物処理の委託禁止違反が処罰されるのは何故か？」（環境刑法入門 9 回）環境管理 2017 年 10 月号

〔法人処罰〕

27 髙崎秀雄「法人処罰について——実務の観点から」ジュリスト 1383 号（2008）

〔渡辺靖明〕

IX章 リサイクル法の罰則規定

900　循環基本法と各種リサイクル法

　環境基本法の基本理念を踏まえ，2000年に成立した循環基本法（「循環型社会形成推進基本法」◀332(2)）は，「循環型社会」，すなわち，「製品等が廃棄物等になることが抑制され」，「製品等が循環資源となった場合においてはこれについて適正に循環的な利用が行われることが促進され」，「循環的利用が行われない循環資源については適正な処分（廃棄物としての処分）が確保され」，それらによって「天然資源の消費を抑制し，環境への負荷ができる限り低減される社会」の実現を目指す（1・2条1項）。ここで「循環資源」とは，廃棄物等のうち有用なもの（◀841(3)），「循環的な利用」とは，「再使用」（リユース），「再生利用（マテリアルリサイクル）」および「熱回収（サーマルリサイクル）」をいう。そして，「再使用」とは，循環資源を製品としてそのまま使用することや循環資源の全部又は一部を部品その他製品の一部として使用すること，「再生利用」とは，循環資源の全部又は一部を原材料として利用すること，「熱回収」とは，循環資源の全部又は一部であって，燃焼の用に供することができるもの又はその可能性のあるものを熱を得ることに利用することである。

　わが国では，1995年に容器包装リサイクル法，1998年に家電リサイクル法，2000年に，資源有効利用促進法（「資源の有効な利用の促進に関する法律」。1991年の再生資源の利用の促進に関する法律の抜本的改正），さらには，建設リサイクル法および食品リサイクル法，2002年に，自動車リサイクル法，2012年に，小型家電リサイクル法を制定し，各種リサイクル法による「循環型社会」の実現を推進している。

[基礎編] Ⅸ章 リサイクル法の罰則規定

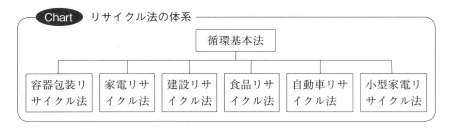

Chart リサイクル法の体系

本章では，家電リサイクル法にスポットを当てて，循環型社会における環境刑法の役割を考える。本法は拡大生産者責任（EPR），すなわち「物理的および，または金銭的に，製品に対する生産者の責任を製品のライフサイクルにおける消費後の段階にまで拡大させるという環境政策アプローチ」（OECD「拡大生産者責任：政府のためのガイダンス・マニュアル」2001年）に関連が深い。

910　家電リサイクル法

911　本法の目的

　家電製品一般ではなく，「特定家庭用機器」を対象とする。以前は一般家庭から排出される使用済みの廃家電製品は，破砕処理の後に鉄などの一部金属のみ回収が行われる場合があるものの，約半分はそのまま埋め立てられていた。廃家電製品には，鉄，アルミ，ガラスなどの有用な資源が多く含まれ，また，日本の廃棄物最終処分場の残余容量が少なくなっており，再生利用と廃棄物の減量等が必要となっていた。このような状況を前提に，家電リサイクル法が制定された。本法の目的は排出される廃棄物の発生の抑制と廃棄された後，最終的に埋め立て等の処分がされる廃棄物の量の削減（廃棄物の減量），さらには製造業者等の義務付けられる「再商品化等」を実施することにより得られる再生資源が広く利用されること（再生資源の十分な利用等）によって，「生活環境の保全」と「国民経済の健全な発展」を果たすことにある（保護法益◀241）。

912　特定家庭用機器

　「特定家庭用機器」とは，一般消費者が通常生活の用に供する機械器具であって4つの要件に該当するものと定義している（2条4項）。まず，①市町村など現在廃棄物の処理を行っている者の標準的な技術水準，設備の状況に照

らしてリサイクルが困難であることが必要である。次に、②有用な資源を多く含みリサイクルの必要性が高く、経済的合理性があることが必要である。さらに、③製造時における製造業者等の製品設計・原材料の選択がリサイクルの実施についての難易度を決定するものであることが必要である。そして、④小売業者が配達し、小売業者が引き取るのが最も合理的なものであることが必要である。本法施行令1条では、家庭用エアコン、テレビ、電気冷蔵庫・電気冷凍庫、電気洗濯機・衣類乾燥機の家電4品目を「特定家庭用機器」として定める。

本法では、使用済となった家電製品4品目について、小売業者による引取りおよび製造業者等による「再商品化等」（リサイクル）が義務付けられている。また、本法は排出者から製造業者等まで確実に運搬されるために管理票（マニフェスト）を整備する（43・46条）。

913 再商品化等

「再商品化等」とは「再商品化（再生利用）」と「熱回収」を指す（2条1項、2項）。まず、「再商品化」とは、製造業者等がテレビ等使用済家電製品から部品や材料を分離して、自ら新しい製品の部品又は原材料として利用したり、他の製造業者等に利用させるため有償又は無償で譲渡し得る状態にすることである。例えば、金属部品を自社製品の金属部品の原材料としたり、テレビのブラウン管のガラスを、ガラス製造業者に売れる状態にすることである。一方、「熱回収」とは、分離された部品や材料で再商品化されなかったものを、熱エネルギーを得るために自ら利用したり、他に利用させるため有償又は無償で譲渡し得る状態にすることである。例えば、プラスチック部品を分離し、発電用燃料として自分で使用したり、プラスチック部品を一定の形状に固め、固形燃料として他に売れる状態にすることである。製造業者等の「再商品化等」が義務付けられることは、循環基本法のEPRの具体化である。

914 消費者の協力義務

> **Topic 98** 消費者がテレビ（特定家庭用機器）を捨てる場合
>
> (1) X（消費者）は、大学入学時に上京し、ワンルームマンションを賃貸した。その際、近所のY電器店（小売業者）で、大手家電メーカーZ社製（製造業者）のテレビを購入し、使用していた。Xが大学を卒業し、社会人として6年が経過した頃、テレビが壊れてしまい、捨てることとした。

この場合，Xは，消費者として，家電リサイクル法が求める処理方法に協力することが求められる（6条）。本法は，廃棄物の発生を抑制するために消費者や事業者が「特定家庭用機器」をなるべく長期間使用するように期待する（6条）。購入後10年も経過していれば，Xは本法の要請に応えていたといえる。もっとも，壊れてしまった以上はもう使うこともできず，Xが捨てるにあたり，テレビは廃棄物となり，本法はXに対し「特定家庭用機器廃棄物」（2条5項）として，「再商品化等」が確実に実施されるように協力することを求める（6条）。

915　小売業者の義務

> ***Topic 99***　小売業者への引渡
>
> 　上記のXは，この機会に新製品のテレビをY電器店（小売業者）で再び購入することとした。Xが本法の協力義務に応えるためには，Y店に古いテレビを引き渡すことが簡易な方法だからである。

(1) 引取義務

小売業者は，正当な理由がある場合を除き，自らが過去に小売販売をした家電製品4品目についての「特定家庭用機器廃棄物」や，家電製品4品目の小売販売に際して，同種の物の「特定家庭用機器廃棄物」の引き取りを求められれば，「特定家庭用機器廃棄物」を「排出する場所」において，排出者から引き取らなければならないと定める（9条）。この小売業者の引取義務は，小売業者がこの役割を担うことによって，「特定家庭用機器廃棄物」の収集および「再商品化等」が効率的に行われると考えられることから認められる。もっとも，個々の小売業者について，その者が直接関与していない機械器具（例えば，他の小売業者が販売したもの）を全て引き取ることを要請することは小売業者に加重な義務を課すことになるから，引取義務の範囲を限定した。

このためY電器店は，「正当な理由」がない限り，Xの申し出を断ることはできない。Xは，Y店に対し，自宅であるワンルームマンションまで古いテレビ引き取りに来ることを求めることができる。Y店は引き取りにあたり，管理票の写しをXに交付する。

(2) 引渡義務

本法は，Y電器店に対し「特定家庭用機器廃棄物」を引き取ったときは，自ら「特定家庭用機器」として再度使用する場合等を除いて，「特定家庭用機器

廃棄物」の引き取り義務を負う製造業者等に引き渡さなければならないとする。(10条)。この小売業者の引渡義務も、「特定家庭用機器廃棄物」の「再商品化等」が効率的実施のために認められる。ここで、小売業者は原則としてその引き渡そうとする「特定家庭用機器」を製造又は輸入した者に引き渡すが、すでに存在しないときや確知することができないときは指定法人（32条1項）に引き渡す。

　よって、Y電器店は、Xから引き取った古いテレビを原則として、大手家電メーカーZ社（製造業者）に引き渡すこととなる。Y店は引き渡しにあたり、管理票（廃棄物処理法の管理票◀310(6)）をZ社に交付する。Z社は写しを保管した上で、再び管理票をY店に回付し、Y店が保管する。

(3) **義務違反に対する行政措置・罰則**

　それでは、Y電器店が引取義務・引渡義務を果たさない場合にはどうすべきか。

　本法は、まず　主務大臣が小売業者の引取義務や引渡義務の実施を確保するために必要があると認めるときに、小売業者に対し必要な指導および助言をすることができるとする（第15条）。そのため主務大臣（原則として経済産業大臣および環境大臣。以下同じ。）の小売業者への情報提供として、主務官庁の職員等が説明会の開催、パンフレット類の配布、現地での指導等を行う。かかる指導や助言の一方で、「正当な理由」なく、引取りや引渡しをしない小売業者があるときは、主務大臣は当該小売業者に対し、当該引取りや引渡しを勧告することができる（16条1項）。さらに、かかる勧告にもかかわらず、「正当な理由」なく、小売業者がそれに従わない場合には、主務大臣は当該小売業者に対し、その勧告に係る措置をとるべきことを命ずることができる（16条2項）。そして、この命令に違反した者は金50万円以下の罰金に処される（58条）。環境刑法は、強い行政措置である命令の実効性を確保するために機能することとなる。Y店が引き取らないのであれば、Xは行政に連絡し、必要な対応を求めることとなる。Y店は、罰則の適用がある以上、引取義務や引渡義務を履行するはずである。

(4) **消費者への料金請求**

　もっとも、Y店は請求する料金の支払いを、Xが拒否すれば「正当な理由」があるとして、古いテレビを引取らないことが認められる。他方、Xにしてみれば請求された料金があまりにも高い場合には支払いを拒否することもやむを得ない。

[基礎編] Ⅸ章 リサイクル法の罰則規定

　本法は小売業者が引取りを求められたときは，再使用に回す場合等を除き，「特定家庭用機器廃棄物」の引渡義務を履行するために行う収集・運搬に関する「料金」を排出者（消費者や事業者）に対して請求できる（11条）。この「料金」は小売業者が製造業者等の指定した引取場所（指定引取場所）までの収集・運搬に関するものであって，この範囲内で料金を設定することとなる。また本法は，小売業者の請求する「料金」の適正化を図るため，小売業者が排出者に請求する料金をあらかじめ公表しなければならないとする（13条1項）。そして，公表される「料金」は，「特定家庭用機器廃棄物」の収集および運搬を能率的に行った場合における「適正な原価」を勘案して定めなければならない（同条2項）。これは小売業者による意図的に高額な収集・運搬料金の請求を認めず，最も能率的な，費用低減に向けた努力を期待するものである。公表は，店舗の見やすい場所への掲示等によって行われる。

　一方で，料金が高額すぎれば排出者の協力を促せない。そのため小売業者が収集・運搬に関する料金として公表した額が，「特定家庭用機器廃棄物」の収集および運搬を能率的に行った場合における適正な原価を著しく超えていると認める場合には，主務大臣が期限を定めて，当該小売業者に対し，その公表した料金を変更すべき旨の勧告をすることができる（14条1項）。そして，勧告を受けた小売業者が，正当な理由がなくてその勧告に係る措置をとらなかった場合において，特に必要があると認めるときは，主務大臣は当該小売業者に対し，その勧告に係る措置をとるべきことを命ずることができる（14条2項）。そして，この命令に違反した者は金50万円以下の罰金に処される（58条）。

　環境刑法は，ここでも強い行政措置である命令の実効性を確保するために機能する。料金が高すぎるのであれば，Xは行政に連絡し，必要な対応を求めることとなる。Y店は，罰則の適用がある以上，適正な「料金」を設定するはずである。

916　製造業者の義務
(1) 引取義務

　本法は，製造業者等は自らが製造等をした「特定家庭用機器」に係る「特定家庭用機器廃棄物」の引取りを求められたときは，正当な理由がある場合を除き，「特定家庭用機器廃棄物」を引き取る場所としてあらかじめ指定した場所（指定引取場所）において引き取らなければならないと定める（17条）。そして，本法は製造業者等が引き取った「特定家庭用機器廃棄物」の「再商品化等」を

遅滞なくしなければならないと定める（18条1項）。なお，前述のとおり，小売業者は引取義務の範囲が限定されるが，製造業者等は引取るべき相手方について制限は設けられていない。したがって，製造業者等は引取要請をした者が誰であっても，自らが製造等をした「特定家庭用機器」の廃棄物を引取る義務が課される。

(2) **再商品化等義務**

さらに，本法は，製造業者等が「再商品化等」をするに際し，「特定家庭用機器廃棄物」ごとに，「生活環境の保全」に資する事項であって，「再商品化等」の実施と「一体的に行うことが特に必要かつ適切であるもの」を実施することを定める（18条2項）。これは，「再商品化等」を行う場合は，一般的には「特定家庭用機器廃棄物」の解体作業を伴うところ，この解体作業を行う際に，環境に負荷を及ぼす可能性のある物質などを回収・処理することにより，「生活環境の保全」を図ることの必要性は高く，そのことは社会的に見て効率的であることから求められるものである。「再商品化等」と一体に行うべき事項の具体的内容は政令で定めることとしており，例えば，エアコン，電気冷蔵庫・電気冷凍庫とフロン類を使用している電気洗濯機・衣類乾燥機について冷媒として使用されているフロン類の回収と，回収されたフロン類の再使用又は破壊を義務付けられる。フロン類は太陽からの有害な紫外線を吸収し，生物を守っている「オゾン層」を破壊するとされる化学物質である。

Topic 99 では，Y電器店が，Xから引き取った古いテレビを大手家電メーカーZ社（製造業者）に引き渡そうとする場合，Z社は引き取らなければならない。その上で，Z社はY電器店から引き取った古いテレビについて「再商品化等」義務を果たすこととなる。

(3) **義務違反に対する行政措置・罰則**

それでは，Z社がY電器店から古いテレビを引き取らなかったり，「再商品化等」義務を果たさない場合はどうか。

本法は，主務大臣は製造業者等に対し，特定家庭用機器廃棄物の引取義務や「再商品化等」に必要な行為の実施を確保するため必要があると認めるときは，必要な指導および助言をすることができるとする（27条）。このため主務大臣の製造業者等への情報提供として，主務官庁の職員等が，説明会の開催，パンフレット類の配布，現地での指導等を行う。かかる指導や助言によっても正当な理由なく，引取りや「再商品化等」に必要な行為をしない製造業者等があるときは，主務大臣は勧告をすることができる（28条1項）。かかる勧告に

[基礎編] Ⅸ章 リサイクル法の罰則規定

もかかわらず，製造業者等が正当な理由なく，それに従わない場合には，その勧告に係る措置をとるべきことを命ずることができる（28条2項）。この命令に違反した者は金50万円以下の罰金に処される（58条）。ここでも，環境刑法は，強い行政措置である命令の実効性を確保するために機能する。Y電器店は行政に連絡し，必要な対応を求めることとなる。Z社は，罰則の適用がある以上，引取義務や「再商品化等」義務を履行するはずである。

(4) 適正な料金の公表

Z社はY電器店から古いテレビを引取るにあたり，料金の支払いを求めることができ，Y電器店が支払いを拒否すれば引取らないことが可能である。

これは製造業者等が「再商品化等」義務を果たすためには費用が発生することに基づく。そこで，本法は製造業者等が「特定家庭用機器廃棄物」の引取りを求められたときは，引取要請者に対し「特定家庭用機器廃棄物」の「再商品化等」に必要な行為に関する料金を請求できると定める（19条）。引取要請者が料金の支払いを拒否すれば，製造業者等は「正当な理由」に基づいて引取りを拒める。

もっとも，小売業者の場合同様，製造業者等の請求する料金が適正なものでなければ，製造業者等の引取拒否に「正当な理由」があるとはいえない。本法は，製造業者等の請求する料金の適正化を図るため，製造業者等が請求する料金を「あらかじめ」公表しなければならないとする（20条1項）。公表される料金は，「特定家庭用機器廃棄物」の「再商品化等」に必要な行為を能率的に行った場合における適正な原価を上回るものや排出者の適正な排出を妨げるものであってはならない（20条2・3項）。製造業者等は自社のホームページ等で公表することとなる。「あらかじめ」公表することが求められているのは，いずれその費用を負担することとなる，消費者に対し「特定家庭用機器」の購入時に十分な情報を提供するためである。なお，本法は，小売業者が「特定家庭用機器廃棄物」の引取りに当たり，製造業者等が「再商品化等」に必要な行為に係る料金としてあらかじめ設定した額を請求することができることを定めており（12条），小売業者が排出者から料金を回収し，製造業者等に対し引き渡すことを予定している。

一方で，製造業者等が公表した料金が「特定家庭用機器廃棄物」の「再商品化等」に必要な行為を能率的に実施した場合における適正な原価を著しく超えているときや公表している額以外の額を請求しているときには（20条4項），主務大臣が期限を定めて，その公表した料金を変更すべき旨の勧告をするこ

とができる（21条1項）。そして，勧告を受けた製造業者等が，正当な理由がなくてその勧告に係る措置をとらなかったときは，当該製造業者等に対し，その勧告に係る措置をとるべきことを命ずることができる（21条2項）。そして，この命令に違反した者は金50万円以下の罰金に処される（58条）。環境刑法は，ここでも強い行政措置である命令の実効性を確保するために機能することとなる。料金が高すぎるのであれば，XやY電器店は行政に連絡し，必要な対応を求めることとなる。Z社は，罰則の適用がある以上，適正な「料金」を設定するはずである。

917　行政の調整機能の実効性の確保

このように家電リサイクル法における環境刑法の役割は主務大臣による調整機能の実効性を確保することにある。そのため，小売業者や製造業者等による主務大臣への報告および検査義務等違反にも金20万円以下の罰金を科して，主務大臣による調整機能の実効性を一層確保する（60条）。両罰規定による企業法人の処罰もある（61条）。また製造業者等の「再商品化等」を補完する指定法人の業務の健全性を確保するために，役員又は職員の違反行為には30万円以下の罰金が科される場合がある（59条）。

Topic 100　循環事犯と廃棄物事犯

テレビなどの使用済家電製品を無許可で回収した場合，廃棄物処理法違反（無許可営業罪）が問われ，これらは廃棄物事犯と呼ばれる。廃棄物事犯は廃棄物処理法によって処罰される犯罪であるところ，その保護法益は，廃棄物処理法の目的である「生活環境の保全及び公衆衛生の向上」である。一方で，家電リサイクル法の罰則は，使用済家電製品の無許可回収の事例には適用されていないようである。これは家電リサイクル法など循環基本法関連の各種リサイクル法の罰則が，それぞれが予定するリサイクルの「仕組み」の円滑な運用を担保する機能を果たす目的で制度設計されていることに基づく。そのような意味で，各種リサイクル法違反の犯罪は「循環事犯」として区別することができると思う。もっとも，上記の事例では家電リサイクル法の「仕組み」の円滑な運用も阻害されており，廃棄物処理法の罰則はかかる運用の担保を補完していることとなる。

[基礎編] Ⅸ章 リサイクル法の罰則規定

【Ⅸ章 参考文献】

1 北村喜宣『環境法』（弘文堂・4判・2017）
2 経済産業省産業技術環境局リサイクル推進課『資源有効利用促進法の解説』（㈶経済産業調査会・2004）
3 経済産業省商務情報政策局情報通信機器課編『2010年版 家電リサイクル法（特定家庭用機器再商品化法）の解説』（2010）

［阿部　鋼］

付録　環境法の罰則一覧

1　一覧表の見方

　環境刑法（行政刑法）について，日本は「罰則大国」であるが，警察官の頭に大量の罰則の知識が詰まっておらず，また行政職員が複雑な行政規定を前提とする罰則の適用を敬遠しているゆえに，実際に適用される罰則はごく一部であると指摘されている（◀403 c）。この一覧表をみると，このことが一層実感されるのではないか。すなわち，大多数の環境罰則は，その「法定刑」で違反の潜在的行為者を威嚇・警告することで，環境法規や行政処分を「遵守」させる効果を狙ったものとなっている。

　なお，海洋汚染防止法（◀437(3), ***Topic 44***），大気汚染防止法，水質汚濁防止法，土壌汚染対策法（◀438 (1) a・b・700），家畜伝染病予防法，狂犬病予防法，外来生物法，種の保存法，動物愛護管理法，鳥獣保護法（◀710），廃棄物処理法（◀800），家電リサイクル法（◀910）等の罰則の詳細は，他の章を参考にされたい。

　一覧表の対象としたのは，狭義（真正）の環境犯罪（◀410）に刑罰を定める下記の(1)～(75)の法律である。これ以外にも，環境法令及び環境法と他の法領域とにまたがる法令は多数あるが，とりあえず下記75の法令に限定した。

【対象法律一覧】

(1)　悪臭防止法（1971 制定，2011 改正）
(2)　エコツーリズム推進法（2007 制定）
(3)　NOxPM 法（自動車から排出される窒素酸化物及び粒子状物質の特定地域における総量の削減等に関する特別措置法）（1992 制定，2011 改正）
(4)　オゾン層保護法（特定物質の規制等によるオゾン層の保護に関する法律）（1988 制定，2018 改正）
(5)　温泉法（1948 制定，2011 改正）
(6)　海岸法（1956 制定，2017 改正）
(7)　海洋汚染防止法（海洋汚染防止等及び海上災害の防止に係る法律）（1970 制定，2017 改正）
(8)　海洋生物資源保存管理法（海洋生物資源の保存及び管理に関する法律）（1996，

[基礎編] 付録・環境法の罰則一覧

2017 制定)
(9) 外来生物法（特定外来生物による生態系等に係る被害の防止に関する法律）（2004 制定，2014 改正）
(10) 河川法（1964 制定，2017 改正）
(11) 家畜伝染予防法（1951 制定，2018 改正）
(12) 家庭用品規制法（有害物質を含有する家庭用品の規制に関する法律）（1973 制定，2018 改正）
(13) 家電リサイクル法（特定家庭用機器再商品化法）（1998 制定，2017 改正）
(14) 狂犬病予防法（1950 制定，2014 改正）
(15) 漁業法（1949 制定，2018 改正）
(16) 下水道法（1958 制定，2015 改正）
(17) 航空機騒音防止法（公共用飛行場周辺における航空機騒音による障害の防止等に関する法律）（1967 制定，2014 改正）
(18) 建設リサイクル法（建設工事に係る資材の再資源化等に関する法律）（2000 制定，2014 改正）
(19) 公害紛争処理法（1970 制定，2017 改正）
(20) 鉱業法（1959 制定，2018 改正）
(21) 工業用水法（1956 制定，2014 改正）
(22) 工場立地法（1959 制定，2016 改正）
(23) 港則法（1948 制定，2016 改正）
(24) 公有水面埋立法（1921 制定，2014 改正）
(25) 港湾法（1950 制定，2018 改正）
(26) 小型家電リサイクル法（使用済小型電子機器等の再資源化の促進に関する法律）（2012 制定）
(27) 国土利用計画法（1974 制定，2017 改正）
(28) 国有林野管理経営法（国有林野の管理経営に関する法律）（1951 制定，2014 改正）
(29) 湖沼水質保全特別措置法（1984 制定，2014 改正）
(30) 古都保存法（古都における歴史的風土の保存に関する特別措置法）（1966 制定，2011 改正）
(31) 資源有効利用促進法（資源の有効な利用の促進に関する法律）（1991 制定，2014 改正）
(32) 地すべり等防止法（1958 制定，2017 改正）
(33) 自然環境保全法（1972 制定，2014 改正）
(34) 自然公園法（1957 制定，2014 改正）
(35) 自動車リサイクル法（使用済自動車の再資源化等に関する法律）（2002 制定，2018 改正）
(36) 砂利採取法（1968 制定，2015 改正）
(37) 首都圏近郊緑地保全法（1966 制定，2017 改正）

付録・環境法の罰則一覧

⑶⑻　種の保存法（絶滅のおそれのある野生動植物の種の保存に関する法律）（1992 制定，2017 改正）
⑶⑼　省エネ法（エネルギーの使用の合理化等に関する法律）（1979 制定，2018 改正）
⑷⑽　浄化槽法（1983 制定，2014 改正）
⑷⑴　食品リサイクル法（食品循環資源の再生利用等の促進に関する法律）（2000 制定，2013 改正）
⑷⑵　新エネルギー法（新エネルギー利用等の促進に関する特別措置法）（1997 制定，2014 改正）
⑷⑶　新住宅市街地開発法（1963 制定，2017 改正）
⑷⑷　振動規制法（1976 制定，2014 改正）
⑷⑸　森林法（1951 制定，2018 改正）
⑷⑹　水産資源保護法（1951 制定，2018 改正）
⑷⑺　水質汚濁防止法（1970 制定，2017 改正）
⑷⑻　水防法（1970 改正，2017 改正）
⑷⑼　スパイクタイヤ粉じん防止法（スパイクタイヤ粉じんの発生の防止に関する法律）（1990 制定，1999 改正）
⑸⑽　生産緑地法（1974 制定，2017 改正）
⑸⑴　瀬戸内海環境保全特別措置法（1973 制定，2015 改正）
⑸⑵　騒音規制法（1968 制定，2014 改正）
⑸⑶　ダイオキシン類対策特別措置法（1999 制定，2014 改正）
⑸⑷　大気汚染防止法（1968 制定，2017 改正）
⑸⑸　宅地造成等規制法（1961 制定，2014 改正）
⑸⑹　地球温暖化対策推進法（地球温暖化対策の推進に関する法律）（1998 制定，2018 改正）
⑸⑺　鳥獣保護法（鳥獣の保護及び管理並びに狩猟の適正化に関する法律）（2002 制定，2015 改正）
⑸⑻　動物愛護管理法（動物の愛護及び管理に関する法律）（1973 制定，2017 改正）
⑸⑼　毒物劇物取締法（毒物及び劇物取締法）（1959 制定，2018 改正）
⑹⑽　都市計画法（1968 制定，2018 改正）
⑹⑴　都市再開発法（1969 制定，2018 改正）
⑹⑵　都市緑地法（1973 制定，2018 改正）
⑹⑶　土壌汚染対策法（2002 制定，2017 改正）
⑹⑷　南極環境保護法（南極地域の環境の保護に関する法律）（1997 制定，2014 改正）
⑹⑸　農用地土壌汚染防止法（農用地の土壌の汚染防止等に関する法律）（1970 制定，2011 改正）
⑹⑹　農薬取締法（1948 制定，2018 改正）
⑹⑺　バーゼル（国内）法（特定有害廃棄物等の輸出入等の規制に関する法律）（1992

[基礎編] 付録・環境法の罰則一覧

制定，2017改正）
⑱ 廃棄物処理法／廃掃法（廃棄物の処理及び清掃に関する法律）（1970制定，2017改正）
⑲ PRTR法（特定化学物質の環境への排出量の把握等及び管理の改善の促進に関する法律）（1999制定，2002改正）
⑳ PCB特措法（ポリ塩化ビフェニル廃棄物の適正な処理の推進に関する特別措置法）（2001制定，2016改正）
㉑ ビル用水法（建築物用地下水の採取の規制に関する法律）（1962制定，2000改正）
㉒ フロン類排出抑制法（フロン類の使用の合理化及び管理の適正化に関する法律）（2001制定，2018改正）
㉓ 文化財保護法（1950制定，2018改正）
㉔ 容器包装リサイクル法（容器包装に係る分別収集及び再商品化の促進等に関する法律）（1995制定，2011改正）
㉕ 臘虎膃肭獣猟獲取締法（ラッコオットセイ）（1912制定，1999改正）

2　行為による分類

　一覧表では，処罰対象となる行為を下記の①〜㉒に分類している。すなわち，①窃盗等，②不法使用，③業務妨害，④損傷・汚損等，⑤不法立入，⑥放火，⑦虚偽陳述・鑑定，⑧秘密漏示，⑨汚職，⑩不法な販売・所持等，⑪廃棄物の投棄等，⑫命令違反，⑬不服従，⑭業の許可等，⑮行為の許可等，⑯許可等の不正取得，⑰基準・条件・制限等の違反，⑱届出・管理票等の違反，⑲報告・立入検査等の違反，⑳帳簿・記録等の違反・管理責任者等の未選任等，㉑名称使用違反，㉒表示・掲示・標識等の違反である。また，特定機関の役員・職員等の違反等については，㉓で，その法律名，機関名，条項号数のみを掲げた。

(1) 自然犯と行政犯

a) 自　然　犯

　①〜⑪は，いわゆる「自然犯」的な行為である。このうち①〜⑩については，刑法典にも同種の行為を処罰対象とする規定がある。

　関連する刑法典上の犯罪の法定刑は次の通りである。①（窃盗等）と関連・類似する窃盗罪（刑法235条）：「10年以下の懲役または50万円以下の罰金」，盗品関与罪・無償譲受（同256条1項）：「3年以下の懲役」，運搬・保管，有償譲受，有償処分あっせん（同256条2項）：「10年以下の懲役または50万円以下の罰金」，②（不法使用）と類似する消火妨害罪（同114条）：「1年以上10年以下の懲役」，③（業務妨害）と関連する威力・偽計業務妨害罪（同233・

234条）：「3年以下の懲役または50万円以下の罰金」，④（損壊・汚損等）と関連・類似する建造物損壊罪（同260条）：「5年以下の懲役」，器物損壊罪（同261条）：「3年以下の懲役または30万円以下の罰金もしくは科料」，境界損壊罪（同262条の2）：「5年以下の懲役または50万円以下の罰金」，⑤（不法立入）に関連・類似する住居・建造物等侵入罪（同130条）：「3年以下の懲役または10万円以下の罰金」，⑥（放火）に関連・類似する建造物等以外放火罪（同110条1項）：「1年以上10年以下の懲役」，自己所有に係るとき（110条同2項）：「1年以下の懲役または10万円以下の罰金」，⑦（虚偽陳述・鑑定）に関連・類似する偽証罪（同169条）および虚偽鑑定等罪（同171条）：「3月以上10年以下の懲役」，⑧（秘密漏示）に関連・類似する秘密漏示罪（同134条）：「6月以下の懲役または10万円以下の罰金」，⑨a）（収賄）に関連・類似する単純収賄罪（同197条1項前段）：「5年以下の懲役」，贈賄罪（同198条）：「3年以下の懲役または250万円以下の罰金」，⑨b）（談合）に関連・類似する談合罪（同96条2項）：「3年以下の懲役もしくは250万円以下の罰金またはその併科」，⑩（不法な販売・所持等）に関連・類似するあへん煙等の吸食罪（同139条1項）：「3年以下の懲役」，同所持罪（同140条）：「1年以下の懲役」，同販売等（同136条）：「6月以上7年以下の懲役」である。

①〜⑩のうち，④（損壊・汚損等）と，⑥（放火），⑧（秘密漏示），⑨b）（談合）の一部とを除くと，その法定刑は，刑法典上の法定刑よりも基本的に軽い。これは，その行為や客体等の対象・領域が限定されているためと考えられる。こうした特別規定を設けることは環境保護の行政立法として理由がある。とはいえ，刑法典上の犯罪の成立を認めたうえで，対象・領域の限定性を根拠に量刑にて刑の減軽をすることも可能とも考えられる。

これに対して，⑪（廃棄物の投棄等）は，自然犯的な環境犯罪であるが，刑法典ではこれを処罰対象とする規定はない。軽犯罪法1条27号には「汚廃物放棄罪」がある（法定刑：「拘留または科料」）。廃棄物の不法投棄行為について，⑪で挙げた法令および軽犯罪法のいずれを適用すべきか（◀ *Topic 47*）。環境犯罪の実務では，そのほとんどが⑱廃棄物処理法の不法投棄罪で処罰されている（◀ 821(2)）。とはいえ，比例権衡の原則からして，廃棄物の不法投棄行為に，常に最も重い⑱の廃棄物処理法が適用されると解すべきではない（◀ 445(7)）。東京高判昭56・6・23刑月13巻6・7号436頁も，人糞を電車内で放置した行為について，軽犯罪法の汚廃物放棄罪の成立のみを認めている。

277

[基礎編] 付録・環境法の罰則一覧

　ｂ）行　政　犯
　⑫以下は，いわゆる「行政犯」（法定犯）（自然犯と行政犯との関係については◀432）である。行政上の目的を実現するために，各行政法規の違反が処罰対象となる。このうち⑭・⑱・⑲・⑳は，基本的に開業規制に関する罰則である（◀313～322・437(2)）。また，⑯・⑰・㉑・㉒の中にも開業規制のための罰則が含まれている。なお，⑱・⑲・⑳の個別の内容は，極めて多岐にわたり，煩瑣となるので，割愛した。その内容は，一覧表記載の条項数を参考に自ら確認されたい。いずれにしても，この膨大な数の罰則は，取締まる国・地方自治体の公務員や警察官らに正確に把握されているのだろうか。

　(2)　**直接罰と間接罰**
　⑫及び⑬は，行政当局の指導・勧告・命令等を先行させる「間接罰」の規定である。それ以外の行為は，原則として，これらの行政行為を介在させずに直ちに処罰の対象となる「直接罰」の規定である（◀434～435）。
　⑫の命令違反を定めるのは，(1)，(3)，(5)，(7)～(9)，(11)～(16)，(18)～(25)，(29)～(31)，(33)～(36)，(38)～(41)，(43)～(48)，(50)～(55)，(57)～(64)，(66)～(68)，(70)～(74)の59法令である。⑬の不服従を定めるのは，(2)，(5)，(7)，(10)，(11)，(14)，(34)，(43)，(57)，(61)，(73)の11法令である。⑫・⑬の間接罰は，一覧表記載対象の法令の約8割で規定されていることになる。

　(3)　**過失犯処罰**
　明文で「過失犯」（◀433・621(3)）の処罰を規定するのは，①に関する⑳鉱業法の過失による鉱区外，租鉱区外の侵掘，④に関する(73)文化財保護法の重要文化財等の管理等責任者の怠慢・重大な過失による滅失等，⑥に関する(45)森林法の失火，⑪に関する(7)海洋汚染防止法の過失による不法投棄，⑰に関する(17)下水道法の過失による基準違反，(47)水質汚濁防止法の過失による排出制限違反，(53)ダイオキシン類対策特別措置法の過失によるばい煙・指定ばい煙の排出制限違反，(54)大気汚染対策法の過失によるばい煙・指定ばい煙の排出制限違反である。
　⑳鉱業法は，実質的には過失による鉱物の窃盗を処罰するものといえる。これに対して，刑法典の窃盗罪（刑法235条）は故意犯のみである。また，(73)文化財保護法は，過失による損壊等を処罰する。これに対して，刑法典の器物損壊罪（刑法261条）も故意犯のみである。他方で，(45)森林法の失火については，刑法典でも失火罪（刑法116条）がある。ちなみに，不法投棄を罰する法令のうち，過失によるものを処罰するのは(7)海洋汚染防止法のみである。

278

また，多数の判例は，行政犯における形式犯について，明文での過失犯処罰の規定がなくとも，なお立法の趣旨・目的等に照らして，過失犯で処罰可能とする。しかし，「国民の観点からする明文要請の尊重」からすれば，このような明文なき過失犯処罰を認めることは妥当でないであろう（◀433）。

3 法定刑

最も重い自由刑を定めるのは⑥に関する㊺森林法の他人森林の放火で「2年以上の懲役」（刑法 12 条によりその上限は 20 年以下となる）。自然人に対して最も重い財産刑を定めるのは，⑪に関する(7)海洋汚染防止法および㊽廃棄物処理法の不法投棄などの「1,000 万円以下の罰金」である。

最も軽い自由刑は②に関する㊽水防法の水具の不法使用などの「拘留」（刑法 16 条「1 日以上 30 日未満」），最も軽い財産刑は④に関する㋒文化財保護法の損壊等などの「科料」（刑法 17 条「1,000 円以上 1 万円未満」）である。ちなみに，最も軽い罰金刑は④に関する㉚古都保存法の標識の移動・汚損・破損などの「1 万円以下」，過料は⑱に関する同法の届出違反などの「1 万円以下」である。これに対して，最も重い「過料」は，⑯に関する㊸新住宅市街地開発法の許可等違反などの「50 万円以下」である。

ちなみに，典型的な行政犯である⑱届出等の違反について，（科料を除く。）法定刑・過料の上限の平均は下記 **Chart** の通りである。

Chart ⑱届出等の違反の法定刑・過料の上限額の平均

有期懲役	6.4 月
罰　　金	36.8 万円
過　　料	12.2 万円
罰金・過料	28.3 万円

罰則規定の立法にあたり，刑種やその上限・下限の設定は，犯罪規定の「実質的危険」の内容を踏まえてなされていると考えられる（◀441(1)b）。とはいえ，同種行為の罰則規定につき，異なる法令間での相互比較をしても，その「実質的危険」の内容が適正かつ整合的にその法定刑に反映されているのか。その精査が必要なように思われる。

[基礎編] 付録・環境法の罰則一覧

4 法人処罰

いわゆる両罰規定（◀ 406(3), 635）は，下記 *Chart* の通り，一覧表対象の75法令のうち約9割の66法令で規定されている。

Chart 両罰規定のある法令

悪臭防止法	30条	省エネ法	177条
NOxPM法	51条	浄化槽法	66条
オゾン層保護法	32条	食品リサイクル法	30条
温泉法	42条	新エネルギー法	16条2項
海岸法	43条	新住宅市街地開発法	60条
海洋汚染防止法	59条	振動規制法	27条
海洋生物資源保存管理法	25条	森林法	212条
外来生物法	36条	水産資源保護法	41条
河川法	107条	水質汚濁防止法	34条
家畜伝染病予防法	67条	生産緑地法	21条
家庭用品規制法	12条	瀬戸内海環境保全特別措置法	26条
家電リサイクル法	61条	騒音規制法	32条
漁業法	145条	ダイオキシン類対策特別措置法	48条
下水道法	50条	大気汚染防止法	36条
建設リサイクル法	52条	宅地造成等規制法	29条
鉱業法	151条	地球温暖化対策推進法	66条2項
工業用水法	30条	鳥獣保護法	88条
工場立地法	19条	動物愛護管理法	48条
公有水面埋立法	41条の2	毒物劇物取締法	26条
港則法	54条	都市計画法	94条
港湾法	64条, 65条	都市再開発法	145条
小型家電リサイクル法	21条2項	都市緑地法	79条
国土利用計画法	50条	土壌汚染対策法	68条

湖沼水質保全特別措置法	48 条	南極環境保護法	33 条
古都保存法	24 条	農薬取締法	50 条
資源有効利用促進法	44 条	農用地土壌汚染防止法	17 条 2 項
地すべり等防止法	55 条	バーゼル法	27 条
自然環境保全法	57 条	廃棄物処理法	32 条
自然公園法	87 条	PCB 特措法	36 条
自動車リサイクル法	142 条	ビル用水法	19 条
砂利採取法	47 条	フロン類排出抑制法	108 条
首都圏近郊緑地保全法	22 条	文化財保護法	199 条
種の保存法	65 条	容器包装リサイクル法	49 条

［渡辺靖明］

[基礎編] 付録・環境法の罰則一覧

環境法の罰則一覧表

①窃盗等	森林法	窃盗	197条	3年以下の懲役または30万円以下の罰金(211条により併科可)
		窃盗(保安林)	198条	5年以下の懲役または50万円以下の罰金(211条により併科可)
		贓物収受	201条1項	3年以下の懲役または30万円以下の罰金(211条により併科可)
		贓物牙保	201条2項	5年以下の懲役または50万円以下の罰金(211条により併科可)
	鉱業法	鉱物の不法掘削・不法掘削鉱物の知情での運搬・保管・取得・処分の媒介・あっせん	7・147条1項1・2号	5年以下の懲役もしくは300万円以下の罰金またはその併科
		過失による鉱区外・租鉱区外の侵掘	147条2項	100万円以下の罰金
②不法使用	水防法	水防用器具・水防信号等の不法使用等	20条2項・55条1・2号	30万円以下の罰金または拘留
③業務妨害	漁業法	漁業権侵害	143条	20万円以下の罰金
	海洋汚染防止法		38条7項・58条15号・42条の2第1項・58条16号	30万円以下の罰金
④損傷・汚損等 a)標識	古都保存法	標識の移動・汚損破壊	6条2項・22条1号	1万円以下の罰金
	地すべり等防止法	標識の移動・汚損・破損	8・54条	1万円以下の罰金
	新住宅市街地開発法	標識の移転・除去・汚損・損壊	34条3・4項・34条の2第1・2項・56条	20万円以下の罰金
	森林法	標識の移動・汚損・破壊	39条1・2項・209条	50万円以下の罰金
	水防法	標識の移転・除去・汚損	15条の7第3項・54条1号	30万円以下の罰金
	生産緑地法	標識の未承諾の移転・除去・汚損・損壊	6条3項・20条1号	20万円以下の罰金

環境法の罰則一覧表

	鳥獣保護法	標識の移転・汚損・毀損・除去	15条13項・34条5項・70条2項・86条3号	30万円以下の罰金
	都市再開発法	標識の移転・除去・汚損・損壊	64条1・2項・143条	20万円以下の罰金
	都市緑地法	標識の未承諾の移転・除去・汚損・損壊	7条3項・78条1号	30万円以下の罰金
b)設備・施設	海岸法	海岸保全施設の損傷・汚損	8条の2第1項・41条3号	1年以下の懲役または50万円以下の罰金
		海岸等の損傷・汚損	8条の2第1項・42条1号	6月以下の懲役または30万円以下の罰金
	下水道法	下水道施設損壊等による下水排除妨害	44条1項	5年以下の懲役または100万円以下の罰金
		下水排除妨害	44条2項	2年以下の懲役または50万円以下の罰金
	水防法	水防の用器具などの損壊・撤去	52条1項	3年以下の懲役または50万円以下の罰金（52条2項により併科可）
c)その他	海岸法	海岸等の損傷・汚損	8条の2第1項・42条1号	6月以下の懲役または30万円以下の罰金
	動物愛護管理法	愛玩動物の殺傷	44条1項	2年以下の懲役または100万円以下の罰金
		愛玩動物の虐待・遺棄	44条2項・3項	100万円以下の罰金
	自然環境保全法	野生動物の殺傷・採取・損傷	26条3項・54条2号	6月以下の懲役または50万円以下の罰金
	南極環境保護法	南極史跡記念物の除去・損傷・破壊	20・29条1号	1年以下の懲役または100万円以下の罰金
	文化財保護法	重要文化財の損壊・毀損・隠蔽	195条1項	5年以下の懲役もしくは禁錮または30万円以下の罰金
		所有者による重要文化財の損壊・毀損・隠蔽	195条2項	2年以下の懲役もしくは禁錮または20万円以下の罰金もしくは科料
		史跡名勝天然記念物の滅失・毀損・衰亡	196条1項	5年以下の懲役もしくは禁錮または30万円以下の罰金

[基礎編] 付録・環境法の罰則一覧

		所有者の史跡名勝天然記念物の滅失・毀損・衰亡	196条2項	2年以下の懲役もしくは禁錮または20万円以下の罰金もしくは科料
		重要文化財・重要有形民俗文化財・史跡名勝天然記念物の管理等責任者の怠慢・重大な過失による滅失等	39条1項・49・185条2項・200条	30万円以下の過料
⑤不法立入	自然環境保全法	立入禁止・制限違反	19条3項・54条2号	6月以下の懲役または50万円以下の罰金
	自然公園法	立入禁止違反	23条3項・83条3号	6月以下の懲役または50万円以下の罰金
	水防法	立入禁止・制限違反	21・53条	6月以下の懲役または30万円以下の罰金
	南極環境保護法	立入制限違反	19・29条3号	1年以下の懲役または100万円以下の罰金
		立入・残留	5条1項・30条1号	6月以下の懲役または50万円以下の罰金
		不届出の立入	5条3項・31条	50万円以下の罰金
⑥放火	森林法	他人森林	202条1項	2年以上の懲役
		自己森林	202条2項	6月以上7年以下の懲役
		他人森林への延焼	202条3項	6月以上10年以下の懲役
		保安林	202条4項	1年以上の懲役
		失火	203条	50万円以下の罰金
⑦虚偽陳述・鑑定	公害紛争処理法		42条の16第4項・52条	6月以下の懲役または3万円以下の罰金
			42条の16第5項・54条	3万円以下の過料
⑧秘密漏示	公害紛争処理法		17条1項・51条	1年以下の懲役または3万円以下の罰金
⑨汚職	a)収賄	海洋汚染防止法	船級協会役員等の収賄	19の15第2項・19条の30第2項・19の46第2項・54条の2第1項	3年以下の懲役（不正な行為をしたときなど1年以上10年以下の懲役）
			船級協会役員等への贈賄	54条の2第1項・54条の3	3年以下の懲役または100万円以下の罰金

284

環境法の罰則一覧表

	都市計画法	特別施行者等の収賄	59条4項・89条1項	3年以下の懲役（不正な行為をしたときなど7年以下の懲役）
		特別施行者等の事後収賄・第三者供賄	89条2・3項	3年以下の懲役
		特別施行者等への贈賄	89条1〜3項・90条	3年以下の懲役または200万円以下の罰金
	都市再開発法	個人施行者の収賄	140条1項	3年以下の懲役（不正な行為をしたときなど7年以下の懲役）
		個人施行者の事後収賄	140条2項	3年以下の懲役
		個人施行者の第三者供賄	140条3項	
		個人施行者への贈賄	141条1項	3年以下の懲役または100万円以下の罰金
b)談合	港湾法	談合教唆・公募の秘密教唆による公正妨害	37条1項・61条	5年以下の懲役または250万円以下の罰金
		偽計・威力による公募の公正妨害・談合	62条1・2項	3年以下の懲役または250万円以下の罰金
c)不正交付	海洋汚染防止法	有害水バラスト処理設備証明書の不法交付	17条の8第2項・56条4号	100万円以下の罰金
⑩不法な販売・所持等	外来生物法	販売・頒布目的での譲渡禁止特定外来生物の販売・頒布	8・32条4号	3年以下の懲役もしくは300万円以下の罰金またはその併科
			8・33条1号	1年以下の懲役もしくは100万円以下の罰金またはその併科
	鳥獣保護法	使用禁止猟具の所持・販売禁止鳥獣等の販売	16条1・2項・23・84条1項5号	6月以下の懲役または50万円以下の罰金
	毒物劇物取締法	不法販売・授与	3条の3・24条の2第1号・3条の4・24条の2第2号	2年以下の懲役もしくは100万円以下の罰金またはその併科

[基礎編] 付録・環境法の罰則一覧

		不法摂取・吸入・所持	3条の3・24条の3	1年以下の懲役もしくは50万円以下の罰金またはその併科
		不法所持	3条の4・24条の4	6月以下の懲役もしくは50万円以下の罰金またはその併科
⑪廃棄物の投棄等	海洋汚染防止法	油・有害液体物質・未査定液体物質・廃棄物・有害水バラストの排出・油等の海底下廃棄・船舶等の海洋投棄	4条1項・55条1項1号・9条の2第1項・55条1項3号・10条1項・55条1項4号・17条1項・55条1項6号・18条1項・55条1項7号・18条の7・55条1項8号・43・55条1項16号	1,000万円以下の罰金
		過失による油・有害液体物質・未査定液体物質・廃棄物・有害水バラストの排出	4条1項・9条の2第1項・10条1項・17条1項・18条1項・55条2項	500万円以下の罰金
	河川法	土砂またはごみ・ふん尿・鳥獣の死体その他汚物もしくは廃物の投棄・放置	施行令16条の4第1項2号・同59条2項	3月以下の懲役または20万円以下の罰金
	港則法	バラスト・廃油・石炭から・ごみその他これに類する廃物の投棄	24条1項・50条4号	6月以下の懲役または30万円以下の罰金
	港湾法	船舶等の投棄	37条の11第1項・43条の8第1項・55条の3の5第1項・56条の2第1項・63条4項2号	1年以下の懲役または50万円以下の罰金
	自然環境保全法	ごみその他の汚物または廃物の投棄・放置	17条1項13号・53条1項	1年以下の懲役または100万円以下の罰金
	自然公園法	ごみその他の汚物または廃物の投棄・放置	37条1項1号・86条9号	30万円以下の罰金
	南極環境保護法	廃棄物の焼却・埋め・排出・遺棄その他の処分	16・29条2号	1年以下の懲役または100万円以下の罰金
	廃棄物処理法	廃棄物の投棄・焼却・その未遂	16・16条の2・25条1項14・15号・25条2項	5年以下の懲役もしくは1,000万円以下の罰金またはその併科

環境法の罰則一覧表

⑫命令違反	悪臭防止法	8条2項（悪臭原因物発生施設の運用改善措置命令）・24条	1年以下の懲役または50万円以下の罰金
		10条3項（悪臭原因物の排出防止応急措置命令）・27条	6月以下の懲役または50万円以下の罰金
	NOxPM法	35条3項（特定事業者自動車排出窒素酸化物等の排出抑制勧告措置命令）・49条	50万円以下の罰金
	温泉法	9条の2（温泉ゆう出目的土地掘削で発生する可燃性天然ガス災害防止措置等命令）・14条の10（温泉採取による可燃性天然ガス災害防止上措置等命令）・38条1項2号	1年以下の懲役または100万円以下の罰金
		8条の3（掘削による可燃性天然ガス災害防止措置命令）・9条2項（許可取消事由該当時の温泉の保護等措置命令）・10条（温泉非ゆう出時の原状回復命令）・12条（温泉採取制限命令）・14条の8第3項（許可取消時の可燃性天然ガスによる災害防止措置命令）・14条の9第2項（許可取消時の可燃性天然ガスによる災害防止措置命令）・31条2項（許可取消時の利用制限等措置命令）・39条2号	6月以下の懲役または50万円以下の罰金
		18条5項（温泉施設の届出に係る掲示内容変更命令）・40条	50万円以下の罰金
	海洋汚染防止法	19条の15第3項・19条の49第3項・43条の9第2項（船舶安全法準用による命令）・54条の5	1年以下の懲役または50万円以下の罰金
		8条の3第3項（船舶間貨物油積替時の油排出抑制命令）・55条1項2号・18条の	1,000万円以下の罰金

[基礎編] 付録・環境法の罰則一覧

		10（許可海底下廃棄の停止命令）・55条1項9号・39条3・5項（大量の油・有害液体物質の排出時の防除措置命令）・40条（廃棄物等の排出時の防除等措置命令）・42条の2第4項（危険物排出時の海上災害発生防止の危険物排出防止等措置命令）・42条の3第3項（海上火災発生時の消火等措置命令）・42条の4の2第2項（危険物排出おそれ時の排出防止等措置命令）・55条1項15号	
		24・34条3項（基準適合の廃油処理施設の工事設計変更命令）・30条3項（基準適合の油処理施設修理等命令）・55条の2第7号・42条の7（海上火災による船舶交通障害発生時のそのおそれのない海域への船舶曳航命令）・55条の2第8号	200万円以下の罰金
		19条の2第4項（届出に係る海底及びその下の形質変更の施行方法の計画変更命令）・56条第5号・19条の31第2項（二酸化炭素放出抑制対象船舶航行停止命令）・56条9号・19条の48第2項（海洋汚染等防止証書または海洋汚染防止設備等の基準不適合時の臨時海洋汚染等防止証書の返納等命令）・56条10号	100万円以下の罰金
		19条の31第1項（国際二酸化炭素放出抑制船舶証書の返納等命令）・19条の33第1項（外国船舶の二酸化炭素放出抑制指標算定等命令）・57条11号・19条の48	50万円以下の罰金

	第1項（海洋汚染等防止証書等返納命令）・19条の5第1～3項（外国船舶への各種命令）・57条13号・39条の2（大量の油・有害液体物質排出時の海域退去等命令）・57条16号・40条の2第2項（油濁防止緊急措置手引書の作成等命令）・57条18号・42条の5第1～3項（危険物の排出時の各種命令・処分）・57条19号	
	43条の8第2項（有害物質輸送方法改善命令）・58条17号	30万円以下の罰金
海洋生物資源保存管理法	10条1・2項（大臣管理量等に係る特定海洋生物資源採捕停止等命令）・22条1号・12条1・2項（大臣管理量に係る採捕等違反行為使用船舶の停泊命令）・22条3号	3年以下の懲役もしくは200万円以下の罰金またはその併科
外来生物法	9条の3第1項（許可条件違反の特定外来生物飼養等の中止等措置命令）・24条の2第2項（輸出品などの消毒・廃棄等命令）・32条5号	3年以下の懲役もしくは300万円以下の罰金またはその併科
	20条3項（防除目的で放出等された生殖不能特定外来生物の回収等命令）・33条4号	1年以下の懲役もしくは100万円以下の罰金またはその併科
家畜伝染病予防法	17条1項（患畜と殺命令）・17条の2第5項（患畜以外家畜と殺命令）・63条3号	3年以下の懲役または100万円以下の罰金
	46条の18第3項（家畜伝染病発生予防・まん延防止措置命令）・64条4号	1年以下の懲役または50万円以下の罰金
	46条の11（滅菌譲渡義務者等の伝染病予防・まん延防止措置命令）・46条の16	50万円以下の罰金

	第2項（取扱施設の基準適合の伝染病発生の予防・まん延防止措置命令）・47条の17第2項（保管等基準適合の伝染病発生の予防・まん延防止措置命令）・65条3号	
	4条の2第3・5項・5条1項（検査命令）・6条1項（家畜への注射等命令）・9条（消毒等の実施命令）・12条の6第2項（飼養衛生管理基準適合の改善勧告命令）・26条1項（要消毒倉庫などの消毒命令）・30条（消毒方法等の実施命令）・66条2号・46条2・3項（伝染病汚染動物等の隔離等命令）・66条11号	30万円以下の罰金
	46条の12第3項（許可所持者家畜伝染病発生予防規程作成命令）・68条3号	10万円以下の過料
家庭用品規制法	6条1・2項（基準不適合等の家庭用品の回収等命令）・10条2号	1年以下の懲役または30万円以下の罰金
家電リサイクル法	14条2項（小売業者の料金勧告措置命令）・16条2項（小売業者の引取・引渡の勧告措置命令）・21条2項（製造業者の料金勧告措置命令）・28条2項（製造業者の引取・再商品化の勧告措置命令）・58条	50万円以下の罰金
狂犬病予防法	10条（狂犬病発生時の犬への口輪・けい留命令）・27条4号・17条（狂犬病まん延防止等のための犬の展覧会その他の集合施設の禁止命令）・27条10号	20万円以下の罰金

環境法の罰則一覧表

漁業法	67条11項（水産動植物採捕制限等指示服従命令）・139条	1年以下の懲役もしくは50万円以下の罰金または拘留もしくは科料（142条により懲役と罰金の併科可）
	72条（漁業の標識等設置命令）・144条2号	10万円以下の罰金
下水道法	12条の5（基準適合特定施設構造等の計画変更等命令）・37条の2（基準不適合下水排除おそれ時の特定施設構造等改善等命令）・38条1・2項（法違反等時の許可条件等変更等措置命令）・45条	1年以下の懲役または100万円以下の罰金
	12条の9第2項（公共下水道使用者の応急措置命令）・46条1項2号	6月以下の懲役または50万円以下の罰金
	11条の3第3・4項（水洗便所への改造命令）・48条	30万円以下の罰金
建設リサイクル法	35条1項（解体工事業者事業停止命令）・48条3号	1年以下の懲役または50万円以下の罰金
	15条（対象建設工事受注者・自主施工者の分別解体等方法変更等措置命令）・20条（対象建設工事受注者の特定建設資材廃棄物再資源化等の方法変更等命令）・49条	50万円以下の罰金
	10条3項（基準適合の分別解体等の計画変更等措置命令）・50条	30万円以下の罰金
公害紛争処理法	42条の16第1項1・2号（当事者・参考人・鑑定人の出頭命令）・53条1号・42条の16第1項3号（文書・物件提出命令）・53条2号・42条の16第4・5項（当事者・参考人・鑑定人の宣誓命令）・53条4号	3万円以下の過料

[基礎編] 付録・環境法の罰則一覧

鉱業法	100条の6（違反行為に係る作業の中止・装置・物件除去・原状回復命令）・148条3号	5年以下の懲役もしくは200万円以下の罰金またはその併科
	100条3項（試業案変更命令）・120条（業務停止命令）・149条3・4号	1年以下の懲役または50万円以下の罰金
工業用水法	13条（無許可等の採取地下水の工業供用停止命令）・14条（緊急時の許可井戸の地下水採取制限命令）・28条2号	1年以下の懲役または10万円以下の罰金
工場立地法	10条1項（届出に係る勧告不服従者の勧告に係る事項変更命令）・16条2号	6月以下の懲役または50万円以下の罰金
港則法	8条3項（修繕中・係船中の船舶の必要員数船員乗船命令）・10条（特定港内停泊船舶移動命令）・50条3号・24条3項（廃物投棄者等への除去命令）・26条（船舶交通阻害おそれ時の漂流物除去命令）・31条2項（工事等許可時の船舶交通安全措置命令）・36条2項（船舶交通の妨おそれ時の強力灯火の減光・被覆命令）・50条5号	3月以下の懲役または30万円以下の罰金
	34条2項（竹木材の水上卸時等の許可時の船舶交通安全措置命令）・52条3号	30万円以下の罰金または科料
公有水面埋立法	29条1項・33条1項（用途変更許可時の災害防止の義務命令）・39条の2第2号	1年以下の懲役または30万円以下の罰金
港湾法	38条の2第8項（水域施設等の基準適合の届出に係る計画変更命令）・56条の3第2項（基準不適合の水域施設等の建設・改良禁止等命令）・56条の4第1項	50万円以下の罰金

環境法の罰則一覧表

	（規定違反時等の工事その他の行為の中止等措置・原状回復命令）・63条6項1号・45条3項（港湾運営会社の料率変更命令）・63条6項3号	
湖沼水質保全特別措置法	8条（湖沼特定事業場の汚水・廃液処理方法の改善等措置命令）・10条（湖沼特定事業場の汚水・廃液処理方法改善等措置命令）・31条1項（処分違反者等の原状回復等措置命令）・44条	1年以下の懲役または100万円以下の罰金
	20条2項（基準不適合の指定施設の構造等改善勧告不服従者への同改善命令）・30条2項（未届者の禁止等命令）・45条	50万円以下の罰金
古都保存法	8条6項（規定違反者等への原状回復等措置命令）・20条	1年以下の懲役または10万円以下の罰金
資源有効利用促進法	13条3項（特定省資源業種の副産物発生抑制等措置命令）・17条3項・20条3項・23条3項・25条3項・33条3項・36条3項（特定再利用事業者・指定省資源化事業者・指定再利用促進事業者・指定表示事業者・指定再資源化事業者・指定副産物事業者の勧告措置命令）・42条	50万円以下の罰金
自然環境保全法	18条1・2項（規定違反時等の原状回復等措置命令）・53条2号	1年以下の懲役または100万円以下の罰金
	28条（自然環境保護の措置等命令等）・55条	50万円以下の罰金
自然公園法	15条1項（認可廃止時等の原状回復等措置命令）・34条1項（公園保護のための行為中止等命令）・82条	1年以下の懲役または100万円以下の罰金

293

[基礎編] 付録・環境法の罰則一覧

	11条（国立公園事業施設の改善等措置命令）・33条2項（普通地区の風景保護の措置命令）・52条（後援団体業務運営の改善措置）・85条	50万円以下の罰金
自動車リサイクル法	51条1項・58条1項・66条（引取業者・フロン類回収業者・解体業者の事業停止命令）・138条3号	1年以下の懲役または50万円以下の罰金
	20条3項（関連事業者・引取等措置命令）・24条3項・26条4項・35条2項・38条2項・90条3・4項・（関連事業者・フロン類回収業者・自動車製造業者等の勧告に係る措置命令）・139条2号	50万円以下の罰金
砂利採取法	12条1項（砂利採取業者事業停止命令）・23条1・2項（砂利採取による災害防止の必要な措置等命令）・26条（砂利採取業者の規定違反等時の砂利採取停止命令）・45条2号	1年以下の懲役もしくは10万円以下の罰金またはその併科
種の保存法	11条1・3項（国内希少野生動植物種等捕獲等の指定の者引渡命令・飼養栽培施設の改善措置命令）・14条1・3項（希少野生動植物種等譲受等の指定の者引渡命令・飼養栽培施設の改善措置命令）・16条1・2項（輸出国内・原産国への返送命令）・18条（陳列・広告の中止等命令）・33条の12（特別国際種事業者の法律遵守命令）・40条2項（国内希少野生動植物種の原状回復命令）・58条1号	1年以下の懲役または100万円以下の罰金
	20条の4第4～6項（事前登録済証の記載禁止・返納	6月以下の懲役または50万円以下の罰金

環境法の罰則一覧表

	命令)・32条2項（特定国内種事業の譲渡等業務停止命令)・33条の4第2項（特定国際種事業の譲渡等業務停止命令)・33条の13（特別国際種事業者の登録の取消し等)・33条の23第6項（特別国際種事業者管理票作成禁止命令)・59条3号	
	39条2項（監視地区での届出に係る行為禁止等命令)・62条4号	50万円以下の罰金
省エネ法	17条5項・28条5項・39条5項・104条3項・112条3項・116条3項・128条3項・133条3項・142条3項・146条3項・148条3項・151条3項・153条3項（特定事業者・特定貨物輸送事業者・特定荷主等の勧告に係る措置命令)・170条2号	100万円以下の罰金
浄化槽法	32条2項（浄化槽工事業者事業停止命令)・41条2項（浄化槽設備士免状の返納命令)・59条5号	1年以下の懲役または150万円以下の罰金
	12条2項（浄化槽管理者の基準適合の浄化槽の保守点検等措置命令)・62条	6月以下の懲役または100万円以下の罰金
	5条3項（建築基準法等不適合時の届出に係る浄化槽設置・変更計画変更・廃止命令)・63条2号	3月以下の懲役または50万円以下の罰金
	7条の2第3項・12条の2第3項（浄化槽管理者・浄化槽管理者の勧告に係る措置命令)・66条の2	30万円以下の過料
食品リサイクル法	10条3項（食品廃棄物等多量発生事業者の勧告に係る措置命令)・27条	50万円以下の罰金

295

[基礎編] 付録・環境法の罰則一覧

新住宅街地開発法	41条1項（法違反の新住宅市街地開発事業の施行計画の変更等措置命令）・57条1号	20万円以下の罰金
振動規制法	12条2項（特定施設設置者の勧告服従命令）・24条	1年以下の懲役または50万円以下の罰金
	15条2項（特定建設作業者の勧告服従命令）・25条	30万円以下の罰金
森林法	10条の3（法違反等の開発行為の中止等命令）・206条2号・38条2項（法違反等の伐採中止等命令）・206条4号	3年以下の懲役または300万円以下の罰金
	38条1～4項（法違反等の伐採の中止等命令）・207条3号	150万円以下の罰金
	10条の9第3・4項（計画服従伐採等・届出書未提出時の伐採中止等命令）・208条2号・31条（立木竹の伐採等禁止命令）・208条3号	100万円以下の罰金
水産資源保護法	13条の3第1項（許可時の水産動物等の管理命令）・13条の4（水産動物の輸入防疫対象疾病時の水産動物等の焼却等命令）・24条1項（工作物のさく河魚類通路妨害時の除害工事命令）・37条1号	1年以下の懲役または50万円以下の罰金（39条により併科可）
水質汚濁防止法	8条（排出適合の処理計画変更命令・特定施設設置の計画廃止命令）・8条の2（総量規制基準適合措置命令）・13条1・3項（基準適合の特定施設処理構造等の改善命令・排出一時停止命令）・13条の2第1項（汚水・廃液処理の改善・有害物質貯蔵指定施設等の構造等改善）・13条の3第1項（使用一時停止命令）・14条	1年以下の懲役または100万円以下の罰金

環境法の罰則一覧表

	の3第1・2項（地下水水質浄化の措置命令）・30条	
	14条の2第4項（特定事業者の設置者等の応急措置命令）・18条（緊急時措置命令）・31条1項2号	6月以下の懲役または50万円以下の罰金
水防法	21条（警戒区域の立入禁止等命令）・53条	6月以下の懲役または30万円以下の罰金
生産緑地法	9条1項（規定違反者等への原状回復等措置命令）・18条	1年以下の懲役または50万円以下の罰金
瀬戸内海環境保全特別措置法	11条（法違反特定施設設置者の施設除去等措置命令）・24条2号	1年以下の懲役または50万円以下の罰金
騒音規制法	12条2項（勧告不服従特定施設設置者等の騒音防止改善等命令）・29条	1年以下の懲役または10万円以下の罰金
	15条2項（勧告不服従特定建設作業者等の騒音防止改善等命令）・30条	5万円以下の罰金
ダイオキシン類対策特別措置法	15条（基準不適合の特定施設の構造等計画変更命令）・16条（基準不適合の総量規制基準適用事業場の発生ガスの処理の方法の改善等措置命令）・22条1・3項（基準不適合の特定施設の構造等改善等命令・基準不適合の総量規制基準適用事業場の発生ガス処理方法改善等措置命令）・44条	1年以下の懲役または100万円以下の罰金
	23条3項（特定施設での事故拡大・再発の防止措置命令）・45条1項2号	6月以下の懲役または50万円以下の罰金
大気汚染防止法	9条（計画命令）・9条の2（ばい煙発生施設の総量規制基準適合措置命令）・14条1項（焙煎発生施設の改善・停止命令）・14条3項（特定ばい煙施設の計画変	1年以下の懲役または100万円以下の罰金

[基礎編] 付録・環境法の罰則一覧

	更・廃止命令)・17条の9(揮発性有機化合物排出施設の計画変更・廃止命令)・17条の11(揮発性有機化合物排出施設の改善・使用一時停止命令)・18条の8(特定粉じん発生施設の計画変更・廃止命令)・18条の11(特定粉じん発生施設の改善・使用停止命令)・18条の26(水銀排出施設の計画変更・廃止)・18条の29第2項(水銀排出施設の改善・使用一時停止命令)・33条	
	17条3項(事故発生時の措置命令)・18条の4(一般粉じん発生施設の使用停止一時停止命令)・18条の16(届出に係る計画変更命令)・18条の19(特定粉じん排出施設基準適合・作業一時停止命令)・23条2項(大気汚染の著しいときのばい煙施設等の使用制限・措置命令)・33条の2第1項2号	6月以下の懲役または50万円以下の罰金
	15条2項・15条の2第2項(燃料使用基準適合命令)・34条2号	3月以下の禁錮または30万円以下の罰金
宅地造成等規制法	14条2・3・4項前段(規定違反の宅地造成に関する工事停止等・規定違反の宅地使用停止等の措置命令)・26条	1年以下の懲役または50万円以下の罰金
	17条1・2項(災害防止の擁壁等設置等命令)・22条1・2項・27条6号	6月以下の懲役または30万円以下の罰金
	14条4項後段(規定違反工事の従事者の工事施行停止命令)・28条1号	20万円以下の罰金

環境法の罰則一覧表

鳥獣保護法	10条1項（無許可・条件違反の捕獲等の解放等措置命令）・25条6項（適法捕獲等証明証未添付輸出者への解放等措置命令）・37条10項（無許可・条件違反の捕獲等の場所変更等措置命令）・38条の2第10項（無許可・条件違反の麻酔猟銃の捕獲等への場所変更命令）・83条1項3号	1年以下の懲役または100万円以下の罰金
	15条10項（指定猟法禁止区域内の無許可等捕獲・条件違反捕獲等への解放等の措置命令）・18条の6第2項（当該認定鳥獣捕獲等事業基準適合の措置命令）・22条1項（未登録鳥獣飼育の解放等措置命令）・24条9項（販売許可証失効等時の鳥獣捕獲等の解放等の措置命令）・29条7項（特別保護地区域内の禁止等行為の中止等措置命令）・35条11項（特定猟具使用制限区域内での無許可特定猟具使用鳥獣捕獲等の場所変更等措置命令）・84条1項6号	6月以下の懲役または50万円以下の罰金
動物愛護管理法	19条1項（第一種動物取扱業者業務停止命令）・46条3号・23条（第一種動物取扱業者等の勧告措置命令）・32条（特定動物飼養者の改善措置命令）・46条4号	100万円以下の罰金
	25条2・3項（多数動物の飼養者への勧告・改善措置命令）46条の2	50万円以下の罰金
	23条3項・24条の4（第二種動物取扱業者等の勧告措置命令）・47条4号	30万円以下の罰金

[基礎編] 付録・環境法の罰則一覧

毒物劇物取締法	19条の4（毒物劇物の製造業等の業務停止命令）・24条6号	3年以下の懲役もしくは200万円以下の罰金またはその併科
	22条6項（各規定違反の措置命令）・24条の2第3号	2年以下の懲役もしくは100万円以下の罰金またはその併科
都市計画法	81条1項（法違反等の建築物その他の工作物・物件の改築等違反是正の措置命令）・91条	1年以下の懲役または50万円以下の罰金
都市再開発法	7条の5第1項（市街地再開発促進区域内の無許可建築の違反是正命令）・141条の2第1号	1年以下の懲役または30万円以下の罰金
	124条3項（市街地再開発事業の施行促進の措置命令）・124条の2第1項（法違反の個人施行者のした工事の中止等措置命令）・143条の2第2号	20万円以下の罰金
都市緑地法	9条1項（未届出行為者の緑地保全の処分違反者等の原状回復等措置命令）・37条1項（許可条件違反の建築物の新築等の違反是正措置命令）・76条	1年以下の懲役または50万円以下の罰金
	8条2項（未届出行為者の緑地保全の措置命令）・78条3号	30万円以下の罰金
土壌汚染対策法	3条4・8項（使用廃止有害物質使用特定施設の工場・事業場の報告命令）・4条3項（特定有害物質汚染状況の報告命令）・5条1項（特定有害物質汚染状況の調査・報告命令）・7条4項（汚染除去等の措置命令）・12条5項（届出に係る土地形質変更施行方法の計画変更命令）・16条4項（汚染土壌搬出時の計画変	1年以下の懲役または100万円以下の罰金

環境法の罰則一覧表

		更命令)・19条(汚染土壌の適正運搬・処理の措置命令)・24条(汚染土壌処理業者の処理の措置命令)・25条(汚染土壌処理業者の事業停止命令)・27条2項(許可の取消し等の場合の措置命令)・65条1号	
	南極環境保護法	23条1・2項(違反行為の中止等・南極地域環境を著しく損ねる時等の南極地域活動の中止等の措置命令)・29条4号	1年以下の懲役または100万円以下の罰金
	農薬取締法	19条(農薬の販売者の回収等措置命令)・23条(除草剤販売者の勧告措置命令)・47条5号	3年以下の懲役もしくは100万円以下の罰金またはその併科
	バーゼル法	17条(特定有害廃棄物等の回収・適正処分の措置命令)・24条	3年以下の懲役もしくは300万円以下の罰金またはその併科
	廃棄物処理法	7条の3・14条の3(廃棄物処理業の事業停止命令)・19条の4第1項・19条の4の2第1項・19条の5第1項・19条の6第1項(処分者等・認定業者・排出事業者等の生活環境保全上支障除去等の措置命令)・25条1項5号	5年以下の懲役もしくは1,000万円以下の罰金またはその併科
		9条の2・15条の2の7(廃棄物処理施設の改善・使用停止命令違反)・19条の3(排出事業者・廃棄物処理業者の改善命令)・19条の4第1項・19条の5第1項(許可を失った処理業者等の生活環境保全上支障除去等の措置命令)・26条2号	3年以下の懲役もしくは300万円以下の罰金またはその併科
		12条の6第3項(排出事業者・廃棄物処理業者の管理票等の措置命令)・27条の2第11号	1年以下の懲役または100万円以下の罰金

[基礎編] 付録・環境法の罰則一覧

	15条の19第4項（土地形質変更の計画変更命令）・19条の11第1項（土地形質変更による生活環境保全上支障除去等の措置命令）・28条2項	1年以下の懲役または50万円以下の罰金
	9条の3第3項（非常災害により生じた一般廃棄物処理施設の基準適合計画変更・廃止命令）・9条の3第10項（非常災害により生じた一般廃棄物処理施設の改善若しくは使用停止の命令）・29条3号・21条の2第2項（特定処理施設の事故応急時措置命令）・29条7号	6月以下の懲役または50万円以下の罰金
PCB特措法	12条1項（保管事業者の高濃度ポリ塩化ビフェニル廃棄物の処分等措置命令）・33条1号	3年以下の懲役もしくは1,000万円以下の罰金またはその併科
ビル用水法	10条2項（法違反等の揚水設備のストレーナーの位置を深くする等措置命令）・3項（急激な地盤の沈下が生じた時等の許可揚水設備による建築物用地下水採取停止命令）・17条2号	1年以下の懲役または10万円以下の罰金
フロン類排出抑制法	35条1項（フロン類充塡回収業者の業務停止命令）・103条3号・55条（フロン類再生業者の業務停止命令）・103条7号・67条（フロン類破壊業の業務停止命令）・103条11号	1年以下の懲役または50万円以下の罰金
	11条1項・18条3項・49条7項・62条5項・73条4項（フロン類の製造業者等・特定製品管理者等・特定製品整備者等・フロン類破壊業者の勧告措置命令）・104条	50万円以下の罰金

環境法の罰則一覧表

	文化財保護法		43条・125条（無許可等による重要文化財への保存に影響を及ぼす行為等への停止命令）・197条1号・96条2項（現状変更行為の停止・禁止命令）・197条2号	20万円以下の罰金
			36条1項・37条1項（重要文化財等の管理等の命令）・201条1号・121条1項（史跡名勝天然記念物等の管理等の命令）・122条1項（特別史跡名勝天然記念物復旧命令）・201条2号・137条2項（重要文化的景観の管理の勧告措置命令）・201条3号	30万円以下の過料
			45条1項（重要文化財の保存のための制限等命令）・202条1号・48条4項・51条5項（重要文化財の出品・公開・公開の停止・中止の命令）・202条3号・53条1・3・4項（公開の停止命令）・202条4号・92条2項（発掘の禁止・中止命令）・202条6号・128条1項（史跡名勝天然記念物保存のための制限・禁止・施設の命令）・202条7号	10万円以下の過料
	容器包装リサイクル法		20条3項（特定事業者の勧告に係る措置命令）・46条	100万円以下の罰金
			7条の7第3項（容器包装多量利用事業者の勧告に係る措置命令）・46条の2	50万円以下の罰金
⑬不服従	エコツーリズム推進法	指示不服従の特定自然観光資源の汚損・損傷・除去・汚廃物投棄・悪臭・騒音・展望所・休憩所等のほしいままの占拠等・その他迷惑行為　迷惑行為・立入	9条2項・9条1項1〜3号・19条1項・10条4項・19条2項	30万円以下の罰金

303

[基礎編] 付録・環境法の罰則一覧

温泉法	分析の求めに応ずる義務違反	27・41条6号	30万円以下の罰金
海洋汚染防止法	手引書不服従の船舶間貨物油積替	8条の2第3項・57条3号	50万円以下の罰金
河川法	原状回復措置等の拒否	22条の3第4項・103条1号	6月以下の懲役または30万円以下の罰金
	河川の従前の機能の維持への指示不服従	44条1項・105条1号	30万円以下の罰金
家畜伝染病予防法	と殺の指示不服従	16条2項・64条1号	1年以下の懲役または50万円以下の罰金
	焼却・埋却の指示服従・家畜管理の解除指示における伝染病まん延防止の措置指示服従・と殺に関する指示不服従・消毒方法等の指示不服従・指定検疫物の順路等の指示不服従・剖検等の拒否等・検査等の拒否・隔離等の拒否・消毒等の拒否など	21条2項・66条1号・14条2・3項・19・26条2項・40条4項・66条3号・20条1項・66条5号・31条1号・66条7号・40条2項・66条9号・42条2項・43条5項・66条10号・46条2・3項・66条11号・46条の2・66条12号・46条の3・66条13号	30万円以下の罰金
狂犬病予防法	予防員による犬等隔離指示不服従	9条2項・27条3号	20万円以下の罰金
	犬捕獲のため追跡中の予防員の立入拒否	6条4項・28条	拘留または科料
港則法	原子力船の入港時の指揮不服従・原子力船に対する航路・停泊・停留の場所指定・航法指示・移動制限の不服従・退去命令違反	40条2項・21条1項・49条1号・40条1項・49条2号	6月以下の懲役または50万円以下の罰金
	交通整理信号不服従・危険防止のための航路外待機指示不服従・混雑時の各指示不服従	38条1項・50条1号・14条の2・50条3号・38条4項・50条5号	3月以下の懲役または30万円以下の罰金

環境法の罰則一覧表

		爆発物その他の危険物を積載した船舶の入港時の指揮不服従	21条1項・52条1号	30万円以下の罰金または科料
	自然公園法	指示不服従の各行為	37条1項2号・37条2項・86条10号	30万円以下の罰金
	新住宅街地開発法	法律・計画不服従の造成施設等処分	45条1項・30条1項・54条	1年以下の懲役または50万円以下の罰金
	鳥獣保護法	土地・木竹の鳥獣生息・繁殖に必要な営巣等設置拒否	28条11項・85条1項4号	50万円以下の罰金
	都市再開発法	計画不服従の建築	99条の5第2項・142条の2	6月以下の懲役または20万円以下の罰金
	文化財保護法	国宝の修理等措置施行拒否等・発掘の施行拒否等・特別史跡名勝天然記念物の復旧等の措置施行拒否	32条の2第5項・198条1～3号	10万円以下の罰金
		管理等の措置拒否等	32条の2第5項・60条4項・63条2項・115条4項・203条3号	5万円以下の過料
⑭業の許可等（無許可変更含む）	温泉法	無許可採取業	14条の2第1項・38条1項4号	1年以下の懲役または100万円以下の罰金
		無許可採取施設等の変更	14条の7・39条4号	6月以下の懲役または50万円以下の罰金
	海洋汚染防止法	無許可廃油処理業	20条1項・55条の2第6号	200万円以下の罰金
		無許可廃油処理施設等の変更	21条1項2号・28条1項・56条14号	100万円以下の罰金
	建設リサイクル法	未登録解体工事業	21条1項・48条1号	1年以下の懲役または50万円以下の罰金
	漁業法	無許可指定漁業業・無許可事項変更・無許可中型まき網漁業等	52条1項・138条4号・61条・138条5号・66条1項・138条7号	3年以下の懲役もしくは200万円以下の罰金（142条により併科可）
	自動車リサイクル法	未登録引取業・フロン類回収業・無許可解体業・破砕業・破砕業の無許可事業範囲変更	42条1項・53条1項・138条1号・60条1項・67条1項・138条4号・70条1項・138条6号	1年以下の懲役または50万円以下の罰金

305

[基礎編] 付録・環境法の罰則一覧

	浄化槽法	未登録浄化槽工事業・無許可浄化槽清掃業	21条1・3項・59条3号・35条1項・59条6号	1年以下の懲役または150万円以下の罰金
	水産資源保護法	無許可漁業	4条1項・36条1号	3年以下の懲役または200万円以下の罰金（39条により併科可）
	動物愛護管理法	無登録第一種動物取扱業	10条1項・46条1号	100万円以下の罰金
	毒物劇物取締法	未登録の製造・販売等・無許可の特定毒物製造等・製造業者の登録変更	3・3条の2・9条・24条1号	3年以下の懲役もしくは200万円以下の罰金またはその併科
	土壌汚染対策法	無許可汚染土壌処理業・無許可処理事業の変更	22条1項・23条1項・65条3・4号	1年以下の懲役また100万円以下の罰金
	廃棄物処理法	無許可廃棄物処理業・事業範囲の無許可変更・無許可処理施設設置・処理施設の無許可変更	7条1・6項・14条1・6項・14条の4第1・6項・25条1項1・3号・8条1項・15条1項・25条1項8号	5年以下の懲役もしくは1000万円以下の罰金またはその併科
	フロン類排出抑制法	無登録フロン類充填・回収業・無許可フロン類再生業・無許可フロン類再生業者の事項変更・無許可フロン類破壊業・無許可フロン類破壊業の事項変更	27条1項・50条1項・50条2項3〜5号・53条1項・63条1項・103条1・5・8・10号	1年以下の懲役または50万円以下の罰金
	容器包装リサイクル法	無許可再商品化業務廃止	26・47条1号	30万円以下の罰金
⑮行為の許可等	オゾン層保護法	無許可・無確認の特定物質製造	4条1項・5条4項・30条	3年以下の懲役もしくは100万円以下の罰金またはその併科
	温泉法	無許可掘削・無許可増掘・動力装置	3条1項・38条1項1号・11条1項・38条1項3号	1年以下の懲役または100万円以下の罰金
		掘削等の無許可変更	7条の2第1項・39条1項	6月以下の懲役または50万円以下の罰金
		温泉の無許可用途変更	15条1項・39条5号	

環境法の罰則一覧表

	無登録成分分析	19条1項・39条6号	
海岸法	無許可の海岸保全区域占用・土石採取等	7条1項・41条1号・8条1項・41条2号	1年以下の懲役または50万円以下の罰金
	無許可の一般公共海岸区域の占用・土石採取等	37条の4・42条5号・37条の5・42条6号	6月以下の懲役または30万円以下の罰金
河川法	無許可の流水占用・工作物新築等・土地掘削等	23・102条1号・26条1項・102条2号・27条1項・102条3号	1年以下の懲役または50万円以下の罰金
	無許可の土地掘削等・工作物新築等	55条1項・104条1号・58条の4第1項・104条2号	3月以下の懲役または20万円以下の罰金
	無許可の河川予定地での工作物の新築等・掘削等	58条・58条の7・26条1項・106条3号・27条1項・106条4号	20万円以下の過料
家畜伝染病予防法	無許可家畜伝染病病原体所持	46条の5・63条6号	3年以下の懲役または100万円以下の罰金
	無許可許可事項変更	46条の8第1項・64条3号	1年以下の懲役または50万円以下の罰金
漁業法	無許可の土地の形質変更・定着物の損壊・収去	124条4項・141条3号	6月以下の懲役または30万円以下の罰金
狂犬病予防法	無許可の隔離犬殺害	11・27条5号	20万円以下の罰金
工業用水法	無許可地下水工業使用	3条1項・28条1号	1年以下の懲役または10万円以下の罰金
港則法	特定港での無許可の危険物の積込・積替または荷卸・特定港内又は特定港での無許可の境界附近での危険物の運搬	23条1・4項・49条1号	6月以下の懲役または50万円以下の罰金
	無許可での船舶の移動・無許可の境界附近での工事・作業	7条1項・50条1号・31条1項・50条4号	3月以下の懲役または30万円以下の罰金
	無許可の私設信号の設定・無許可の端艇競争その他の行事・無許可の竹木材の水	29・32・34条1項・52条2号	30万円以下の罰金または科料

[基礎編]　付録・環境法の罰則一覧

		上への卸し・いかだのけい留・運行		
	鉱業法	無許可鉱物探査	100条の2第1項・100条の4第1項・148条1号	5年以下の懲役もしくは200万円以下の罰金またはその併科
		無認可採掘の試業案・管理庁・管理者の無承諾掘削	63条の2第3項・149条1号・64・149条2号	1年以下の懲役または50万円以下の罰金
	公有水面埋立法	無免許埋立工事	39条1号	2年以下の懲役または50万円以下の罰金
		無免許所有権移転	27条1項・39条の2	1年以下の懲役または30万円以下の罰金
		無許可非工事用工作物設置	23条1項但書・40条3号	20万円以下の罰金
	港湾法	無許可の港湾区域内の工事等・無許可の開発保全航路内・緊急確保航路内・港湾区域の定めのない港湾での水域占用・土砂採取	37条1項・43条の8第2項・55条の3の5第・項・56条1項・63条4項1号	1年以下の懲役または50万円以下の罰金
	国土利用計画法	無許可土地売買等契約締結	14条1項・46条	3年以下の懲役もしくは200万円以下の罰金
	古都保存法	無許可建築物その他の工作物の新築等	8条1項・21条1号	6月以下の懲役または5万円以下の罰金
	地すべり等防止法	無許可の制限行為実行	18条1項・42条1項・52条	1年以下の懲役または10万円以下の罰金
	自然環境保全法	特別地区・海域特別での各行為	25条4項・27条3項・54条2号	6月以下の懲役または50万円以下の罰金
	自然公園法	無許可の協議書等の事項変更・無許可の特別地区等の各行為	10条4・6項・83条1号・20条3項・21条3項・22条3項・83条3号	6月以下の懲役または50万円以下の罰金
	砂利採取法	未登録砂利採取・無認可等の砂利採取	3・45条1号・16・21・45条3号	1年以下の懲役もしくは10万円以下の罰金またはその併科
	種の保存法	無許可管理地区内行為	37条4項・58条2号	1年以下の懲役または100万円以下の罰金

環境法の罰則一覧表

浄化槽法	無認定の浄化槽製造	13条1項・59条1号	1年以下の懲役または150万円以下の罰金
森林法	無許可火入等	21条1項・22・205条1項前段	20万円以下の罰金
	無許可火入等（保安林）	21条1項・22・205条1項後段	30万円以下の罰金
	無許可火入等による他人森林焼燬	21条1項・22・205条2項前段	30万円以下の罰金
	無許可火入等による他人森林焼燬（保安林）	21条1項・22・205条2項後段	50万円以下の罰金
	無許可開発・保安林における無許可採掘	10条の2第1項・206条1号・34条2項・206条3号	3年以下の懲役または300万円以下の罰金
	保安林における無許可立木の伐採等・無許可立木の伐採等	34条1項・207条1号・34条2項・207条2号	150万円以下の罰金
水産資源保護法	無許可輸入	13条の2第1項・36条の2	3年以下の懲役または100万円以下の罰金（39条により併科可）
	無許可工事	18条1項・37条3号	1年以下の懲役または50万円以下の罰金（39条により併科可）
生産緑地法	無許可の建築物等の新築等	8条1項・19条1号	6月以下の懲役または30万円以下の罰金
瀬戸内海環境保全特別措置法	無許可特定施設の設置・事項変更	5条1項・8条1項・24条1号	1年以下の懲役または50万円以下の罰金
宅地造成等規制法	無許可の障害物伐採・土地の試掘等・無許可工事	5条1項・27条2号・8条1項・12条1項・27条3号	6月以下の懲役または30万円以下の罰金
鳥獣保護法	無登録狩猟及びその未遂	55条1項・83条1項5号	1年以下の懲役または100万円以下の罰金
	無許可特別保護地区の区域内行為・無許可特定猟具使用制限区域内捕獲等及びその未遂・無登録鳥獣飼養	29条7項・84条1項5号・35条3項・84条1項5号・84条2項・19条1項・84条1項7号	6月以下の懲役または50万円以下の罰金

309

[基礎編] 付録・環境法の罰則一覧

		無認可猟区管理規定変更・猟区廃止	71条1項・86条8号	30万円以下の罰金
	動物愛護管理法	無許可特定動物飼育・保管・無許可特定動物飼養の事項変更	26条1項・45条1号・26条2項2〜4・7号・28条1項・45条3号	6月以下の懲役または100万円以下の罰金
	都市計画法	無許可障害物伐採・土地採掘・開発行為・無許可土地形質変更	26条1項・92条2号・29条1・2項・35条の2第1項・92条3号・52条1項・92条8号	50万円以下の罰金
	都市再開発法	無許可の立入等・障害物の伐採・土地の試掘	60条1・2項・142条1号・61条1項・142条3号	6月以下の懲役または20万円以下の罰金
	都市緑地法	無許可建築物の新設等	14条1項・77条1号	6月以下の懲役または30万円以下の罰金
	農薬取締法	無登録製造・輸入・無許可の水質汚濁性農薬の使用	3条1項・7・47条1号・26条2項・47条6号	3年以下の懲役もしくは100万円以下の罰金またはその併科
	廃棄物処理法	無確認廃棄物輸出・その未遂	10条1項・25条1項12号・25条2項	5年以下の懲役もしくは1,000万円以下の罰金またはその併科
		無確認輸出の予備	10条1項・27条	2年以下の懲役若しくは200万円以下の罰金又はこの併科
		無許可の施設譲受・借受・無許可の廃棄物輸入	9条の5第1項・26条3号・15条の4の5第1項・26条4号	3年以下の懲役もしくは300万円以下の罰金またはその併科
	ビル用水法	無許可建築物用地下水の採取	4条1項・17条1号	1年以下の懲役または10万円以下の罰金
	文化財保護法	無許可重要文化財輸出	44・193条	5年以下の懲役もしくは禁錮または50万円以下の罰金
		無許可重要有形民俗文化財輸出	82・194条	3年以下の懲役もしくは禁錮または100万円以下の罰金
		無許可等重要文化財公開	53条1・3・4項・202条4号	10万円以下の過料

環境法の罰則一覧表

⑯許可等の不正取得	動物愛護管理法	第一種動物取扱業の許可	10条1項・45条2号	6月以下の懲役または100万円以下の罰金
	温泉法	確認・登録	14条の5第1項・39条3号・19条1項・39条7号	6月以下の懲役または50万円以下の罰金
	海洋汚染防止法	廃棄物海洋投入処分等の許可	10条の6第1項・10条の10第1項・18条の2第1項・18条の8第1項・43条の2第1項・55条1項5号	1,000万円以下の罰金
		各証書の受交付	55条の2第2号	200万円以下の罰金
		各書面の受交付	19条の6・19条の10第1項・19条の15第2項・56条7号・19条の49第1項・56条12号	100万円以下の罰金
	外来生物法	特定外来生物の飼養等・放出等	5条1項・9条の2第1項・32条2号	3年以下の懲役もしくは300万円以下の罰金またはその併科
	河川法	各許可・検査合格・工作物使用	23・23条の2・26条1項・27条1項・55条1項・58条の2第1項・105条4号・30条1項・105条5号	30万円以下の罰金
	建設リサイクル法	解体工事業の登録	21条1項・48条2号	1年以下の懲役または50万円以下の罰金
	鉱業法	鉱業権の設定・移転	147条1項3号	5年以下の懲役もしくは300万円以下の罰金またはその併科
		鉱物探査	100条の2第1項・100条の4第1項・148条2号	5年以下の懲役もしくは200万円以下の罰金またはその併科
	公有水面埋立法	埋立免許	39条2号	2年以下の懲役または50万円以下の罰金
		免許願書・許可申請書の虚偽記載	2条1項・27条1項・29条1項・40条1号	20万円以下の罰金
	自然公園法	立入の認可	24条1・7項・83条4号	6月以下の懲役または50万円以下の罰金
		立入認定証再交付	24条5項・86条2号	30万円以下の罰金

[基礎編] 付録・環境法の罰則一覧

自動車リサイクル法	引取業・フロン類回収業の登録・解体業・破砕業許可	42条1項・53条1項・138条2号・60条1項・67条1項・138条5号	1年以下の懲役または50万円以下の罰金
種の保存法	国内希少野生動植物種の捕獲等の許可・譲渡の許可・個体等の登録・登録の更新・原材料器官等に係る事前登録・特別国際種事業者の登録・登録更新	10条1項・13条1項・20条1項・20条の2第1項・20条の3第1項・33条の6第1項・33条の10第1項・57条の2第2号	5年以下の懲役もしくは500万円以下の罰金またはその併科
	登録票の変更登録・書換交付・再交付	20条6・7・9・10項・58条3号	1年以下の懲役または100万円以下の罰金
	登録要件に該当する原材料認定	33条の25第1項・63条8号	30万円以下の罰金
浄化槽法	浄化槽工事業登録・浄化槽清掃業許可	21条1・3項・59条4号・35条1項・59条7号	1年以下の懲役または150万円以下の罰金
新住宅街地開発法	承認についての虚偽申請	32条1項・58条	50万円以下の過料
土壌汚染対策法	汚染土壌処理業の許可・変更の許可	22条1項・23条1項・65条5号	1年以下の懲役または100万円以下の罰金
地球温暖化対策推進法	管理口座開設の虚偽申請	46条3項・66条1項	50万円以下の罰金
鳥獣保護法	鳥獣の捕獲等の許可等の不正取得	9条1項・18条の2・18条の7第1項・18条の8第2項・83条1項6号	1年以下の懲役または100万円以下の罰金
廃棄物処理法	廃棄物処理業許可・事業範囲の変更許可・処理施設の設置許可・変更許可	7条1・6項・14条1・6項・25条1項2号・14条の4第1・6項・25条1項4号・8条1項・15条1項・25条1項9号・9条1項・15条の2の6第1項・25条1項11号	5年以下の懲役もしくは1,000万円以下の罰金またはその併科
フロン類排出抑制法	フロン類の充填・回収の登録・再生業許可・フロン類破壊業許可	27条1項・50条1項・103条2・5号・63条1項・103条9号	1年以下の懲役または50万円以下の罰金

環境法の罰則一覧表

⑰基準・条件・制限等の違反	a)基準違反	海洋汚染防止法	基準違反の燃料油使用・揮発性物質放出防止設備使用に関する違反・大量の油又は有害液体物質の排出があった場合の防除措置等の違反	19条の21第1項・19条の24第3項・55条1項12号・39条1項・55条1項14号	1,000万円以下の罰金
			基準違反の海洋汚染防止薬剤使用	43条の7第1項・57条21号	50万円以下の罰金
			水バラストの積載違反・分離バラストの排出方法違反	5条の3第2項・5条の4・58条1号・	30万円以下の罰金
		家庭用品規制法	基準不適合家庭用品販売等	5・10条1号	1年以下の懲役または30万円以下の罰金
		下水道法	基準違反の下水排除	12条の5第1・5項・46条1号	6月以下の懲役または50万円以下の罰金
			過失による基準違反の下水排除	12条の5第1・5項・46条3号	3月以下の禁錮または20万円以下の罰金
		航空機騒音防止法	航行の方法の指定違反での運行	3条2項・44条	10万円以下の罰金
		自動車リサイクル法	基準違反での使用済自動車一般廃棄物の運搬委託	122条11項・137条	3年以下の懲役もしくは300万円以下の罰金またはその併科
		宅地造成等規制法	災害防止措置のない工事施行	9条1項・27条4号	6月以下の懲役または30万円以下の罰金
		毒物劇物取締法	基準違反の廃棄	15条の2・24条5号	3年以下の懲役もしくは200万円以下の罰金またはその併科
		土壌汚染対策法	基準違反の汚染土壌運搬	17・66条4号	3月以下の懲役または30万円以下の罰金
	b)条件・制限・義務等	海洋汚染防止法	証書未受交付等での原動機運転	19条の7第1・2項・19条の9第1項・55条1項10号	1,000万円以下の罰金
			条件違反の油・有害水バラストの排出・原動機運転・燃料油使用	4条5項・56条1号・17条の3・56条3号・19条の4第2項・19条の9第2項・56条6号・19条の21第6項・56条8号	100万円以下の罰金

313

[基礎編] 付録・環境法の罰則一覧

		油・水・バラストの積載制限違反・通報違反の船舶間貨物油の積替・オゾン層破壊物質設備設置の船舶の航行・船舶交通障害発生時の航行制限・禁止違反	5条の3第1・3項・57条1号・8条の3第2項・57条4号・19条の35第3項・57条12号・42条の8・57条20号	50万円以下の罰金
	海洋生物資源保存管理法	割当による制限違反の採捕	11条5項・22条2号	3年以下の懲役もしくは200万円以下の罰金またはその併科
	外来生物法	販売・頒布目的での譲渡禁止特定外来生物の飼養等・輸入禁止・放出等禁止違反	4・32条1号・7・9・32条3号	3年以下の懲役もしくは300万円以下の罰金またはその併科
		譲渡禁止特定外来生物の飼養等・特定外来生物の許可条件飼育等・放出等	4・33条1号・5条4項・9条の2第6項・33条2・3号	1年以下の懲役もしくは100万円以下の罰金またはその併科
		省令で定める場所以外での輸入	25条2項・34条	50万円以下の罰金
	河川法	完成検査未合格での工作物使用	30条1項・103条2号	6月以下の懲役または30万円以下の罰金
		未確認のダムの流水の貯留・取水・未確認ダム操作	47条1項前段・105条2号・47条3項・105条3号	30万円以下の罰金
		管理主任技術者未設置でのダムの流水の貯留又は取水・河川予定地での完成検査未合格での工作物使用	50条1項・106条2号・26条1項・106条3号・30条1項・106条5号	20万円以下の罰金
	家畜伝染病予防法	と殺義務違反・輸入禁止違反・輸入場所制限違反・輸入の方法等条件違反・検査義務違反・家畜伝染病病原体の譲渡・譲受の制限違反など	16条1項・36条1項・37条1項・38・45条1項・63条2号・36条3項・63条4号・40条1項・63条5号・46条の10・63条6号	3年以下の懲役または100万円以下の罰金

314

環境法の罰則一覧表

		化製場・家畜集合施設の制限違反・管理義務違反・死体等焼却義務違反・損傷・解体禁止違反・生物学的製剤使用制限違反・家畜移動制限・家畜集合施設の開催等制限の違反・滅菌等の義務・応急措置義務の違反	11・12・14条1項・21条1項・3項・50・56条2項・64条1号・32・33・64条2号・46条の11第1項・46条の18第1項・64条3号	1年以下の懲役または50万円以下の罰金
		家畜伝染病原体所持許可条件違反	46条の6第3項・65条1号	50万円以下の罰金
		消毒施設設置義務違反・汚染物品消毒等義務違反・死体の焼却・埋却の義務違反・畜舎等消毒義務違反・要消毒倉庫等の設備設置義務違反・要消毒倉庫等から出る者の消毒義務違反・消毒設備設置場所通行者の消毒義務違反・通行の制限・遮断の違反・停止・制限の違反・教育訓練義務違反	8条の2・23条1項・24・25条1・4・6項・26条4・6項・28条2項・28条の2第1項・66条1号・15・66条4号・34・66条8号・46条の8・66条14号	30万円以下の罰金
	狂犬病予防法	未検疫犬の輸出入・犬の隔離義務違反	7・26条1号・9条1項・26条2号	30万円以下の罰金
		犬の予防注射義務違反・狂犬病の犬等の引渡義務違反・狂犬病発生時の検診・予防注射義務違反・狂犬病のまん延防止等のための移動等制限違反・狂犬病発生時の交通遮断・制限違反	5・27条2号・12・27条6号・13・27条7号・15・27条8号・16・27条の9号	20万円以下の罰金

315

[基礎編] 付録・環境法の罰則一覧

	漁業法	漁業権に基かない定置漁業・漁業権・制限・条件違反の漁業・漁業権・許可等の停止中の漁業・漁業調整による漁業禁止違反	9・138条1号・36・138条2号・138条3号・65条1項・138条6号	3年以下の懲役または200万円以下の罰金（142条により併科可）
		漁業権の貸付目的化	29・141条1号	6月以下の懲役または30万円以下の罰金（142条により併科可）
	港則法	港長の指定した場所外での船舶の停泊・停留	22・49条1号	6月以下の懲役または50万円以下の罰金
		当該特定港内の一定の区域内以外での船舶の停泊・指定されたびよう地以外での船舶の停泊省令による航路以外の特定港への出入・通過・投びよう・えい航している船舶を放つ行為・船舶の交通制限・禁止・移動制限・退去命令の違反・海難に係る船舶の船長の危険予防のため必要な措置をとらない行為	5条1項・12・13・50条1号・5条2・4項・50条2号・39条1・3項・50条3号・25・50条6号	3月以下の禁錮または30万円以下の罰金
		引火性液体浮流時の喫煙・火気取扱い制限・禁止違反	37条2項・51条	30万円以下の罰金
		指定する場所以外の船舶の停泊・漁ろうの制限違反・石炭・石・れんがその他散乱する虞のある物を船舶に積み・卸そうとする場合にこれらの物の水面脱落防止の必要な措置をとら	8条2項・35・52条1号・24条2項・52条2号	30万円以下の罰金または科料

環境法の罰則一覧表

		ない行為		
		省令の定める禁止場所での船舶の停泊・停留・省令の定める停泊方法違反	11・53条	30万円以下の罰金または拘留もしくは科料
鉱業法	許可条件違反の鉱物探査	100条の7第1項・150条4号	30万円以下の罰金
公有水面埋立法	条件違反の公共の利用妨害	39条3号	2年以下の懲役または50万円以下の罰金
	条件違反の工事・災害防止の義務違反工事	30・40条1・4号	20万円以下の罰金
古都保存法	条件違反での建築物その他の工作物の新築等	8条5項・21条2号	6月以下の懲役または5万円以下の罰金
自然環境保全法	原生自然環境保全地域内での制限違反	17条1項・53条1号	1年以下の懲役または100万円以下の罰金
		17条2項・54条1号	6月以下の懲役または50万円以下の罰金
自然公園法	認可・許可の条件違反	10条10項・32・83条2・5号	6月以下の懲役または50万円以下の罰金
	各禁止違反（悪臭の発生など）	37条1項1号・86条9号	30万円以下の罰金
種の保存法	国内希少野生動植物種等の捕獲禁止違反・譲渡等の禁止違反・輸出入の禁止	9・12・15条1項・57条の2第1号	5年以下の懲役もしくは500万円以下の罰金またはその併科
	希少野生動植物種等の陳列・広告の禁止違反	17・58条2号	1年以下の懲役または100万円以下の罰金
	捕獲等の許可条件違反・管理地区域内の許可条件違反	10条4項・37条7項・59条1号	6月以下の懲役または50万円以下の罰金
	立入制限地区域内許可条件違反	37条7項・62条2号	50万円以下の罰金
新住宅街地開発法	用途外建築物建築・未承認建築物の引渡・条件違反での用	31・55条1号・32条1項・55条2号・32条4項・55条3号	6月以下の懲役または20万円以下の罰金

317

[基礎編] 付録・環境法の罰則一覧

		途外建築物の建築		
	水産資源保護法	禁止違反・制限違反の漁業	4条1項・36条1号・5～7条・36条2号	3年以下の懲役または200万円以下の罰金（39条により併科可）
		検査・管理・内水面のさけ採捕の禁止違反・一定区域内での工作物の設置制限・禁止の違反	13条の3第2・3項・25・37条2号・23条1項・2項・37条4号	1年以下の懲役または50万円以下の罰金（39条により併科可）
	水質汚濁防止法	排出水の排出制限違反	12条1項・31条1項1号	6月以下の懲役または50万円以下の罰金
		過失による排出水の排出制限違反	12条1項・31条2項	3月以下の禁錮または30万円以下の罰金
	スパイクタイヤ粉じん防止法	積雪・凍結のない道路部分でのスパイクタイヤの使用違反	7・8条	10万円以下の罰金
	生産緑地法	条件違反の建築物等の新築等	8条3項・19条2号	6月以下の懲役または30万円以下の罰金
	ダイオキシン類対策特別措置法	排出制限違反	20条1項・21条1項・45条1項1号	6月以下の懲役または50万円以下の罰金
		過失による排出制限違反	20条1項・21条1項・45条1項1号・45条2項	3月以下の禁錮または30万円以下の罰金
		届出に係る制限違反	17条1項・47条2号	20万円以下の罰金
	大気汚染防止法	ばい煙・指定ばい煙の排出制限違反	13条1項・13条の2第1項・33条の2第1項1号	6月以下の懲役または50万円以下の罰金
		過失によるばい煙・指定ばい煙の排出制限違反	13条1項・13条の2第1項・33条の2第2項	3月以下の禁錮または30万円以下の罰金
	鳥獣保護法	鳥獣の捕獲等各禁止違反・特定禁止器具使用の捕獲等・特定猟具使用禁止区域内での同猟具使用捕獲等・危険猟法禁止違反・銃猟制限違反・及びこれらの未遂	8・14条1・2項・83条1項1・2号・2の2号・35条2項・36・38・83条1項4号・2項	1年以下の懲役または100万円以下の罰金

		鳥獣の捕獲等の許可条件違反・危険猟法許可条件違反・麻酔銃猟の許可条件違反・狩猟鳥獣の捕獲等の禁止・制限違反及びこれらの未遂・指定猟法禁止区域内での指定猟法による鳥獣の捕獲等禁止違反・標識なしの特定輸入鳥獣譲渡・違法に捕獲・輸入した鳥獣の飼養・譲渡等の禁止違反	9条5項・37条5項・38条の2第5項・84条1項1号・12条1〜3項・84条1項4号・15条4項・84条1項5号・84条2項・26条6項・27・84条1項5号	6月以下の懲役または50万円以下の罰金
		指定猟法禁止区域内における指定猟法の許可条件違反・販売禁止鳥獣等の販売許可条件違反・特別保護地区の区域内の禁止行為許可条件違反・特定猟具使用制限区域内での特定猟具使用捕獲等の承認条件違反・占有者の未承諾鳥獣捕獲等・猟区設定者の未承認鳥獣捕獲等	15条6項・24条4項・29条10項・35条7項・85条1項1号・17・85条1項2号・74条1項・85条1項4号	50万円以下の罰金
		捕獲・採取等をした場所に鳥獣・鳥類卵を放置禁止違反	18・86条1号	30万円以下の罰金
	毒物劇物取締法	農業品目販売業の販売品目制限違反・特定の用途に供される毒物・劇物の販売等に関する違反・毒物または劇物の交付の制限違反・毒物または劇物の譲渡手続違反	4条の3・24条1号・13・13条の2・15条1項・24条3号・14条1・2項・24条4号	3年以下の懲役もしくは200万円以下の罰金またはその併科

319

[基礎編] 付録・環境法の罰則一覧

		毒物劇物営業者及び特定毒物研究者の事故の際の措置違反・登録が失効した場合等の措置違反	16条の2・25条3号・21条1項・25条6号	30万円以下の罰金
	都市計画法	建築制限等違反の建築等	37・42条1項・92条4号・41条2項・92条5号・42条1項・43条1項・92条6・7号	50万円以下の罰金
	都市再開発法	債権者の同意を得ずに規準・規約・事業計画の変更・不公告・不実公告	7条の16第3項・145条の2第1号・145条の2第4号	20万円以下の過料
	都市緑地法	条件違反の建築物の新設等	14条3項・77条2号	6月以下の懲役または30万円以下の罰金
	土壌汚染対策法	要措置区域内での土地形質変更禁止違反・汚染土壌処理業者の名義貸禁止違反	9・65条2号・26・65条6号	1年以下の懲役または100万円以下の罰金
		汚染土壌の処理委託違反	18・22条7項・66条5号	3月以下の禁錮または30万円以下の罰金
	南極環境保護法	生きていない哺乳綱または鳥綱に属する種の個体の持込・生きている生物（ウイルスを含む。）の持込・ポリ塩化ビフェニル等の持込・鉱物資源活動禁止違反	13・14条1・2項・18・29条1号	1年以下の懲役または100万円以下の罰金
		条件違反行為	8条5項・32条1号	20万円以下の罰金
	農薬取締法	販売時の必要事項の真実の非表示・農薬の販売の制限または禁止・虚偽の宣伝等の禁止違反・基準違反の農薬の使用・農薬の販売制限・禁止違反・製造者・輸入者への制限・禁止違反	16・47条1号・18条1項・21・24・25条3項・47条3号・18条2項・47条4号・31条1～4項・47条7号	3年以下の懲役もしくは100万円以下の罰金またはその併科

環境法の罰則一覧表

	廃棄物処理法	委託処理違反・廃棄物処理業の名義貸禁止違反・受託禁止違反・指定有害廃棄物保管・処分違反	6条の2第6項・12条5項・12条の2第5項・25条1項6号・7条の5・14条の3・3・14条の7・25条1項7号・14条15項・14条の4第15項・25条1項13号・16条の3・25条1項16号	5年以下の懲役もしくは1,000万円以下の罰金またはその併科
		廃棄物の委託基準違反・再委託禁止違反	6条の2第7項・7条第14項・12条6項・12条の2第6項・14条16項・14条の4第16項・26条1号	3年以下の懲役もしくは300万円以下の罰金またはその併科
		廃棄物の輸入許可条件違反	15条の4の5第4項・26条5号	
	PCB特措法	ポリ塩化ビフェニル廃棄物の譲渡・譲受制限違反	17・33条2号	3年以下の懲役もしくは1,000万円以下の罰金またはその併科
		廃棄物保管場所変更違反	8条2項・34条2号	6月以下の懲役または50万円以下の罰金
	フロン類排出抑制法	フロン類の大気中排出	86・103条13号	1年以下の懲役または50万円以下の罰金
	臘虎膃肭獣猟獲取締法	臘虎・膃肭獣の猟獲の禁止・制限違反・臘虎・膃肭獣の獣皮・その製品の製造・加工・販売の禁止・制限違反	1・5条	1年以下の懲役または10万円以下の罰金
c)書面等の違反	外来生物法	未通知輸入	23・33条5号	1年以下の懲役もしくは100万円以下の罰金またはその併科
		特定外来生物の輸入証明書の未添付等の輸入	25条1項・34条	50万円以下の罰金
	家畜伝染病予防法	検査証明書未添付での輸入・検疫証明書未受交付での輸入	37条1項1号・45条1項・63条2号	3年以下の懲役または100万円以下の罰金
	鉱業法	許可証不携帯の探査等	100条の2第4項・150条3号・102・150条6号	30万円以下の罰金

[基礎編] 付録・環境法の罰則一覧

	港湾法	書面提出違反の料金収受	45条2項・63条6項2号	50万円以下の罰金
	種の保存法	登録票の変更登録	20条7項・58条2号	1年以下の懲役または100万円以下の罰金
		事前登録済証の記載違反	20条の3第1項・20条の4第1項・59条2号	6月以下の懲役または50万円以下の罰金
		許可証・従事者証不携帯捕獲等・事前登録済証の記載違反・不返納・登録票等不返納	10の8・63条1号・20条の4第1・3項・63条4号・22条1項・63条6号	30万円以下の罰金
	浄化槽法	命令違反の資格免状不返納	42条3項・45条3項・67条4号	20万円以下の過料
	鳥獣保護法	鳥獣の適法捕獲等証明書未添付輸出・証明書未添付輸入・その未遂	25条1項・26条1項・83条1項4号・83条2項	1年以下の懲役または100万円以下の罰金
		他人に各許可証を使用させる行為・他人の許可証を使用する行為・登録票なしの登録鳥獣の譲渡等・登録票のみの譲渡	84条1項2・3号・20条1・2項・84条1項5号	6月以下の懲役または50万円以下の罰金
		他人に各許可証を使用させる行為・他人の許可証を使用する行為	85条1項6・7号	50万円以下の罰金
		登録票不返納・適法捕獲等証明書不返納・狩猟免許不返納・狩猟者登録証不返納・狩猟者記章未着用の狩猟・表示なしの猟具使用狩猟	21条1項・25条5項・54・65・86条1号・62条2・3項・86条6・7号	30万円以下の罰金
	動物愛護管理法	命令違反の検案書・死亡診断書不提出	22条の6第3項・47条2号	30万円以下の罰金
	バーゼル法	輸出特定有害廃棄物等の運搬・輸入特定有害廃棄物等の運搬・処分・譲渡に関	6条1・3項・10条1・3項・11・25条2号	6月以下の懲役もしくは50万円以下の罰金またはその併科

環境法の罰則一覧表

		する手続違反		
	文化財保護法	国に対する重要文化財等の売渡に関する申出違反等	46・202条2号	10万円以下の過料
		指定書・登録証の不返付	28条5項・29条4項・56条2項・59条6項・69条・203条1号	5万円以下の過料
d)期間の未経過	NOxPM法	届出等の所定期間未経過での特定建物の新設等	20条3項・23条4項・24条6項・50条3号	20万円以下の罰金
	下水道法	届出受理60日未満での特定施設設置等	12条の6第1項・49条2号	20万円以下の過料
	工場立地法	届出受理後90日経過前の特定工場の建設等	11条1項・17条	3月以下の懲役または30万円以下の罰金
	国土利用計画法	届出6週間未満での土地売買等契約締結	27条の4第3項・48条	50万円以下の罰金
	湖沼水質保全特別措置法	届出30日未経過の着手	30条5項・46条2号	30万円以下の罰金
	自然環境保全法	届出30日未経過の各行為	28条4項・56条3号	30万円以下の罰金
	自然公園法	届出30日未経過の各行為	33条5項・86条6号	30万円以下の罰金
	種の保存法	届出30日未経過の各行為	39条5項・62条5号	50万円以下の罰金
	浄化槽法	届出受理21日未経過の浄化槽工事施工・未監督者での浄化槽工事	5条4項・64条1号・29条3項・64条6号	30万円以下の罰金
	水質汚濁防止法	届出60日未経過の有害物質貯蔵指定施設の構造等の変更	9条1項・33条2号	30万円以下の罰金
	大気汚染防止法	届出60日未経過のばい煙発生施設・揮発性有機化合物排出施設・特定粉じん発生施設・水銀排出施設	10条1項・17条の9・18条の9・27・35条2号	30万円以下の罰金

[基礎編] 付録・環境法の罰則一覧

			設置等		
		都市計画法	届出30日未経過の譲渡禁止違反	52条の3第4項・57条4項・67条3項・95条3号	50万円以下の過料
		都市緑地法	届出30日未経過の各行為	8条5項・78条1号	30万円以下の罰金
⑱届出・管理票等の違反	NOxPM法			20条1項・21条1項・23条2項・50条1号・24条4号・25条4項・50条4号	20万円以下の罰金
				23条1・5項・27条3項・52条	10万円以下の過料
	オゾン層保護法			17・31条1号	20万円以下の罰金
				4条3項・9条1項・14・15条1項・33条	10万円以下の過料
	温泉法			8条1項・14条の8第1項・18条4項・20・41条1号	30万円以下の罰金
				14条の6第2項・21条1項・43条1号	10万円以下の過料
	海洋汚染防止法			9条の6第4項・55条の2第1号	200万円以下の罰金
				11・56条2号・20条2項・28条3項・34条1項・56条13号	100万円以下の罰金
				9条の2第4項・57条6号・10条の12第1項・18条の2第2項・57条8号・19条の2第1項・57条9号	50万円以下の罰金
				14・31条2項・32・58条7号・19条の49第2項・58条12号・26条1項・58条13号	30万円以下の罰金
				19条の2第2・3項・60条2号	20万円以下の過料
				10条の10第4項・18条の3・28条5項・29・61条	10万円以下の過料
	河川法			33条3項・108条	5万円以下の過料
	家畜伝染病予防法			13条1項・63条1号	3年以下の懲役または100万円以下の罰金

環境法の罰則一覧表

	13条の2第1項・64条1号 36条の2第1項・64条3号	1年以下の懲役または50万円以下の罰金
	46条の11第2項・46条の19第1項・65条2号	50万円以下の罰金
	18・66条1号・46条の8第2項・46条の18第2項・46条の19第2項・66条14号	30万円以下の罰金
	46条の12第1項・46条の13第2項・68条2号	10万円以下の過料
	46条の8第3項・46条の12第2項・69条	5万円以下の過料
狂犬病予防法	8条1項・26条2号	30万円以下の罰金
	4・27条1号	20万円以下の罰金
漁業法	35・144条1号	10万円以下の罰金
	27条1項・67条2項・146条	10万円以下の過料
下水道法	12条の3第1項・12条の4・47条の2	3月以下の懲役または20万円以下の罰金
	12条の7・12条の8第3項・51条	10万円以下の過料
建設リサイクル法	10条1・2項・51条	20万円以下の過料
	27条1項・53条2号	10万円以下の過料
鉱業法	63条3項・149条1号	1年以下の懲役または50万円以下の罰金
	100条の4第3項・151条	10万円以下の過料
工業用水法	6条3項・29条1号・9・10条3項・11・29条2号	3万円以下の罰金
工場立地法	6条1項・7条1項・8条1項・16条1号	6月以下の懲役または50万円以下の罰金
	12・13条3項・20条	10万円以下の過料
港則法	25・50条6号	3月以下の懲役または30万円以下の罰金
	4・8条1項・33・52条1・2号	30万円以下の罰金または科料
公有水面埋立法	20・41条	3万円以下の罰金または科料

[基礎編] 付録・環境法の罰則一覧

港湾法	38条の2第1・4項・56条の3第1項・63条8項1号	30万円以下の罰金
	38条の2第5項・56条の3第1項後段但書・66条3項	10万円以下の過料
小型家電リサイクル法	16・21条1項1号	30万円以下の罰金
国土利用計画法	23条1項・29条1項・27条の4第1項・23条1項・27条の4第1項・29条1項・47条1～3号	6月以下の懲役または100万円以下の罰金
湖沼水質保全特別措置法	15条1項・17条1項・30条1項・46条1号	30万円以下の罰金
	16条1項・47条1号	20万円以下の罰金
	17条2項・18条2項・49条	10万円以下の過料
古都保存法	7条1項・23条	1万円以下の過料
資源有効利用促進法	12・43条1号	20万円以下の罰金
自然環境保全法	28条1項・56条2号	30万円以下の罰金
自然公園法	33条1項・86条5号	30万円以下の罰金
	10条9項・13・14条2項・88条	20万円以下の過料
自動車リサイクル法	46条1項・48条1項・57条1項・63条1項・64・71・140条2号	30万円以下の罰金
砂利採取法	9条1項・46条1号	3万円以下の罰金
	8条2項・10・20条3項・24条・48条1号	1万円以下の過料
首都圏近郊緑地保全法	7条1項・21条2号	30万円以下の罰金
種の保存法	33条の23第1・2項・59条5・6号	6月以下の懲役または50万円以下の罰金
	30条1・2項・33条の2・62条1号・39条1項・62条3号	50万円以下の罰金
	20条11項・63条3号・30条4項・33条の7第1項・33条の9・33条の23第3～5項・63条6号	30万円以下の罰金

環境法の罰則一覧表

省エネ法	7条3項・18条2項・91・101条2項・109条2項・125条3項・139条3項・171条1号	50万円以下の罰金
浄化槽法	5条1項・63条1号	30万円以下の罰金
	14条3項・25条1項・26・33条3項・37・38・67条1号	20万円以下の過料
	11条の2・68条	5万円以下の過料
食品リサイクル法	11条5項・15条1項・28条1号	30万円以下の罰金
振動規制法	6条1項・25条	30万円以下の罰金
	7条1項・8条1・2項・14条1項・26条	10万円以下の罰金
	10・11条3項・14条2項・28条	3万円以下の過料
森林法	10条の8第1項・208条1号・34条の2第1項・208条4号・34条の3第1項・208条5号	100万円以下の罰金
	10条の8第3項・34条9項・210条2号・34条8項・210条3号	30万円以下の罰金
	10条の7の2第1項・213条	10万円以下の過料
水産資源保護法	23条3項・40条2号・27・40条3号	6月以下の懲役または30万円以下の罰金
水質汚濁防止法	6・33条1号	30万円以下の罰金
	10・11条3項・14条3項・35条	10万円以下の過料
瀬戸内海環境保全特別措置法	7条2項・25条1号	10万円以下の罰金
	9・10条3項・27条	10万円以下の過料
騒音規制法	6条1項・30条	5万円以下の罰金
	7条1項・8条1項・14条1項・31条	3万円以下の罰金

[基礎編] 付録・環境法の罰則一覧

	10・11条3項・14条2項・33条	1万円以下の過料
ダイオキシン類対策特別措置法	12条1項・14条1項・46条	3月以下の懲役または30万円以下の罰金
	13条1項・47条1号	20万円以下の罰金
	13条2項・18・19条3項・49条	10万円以下の過料
大気汚染防止法	6条1項・8条1項・17条の5第1項・17条の7第1項・18条の6第1・3項・18条の15第1項・18条の23第1項・18条の25第1項・34条1号	3月以下の懲役または30万円以下の罰金
	7条1項・17条の6第1項・18条1・3項・18条の2第1項・18条の7第1項・18条の24第1項・35条1号	30万円以下の罰金
	11・12条3項・18条の15第2項・37条	10万円以下の過料
宅地造成等規制法	15・27条5号	6月以下の懲役または30万円以下の罰金
	12条2項・30条	20万円以下の過料
地球温暖化対策推進法	47条1項・68条2号	20万円以下の過料
鳥獣保護法	20条3項・85条1項3号	50万円以下の罰金
	18条の7第3項・46条1項・61条4項・86条4号	30万円以下の罰金
動物愛護管理法	14条1～3項・24条の2・24条の3第1項・28条3項・47条1号	30万円以下の罰金
	16条1項・22条の6第2項・24条の3第2項・49条1号	20万円以下の過料
毒物劇物取締法	10条1項4号・10条2項3号・25条1号・22条の2第1～3項・25条7号	30万円以下の罰金
都市計画法	58条の7・92条9号	50万円以下の罰金

328

環境法の罰則一覧表

	58条の2第1・2項・93条1号	20万円以下の罰金
	35条の2第3項・38・96条	20万円以下の過料
	52条の3第2項・57条第2項・67条1項・95条3号	50万円以下の過料
都市緑地法	8条1項・78条2号	30万円以下の罰金
土壌汚染対策法	3条5・7項・23条3・4項・66条1号・4条1項・12条1項・66条2号・16条1・2項・66条3号・20条1項・66条6号・20条3項前段・4項・66条7号・20条3項後段・66条8号・20条5・7・8項・68条9号・21条1・2項・66条10号・21条3項・66条11号	3月以下の懲役または30万円以下の罰金
南極環境保護法	30条2号	6月以下の懲役または50万円以下の罰金
農薬取締法	6条2項・48条1号・17条1項・36条1項・48条2号	6月以下の懲役もしくは30万円以下の罰金またはその併科
	5条3項・6条3項・49条1号・6条5・6項・49条3号	30万円以下の罰金
バーゼル法	5条3項・9条2項前段・25条1号	6月以下の懲役もしくは50万円以下の罰金またはその併科
	5条4項・7・9条3項・12・26条1号・10条4項・26条2号	50万円以下の罰金
廃棄物処理法	12条の3第1〜6・9・10項・12条の4第1〜4項・12条の5第1〜3・6項・27条の2第1〜10号	1年以下の懲役または100万円以下の罰金
	7条の2第4項・9条第6項・12条3項・12条の2第3項・29条1号・15条の19第1項・29条6号	6月以下の懲役または50万円以下の罰金

329

[基礎編] 付録・環境法の罰則一覧

		7条の2第3項・9条3・4項・9条の7第2項・30条2号・17条の2第1項・30条6号	30万円以下の罰金
		12条4項・12条の2第4項・15条の19第2・3項・33条1号・12条9項・12条の2第10項・33条2号	20万円以下の過料
	PRTR法	5条2項・24条1号	20万円以下の過料
	PCB特措法	8条1項・10条2・4項・34条1号・8条2項・34条2号	6月以下の懲役または50万円以下の罰金
		16条2項・35条1号	30万円以下の罰金
	ビル用水法	6条3項・7・8条3項・9・18条1号	3万円以下の罰金
	フロン類排出抑制法	31条1項・53条3項・66条3項・105条	30万円以下の罰金
		33条1項・54条1項・109条2号	10万円以下の過料
	文化財保護法	31条3項・32〜34条・43条の2第1項・61・62・64条1項・65条1項・73・81条1項・84条1項・92条1項・96条1項・115条2項・127条1項・136・139条1項・203条2号	5万円以下の過料
⑲報告・立入検査等の違反	悪臭防止法	20条1項・28条	30万円以下の罰金
		20条2項・29条	
	NOxPM法	20条2項・50条2号・28・50条5号・33・36条1項・50条6号・34・37・41条1〜4項・50条7号	20万円以下の罰金
	オゾン層保護法	25・31条3号・26条1項・31条4号	20万円以下の罰金
	温泉法	28条1項・35条1項・41条7号	30万円以下の罰金
	海岸法	18条6項・42条2号・20条1項・42条3・4号	6月以下の懲役または30万円以下の罰金

環境法の罰則一覧表

海洋汚染防止法	8条の3第2項・57条5号・10条の9第2項・57条7号・19条の21第4項・57条10号・38条第1～5項・42条の2第1項・42条の3第1項・42条の4の2第1項・57条15号	50万円以下の罰金
	19条の15第3項・19条の49第3項・43条の9第2項・58条8号・19条の49第2項・58条11号・48条1～5項・58条18号・48条6～10項・58条19号	30万円以下の罰金
海洋生物資源保存管理法	17条1～4項・24条1号・18条1項・24条2号	30万円以下の罰金
外来生物法	10条1・2項・24条の2第1項・35条1～3号	30万円以下の罰金
河川法	89条7項・103条3号	6月以下の懲役または30万円以下の罰金
	78条1項・106条6号	20万円以下の罰金
家畜伝染病予防法	56条2項・64条1号・51条2号・64条5号・52条2項・64条6号	1年以下の懲役または50万円以下の罰金
	51条1項・66条15号・52条1項・66条16号	30万円以下の罰金
	12条の4第1項・68条1号	10万円以下の過料
家庭用品規制法	7条1項・11条	5万円以下の罰金
家電リサイクル法	52・53条1項・60条	20万円以下の過料
漁業法	74条3項・141条2号・134条1項・141条4号・134条2項・141条5号・	6月以下の懲役または30万円以下の罰金
建設リサイクル法	29条1項後段・51条2号・37条1項・42・51条4号・37条1項・51条5号・43条1項・51条6号	20万円以下の罰金
公害紛争処理法	42条の16第1項4号・53条3号	3万円以下の過料

331

[基礎編] 付録・環境法の罰則一覧

	32・55 条 1 号・33 条 2 項・40 条 1 項・55 条 2 号・33 条 2 項・40 条 2 項・42 条の 18 第 2 項・55 条 3 号	1 万円以下の過料
鉱業法	70 条の 2・100 条の 11・144 条 1・2 号・150 条 2・5・7～9 号	30 万円以下の罰金
工業用水法	22 条 1 項・23・29 条 3 号・24・29 条 4 号・25 条 1 項・29 条 5 号	3 万円以下の罰金
工場立地法	15 条の 3・18 条	20 万円以下の罰金
港湾法	56 条の 2 の 14 第 1 項・63 条 8 項 3 号・56 条の 5 第 1・3 項・63 条 8 項 5 号	30 万円以下の罰金
小型家電リサイクル法	17 条 1 項・21 条 1 項 2 号	30 万円以下の罰金
国土利用計画法	25・49 条 1 号・41 条 1 項・49 条 2 号	30 万円以下の罰金
湖沼水質保全特別措置法	32 条 1 項・46 条 3 号	30 万円以下の罰金
	21 条 1 項・47 条 2 号	20 万円以下の罰金
古都保存法	18 条 1 項・22 条 2 号・18 条 2 項・22 条 3 号	1 万円以下の罰金
資源有効利用促進法	37 条 1～5 項・43 条 2 号	20 万円以下の罰金
地すべり等防止法	6 条 7 項・53 条 1 号・22 条 1 項・53 条 2 号・22 条 2 項・53 条 3 号	6 月以下の懲役または 5 万円以下の罰金
自然環境保全法	20・29 条 1 項・31 条 1・5 項・56 条 1・4・5 号	30 万円以下の罰金
自然公園法	17 条 1 項・30 条 1 項・35 条 1・2 項・62 条 5 項・86 条 1・4・7・8・11 号	30 万円以下の罰金
自動車リサイクル法	130 条 1・3 項・140 条 3 号・131 条 1・2 項・140 条 4 号	30 万円以下の罰金
砂利採取法	33・46 条 3 号・34 条 1～4 項・46 条 4 号	3 万円以下の罰金
首都圏近郊緑地保全法	6 条 5 項・21 条 1 号	30 万円以下の罰金

環境法の罰則一覧表

法律名	条項	罰則
種の保存法	19条1項・63条2号・20条の4第2・7項・63条5号・33条1項・33条の14第1・2項・63条7号・41条1・2項・63条10号・42条1・4項・48条の2第1・4項・63条11号・48条の11・63条12号	30万円以下の罰金
省エネ法	16条1項・27条1項・38条1項・103条1項・111条1項・115条1項・120・127条1項・132条1項・137条・141条1項・162条1〜3・5〜10項・171条3号	50万円以下の罰金
浄化槽法	53条1・2項・64条10・11号	30万円以下の罰金
	28条1項・67条2号	20万円以下の過料
食品リサイクル法	24条2項・28条5・6号	30万円以下の罰金
	9条1項・24条1・3項・29条1・2号	20万円以下の罰金
新エネルギー法	14・16条1項	20万円以下の罰金
新住宅市街地開発法	42・57条2号・48条2項・57条3号	20万円以下の罰金
振動規制法	17条1項・26条	10万円以下の罰金
森林法	10条の8第2項・210条1号	30万円以下の罰金
水産資源保護法	13条の5第1項・40条1号・30条1項・40条4号	6月以下の懲役または30万円以下の罰金
水質汚濁防止法	22条1・2項・33条4号	30万円以下の罰金
水防法	15条の8第1項・54条2号	30万円以下の罰金
生産緑地法	17条1項・20条2号・17条2項・20条3号	20万円以下の罰金
瀬戸内海環境保全特別措置法	12条の6第1・2項・25条2号	10万円以下の罰金
騒音規制法	20条1項・31条	3万円以下の罰金
ダイオキシン類対策特別措置法	34条1項・47条3号	20万円以下の罰金
大気汚染防止法	26条1項・35条4号	30万円以下の罰金

[基礎編] 付録・環境法の罰則一覧

法律	条項	罰則
宅地造成等規制法	4条1項・27条1号・18条1項・27条7号	6月以下の懲役または30万円以下の罰金
地球温暖化対策推進法	26条1項・68条1号・56条2項・68条3号	20万円以下の過料
鳥獣保護法	9条13項・66・75条1項・86条2号・31条4項・86条5号・75条2項・86条9号・75条3項・86条10号・75条4項・86条11号	30万円以下の罰金
動物愛護管理法	24条1項・33条1項・47条3号	30万円以下の罰金
毒物劇物取締法	17条1・2項・25条5号	30万円以下の罰金
都市計画法	58条の8第2項・92条の2	30万円以下の罰金
	80条1項・93条2号・82条1項・93条3号	20万円以下の罰金
都市再開発法	60条1・2項・142条2号	6月以下の懲役または20万円以下の罰金
	129条の6・144条の3	20万円以下の罰金
都市緑地法	11条1項・38条1項・63・78条4号・11条2項・38条1項・78条5号	30万円以下の罰金
土壌汚染対策法	54条1・3～6項・67条4号	30万円以下の罰金
南極環境保護法	21・32条3号・22条1項・2項・32条4号	20万円以下の罰金
農薬取締法	29条1・3項・30条1項・48条4号・35条1・2項・48条5号	6月以下の懲役もしくは30万円以下の罰金またはその併科
農用地土壌汚染防止法	13条1項・17条1項	3万円以下の罰金
バーゼル法	18・25条4号・19条1・2項・25条5号	6月以下の懲役もしくは50万円以下の罰金またはその併科
	13・26条3号	50万円以下の罰金
廃棄物処理法	8条の2第5項・15条の2第5項・29条2号・14条13項・14条の2第4項・14条の3の2第3項・14条の4第13項・14条の5	6月以下の懲役または50万円以下の罰金

334

環境法の罰則一覧表

		第4項・29条4号	
		8条の2の2第1項・15条の2の2第1項・30条3号・18条1・2項・30条7号・19条1・2項・30条8号	30万円以下の罰金
		12条10項・12条の2第11項・33条3号	20万円以下の過料
	PRTR法	16・24条2号	20万円以下の過料
	PCB特指法	24・35条2号・25条1項・35条3号	30万円以下の罰金
	ビル用水法	11条1項・12・13・14条1項・18条2〜4号	3万円以下の罰金
	フロン類排出抑制法	47条1項・60条1項・71条1項・47条3項・60条3項・71条3項・91・92条1項・107条1〜3号	20万円以下の罰金
		19条1項・109条	10万円以下の過料
	文化財保護法	54・55・68・130・131・140・202条5号	10万円以下の過料
	容器包装リサイクル法	30条1項・47条3・4号	30万円以下の罰金
		7条の6・39条・48条1項・40条1項・48条3号	20万円以下の罰金
⑳帳簿・記録等の違反・管理責任者等の未選任等	オゾン層保護法	24条1項・31条2号	20万円以下の罰金
	海洋汚染防止法	6条1項・7条1項・8条の2第4項・9条の4第1・2項・10条の3第1項・17条の3第1項・18条の5第1項・39条の3・57条2号	50万円以下の罰金
		8条第1・3項・8条の2第7項・9条の5第1・3項・10条の4第1・3項・10条の5・16条1・3項・17条の4第1・3・4項・18条の4第1・3項・18条の6・19条の8・19条の21の2・19条の22第1項・19条の35の4第3項・58条2号・8条の2・9条の5第2項・10条の4第2項・16	30万円以下の罰金

335

[基礎編] 付録・環境法の罰則一覧

	条2項・17条の4第2項・18条の4第2項・18条の4第2項・8条の2第6項・58条4号・10条の12第3項・58条5号・19条の29・58条9号・49・58条20号	
	9条の14第1項・60条1号・19条の15第3項・19条の49第3項・43条の9第2項・19条の15第3項・19条の49第3項・43条の9第2項・60条3号	20万円以下の過料
河川法	49・106条1号	20万円以下の罰金
家畜伝染病予防法	46条の13第1項・64条3号	1年以下の懲役または50万円以下の罰金
	46条の15・66条14号	30万円以下の罰金
家電リサイクル法	51・60条1号	20万円以下の過料
建設リサイクル法	18条1項・34・53条1・4号	10万円以下の過料
鉱業法	69・70・150条1号	30万円以下の罰金
港湾法	56条の2の16・63条8項4号	30万円以下の罰金
	56条の2の10第1項・66条2項	20万円以下の過料
自動車リサイクル法	16条5項・139条1号	50万円以下の罰金
	27条1項・140条1号	30万円以下の罰金
砂利採取法	32・46条2号	3万円以下の罰金
種の保存法	21・63条6号	30万円以下の罰金
省エネ法	8条1項・9条1項・11条1項・12条1項・14条1項・19条1項・20条1項・22条1項・23条1項・25条1項・30条1項・31条1項・33条1項・34条1項・36条1項・41条1項・42条1項・44条1項・170条1号	100万円以下の罰金
	97条1項・171条4号	50万円以下の罰金

環境法の罰則一覧表

	浄化槽法		10条2項・29条2項・31・40・64条2・5・7号	30万円以下の罰金
	新住宅街地開発法		37条1・2項・59条1・2号	20万円以下の過料
	水質汚濁防止法		14条1・2・5項・33条3号	30万円以下の罰金
	水防法		49条1項・55条3号	30万円以下の罰金または拘留
	大気汚染防止法		16・18条の30・35条3号	30万円以下の罰金
	動物愛護管理法		22条の6第1項・49条2号	20万円以下の過料
	毒物劇物取締法		14条4項・25条2号・15条2〜4項・25条2の2号	30万円以下の罰金
	都市計画法		25条5項・92条1号	50万円以下の罰金
	都市再開発法		134条1・2項・145条の2第2・3号	20万円以下の過料
	土壌汚染対策法		22条8項・67条2号	30万円以下の罰金
	農薬取締法		20・34条5項・48条2項	6月以下の懲役もしくは30万円以下の罰金またはその併科
			6条1項・12・49条2号	30万円以下の罰金
	バーゼル法		6条2項・10条2項・25条3号	6月以下の懲役もしくは50万円以下の罰金またはその併科
	廃棄物処理法		14条14項・14条の2第5項・14条の4第14項・29条5号	6月以下の懲役または50万円以下の罰金
			7条15・16項・30条1号・8条の4・30条4号・12条8項・12条の2第8項・30条5号・21条1項・30条9号	30万円以下の罰金
	容器包装リサイクル法		29・47条2号	30万円以下の罰金
			38・48条2号	20万円以下の罰金
㉑名称使用違反	浄化槽法	浄化槽設備士・浄化槽管理士	44・47・64条9号	30万円以下の罰金
	食品リサイクル法	登録再生利用事業者	13・28条2号	30万円以下の罰金

[基礎編] 付録・環境法の罰則一覧

	都市再開発法	市街地再開発組合	10条2項・149条	10万円以下の過料
	鳥獣保護法	認定鳥獣捕獲等事業者	18条の9・86条1号	30万円以下の罰金
	廃棄物処理法	登録廃棄物再生事業者	20条の2第3項・34条	10万円以下の過料
㉒表示・掲示・標識等の違反	温泉法	掲示	18条1～3項・41条2・3号	30万円以下の罰金
		標識	24・43条2号	10万円以下の過料
	海洋汚染防止法	証書の受交付なし等航行・未検査航行	19条の28第1項・19条の38・19条の39・19条の44第1～4項・55条の2第3～5号	200万円以下の罰金
		標示	19条の49第1項・56条11号	100万円以下の罰金
		登録表示違反の船舶の廃棄物排出使用	11・10条2項4・5号・13条2項・58条6号	30万円以下の罰金
	家畜伝染病予防法	患畜等のらく印等の拒否	29・66条6号	30万円以下の罰金
	狂犬病予防法	鑑札・注射済証	4・5・27条1・2号	20万円以下の罰金
	漁業法	標識	144条3号	10万円以下の罰金
	建設リサイクル法	標識	33・53条3号	10万円以下の過料
	港則法	海難に係る船舶の船長の標識設定違反	25・50条6号	3月以下の懲役または30万円以下の罰金
	自然公園法	立入認定証	24条6項・89条	10万円以下の過料
	自動車リサイクル法	表示・標識	36・143条1・2号	10万円以下の過料
	砂利採取法	標識	29・48条2号	1万円以下の過料
	種の保存法	標章	33条の25第4項・63条9号	30万円以下の罰金
	浄化槽法	認定表示のない浄化槽輸入	17条の3・59条2号	1年以下の懲役または150万円以下の罰金

環境法の罰則一覧表

		表示	17条1項・64条3号・17条2項・64条4号	30万円以下の罰金
		標識	30・39・67条3号	20万円以下の過料
	食品リサイクル法	標識	14・28条3号	30万円以下の罰金
		再生利用事業料金の不公示等	15条3項・28条4号	
	鳥獣保護法	標識	26条2・5項・84条1項5号	6月以下の懲役または50万円以下の罰金
		許可証・従事者証・指定猟法許可証・販売許可証・承認証・危険猟法許可証・麻酔銃猟許可証・狩猟者登録証・狩猟者記章	9条10・11項・15条8・9項・24条7・8項・35条9・10項・37条8・9項・38条の2第8・9項・62条1項・86条1号	30万円以下の罰金
		表示	9条12項・86条1の2号	
	動物愛護管理法	標識	18・50条	10万円以下の過料
	毒物劇物取締法	表示	12・24条2号	3年以下の懲役もしくは200万円以下の罰金またはその併科
	南極環境保護法	活動行為証	11条7項・32条2号	20万円以下の罰金
	フロン類排出抑制法	表示	87・109条3号	10万円以下の過料
㉓特定機関に関する罰則	悪臭防止法	指定機関	13条3項・25・13条8項・26条	1年以下の懲役または50万円以下の罰金
	海洋汚染防止法	登録確認機関・指定海上防災機関	9の19・42条の26第1項・54条の4	1年以下の懲役または100万円以下の罰金
			9条の15・42条の25第1項・9条の18第1項・42条の25第1項・9条の20・42条の28・58条の2第1項・19の15第3項・19条の49第3項・43条の9第2項・19条の18第1項・42条の25第1項・58条の2第2項	30万円以下の罰金

[基礎編] 付録・環境法の罰則一覧

	小型船舶検査機構	19条の11第1項・59条の2	20万円以下の過料
	指定海上防災機関	6章の2・42条の21第2項・62条	
家電リサイクル法	指定法人	37・39・40条1項・59条	30万円以下の罰金
航空機騒音防止法	空港周辺整備機構	3章・28・45条	20万円以下の過料
港湾法	登録確認機関	56条の2の9第1項・56条の2の15・63条3項1・2号	1年以下の懲役または100万円以下の罰金
		56条の2の11・63条8項2号	30万円以下の罰金
	港湾運営会社	43条の23第1項・63条1項	1年以下の懲役もしくは300万円以下の罰金またはその併科
		43条の21第1・4項・63条2項	1年以下の懲役もしくは100万円以下の罰金またはその併科
		43条の21第3項・43条の22第1項・63条5項	6月以下の懲役もしくは50万円以下の罰金またはその併科
		25条1項・63条10項	6月以下の懲役または30万円以下の罰金
		45条の17第1項・45条2・3項・63条7項	50万円以下の罰金
		56条の5第2項・63条9項	30万円以下の罰金
		43条の13第1項・43条の18第1項・43条の26第1・3項・66条1項	50万円以下の過料
国有林野管理経営法	指定調査機関	6条の15第2項・26条	1年以下の懲役または50万円以下の罰金
		6条の11第1項・6条の13第1項・6条の14・27条	30万円以下の罰金
自然公園法	指定認定機関	28条1項・84条	6月以下の懲役または50万円以下の罰金

環境法の罰則一覧表

種の保存法	個体等登録機関・事業登録機関・認定機関	25条1項・33条の17第1項・33条の28第1項・60・26条5項・33条の18第5項・33条の29第5項・61条	6月以下の懲役または50万円以下の罰金
		21条8項・33条の16第8項・33条の27第8項・24条9項・33条の16第9項・33条の27第9項・27条1項・64条1〜3号	30万円以下の罰金
省エネ法	指定試験機関等	52条2項・63条1項・93・96・168・65条2項・77条2項・169条	1年以下の懲役または100万円以下の罰金
		58・66条1・2項・78条2項・73・162条4項・172条	50万円以下の罰金
浄化槽法	指定試験機関	43条1項の8第1項・60・43条の12第2項・43条の25第2項・61条	1年以下の懲役または100万円以下の罰金
		43条5項・46条5項・64条8号・43条の9・43条の22・43条の11・43条の24・53条1項・53条2項・65条	30万円以下の罰金
都市再開発法	組合	124条1・3項・125条3項・125条1・2項・144条	20万円以下の罰金
		27条9項・27条10項・31条1・3・4項・31条7・8項・38条2項・47・48条・134条1・2項・146・31条5項・147条	20万円以下の過料
	再開発会社	124条1・3項・125条の2第3項・125条第1・2項・144条の2・50条の9第2項・134条1・2項・148条	
都市緑地法	推進法人	72・78条3号	30万円以下の罰金
地球温暖化対策推進法	地球温暖化防止活動推進センター	38条6項・67条	30万円以下の罰金

[基礎編] 付録・環境法の罰則一覧

土壌汚染対策法	指定支援法人	50・67条3号	30万円以下の罰金
農薬取締法	農林水産消費安全技術センター	38・52条	20万円以下の過料
廃棄物処理法	情報処理センター	13条の7・28条1号	1年以下の懲役または50万円以下の罰金
	情報処理センター・廃棄物処理センター	13条の6・13条の8・13条の9第1項・15条の13第1項・18・31条	30万円以下の罰金
フロン類排出抑制法	情報処理センター	81・103条12号	1年以下の懲役または50万円以下の罰金
		80・83条1項・91・106条	30万円以下の罰金

事項・人名索引

◆ あ行 ◆

愛護動物遺棄罪……………………… 221
愛護動物虐待罪……………………… 220
愛護動物殺傷罪………………… 175, 218
アクィナス, Th ……………………… 48
蘆東山 ………………………………… 40
アトム論 ……………………………… 44
アニミズム・シャーマニズム ……… 37
油による汚染損害についての民事責任
　　に関する国際条約 ………………… 97
油による汚染に係る準備・対応・協力
　　に関する国際条約 ………………… 97
油による汚染に伴う事故における公海
　　上の措置に関する国際条約 ……… 97
新たな冷戦構造……………………… 92
アリストテレス ……………………… 46
アロー, K. …………………………… 79
安藤昌益 ……………………………… 40
EU の本質 …………………………… 27
伊方原発訴訟 ………………………… 10
意志の自由 …………………………… 66
　　──と因果的必然 ………………… 51
石綿健康被害救済法………………… 140
イタイイタイ病……………………… 206
一罰百戒……………………………… 134
一帯一路 ……………………………… 75
一般的自由権………………………… 118
一般廃棄物 …………………… 132, 227
一般廃棄物処理基準………………… 132
一般廃棄物処理計画………………… 132
一般予防……………………………… 115
一本の笛をめぐる3人の子供の争い …… 81
遺伝子組換え生物等の使用等の規制によ
　　る生物の多様性の確保に関する法律 … 98
伊藤仁斎 ……………………………… 39
伊藤博文 ……………………………… 41
因果関係……………………………… 179
インサイダー取引(内部者不公正取引)… 129

ヴァス・コ・ダ・ガマ ……………… 46
ウィルストンクラフト ……………… 80
栄　西 ………………………………… 37
叡智界での自由意志 ………………… 62
エコライフ…………………………… 140
NOxPM 法…………………………… 113
エネルギー政策基本法……………… 134
エネルギーの使用の合理化等に関する
　　法律 ………………………………… 95
エピクテトス ………………………… 45
エピクロス（学派）…………… 43, 44
エラスムス …………………………… 46
エントロピーの経済学 ……………… 29
オーエン, R. ………………………… 62
大飯原発運転差止請求事件 ………… 13
大隈重信 ……………………………… 41
おから事件…………………………… 242
荻生徂徠 ……………………………… 39
オストラコン ………………………… 19
汚染者負担の原則…………………… 106
汚染の循環 …………………………… 3
汚染負荷量賦課金制度……………… 115
オゾン層の破壊の規制 ……………… 97
オゾン層の保護のためのウィーン条約 … 97
汚物・不要物 ………………… 132, 225
温室効果ガス ………………………… 93

◆ か行 ◆

開業規制の功罪……………………… 121
開業許可……………………………… 132
懐疑論 ………………………………… 53
快苦の価値の計算方法 ……………… 57
会社法………………………………… 140
　　──の株主代表訴訟等……………… 140
外為法………………………………… 238
貝原益軒 ……………………………… 40
外部経済（外部負担）……………… 106
外部不経済の内部化と汚染者負担の原則… 105
海洋汚染及び海上災害の防止に関する

343

[基礎編] 事項・人名索引

法律	98
海洋汚染の規制	97
海洋法に関する国際連合条約	97
海洋油濁防止条約	97
外来生物法	98, 214
快楽主義	34
快楽の質的差異	58
加害者・被害者の衡平化	8
加害的応報責任	109
科学に基づく目標設定（SBT）	112
化学物質の審査及び製造等の規制に関する法律	98
格差原理と補償原理	76
各人が享受する「自由」（capability）	88
各人が実現しうる生活の自由の実現	80
核全面禁止条約	22
拡大生産者責任	264
核廃棄物拒否条例	16
核兵器拡散防止条約	22
核兵器による脅迫（「核の傘」）	3
核兵器の保有	18
瑕疵担保責任	210
過失	158
過失公害罪	181
家畜伝染病予防法	214
課徴金	29
家電リサイクル法	264
株主価値の最大化	108
株主総会の召集	140
カーボン・フリー	16
ガリレイ	46
カルヴァン	46
環境影響評価法	113, 134
環境汚染の経済活動	104
環境基準	135
環境規制と比例権衡の原則	122
環境基本法	82, 98, 115, 120, 134, 135
環境教育促進法	112
環境行政の基本法	134
環境権	116
——をめぐる日本の学説	118
環境保護紙	110

環境私権	138
環境税	29
環境都市フライブルク	107
環境の概念	82
環境破壊をもたらすメカニズム（機序）	103
環境犯罪の共犯者	136
環境法の開業規制	131
環境保護に関する南極条約議定書	99
環境保全協定	113
環境保全大国	27
環境保全の経済と倫理	103
環境保全の社会倫理と実定法の保護法益	84
漢書刑法志	35
間接強制	113, 114
間接正犯	162
間接罰	179
カント, I.	48, 54, 61, 78
管理売春の禁止	127
管理放棄説	256
環境負荷の低減と循環型社会	135
生糸の輸入制限	127
危害禁止の法理	59
危害の差止め訴訟	139, 148
企業内部の不正活動	112
企業による自発的活動	112
木くず事件	249
キケロ	44
危険性要素	201
危険の民事差止訴訟	13, 148
危険犯	154
危険物質及び有害物質の海上運送に関する損害に対する責任・賠償に関する国際条約	97
気候変動と因果関係の証明	48
基数論的功利主義	80
規制目的二分論	130
——の当否	126
北朝鮮の先軍政治	26
客観的幸福概念	61
客観的廃棄物	199
教育改革の必要	20
教育への財政支出	66

事項・人名索引

狂犬病予防法 ………………………… 214
教　唆 ………………………………… 163
共時的 ………………………………… 118
強者の論理 …………………………… 76
行　政
　――と私人との合意 ………………… 113
　――に対する抗告訴訟等 …………… 143
　――による市民活動の活性化 ……… 112
　――による情報の収集・公開 ……… 114
行政事件訴訟法 ………………… 143, 149
行政従属型(性) ………………… 90, 193
行政情報公開法 ……………………… 113
行政代執行 …………………………… 149
行政不服審査法 ………………… 143, 150
行政不利益処分 ……………………… 116
強制処分 ……………………………… 116
強制捜査の処分 ……………………… 114
共同正犯 ……………………………… 163
共同体主義 …………………………… 33
京都議定書 ……………………… 94, 99
共　犯 ………………………………… 162
共有林分割規制違憲判決 …………… 123
共有林分割制限 ……………………… 128
許可制規制の基準 …………………… 124
許可制・資格制 ……………………… 114
許可の義務的取消 …………………… 133
虚偽報告への行政罰 ………………… 114
禁欲主義 ……………………………… 34
愚衆政治 ……………………………… 19
国破れて山河あり …………………… 27
国等における温室効果ガス等の排出の削
　減に配慮した契約の推進に関する法律 97
グローバルな正義 …………………… 82
軍産複合体制 ………………………… 18
軍事力による優位的支配 …………… 92
計画的な事前規制 …………………… 122
景観の利益 …………………………… 119
経験主義の因果論 …………………… 48
経験主義の認識論 …………………… 49
経済的強制処分 ……………………… 114
経済的自由 …………………………… 65
経済的助成措置 ……………………… 115

経済的平等 …………………………… 65
経済的誘導手法 ……………………… 115
経済法則と調和する法的手段 ……… 114
刑事処罰 ……………………………… 116
刑事責任の特質 ……………………… 9
刑事捜査機関 ………………………… 114
刑事訴訟法（刑訴法） ……………… 114
刑罰権の淵源 ………………………… 93
軽犯罪法 ………………………… 173, 277
刑法38条3項 ………………………… 86
契約自由の原則 ……………………… 137
ケインズの混合経済学 ……………… 104
下水道法 ……………………………… 131
結果無価値論 ………………………… 111
ケプラー ……………………………… 46
ゲーム論 ……………………………… 82
原因と結果との関係 ………………… 50
現在世代 ……………………………… 90
検察審査会による強制起訴 ………… 12
原子力規制委員会 ………………… 13, 14
原子力基本法 …………………… 10, 135
原子力災害対策特別措置法 ………… 10
原子力損害賠償紛争解決センター … 140
原子力損害賠償法 ……………… 11, 139, 140
原子炉等規制法 ………………… 10, 14
現代の矛盾相剋 ……………………… 84
建築物のエネルギー消費性能の向上に
　関する法律 ………………………… 96
原発事業に対する行政規制 ………… 10
原発の安全神話 ……………………… 3
ケンペル ……………………………… 40
憲法解釈による基本権保護義務論 … 119
憲法9条 ……………………………… 24
　――の平和主義（前文と9条） … 23, 116
憲法13条 ……………………………… 118
憲法25条 ……………………………… 118
憲法による環境保全 ………………… 116
憲法変遷論 …………………………… 24
減免税 ………………………………… 115
故　意 …………………………… 86, 157
故意公害罪 …………………………… 181
行為規制機能 ………………………… 85

345

[基礎編] 事項・人名索引

行為規範……………………………… 137
行為無価値論………………………… 111
幸運な所得の再配分 ………………… 76
公益通報者保護法…………………… 114
公害健康被害補償法 …………… 115, 140
公害罪法………………… 154, 59, 168, 178
公害訴訟の限界……………………… 139
公害対策基本法……………………… 135
公害調停……………………………… 149
公害紛争処理法………………… 140, 149
公害防止管理者……………………… 114
公害防止協定 ………………………… 113
公害防止計画 ………………………… 135
公害防止主任管理者………………… 114
公害防止組織法……………………… 114
公害防止の責務……………………… 135
交換的匡正的正義 …………………… 8
広義の自己所有権 …………………… 71
工業化に伴う四大公害事件………… 135
工業化による大量の商品生産……… 104
公共の弊害防止の消極的・警察的目的… 125
公共の利益…………………………… 120
工場排水規制法………………… 131, 135
鉱業法………………………………… 139
工業用水法…………………………… 135
工作物設置の制限…………………… 128
孔　子………………………………… 35
公衆衛生と生活環境………………… 225
公衆浴場の許可制…………………… 127
構成要件……………………………… 157
幸福感 ………………………………… 66
幸福と正義に関する伝統的思想 …… 34
幸福と正義の理論 …………………… 29
公民権運動 …………………………… 78
公有地と私有地 ……………………… 69
効用の増大…………………………… 55
小売市場の許可制（距離制限）……… 127
功利主義……………………………… 56
功利主義的正義論…………………… 60
合理的な平均人……………………… 29
ゴーダマ・シッダッタ（ブッダ）… 36, 80, 88
ゴーン会長…………………………… 77

国際エネルギー機関（IEA）………… 17
国際環境条約と国内環境法 ………… 97
国際刑事裁判所 ……………………… 93
　──の刑罰権 ……………………… 93
国際的 NGO…………………………… 91
国際貿易の対象となる特定の有害な化
　学物質及び駆除剤についての事前か
　つ情報に基づく同意の手続に関する
　ロッテルダム条約 ………………… 98
国際法と国際条約 …………………… 92
国際連合 ……………………………… 92
国内における地球温暖化対策のための
　排出削減・吸収量認証制度……… 113
国民経済の健やかな発展…………… 264
国民の健康保護 ………… 135, 203, 206, 209
国連気候変動枠組条約 ……………… 93
　──締結国会議 …………………… 21
互恵的利他行為（行動） ……… 32, 33, 137
互恵的利他性と応報的正義 ………… 33
古事記 ………………………………… 37
個人責任 ……………………………… 6
個人道徳 ……………………………… 84
個人の環境権と国家の環境保全義務…… 117
個人の自己決定に基づく自己責任……… 109
個人の自律と他害の禁止 …………… 60
コスミデス，L. ……………………… 32
国家独占資本主義 …………………… 65
国家による環境政策の手法………… 111
国家による法的介入………………… 120
　　行為後 …………………………… 120
　　行為前…………………………… 120
国家の安全保障 ……………………… 25
国家の基礎的財政収支の均衡
　（プライマリーバランス）………… 120
国家の役割 …………………………… 64
国家賠償……………………………… 139
古典的社会主義 ……………………… 64
古典的自由主義（自由至上主義）……… 65, 105, 118
　──の所有権概念 ………………… 68
古典的自由主義者（リバタリアン） …… 57
古物商の許可制……………………… 127

事項・人名索引

個別排出口主義	131
コペルニクス	46
コロンブス	46,73
コンドルセ	80,81
コンプライアンス	112
――・プログラム	7

◆ さ行 ◆

財産権（憲法29条）	118,241
――の制約の合憲性	130
――の内在的制約	131
――の法的規制	128
最終的な自然への還元説	255
再商品化等	265
罪　数	172
再生可能エネルギー	16,96
最大限の共存	122
最大多数の最大幸福	56
裁判外の和解手続	140
裁判外紛争解決手続利用促進法	140
裁判規制機能	85
裁判規範	137
債務不履行	139
佐藤直方	39
サムエルソン, P. A.『経済学』	104
サルトル, J. P.	54
残虐な刑の憲法の禁止	109
産業廃棄物	133,227
産業廃棄物管理票	114,229
産業廃棄物処理責任者	114,227
参入障壁	122
残留性有機汚染物質に関するストックホルム条約	98
CO₂排出総量	95
JOC臨界事故	3
J-クレジット制度	113
自衛隊法	24
ジェファーソン, Th.	73,74
歯科医の資格制	127
事業者の測定・報告義務	114
事業の裁量的停止	133
資源有効利用促進法	245

自国第一主義	92
事後的対応の公害民法	140
市場経済の外部	104
市場経済の自然的均衡の神話	105
市場経済の内部化	106
自然環境法	91
自然環境保全法	98,99,131,134,135
事前規制の環境行政法	140
自然公園法	98,99,113,114,131,134
自然調和の平和的秩序	103
自然的人間観（事実論）	46
事前的抑止	13
自然の共有物への労働付加	68
自然犯	86
持続可能な開発に関する2030アジェンダ	21
持続可能な発展（Sustainable Development）	87
自損的環境破壊	23
自治原則	137
実質的自由	67
実定法規範（法令）	84
私的自治による美しい町づくり	138
私的自治の原則	137
自動車税税率重荷措置	115
自動車排出窒素酸化物等排出抑制計画（NOxPM法）	113
司馬江漢	40
シビルペナルティ	133
司法消極主義	14
司法書士の資格制	127
司法制度	85
市民運動	6
市民による企業への働きかけ	140
市民による法の承認・受容	108
市民の自発的活動	111
市民の自由の尊重	109
市民緑地契約	113
社会規範	137
社会権	118
社会経済政策上の積極的自由	125
社会契約論	56,78

[基礎編] 事項・人名索引

社会自由主義（民主社会主義）……… 65,118
　　——と社会契約論 ………………… 75
社会的責任 ……………………………… 5
社会的選択の理論 ……………………… 79
社会的法益 ……………………………… 89
社会保障法 ……………………………… 75
社会倫理 ………………………………… 84
　　——と実定法 ………………………… 84
斜陽化しつつある日本 ………………… 18
自由競争システム ……………………… 22
自由財（自然媒体としての財）……… 89,104
自由至上主義…………………………… 66,67
自由主義と平等主義との相剋 ………… 64
自由な生命活動と法的規制の制限……… 122
自由の意義 ……………………………… 66
自由の固有領域 ………………………… 61
十七条の憲法 …………………………… 37
終末思想 ………………………………… 42
重要影響事態法 ………………………… 24
シューラー，M. ………………………… 54
主観的幸福概念 ………………………… 61
主観的廃棄物…………………………… 198
朱子学 …………………………………… 38
手段の強圧性…………………………… 133
種の保存法 ………………………… 98,113,214
酒類販売の免許制……………………… 127
循環型社会 ………………………… 134,136,263
循環型社会形成推進基本法（循環基本法）
　　………………………… 115,134,136,245,263
循環事犯………………………………… 271
循環的手法 ……………………………… 95
消極的国家 ……………………………… 75
消極的自由 ……………………………… 67
消極的自由主義の限界 ………………… 73
小人閑居して不善を為す……………… 115
情動と共感 ……………………………… 33
聖徳太子（厩戸の皇子）……………… 37
情報開示による選択の促進…………… 110
情報公開条例 …………………………… 113
情報公表義務…………………………… 113
情報手法 ………………………………… 95
将来世代 ………………………………… 90

職業活動の参入規制…………………… 127
職業（選択の）自由に対する規制 …… 123,124
食品リサイクル法……………………… 141
序数論的功利主義 ……………………… 79
所有権獲得の歴史的事実 ……………… 73
所有権の対象外の自由財……………… 104
所有権保護の相対化…………………… 118
所有者と共有者との利益調整 ………… 70
処理施設投入事件……………………… 253
自律的・禁欲的な環境倫理 …………… 36
自律領域への不介入…………………… 109
人為的環境 ……………………………… 84
新エネルギー利用等の促進に関する特
　別措置法 ……………………………… 96
侵害犯…………………………………… 153
人格権 …………………………… 118,139
信教の自由 ……………………………… 42
人口減少高齢化社会 …………………… 18
人口増加による地球環境の壊滅的な影響 99
神国尊王の思想と仏教の末法思想 …… 41
新自由主義……………………………… 120
人身と環境の破壊を招く戦争 ………… 23
神道・仏教・儒教の習合 ……………… 34
信用しえない政府・公務員 …………… 74
親　鸞 …………………………………… 37
森林種保存法 …………………………… 99
森林法 ……………………………… 98,131
人類の愚かな自損活動のつけ（負の遺産）
　　………………………………………… 103
人類の経済活動の累行・累積………… 103
人類の傲慢（エゴイズム）…………… 103
人類の持続的発展 ……………………… 22
人類の存続基盤 ………………………… 83
水質汚濁防止法 ……… 114,131,134,139,206
水質保全法 ………………………… 131,135
推定規定………………………………… 179
ストア学派 ……………………………… 43
頭脳労働・精神労働 …………………… 77
スピノザ ………………………………… 46
全ての生けるものを尊重せよ ………… 42
スミス，A. ……………………… 54,80,105
3 R（Reuse, Reduce, Recicle）… 111,121,

348

事項・人名索引

……………………………… 136,245	保存に関する法律（種の保存法）…… 98, 113,214
スリーマイル島 ……………………………… 3	1973年の船舶による汚染の防止のための国際条約 …………………………… 97
生活環境 ………………………………… 82	先験的制度論 ……………………………… 80
──の保全 ……………… 203,206,226,264	全公共用水域主義……………………… 131
正義（論）………………………………… 47	先行行為 …………………………………… 91
──と功利の関係 ……………………… 59	セン，A. …………………………………… 55
──の絶対性 …………………………… 61	──「正義のアイディア」 ……………… 80
──の2つの基礎理論 ………………… 80	船舶のバラスト水及び沈殿物の規制及び管理のための国際条約 ………………… 97
政教分離の原則 ………………………… 42	船舶の有害な防汚方法の規制に関する国際条約 ……………………………… 97
制裁的公表…………………………… 115,116	船舶油濁損害賠償保障法 ……………… 97
政治改革の失敗 ………………………… 20	操業記録閲覧請求制度………………… 113
清掃法…………………………………… 225	操業停止の仮処分請求訴訟………… 139
生態学的法益観…………………………… 87,89	総合判断説 …………………………… 240
生態系・生物の多様性 ………………… 84	相続制度 ………………………………… 74
生態系中心主義………………………… 191	贈与相続による所有権継承 …………… 74
成長の限界 ……………………………… 87	総量規制基準 ……………………… 205,208
正当防衛 ………………………………… 90	相隣関係………………………………… 138
──と防衛戦争 ………………………… 24	ソクラテス ……………………………… 53
生物多様性基本法 …………………… 98,134	組織体責任 ……………………………… 6
生物多様性の保全規制 ………………… 98	訴訟代替紛争処理制度（ADR）……… 140
生物の多様性に関する条約 …………… 98	租税特別措置法………………………… 115
生分解性プラスチック ………………… 21	ソフトロウ（非実定法規範）…………… 64
生来的な個性・能力 …………………… 77	損害賠償請求訴訟 ……………… 139,149
生来的な自己所有権論 ………………… 68	損害発生後 …………………………… 120
世界一の財政赤字国 …………………… 25	損失補償（憲法29条3項）…………… 131
世界の警察権 …………………………… 92	尊王攘夷思想 …………………………… 38
世界の文化遺産及び自然環境の保護に関する条約 ……………………………… 99	◆ た行 ◆
世界連邦の不存在 ……………………… 91	ダイオキシン類対策特別措置法 …… 98,113, 114,116
責任原理 ………………………………… 4	大気汚染の規制 ………………………… 97
責任主義…………………………………… 157	大気汚染防止法 ………… 114,134,139,203
責任の多層性 …………………………… 5	第5福竜丸 ……………………………… 3
石油石炭加重課税……………………… 115	大嘗祭 …………………………………… 43
積極的自由 ……………………………… 67	大乗仏教の堕落 ………………………… 37
積極的国家 ……………………………… 75	大政奉還 ………………………………… 38
絶対的応報刑論 ………………………… 62	大東鉄線工場塩素ガス噴出事件 …… 159,185
絶対的自由主義 ………………………… 66	タクシー事業の許可制………………… 127
刹那主義の綱渡り……………………… 109	
絶滅危惧種のニシアメリカフクロウ …… 88	
絶滅のおそれのある野生動植物の種の国際取引に関する条約 ……………… 98	
絶滅のおそれのある野生動植物の種の	

349

[基礎編] 事項・人名索引

蛸壺法 …………………………………… 86
立入制限地区 …………………………… 91
ダマシオ ………………………………… 46
短期売買差益の提供請求………………… 128
地域的自然環境の保全規制 …………… 98
チェルノブイリ ……………………… 3,17
地下水採取規制法……………………… 135
地球温暖化対策推進法 … 93,95,113,116,134
地球環境 ………………………………… 82
　　——の危機 ……………………… 21
　　——の保全 …………………… 135
地球と開発に関する国連会議
　（地球サミット）……………………… 94
チャーチル，W. ……………………… 19,23
中国 2025 ………………………………… 75
中国・ロシアの覇権政治 ……………… 26
抽象的危険……………………………… 130
長距離越境大気汚染条約 ……………… 97
鳥獣による農林水産業等の被害防止の
　ための特別措置に関する法律 ……… 98
鳥獣の保護及び狩猟の適正化に関する
　法律（鳥獣保護法）………… 98,99,174,215
超ストレスの統制社会………………… 110
眺望計画………………………………… 119
直接罰（直罰） ………………… 179,205
直接罰制（直罰制） ………… 131,207,209
地理上の発見 …………………………… 73
鎮護国家の神国思想 …………………… 37
通時的 ……………………………… 90,118
通報義務（ドイツ刑法 139 条）……… 107
罪を犯す意思（故意，犯意） ………… 86
定言命令 ………………………………… 63
　　——の絶対的当為の正義論 …… 63
ディープ・エコロジー ………………… 87
デカルト ………………………………… 46
手続的権利としての環境権…………… 120
デポジット制…………………………… 111
電気事業者による新エネルギー等の
　利用に関する特別措置法 …………… 96
伝統的な刑法理論 ……………………… 88
ドイツ連邦共和国の基本法 20 条 a …… 117
トゥービー，J. ………………………… 32

道　元 …………………………………… 37
統合説…………………………………… 192
東西諸国間の利害対立 ………………… 91
統治行為論 ……………………………… 24
同調行動の由来 ………………………… 31
道　徳………………………………… 29,52
　　——と倫理 …………………… 30
　　——と環境倫理の基礎理論 …… 29
　　——の懐疑論 ………………… 30
　　——の概念 …………………… 30
　　——の感性 …………………… 31
　　——の起源 …………………… 31
動物愛護 ………………………………… 47
動物愛護管理法 ……………… 91,175,213
ドーキンス ……………………………… 32
徳川綱吉 ………………………………… 38
特定外来生物による生態系等に係る被害
　の防止に関する法律（外来生物法）98,214
特定家庭用機器………………………… 264
特定産廃措置法……………………… 147,231
特定施設………………………………… 207
特定製品に係るフロン類の回収及び
　破壊の実施の確保に関する法律
　（フロン類回収破壊法）…………… 96,97
特定排出者の権利利益保護請求制度 …… 95
特定物質の規制等によるオゾン層の
　保護に関する法律 …………………… 97
特定有害廃棄物等の輸出入等の規制に
　関する法律（バーゼル（国内）法）… 98,238
特定有害物質…………………………… 210
特に水鳥の生息地として国際的に重
　要な湿地に関する条約 ……………… 98
特別管理産業廃棄物管理責任者………… 114
特別予防………………………………… 115
都市計画法……………………………… 113
土壌汚染対策法 …………………… 134,209
都市緑地法……………………………… 113
土地基本法……………………………… 134
届出の義務規定………………………… 132
富永仲基 ………………………………… 41
富の蓄積………………………………… 103
都民の健康と安全を確保する環境に

事項・人名索引

関する条例 …………………… 97
豊島事件 ……………………… 147,244
豊臣秀吉 ……………………… 38

◆ な 行 ◆

南極条約 ……………………… 99
南極地域の環境の保護に関する法律 …… 99
南極のあざらしの保存に関する条約 …… 99
南極の海洋資源の保存に関する法律 …… 99
南極の鉱物資源活動の規制に関する
　条約 ………………………… 99
南北諸国間の利害対立 ……………… 91
西川如見 ……………………… 39
二重処罰の禁止 ………………… 7
日米安全保障条約 ……………… 24
日米地位協定 …………………… 24
日　蓮 ………………………… 38
二宮尊徳 ……………………… 41
二分基準 ……………………… 125
日本アエロジル塩素ガス放出事件 … 159,186
日本書紀 ……………………… 37
日本のエネルギー政策 ………… 16
日本の進路 …………………… 26
ニュートン …………………… 46
人間中心主義 …………… 36,136,191
人間中心的生態学的環境概念 ……… 90
人間中心的法益観 …………… 86,90
人間のエゴイズム ……………… 91
人間の尊厳 …………………… 62,77
人間の労働 …………………… 77
認定生態系維持回復事業 …………… 113
ネガティブ・インセンティブ ……… 115
脳内にある道徳感情 ……………… 32
農薬取締法 …………………… 98
ノージック, R. ………………… 67
野積み事件 …………………… 255

◆ は 行 ◆

ばい煙規制法 ………………… 135
ばい煙発生施設 ……………… 204
バイオセーフティ議定書 ………… 98
バイオテクノロジー（生物工学）……… 72

バイオマス基本法 ………………… 134
排外的な民族主義・自国ファースト …… 33
廃棄物 ………………………… 98
　――の属性 …………………… 197
　――の不法投棄罪の成立要件 ………… 253
　――の輸出入 ………………… 238
廃棄物事犯 …………………… 271
廃棄物処理業取消の無限連鎖 ……… 123
廃棄物処理業に関する罪（業法違反の罪）
　……………………………… 173,233
廃棄物処理業の許可制 …………… 132
廃棄物処理法（廃掃法）……… 98,113,114,
　　　　　　　　　　　134,147,157,225
廃棄物その他の物の投棄による海洋
　汚染の防止に関する条約 ………… 98
廃棄物該当性判断の相対性 ………… 248
排出基準と計画変更命令 …………… 204
排出行為 ……………… 134,183,184
廃掃法（廃棄物処理法）……… 98,113,114,
　　　　　　　　　　　139,147,157,225
ハイデッカー, M. ……………… 54
ハーサーニー, J. C. ……………… 80
バーゼル条約 ………………… 98,238
バーゼル法（国内法）………… 98,238
パターナリズムの干渉主義 ………… 109
パターナリズムの排斥 …………… 57
パノプティコン ………………… 56
林羅山 ………………………… 38
ハラスメント …………………… 6
バラ巻き財政投資 ……………… 121
パリ協定 ……………………… 21,94
ハルトマン, N. ………………… 54
PRTR 法 ……………………… 113,116
非核三原則 …………………… 25
引取義務 ……………………… 266,268
必然的結合 …………………… 50
必要的な没収・追徴 …………… 130
人の健康を害する物質 ……………… 182
人は生かされている ……………… 42
ヒューマン・エラー ……………… 15
ヒューム, D. …………………… 48
　――『人性論』 ……………… 48

351

[基礎編] 事項・人名索引

「票集め」のポピュリズム ………………… 19
開かれた情報に基づく民主的な社会的
　選択 …………………………………… 81
平田篤胤 ………………………………… 41
比例権衡の原則 ………………… 122,133
貧富による権力の差 …………………… 104
風景地保護協定 ………………………… 113
フォイエルバッハ, P. J. A. ……………… 64
賦課金 ……………………………… 115,140
不確実性（因果関係）の問題 …………… 95
不完全情報による市場の失敗 ………… 29
福祉国家 …………………………… 58,75
　　──への批判 ………………………… 71
福島原発事故 …………………… 12,181
　　──の刑事責任 …………………… 12
　　──の民事責任 …………………… 11
富国強兵 ………………………………… 41
不作為 ………………………… 165,258
仏教・儒教と神道との習合 …………… 37
仏教の二面性 …………………………… 36
フッサール, E. ………………………… 54
不法行為 ……………………………… 139
　　──による損害賠償 …………… 139
不法焼却罪 …………………………… 230
不法投棄罪の実質（有害性の質量）…… 86
不法投棄罪の「捨てる」………… 165,255
不法の事後賠償 ……………………… 139
不要・過剰な規制 …………………… 122
プラトン ………………………………… 46
フリーライダー（費用負担を免れる者）
 …………………………………… 33,107
プルサーマル …………………………… 16
古タイヤ事件 ………………………… 243
ブルントラント委員会 ………………… 87
ブレンターノ, F. ……………………… 54
プロレゴメナ …………………………… 48
フロン類回収破壊法 ………………… 96,97
フロン類の使用の合理化及び管理の
　適正化に関する法律（フロン類排
　出抑制法）………………………… 96,97
文化財保護法 ………………………… 99,216
文化相対主義 …………………………… 89

フンボルト, W. v. ……………………… 60
平均功利主義 …………………………… 79
米国独立宣言の起草者ジェファーソン … 73
平和憲法の理念後退 …………………… 23
ヘーゲル …………………………… 63,64
ベトナム反戦運動 ……………………… 78
ベンサム …………………………… 56,80
法益 …………………………………… 85
放射線発散防止法 …………………… 154
報復的武力行使（Fehde）…………… 8
報告徴収・立入検査 ………………… 114
法実現の最終手段 …………………… 108
幇助 …………………………………… 163
法人処罰 ……………………………… 169
法と道徳との峻別 …………………… 63
法の支配 ……………………………… 84
報復のテロリズム ……………………… 92
法律要件 ……………………………… 86
保護法益の基礎となる社会倫理 ……… 85
ポジティブ・インセンティブ ………… 115
補助金 ………………………………… 115
ホッブス, Th. ………………… 47,48,74,78
ポピュリズム政治 ……………… 75,121
ポリ塩化ビフェニル廃棄物の適正な処理
　の推進に関する特別措置法（PRTR法）
 ……………………………… 98,113,116
ホワイトカラー犯罪 …………………… 75
本庶佑 ………………………………… 89
ポンティ, M. M. ……………………… 54

◆ ま行 ◆

マジェラン …………………………… 46
マニフェスト（管理票）………… 114,229
マルクス ……………………………… 80
マルクス・アウレリウス・アントニウス … 45
満足した豚であるより不満足な人間 …… 58
万葉集 ………………………………… 37
見えざる手 …………………………… 54
未遂 ……………………………… 160,260
水循環基本法 ………………………… 134
未然防止 ……………………………… 136
未然防止原則 ………………………… 131

事項・人名索引

水俣病 ………………………… 187, 206
水俣病救済措置法………………… 140
未来世代………………………… 117
　　──の環境法益 ……………… 88
　　──の保護と予防原則………… 118
ミル, J. S. ……………………… 57, 80
民事差止訴訟 ………………… 13, 148
民事責任・刑事責任の限界 ……… 7
民事訴訟外の公害救済…………… 140
民事訴訟制度……………………… 137
民事罰 …………………………… 7
民事紛争…………………………… 137
民事法による環境保全…………… 137
民事法による公害の防止・救済…… 138
民事保全法………………………… 139
民主主義のパラドックス ………… 79
民主政治の退嬰 ………………… 19
民事和解…………………………… 148
民族主義 ………………………… 92
民法709条……………………… 139
民法715条……………………… 139
無過失（・無制限の）賠償責任 …… 11, 139
無限な共有地の平等専有 ………… 69
無資格の医療類似行為の禁止…… 127
無政府主義 ……………………… 74
無知のベール ………………… 80
名誉刑……………………………… 115
命令前置制 ………… 205, 208, 210, 211
目的の正当性……………………… 133
もったいない！
　　──食品の大量投棄…………… 141
　　逆の──廃棄食品の横流し再販売…… 142
本居宣長…………………………… 37, 40
森村進……………………………… 71
　　──の「自己所有権」概念 ………… 72

◆ や行 ◆

薬事法の規制内容 ……………… 124
薬局距離制限規定違憲判決………… 123
山崎闇斎………………………… 39

有害廃棄物の越境移動の規制 …… 98
有害廃棄物の国境を越える移動及び
　　処分の規制に関するバーゼル条約
　　（バーゼル条約）……………… 98, 238
有害物質の規制 ………………… 98
優遇税制…………………………… 115
輸出貿易管理令 ………………… 98
許されたリスクの法理 …………… 15
容器包装リサイクル法…………… 134
要措置区域……………………… 211
四日市ぜん息…………………… 203
予防原則（予防的アプローチ） …… 94, 111, 117, 120

◆ ら行 ◆

ラベリング論 …………………… 134
利己的な遺伝子 ………………… 32
理性による自由意志 …………… 49
理性の世界 ……………………… 62
理想的人間観（当為義務論） ……… 46
利他的行動と利己的行動………… 108
立憲主義と民主主義の限界……… 116
立憲法治国家 …………………… 84
立法制度 ………………………… 85
立法府の合理的裁量範囲の尊重…… 124
流通業務の総合化及び効率化の促進
　　に関する法律 ……………… 96
両罰規定……… 150, 182, 206, 209, 212, 239, 271
累積危険犯……………………… 118
ルソー, J-J. ……………………… 48, 78
ルター ………………………… 46
レッセ・フェール（需給の自然調和） … 56, 105
ロールズ, J. ……………………… 23, 76, 78
　　──の正義論の欠点 …………… 81
ロック, J. ……………………… 48, 67, 78
論語 ……………………………… 35

◆ わ行 ◆

われら共通の未来 ……………… 87

〈執筆者紹介〉

長井　圓（ながい　まどか）
神奈川大学法学部教授（～ 2003 年 3 月），横浜国立大学大学院国際社会科学研究科教授（～ 2007 年 3 月），中央大学大学院法務研究科教授（～ 2017 年 3 月），中央大学法科大学院フェロー
上智大学大学院法学研究科博士課程単位取得満期退学
〈主要著作〉『消費者取引と刑事規制』（信山社・1991），『交通刑法と過失正犯論』（法学書院・1995），「日本の公害刑法から環境刑法への展開」町野朔編『環境刑法の総合的研究』（信山社・2003），『臓器移植法改正の論点』（町野朔・山本輝之との共著。信山社・2004），『LS ノート刑事訴訟法』（不磨書房・2008）

渡辺靖明（わたなべ　やすあき）
法政大学人間環境学部兼任講師，明治学院大学法学部非常勤講師
横浜国立大学大学院国際社会科学研究科博士課程後期単位取得満期退学
〈主要著作〉「詐欺罪における実質的個別財産説の錯綜」横浜国際経済法学 20 巻 3 号（2012），「詐欺罪と恐喝罪との関係をめぐる考察――「虚喝」と「財産交付罪」の立法史的研究」横浜国際社会科学研究科 18 巻 3 号（2013），「ドイツ刑法の詐欺罪における全体財産説の混迷――善意取得と財産危殆化をめぐって」高橋則夫ほか編『刑事法学の未来　長井圓先生古稀記念』（信山社・2017），「環境刑法入門第 2 ～ 9 回」環境管理 2016 年 8・10・12 月号，2017 年 2・4・6・8・10 月号（2・5 回は長井圓教授との共著）

冨川雅満（とみかわ　まさみつ）
九州大学法学研究院准教授
中央大学大学院法学研究科博士課程後期課程修了，博士（法学）
〈主要著作〉'Vermögensschaden im Rahmen des japanischen Betrugstatbestandes, Japanisches Recht im Vergleich, 2014,「詐欺罪における被害者の確認措置と欺罔行為との関係性（1）～（3・完）――真実主張をともなう欺罔をめぐるドイツの議論を素材として」法学新報 122 巻 3・4 号，5・6 号（2015），7・8 号（2016），「詐欺罪における錯誤者と交付・処分者の同一性再考――非錯誤者の介在事例の考察も含めて」高橋則夫ほか編『刑事法学の未来　長井圓先生古稀記念』（信山社・2017），「ドイツ判例に見る詐欺未遂の開始時期――実行の着手論と欺罔概念との交錯領域」立教法務研究 11 号（2018）

阿部　鋼　（あべ　こう）
弁護士，中央大学法科大学院客員講師
中央大学大学院法学研究科博士後期課程修了，博士（法学）
〈主要著作〉「循環型社会形成推進過程における廃棄物事犯の研究（1）――不法投棄罪における「捨て(る)」概念の考察」法学新報 117 巻 3・4 号（2010），「循環型社会形成推進過程における廃棄物事犯の研究（2）――廃棄物事犯における「廃棄物」概念の考察――」法学新報 121 巻 3・4 号（2014），『遺品整理コンプライアンス――遺品整理に関する法制度と課題（2015）』（㈱クリエイト日報出版部・2015）

今井康介（いまい　こうすけ）
早稲田大学比較法研究所招聘研究員
早稲田大学大学院法学研究科博士後期課程修了，博士（法学）
〈主要著作〉「廃棄物の不法投棄と廃棄物処理法 16 条の解釈について」早稲田法学会誌 65 巻 1 号（2014），高橋則夫・松原芳博編『特別刑法　第 2 集』（共著，日本評論社・2015），『共犯の結果帰責構造（博士論文）』（2016），高橋則夫・松原芳博編『特別刑法　第 3 集』（共著，日本評論社・2018）

〈編者〉 長井 圓
　　　　　　　　　　ながい　まどか

〈執筆分担〉

長井　圓	第Ⅰ章～第Ⅲ章
渡辺靖明	第Ⅴ章，第Ⅷ章，附録・環境法の罰則一覧
冨川雅満	第Ⅵ章 600～630，670
今井康介	第Ⅵ章 640～660，第Ⅶ章 710～720
阿部　鋼	第Ⅶ章 700，第Ⅸ章

未来世代の環境刑法 1
［Textbook 基礎編］

2019年（令和元年）7月25日　第1版第1刷発行
8674:P376　¥4200E-012-050-015

編 者　長　井　　　圓
発行者　今井 貴・稲葉文子
発行所　株式会社　信　山　社
　　　　　編集第2部

〒113-0033　東京都文京区本郷 6-2-9-102
Tel 03-3818-1019　Fax 03-3818-0344
info@shinzansha.co.jp
笠間才木支店　〒309-1611 茨城県笠間市笠間 515-3
Tel 0296-71-9081　Fax 0296-71-9082
笠間来栖支店　〒309-1625 茨城県笠間市来栖 2345-1
Tel 0296-71-0215　Fax 0296-72-5410
出版契約 No.2019-8674-8-01011　Printed in Japan

©長井圓，2019　印刷・製本／ワイズ書籍(Y)・渋谷文泉閣
ISBN978-4-7972-8674-8 C3332　分類323.916

JCOPY《(社)出版者著作権管理機構　委託出版物》
本書の無断複写は著作権法上での例外を除き禁じられています。複写する場合は，
そのつど事前に，(社)出版者著作権管理機構（電話03-3513-6969, FAX03-3513-6979,
e-mail: info@jcopy.or.jp）の許諾を得てください。

本書とセットで学ぶ

未来世代の環境刑法 2　Principles 原理編
（1—第4章）

長井 圓 著

刑事法学の未来

長井圓先生古稀記念

高橋則夫・只木誠・田中利幸・寺崎嘉博 編

◆LSノート　刑事訴訟法
　　　　長井 圓 著
◆消費者取引と刑事規制
　　　　長井 圓 著
◆臓器移植法改正の論点
　　　　町野朔・長井圓・山本輝之 編
◆環境刑法の総合的研究
　　　　町野 朔 編

信山社

研究雑誌一覧

信山社の研究雑誌は、確実にお手元に届く定期購読がおすすめです。
書店・生協・Amazonや楽天などオンライン書店でもお買い求めいただけます。

2019年6月現在

憲法研究
辻村みよ子 責任編集　既刊4冊　年2回（5月・11月刊）
変容する世界の憲法動向をふまえて、基礎原理論に切り込む憲法学研究の総合誌

行政法研究
宇賀克也 責任編集（1〜30号）　既刊30冊　年4〜6回刊
行政法研究会 責任編集（31号〜）続刊
重要な対談や高質の論文を掲載、行政法理論の基層を探求し未来を拓く！

民法研究 第2集
大村敦志 責任編集　既刊6冊　年2〜3回刊
日本民法を東アジアに発信する国際学術交流からの新たな試み

民法研究（1〜7号 終）
広中俊雄 責任編集　全7冊　既刊
理論的諸問題と日本民法典の資料集成で大枠を構成、民法理論の到達点を示す

消費者法研究
河上正二 責任編集　既刊7冊　年2〜3回刊
消費者法学の現在を的確に捉え、時代の変容もふまえた確かな情報を提供

社会保障法研究
岩村正彦・菊池馨実 編集　既刊9冊　年1〜2回刊
法制度の歴史や外国法研究も含め政策・立法の基礎となる論巧を収載

環境法研究
大塚 直 責任編集　既刊9冊　年1〜2回刊
理論・実践両面からの環境法学の再構築をめざす、環境法学の最前線がここに

法と哲学
井上達夫 責任編集　既刊5冊　年1回刊
法と哲学のシナジーによる〈面白き学知〉の創発を目指して

法と社会研究
太田勝造・佐藤岩夫 責任編集　既刊4冊　年1回刊
法と社会の構造変容を捉える法社会学の挑戦！法社会学の理論と実践を総合的考察

国際法研究
岩沢雄司・中谷和弘 責任編集　既刊7冊　年1〜2回刊
国際法学の基底にある蓄積とその最先端を、広範かつ精緻に検討

EU法研究
中西優美子 責任編集　既刊5冊　年1回刊
進化・発展を遂げるEUと〈法〉の関係を、幅広い視野から探究するEU法専門雑誌

ジェンダー法研究
浅倉むつ子・二宮周平 責任編集　既刊5冊　年1回刊
既存の法律学との対立軸から、オルタナティブな法理を構築する

法と経営研究
加賀山茂・金城亜紀 責任編集　既刊2冊　年1回刊
「法」と「経営」の複合的視点から、学知の創生を目指す

メディア法研究
鈴木秀美 責任編集　既刊1冊　年1回刊
メディア・放送・表現の自由・ジャーナリズムなどに関する法学からの総合的検討

医事法研究
甲斐克則 責任編集　創刊1号　年1回刊
医事法学の最新情報を掲載する専門理論情報誌

詳細な目次や他シリーズの書籍は、信山社のホームページをご覧ください。

https://www.shinzansha.co.jp
またはこちらから →

信山社　〒113-0033　東京都文京区本郷6-2-9
TEL:03-3818-1019　FAX:03-3811-3580

法と哲学

井上達夫 責任編集

法と哲学のシナジーによる
〈面白き学知〉の創発を目指して

第3号　菊変・並製・176頁　定価：本体3,200円＋税

1　法の一般理論としての法概念論の在り方について〔田中成明〕
2　法的擬制と根元的規約主義〔山田八千子〕
3　2つのパターナリズムと中立性〔米村幸太郎〕
4　領有権の正当化理論〔福原正人〕
【書評】1　生態的合理主義の地平〔橋本　努〕
【書評】2　嶋津格氏への応答，というよりも共闘〔亀本　洋〕

第4号　菊変・並製・146頁　定価：本体3,000円＋税

【巻頭言】虚偽が真理に勝つのか？〔井上達夫〕
1　政治神学としての宣長国学〔長尾龍一〕
2　法は幸福を部分的にしか現実化しない，そしてそれには理由がある〔森村　進〕
3　人権の哲学の対立において自然本性的構想を擁護する〔木山幸輔〕
【書評】1　小林公『ウィリアム・オッカム研究』〔山内志朗〕
【書評】2　政治的責務論から国家を論じる壮大な試み〔宇野重規〕
【書評】3　生態的合理性の地平から〔若松良樹〕

第5号　菊変・並製・248頁　定価：本体3,400円＋税

【巻頭言】虚偽が真理に勝つのか？〔続篇〕〔井上達夫〕

特集 タバコ吸ってもいいですか？―喫煙規制と自由の相剋

1　喫煙規制強化に関する倫理学的考察〔奥田太郎〕
2　医療経済学の立場から見た喫煙行動と喫煙対策〔後藤　励〕
3　ある喫煙者の反省文〔亀本　洋〕

*　*　*

1　どこまでも主観的な解釈の方法論〔小川　亮〕
2　擬装から公民へ〔宋　偉男〕
【書評】1　分析的政治哲学の行方〔安藤　馨〕
【書評】2　形相・質料・関係〔小林　公〕
【書評】3　地球共和国とその実現可能性について〔瀧川裕英〕

法と社会研究

太田勝造・佐藤岩夫 責任編集

法と社会の構造変容を捉える法社会学の挑戦！
法社会学の理論と実践を総合的考察

第 2 号　菊変・並製・144 頁　定価：本体 3,400 円 + 税

【巻頭論文】
　臨床知としての法社会学〔和田仁孝〕
【特別論文】
　法の社会的起源と通過儀礼〔久保秀雄〕
　市民の司法参加への社会的態度と，権威主義パーソナリティおよび Big Five 性格特性の関係に関する研究〔藤田政博〕
【小特集・共同研究】
　『法曹人口調査』にみる弁護士の需要と利用者の依頼意欲〔石田京子・佐伯昌彦〕
【レヴュー論文】
　脳神経科学と法〔森　大輔〕

第 3 号　菊変・並製・144 頁　定価：本体 3,400 円 + 税

【巻頭論文】
　調査研究対象との接近と適切な距離〔河合幹雄〕
　社会科学方法論としてのベイズ推定〔太田勝造〕
【特別論文】
　若手弁護士は弁護士の質を下げているのか？〔石田京子〕
　金融 ADR における紛争処理状況の統計的分析〔前田智彦〕
【レヴュー論文】
　Crime Survey for England and Wales における警察の正統性調査〔吉田如子〕
　アメリカにおける高齢者法の動向〔山口　絢〕

第 4 号　菊変・並製・232 頁　定価：本体 4,200 円 + 税

【巻頭論文】
　「フェミニズム法と社会研究」を目指して〔南野佳代〕
【特別論文】
　2016 年民事訴訟利用者調査結果の概要〔菅原郁夫〕
　民法の重要法律用語の市民の理解度について〔大河原眞美・西口　元〕
　身分証明・自己排除・支援〔長谷川貴陽史〕
　暴力と責任〔手嶋昭子〕
【小特集・共同研究】
　長期紛争における紛争処理〔樫澤秀木〕
【レヴュー論文】
　人工知能の法律分野への応用について〔佐藤　健・新田克己・Kevin D. Ashley〕
　リーガル・リアリズムの精髄についての諸論攷の考察〔吾妻　聡〕

環境法研究

大塚 直 責任編集

理論・実践両面からの環境法学の再構築をめざす、
環境法学の最前線がここに

第7号　菊変・並製・112頁　定価：本体2,800円＋税

特集 順応型リスク制御の新展開
1. リスク言説と順応型の環境法・政策〔下山憲治〕
2. 順応型リスク制御と比例性〔横内　恵〕
3. 変更許可制度による環境・健康リスクへの対処をめぐる問題について〔川合敏樹〕
4. 順応型リスク制御と計画手法〔山本紗知〕
5. AI・ロボット社会の進展に伴うリスクに対する環境法政策の応用可能性〔横田明美〕

【特別寄稿】
6. 放射性物質に関する環境基準の課題〔奥主喜美〕

第8号　菊変・並製・240頁　定価：本体3,400円＋税

特集 原子力賠償，気候変動，景観・里山訴訟

【原子力賠償】
1. 平穏生活権概念の展開〔大塚　直〕

【気候変動】
2. 米国大気清浄法に基づく火力発電所炭素排出規制のトランプ政権下での見直しと訴訟の動向〔石野耕也〕
3. 気候変動時代の環境法の課題〔下村英嗣〕

【景観・里山訴訟】
4. 景観・まちづくり訴訟の動向〔日置雅晴〕
5. 里山訴訟の現状分析〔越智敏裕〕

【翻訳】
6. 民事責任法における生態学的損害の回復〔M．オトロー＝ブトネ〕
7. 環境損害に関する国際訴訟と国家責任〔S．マリジャン＝デュボア〕

【立法研究】
　放射性物質による環境汚染と環境法・組織の変遷〔伊藤哲夫〕

国際法研究

岩沢雄司・中谷和弘 責任編集

国際法学の基底にある蓄積と
その最先端を、広範かつ精緻に検討

第5号　菊変・並製・242頁　定価：本体4,000円＋税

近代国際法の生成母体と法史的展開に関する一考察〔杉原高嶺〕
国家責任条文における対抗措置と対イラン独自制裁〔浅田正彦〕
国際社会のグローバル化と国際法形成過程の現代的側面に関する一考察〔山本　良〕
IMFの融資におけるコンディショナリティの法的性格〔藤澤　巖〕
パリ協定成立の背景〔中野潤也〕
日本の国家承認実務〔加藤正宙〕
海上を経由する不法移民に関する移送協定と国際人権法〔石井由梨佳〕
公徳を理由とした貿易規制の動物保護への有用性〔鈴木詩衣菜〕
【判例研究】判決主文の射程の同定手法と既判力原則〔中島　啓〕

第6号　菊変・並製・132頁　定価：本体2,800円＋税

経済協力開発機構（OECD）事務総長の任命手続〔安部憲明〕
国際刑事裁判所規程制度の実効的実現のための訴追戦略と国家の義務〔竹村仁美〕
国連安全保障理事会における「補完性原則」の可能性に関する覚書〔丸山政己〕
国際司法裁判所における近年の付託事件の多様化と管轄権審理〔石塚智佐〕
シベリア上空通過料と国際法〔中谷和弘〕
【資料】「共同経済活動」の一形態としてのバーゼル・ミュールーズ空港〔中谷和弘〕

第7号　菊変・並製・192頁　定価：本体3,200円＋税

国際刑事裁判所第1審裁判手続の概要と問題点〔尾﨑久仁子〕
国際経済法の困難を乗り切るために〔米谷三以〕
IUU漁業対策における寄港国措置協定の意義と課題〔大河内昭博〕
投資協定仲裁における投資家の違法行為の取扱い〔菊間　梓〕
排他的経済水域における妥当な考慮義務〔石井由梨佳〕
【書評】ONUMA Yasuaki（大沼保昭）, *International Law in a Transcivilizational World*
（Cambridge University Press, 2017）〔渡辺　浩〕
【書評】ONUMA Yasuaki, *International Law in a Transcivilizational World*（Cambridge University Press 2017）をどのように読むか〔佐藤哲夫〕
【資料】ホルムズ海峡の船舶通航に関する1985年8月の外務省内部文書〔中谷和弘〕

EU法研究

中西優美子 責任編集

進化・発展を遂げる EU と〈法〉の関係を、
幅広い視野から探究する EU 法専門雑誌

第 5 号　菊変・並製・156 頁　定価：本体 3,200 円＋税

【巻頭言】日本・EU 間の経済連携協定 (EPA) と戦略的パートナーシップ協定 (SPA)〔中西優美子〕
Google に対する EU 競争法の適用〔植村吉輝〕
EU の特恵制度における社会条項〔濱田太郎〕
Brexit とイギリスによる法の維持・形成〔洞澤秀雄〕
イギリスの EU 離脱 (Brexit) をめぐる EU・イギリス法上の課題 (2)〔木村ひとみ〕

メディア法研究

鈴木秀美 責任編集

メディア・放送・表現の自由・ジャーナリズム
などに関する法学からの総合的検討

第 1 号　菊変・並製・208 頁　定価：本体 3,200 円＋税

特集 メディア法の回顧と展望
1　メディア法の主要課題〔鈴木秀美〕
2　「表現の自由」論の軌跡〔横大道 聡〕
3　ジャーナリズム法（言論法）の現状と課題〔山田健太〕
4　放送法の思考形式〔西土彰一郎〕
5　インターネット法の形成と展開〔成原 慧〕

特別企画 放送法の過去・現在・未来
【基調講演】「放送の自由と規制」論は越えられるか？〔濱田純一〕
【パネルディスカッション】放送法の過去・現在・未来〔濱田純一・宍戸常寿・曽我部真裕・本橋春紀・山田健太〕
【海外動向】ドイツ連邦憲法裁判所の放送負担金判決〔鈴木秀美〕
【海外動向】ドイツ連邦大臣による AfD 公式批判に「レッドカード」〔石塚壮太郎〕
【立法動向】欧州連合におけるフェイク・ニュース対策の現在〔水谷瑛嗣郎〕

ジェンダー法研究

浅倉むつ子・二宮周平 責任編集

既存の法律学との対立軸から、
オルタナティブな法理を構築する

第4号　菊変・並製・224頁　定価：本体3,600円＋税
特集 安全保障関連法制とジェンダー
1 安保関連法とジェンダー〔若尾典子〕
2 フェミニズム理論と安全保障〔岡野八代〕
3 国際法から見た安全保障とジェンダー〔近江美保〕
4 女性・平和・安全保障に関する行動計画〔川眞田嘉壽子〕
5 安保法制と損害論〔松本克美〕
6 ジェンダーに基づく暴力の視点から考える安全保障法制〔清末愛砂〕
7 日本における女性保守政治家の軍事強硬主義とジェンダーの変容〔海妻径子〕
8 体験的安全保障法制論〔大脇雅子〕
9 女性たちの安全保障法制違憲訴訟が問うもの〔中野麻美〕

【特別企画】ジェンダー平等の今を問う
1 第2次安倍政権と女性関連政策〔皆川満寿美〕
2 「働き方改革」とジェンダー平等〔浅倉むつ子〕
3 性刑法改正とジェンダー平等〔後藤弘子〕
4 高齢者介護政策とジェンダー平等〔廣瀬真理子〕

【立法・司法の動向】〔判例研究〕職場における旧姓使用禁止は許されるか〔浅倉むつ子〕
【立法・司法の動向】CEDAW総括所見の実効性確保のために〔山下泰子〕

第5号　菊変・並製・272頁　定価：本体3,800円＋税
特集1 家　族
1 「家族」の法的境界と新しい家族法原理の可能性〔高田恭子〕
2 日本の同性カップルに対する権利保障の現状と課題〔佐藤美和〕
3 韓国における子の氏の決定ルール〔金　成恩〕

特集2 セクシュアリティ
4 人権としての性別〔谷口洋幸〕
5 北欧諸国におけるトランスジェンダーの状況〔齋藤　実〕
6 オーストラリアにおける性の多様性に関する近年の動向と考察〔立石直子〕
7 学校現場における性的マイノリティの児童生徒をめぐる課題〔松村歌子〕
8 トランスジェンダー受刑者の処遇〔矢野恵美〕

シリーズ ジェンダー視点の比較家族法（1）
ジェンダー視点の比較家族法〔二宮周平〕
夫のみの嫡出否認権規定を合憲とした2つの裁判〔二宮周平〕
韓国憲法裁判所の憲法不合致決定と嫡出否認権・嫡出推定に関する法改正〔金　成恩〕

【研究ノート】大学におけるセクシュアル・ハラスメント判例総覧50件〔浅倉むつ子・鈴木陽子〕
【立法・司法の動向】夫婦別姓訴訟の新しい展開〔二宮周平〕

法と経営研究

加賀山茂・金城亜紀 責任編集

「法」と「経営」の複合的視点から、学知の創生を目指す

第1号　菊変・並製・232頁　定価：本体3,200円＋税

1. 法と経営（Law & Manegement）の基本的な考え方〔加賀山茂〕
2. 経営と法　方法論的序説〔大垣尚司〕
3. ロビイングに関する法制化の意義〔大出　隆〕
4. 健全性規制強化の銀行経営に対する影響に関する考察〔森　成城〕
5. 法と経営の観点から見た株主の権利の制約について〔田澤健治〕
6. 早期事業再生に資する簡潔な企業評価手法に関する考察〔野田典秀〕
7. 1920年の戦後恐慌にみる第十九銀行と日本銀行信用への接続〔金城亜紀〕

第2号　菊変・並製・152頁　定価：本体3,200円＋税

【対談】原点に立ち返る勇気〔大場昭義・金城亜紀〕
1. 販売信用の構造分析と事実関係の可視化〔加賀山茂〕
2. 資産運用ビジネスの成長に求める金融システム再構築〔加藤章夫〕
3. 明治・大正期における地方銀行の与信判断について〔三澤圭輔〕
4. アムステルダム銀行の預金受領証は「銀行券」だったのか〔橋本理博〕
5. 法と経営学における情報セキュリティ〔櫻井成一朗〕

【コラム】
1. 温室効果ガスの追跡〔久世暁彦〕
2. 短期売買の抑制による流動性への影響〔脇屋　勝〕
3. 製糸産業の興隆と労働環境の整備〔伊藤弘人〕
4. 働き方改革の意識改革〔齋藤由里子〕
5. 偉大なアメリカ〔鶴田知佳子〕